水生野生保护动物

Protected Aquatic Wild Animals

中华人民共和国濒危物种科学委员会　主持

江建平　李新正　王　蘅　主编

科学出版社

北　京

内 容 简 介

本书涵盖水生野生保护动物7门17纲47目109科249属的505种（含极易混淆的陆生野生保护动物22种），包括脊椎动物鱼类、两栖类、爬行类、哺乳类和无脊椎动物珊瑚类、水螅类、腹足类、瓣鳃类、肠鳃类、甲壳类、肢口类、文昌鱼类等类群。每种动物的论述内容包括动物名称、学名、曾用学名、英文名、别名、分类地位、保护级别、识别特征、生活习性、分布地区以及物种的彩色图和地理分布图。全书图文并茂，极具科学性和专业性，是快捷、准确鉴别有关水生野生保护动物的专用工具书，对水生野生动物的保护和管理工作者有较高的实用价值。

本书可供各级农、林、渔业资源行政主管部门和有关执法、司法部门在执法、司法检查工作中参考。同时，也可供科研人员，大、中、小学和热心于水生野生动物保护事业的单位、组织及个人参阅。

审图号：GS川（2022）5号

图书在版编目（CIP）数据

水生野生保护动物/江建平，李新正，王蘅主编.—北京：科学出版社，2022.8
ISBN 978-7-03-072609-4

Ⅰ.①水… Ⅱ.①江… ②李… ③王… Ⅲ.①水生动物–野生动物–动物保护 Ⅳ.①Q958.8

中国版本图书馆CIP数据核字（2022）第108409号

责任编辑：黄 桥 / 责任校对：彭 映
责任印制：罗 科 / 封面设计：王 蘅 墨创文化

科 学 出 版 社 出版
北京东黄城根北街16号
邮政编码：100717
http：//www. sciencep. com

四川煤田地质制图印刷厂 印刷
科学出版社发行 各地新华书店经销
*
2022年8月第 一 版 开本：B5（720×1000）
2022年8月第一次印刷 印张：38 1/4
字数：750 000

定价：328.00 元

（如有印装质量问题，我社负责调换）

水生野生保护动物

主持单位：

中华人民共和国濒危物种科学委员会

顾　问：

陈宜瑜　中国科学院院士 中华人民共和国濒危物种科学委员会主任
　　　　中国科学院水生生物研究所研究员
魏辅文　中国科学院院士 中华人民共和国濒危物种科学委员会常务副主任
　　　　中国科学院动物研究所研究员
康　乐　中国科学院院士 欧洲科学院院士 美国科学院院士 河北大学校长
　　　　中国科学院动物研究所研究员
宋微波　中国科学院院士 中国海洋大学教授

参编单位：

中国科学院动物研究所
中国科学院成都生物研究所
中国科学院海洋研究所
中国科学院南海海洋研究所
中国科学院烟台海岸带研究所
河北大学
海南师范大学
南京师范大学
安徽师范大学
南昌大学
广西中医药大学

策　划：

王　蘅　郭寅峰

主　编：

江建平　李新正　王　蘅

副主编：

黄　晖　赵亚辉　张世义　杨　光　吴小平　史海涛　谢　锋　王玉山

统　稿：

王　蘅　李新正　江建平　曾　岩

编写人员：（按姓氏拼音排序）

蔡　波　陈炳耀　陈德牛　陈清潮　程一骏　代雨婷　丁　利　段　楠
费　梁　龚　琳　郭寅峰　何建湘　黄　晖　黄林韬　江建平　李宝泉
李　成　李文军　李新正　李智泉　林　柳　鲁　港　任一依　史海涛
舒国成　舒凤月　隋吉星　唐质灿　王　斌　王　迪　王　蘅　王玉山
吴小平　吴孝兵　谢　锋　谢广龙　岩　崑　杨　光　叶昌媛　张明德
张世义　张志吉　赵亚辉　赵　阳　邹仁林　邹学英

绘图/摄影：

蔡　波　车　静　陈炳耀　陈苍松　陈德牛　陈林红　陈清潮　陈晓虹
程一骏　代雨婷　丁　利　段　南　房雪枫　费　梁　冯　志　耿宝荣
龚　琳　谷晓明　侯　勉　胡红霞　黄国材　黄　晖　黄林韬　江慧萍
江建平　姜　盟　李　成　李　帆　李　健　李明喜　李　想　李新正
李玉龙　李智泉　廖春林　林　柳　刘健昕　刘炯宇　刘丽丽　刘昕明
刘选珍　刘　源　鲁　港　马书明　买国庆　莫运明　任金龙　任一依
申　承　沈猷慧　石胜超　史海涛　施舜媛　舒凤月　束潇潇　唐质灿
田应洲　汪继超　王　斌　王　蘅　王世栋　王　燕　王　雁　王业春
王一飞　王宜生　王玉山　王聿凡　王臻琪　王子乔　魏　刚　闻海波
吴　华　武家敏　吴　江　吴小平　吴孝兵　吴怡宏　向高世　谢　锋
谢广龙　熊荣川　徐　健　徐　勇　闫　朗　岩　崑　杨道德　杨　光
杨庆儿　袁　亮　袁　萌　袁智勇　张保卫　张国庆　张美华　张明旺
张　祺　张世义　张　悦　张志吉　赵　天　赵文阁　赵亚辉　赵　阳
周佳俊　周库财　周　亮　邹仁林　中国台湾台中潜水　B. Landgraf
C. D. Bisceglie　E-H. Chan（马来西亚）　G. Pérez　M. Gäbler
P. Pritchard　S. Brending　S. Cerchio　S. D. Biju　S. Dahle

前 言

为了更好地具体实施和履行《中华人民共和国野生动物保护法》，以及由农业农村部与国家林业和草原局联合发布的2021年版的《国家重点保护野生动物名录》、《中华人民共和国农业农村部公告第491号》和中华人民共和国濒危物种进出口管理办公室、中华人民共和国濒危物种科学委员会编印公布的2019年11月最新版《濒危野生动植物种国际贸易公约》（CITES附录Ⅰ、Ⅱ、Ⅲ），战斗在一线的广大保护、管理、执法工作人员迫切盼望有关领域科学家们为他们撰写一本能让他们在执行中极易操作、尽快掌握鉴别水生野生保护动物特征的工具书。为此，中国科学院有关研究所和高等院校的专家们主动承担了这一任务。依据上面的四个重要文件，对科学出版社2004年出版的《水生野生保护动物识别手册》进行了删减、增补工作，完成了《水生野生保护动物》一书的编撰。

本书在编撰过程中得到了中国科学院动物研究所、中国科学院成都生物研究所、中国科学院海洋研究所、中国科学院南海海洋研究所、中国科学院烟台海岸带研究所、河北大学、海南师范大学、南京师范大学、安徽师范大学、南昌大学、广西中医药大学等单位的大力支持。

本书的出版得到了中国科学院战略性先导科技专项（XDA23080101、XDA19050201）和国家重点研发计划重点专项（2017YFC0505202）的支持。

在此，特别要向给予我们支持和鼓励的中华人民共和国濒危物种进出口管理办公室、中华人民共和国濒危物种科学委员会，中华人民共和国农业农村部渔业渔政管理局，中国科学院陈宜瑜院士、康乐院士、林群院士、宋微波院士、魏辅文院士，终身成就奖获得者、黑龙江省科学院督导马逸清研究员，中国科学院动物研究所李枢强、蒋志刚研究员，中国科学院南海海洋研究所原所长陈清潮、邹仁林研究员，程一骏教授，中国科学院成都生物研究所费梁研究员，原农业部渔业局局长杨坚先生，原广东省海洋与渔业局局长李珠江先生，原农业部渔业局副局长、渔政指挥中心主任李健华先生，原农业部渔业局副局长张合成先生、柳正先生、陈毅德先生，原广东省海洋与渔业局副局长麦贤杰先生、李建设先生、文斌先生，原广东省海洋与渔业局资源环境处处长冯吉南先生以及邹立田先生、姚锦先生、姚翼先生、颜海先生等一并深表衷心的感谢。

本书涉及脊椎动物的鱼类、两栖类、爬行类、哺乳类和无脊椎动物的珊瑚类、水螅类、贝类、甲壳类等类群，共涵盖7门17纲47目109科249属505种（其中包括用*号标注的两栖类8种、哺乳类3种、无脊椎类11种共22种，属于非水生野生保护动物的陆生保护动物，是执法人员和广大读者在水生、陆生的认知上极易混淆的物种）。每种动物论述内容包括动物名称、学名、曾用学名、英文名、别名、分类地位、保护级别、识别特征、生活习性和分布地区，以及物种的彩色图和地理分布图。全书图文并茂，是快捷、准确识别不同物种水生野生保护动物的工具书，可供农、林、渔业行政主管部门、海关和有关执法、司法部门在执法、司法检查工作中依照或参考执行。同时，也可供科研人员及热心于水生野生动物保护事业的单位、组织和个人参阅。

由于编写团队知识与时间有限，不足之处在所难免。敬请有关专家、读者对本书存在的问题予以指正。

王　蘅　郭寅峰
江建平　李新正
2022年7月于北京

PREFACE

In order to effectively implement the *Wild Animals Protection Law of the People's Republic of China*, the Ministry of Agriculture and Rural Affairs (MARA) and National Forestry and Grassland Administration jointly released the updated *List of Wild Animals under National Key Protection* in 2021. *Notification No. 491* issued by MARA and the Appendices updated in November 2019 by the Conference of the Parties of the *Convention on International Trade in Endangered Species of Wild Fauna and Flora* (CITIES) and released by the Office of Endangered Species Import and Export Administration and Endangered Species Scientific Commission of China further provide the legal basis for protection, conservation and control of international trade in endangered and threatened species. In response to the repeated calls for identification manuals of protected aquatic and terrestrial animals from a vast number of frontline personnel in the fields of protection, management and law enforcement, experts from relevant research institutes of Chinese Academy of Sciences (CAS) and colleges and universities compiled the publication *Protected Aquatic Wild Animals* based on the above mentioned four important documents through updating the *Identification Manual on Aquatic Wild Animals* published by Science Press in 2004.

In the course of compilation of this publication, generous

support was provided by five institutes of the CAS, i.e. Institute of Zoology, Chengdu Institute of Biology, Institute of Oceanology, South China Sea Institute of Oceanology and Yantai Institute of Coastal Zone Research, in collaboration with Hebei University, Hainan Normal University, Nanjing Normal University, Anhui Normal University, Nanchang University and Guangxi University of Traditional Chinese Medicine.

The publication of this manual is also supported by the Strategic Priority Science and Technology Project of CAS (XDA23080101, XDA19050201) and the Key Project of National Key Research and Development Program of China (2017YFC0505202).

The publication of this manual would not be possible without the contribution of the following institutions and persons: The Office of Endangered Species Import and Export Administration; Endangered Species Scientific Commission; Bureau of Fisheries of MARA; Academician CHEN Yiyu; Academician KANG Le; Academician LIN Qun; Academician SONG Weibo and Academician WEI Fuwen of CAS; Lifetime Achievement Award Winner, Councilor and Researcher of Heilongjiang Provincial Academy of Sciences MA Yiqing; Senior Research Fellow LI Shuqiang and JIANG Zhigang of Institute of Zoology of CAS; Former Director CHEN Qingchao and Senior Research Fellow ZOU Renlin of South China Sea Institute of Oceanology of CAS; Professor CHENG Yijun; Senior Research Fellow FEI Liang of Chengdu Institute of Biology of CAS; Former Director General of Bureau of Fisheries of MARA Mr. YANG Jian; Former Director of Guangdong Provincial Marine and Fishery Bureau Mr. LI Zhujiang; Former Deputy Director General of Bureau of Fisheries of MARA and Director of Fishery Command Center Mr. LI Jianhua; Former

Deputy Director General of Bureau of Fisheries of MARA Mr. ZHANG Hecheng, Mr. LIU Zheng and Mr. CHEN Yide; Former Deputy Director of Guangdong Marine and Fisheries Bureau Mr. MAI Xianjie, LI Jianshe and WEN Bin; and Former Chief of Resources and Environment Division of Guangdong Marine and Fisheries Bureau Mr. FENG Jinan. Our sincere gratitude also goes to Mr. ZOU Litian, Mr. YAO Jin, Mr. YAO Yi and Mr. YAN Hai.

The manual contains 505 species of aquatic vertebrates (fish, amphibians, reptiles and mammals) and invertebrates (corals, hydroids, shellfish and crustaceans), belonging to 249 genera, 109 families, 47 orders, 17 classes and 7 phyla. For ease of identification of look-alike species (marked with * symbol), 8 amphibians, 3 mammals and 11 invertebrates species which are traditionally classified as non-aquatic species are also included in this manual. For each species, Chinese names, scientific name, synonyms, English names, alias, taxonomic status, protection levels, identification characteristics, behaviors, and distribution areas are provided, supplemented to the extent possible with color plates of the species, morphological sketches and distribution maps. The rich collection of high quality pictures and professional descriptions of each species make this manual an easy and handy tool to accurately identify the selected protected aquatic wild animals. This manual can be used as a useful reference to the administrative departments of agriculture, forestry and fishery at all levels, customs and relevant law enforcement and judicial departments to assist in law enforcement and litigation. It could also be used as a reference for entities, organizations and individuals interested in conservation of aquatic wild animals.

Further improvements in the manual may be warranted due

to limits in experiences and time in the compilation. Feedback and corrections are welcome to enhance the quality of any future efforts.

WANG Heng　GUO Yinfeng
JIANG Jiangping　LI Xinzheng
July 2022, Beijing

刺胞动物门CNIDARIA

水螅纲HYDROZOA

珊瑚纲ANTHOZOA

软珊瑚目ALCYONACEA

角珊瑚目ANTIPATHARIA

苍珊瑚目HELIOPORACEA

石珊瑚目SCLERACTINIA

环节动物门ANNELIDA

蛭纲HIRUDINOIDEA

软体动物门MOLLUSCA

腹足纲GASTROPODA

圆口纲CYCLOSTOMATA

软骨鱼纲CHONDRICHTHYES

鲤科Cyprinidae

鲈形目PERCIFORMES

鲑形目SALMONIFORMES

鲉形目SCORPAENIFORMES

鲇形目SILURIFORMES

爬行纲REPTILIA

鳄目CROCODYLIA

有鳞目SQUAMATA

哺乳纲MAMMALIA

偶蹄目ARTIODACTYLA

食肉目CARNIVORA

刺胞动物门
CNIDARIA

水螅纲
HYDROZOA

1. 分叉多孔螅 *Millepora dichotoma*

学　　名　*Millepora dichotoma* Forsskål，1775

曾用学名　无

英 文 名　Hydrozoan coral，Fire coral

别　　名　水螅珊瑚

分类地位　刺胞动物门CNIDARIA/
水螅纲HYDROZOA/
花裸螅目ANTHOATHECATA/
多孔螅科Milleporidae/多孔螅属*Millepora*

保护级别　国家二级；CITES附录Ⅱ

识别特征　群体分枝固着生活，扁平分枝融合成直立网状板，群体通常由一个以上的板组成，且板之间没有结合；群体下部的分枝通常合并形成实心板；板的上部边缘自由分叉，尖端圆形或钝；群体表面光滑均匀，表面的孔清晰且数量众多。

生活习性　生活于浅水珊瑚礁区。

分布地区　我国南海海域。国外分布于西太平洋、印度洋和红海区域。

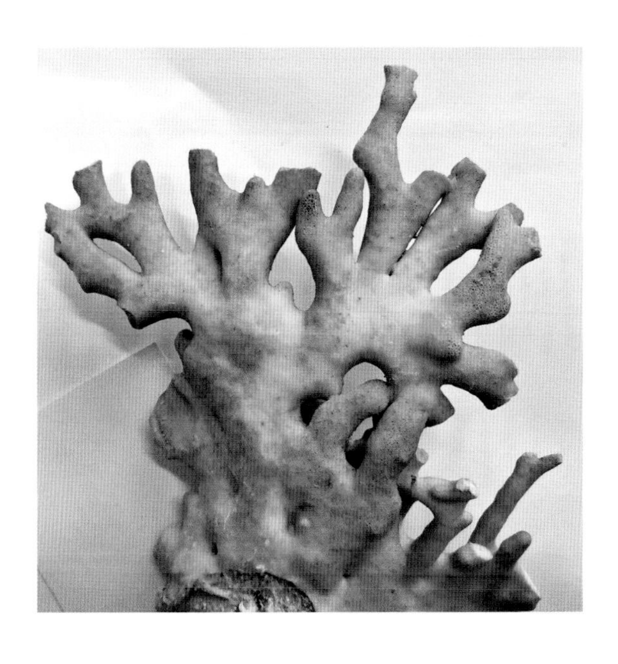

2. 节块多孔螅 *Millepora exaesa*

学　　名　*Millepora exaesa* Forsskål，1775

曾用学名　无

英 文 名　Hydrozoan coral，Fire coral

别　　名　水螅珊瑚

分类地位　刺胞动物门CNIDARIA/
水螅纲HYDROZOA/
花裸螅目ANTHOATHECATA/
多孔螅科Milleporidae/多孔螅属*Millepora*

保护级别　国家二级；CITES附录Ⅱ

识别特征　群体生活，可附着或自由生活，群体形态为亚团块状，表面由不规则隆起组成；附着的群体具有短、具节且垂直向上生长的小分枝；自由生活群体的形态则由基部的分枝决定；分枝表面大量被结节覆盖，相邻的小结节通常合并成更大和更宽的突起，顶端圆形或钝；群体表面孔明显。

生活习性　生活于浅水珊瑚礁区。

分布地区　我国南海海域。国外分布于西太平洋、印度洋和红海区域。

3. 窝形多孔螅 *Millepora foveolata*

学　　名 *Millepora foveolata* Crossland，1952

曾用学名 无

英 文 名 Hydrozoan coral，Fire coral

别　　名 水螅珊瑚

分类地位 刺胞动物门CNIDARIA/水螅纲HYDROZOA/花裸螅目ANTHOATHECATA/多孔螅科Milleporidae/多孔螅属*Millepora*

保护级别 国家二级；CITES附录Ⅱ

识别特征 群体生活，群体形态为皮壳状，表面由不规则隆起组成；群体表面具有脊，包围单个或一组的表面孔，使群体表面呈现精细的褶皱状。

生活习性 生活于浅水珊瑚礁区。

分布地区 我国南海海域。国外分布于西太平洋、印度洋和红海区域。极为少见。

4. 错综多孔螅 *Millepora intricata*

学　名　*Millepora intricata* Milne Edwards，1860

曾用学名　无

英 文 名　Fire coral，Stinging coral，Wello fire coral

别　名　水螅珊瑚，纠结千孔珊瑚

分类地位　刺胞动物门CNIDARIA/水螅纲HYDROZOA/花裸螅目ANTHOATHECATA/多孔螅科Milleporidae/多孔螅属*Millepora*

保护级别　国家二级；CITES附录Ⅱ

识别特征　没有珊瑚体及隔片，不是“真珊瑚”；珊瑚骨骼由稀疏的短而细的分枝纵横交错，连成一个复杂的分枝生长类型。表面很光滑。生活时为苍白色或褐色。

生活习性　热带海域所特有物种，一般分布在水深30m以内的浅海区，与造礁石珊瑚一起生长，是重要的造礁生物之一。属于水母世代珊瑚。

分布地区　我国海南岛。国外分布于西太平洋、东印度洋区域；东太平洋也有少量记录。

5. 阔叶多孔螅 *Millepora latifolia*

学　　名 *Millepora latifolia* Boschma，1948

曾用学名 无

英 文 名 Hydrozoan coral，Fire coral

别　　名 水螅珊瑚

分类地位 刺胞动物门CNIDARIA/
水螅纲HYDROZOA/
花裸螅目ANTHOATHECATA/
多孔螅科Milleporidae/多孔螅属*Millepora*

保护级别 国家二级；CITES附录Ⅱ

识别特征 群体固着生活，由直立枝与尖头融合的板状结构组成，可形成卵形突起，在突起上又有许多直立的小分枝；大多数分枝在一个平面上，板块可能有一些横向分枝，或多或少垂直于主平面；群体表面比较光滑和均匀，表面孔清晰且相当大。

生活习性 生活于浅水珊瑚礁区。

分布地区 我国南海海域。国外分布于西太平洋和印度洋区域。

6. 扁叶多孔螅 *Millepora platyphylla*

学　　名　*Millepora platyphylla* Hemprich *et* Ehrenberg，1834

曾用学名　无

英 文 名　Blade fire coral，Plate fire coral

别　　名　板叶千孔珊瑚

分类地位　刺胞动物门CNIDARIA/水螅纲HYDROZOA/花裸螅目ANTHOATHECATA/多孔螅科Milleporidae/多孔螅属*Millepora*

保护级别　国家二级；CITES附录Ⅱ

识别特征　群体固着生活，由直立的大块板状组成，不同的板状结构组合形成平行的板层或融合成蜂窝状结构，板的上边缘直或分成裂片。

生活习性　生活于浅水珊瑚礁区。

分布地区　我国的东海和南海海域都有分布。国外分布于太平洋、印度洋和红海区域，少部分分布于南大西洋。

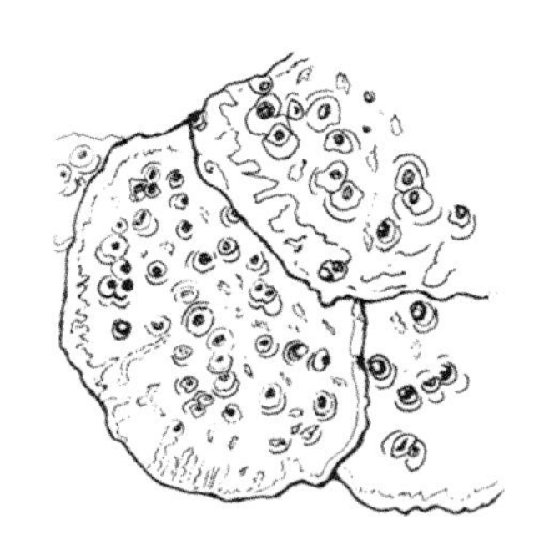

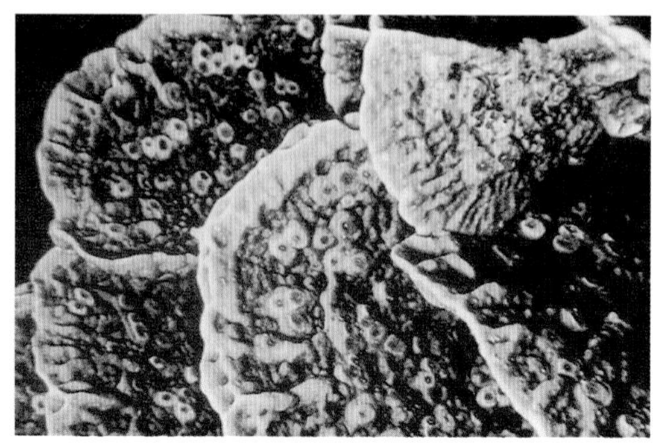

7. 娇嫩多孔螅 *Millepora tenera*

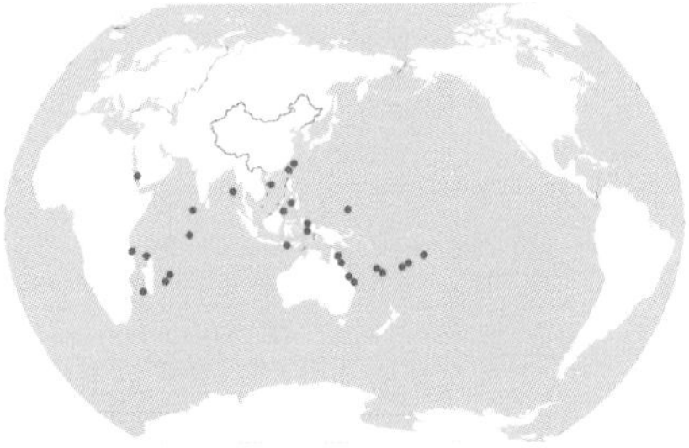

学　名　*Millepora tenera* Boschma，1949
曾用学名　无
英 文 名　Hydrozoan coral，Fire coral
别　名　板枝千孔珊瑚
分类地位　刺胞动物门CNIDARIA/
水螅纲HYDROZOA/
花裸螅目ANTHOATHECATA/
多孔螅科Milleporidae/多孔螅属*Millepora*
保护级别　国家二级；CITES附录Ⅱ
识别特征　群体固着生活，分枝状，从中心点辐射形成的扇形分枝共同组成半球形群体，下部的分枝通常合并成实心板；上部板的上边缘自由分叉，尖端圆形或钝。小枝在板的边缘出现，呈扇形。
生活习性　生活于浅水珊瑚礁区。
分布地区　我国西沙群岛与台湾岛。国外分布于西太平洋和印度洋区域，在红海地区也有记录。

8. 无序双孔螅 *Distichopora irregularis*

学　名 *Distichopora irregularis* Moseley, 1879

曾用学名 无

英 文 名 Hydrocoral

别　名 水螅珊瑚

分类地位 刺胞动物门CNIDARIA/水螅纲HYDROZOA/花裸螅目ANTHOATHECATA/柱星螅科Stylasteridae/双孔螅属*Distichopora*

保护级别 国家二级；CITES附录Ⅱ

识别特征 群体分枝固着生活，分枝不规则，总体呈扇形；分枝圆形但在扇形平面上适度扁平，且在顶端更为扁平；共骨的表面质地细密；近圆形营养孔组成排，孔较深，孔的间隔和孔的直径近乎相同，孔排通常以不同的角度连接在一起；还有指状孔稀疏地分布在营养孔排的两侧；群体多呈浅粉红色。

生活习性 生活于浅水珊瑚礁区。

分布地区 我国南海海域。国外分布于西太平洋。

9. 紫色双孔螅 *Distichopora violacea*

学　名 *Distichopora violacea*（Pallas，1766）

曾用学名 无

英 文 名 Violet hydrocoral，Stylaster coral，Lace coral

别　名 紫侧孔珊瑚

分类地位 刺胞动物门CNIDARIA/水螅纲HYDROZOA/花裸螅目ANTHOATHECATA/柱星螅科Stylasteridae/双孔螅属*Distichopora*

保护级别 国家二级；CITES附录Ⅱ

识别特征 群体固着生活，具分枝且分枝呈扇形，高度超过8cm，通常有几根大小相似的分枝。分枝前后压缩，顶部钝，通常紧密地生长在一起，使分枝之间的空间比分枝本身小。共骨表面尤其是在分枝顶部的表面相当粗糙，具有微小的圆形或椭圆形扁平结节。分枝两侧的沟相当深，营养孔比较大。群体颜色为紫色、粉色、棕色或橙色，分枝顶部通常为白色。

生活习性 生活于浅水珊瑚礁区。

分布地区 我国西沙群岛与台湾岛。国外分布于西太平洋和印度洋区域，红海地区也有记录。

10. 佳丽刺柱螅 *Errina dabneyi*

学　　名　*Errina dabneyi*（Pourtalès，1871）

曾用学名　无

英 文 名　Hydrocoral

别　　名　无

分类地位　刺胞动物门CNIDARIA/
水螅纲HYDROZOA/
花裸螅目ANTHOATHECATA/
柱星螅科Stylasteridae/刺柱螅属*Errina*

保护级别　国家二级；CITES附录Ⅱ

识别特征　群体生活，为单平面分枝状，高度可达30cm；分枝圆柱状，小直径的分枝从大直径的主枝上垂直分出；共骨呈网状或颗粒状结构；营养孔圆形。

生活习性　生活于浅水珊瑚礁区。

分布地区　我国南海海域。国外分布于西太平洋和大西洋区域。

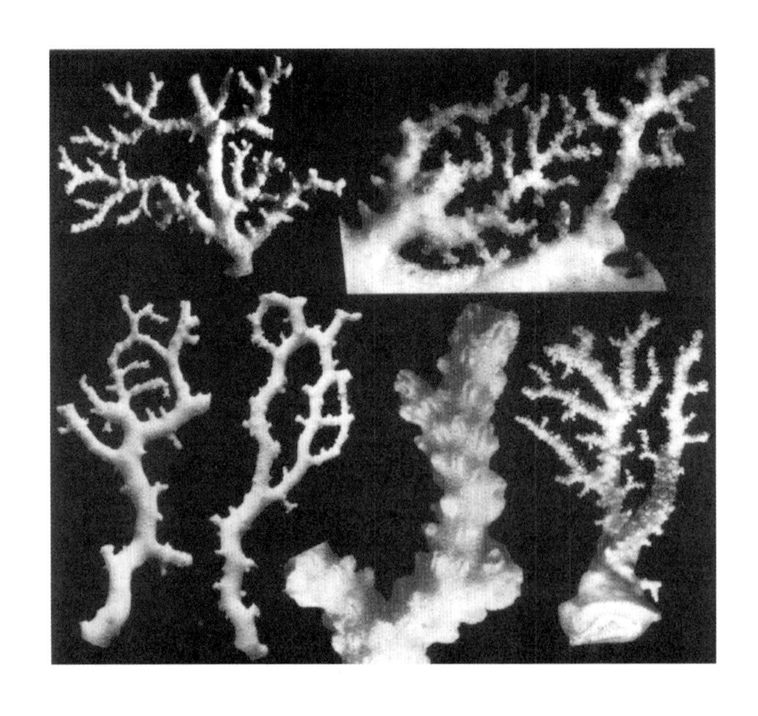

11. 扇形柱星螅 *Stylaster flabelliformis*

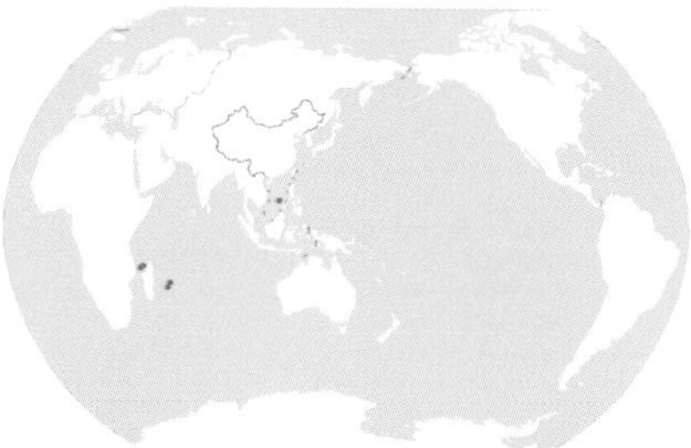

学名　*Stylaster flabelliformis* (Lamarck，1816)
曾用学名　无
英文名　Lace coral
别名　无
分类地位　刺胞动物门CNIDARIA/水螅纲HYDROZOA/花裸螅目ANTHOATHECATA/柱星螅科Stylasteridae/柱星螅属*Stylaster*
保护级别　国家二级；CITES附录Ⅱ
识别特征　群体分枝固着生活，群体较大，高度可超过35cm；群体扇形且几乎完全分布在一个平面上，大的分枝在一个平面向周围辐射，大分枝之间的空间紧密充满小的分枝和小枝，分枝和小枝几乎都不愈合；分枝表面有细条纹，条纹是一排纵向排列的细孔；在一些分枝上有许多细刺；共骨的颜色为白色。
生活习性　生活于浅水珊瑚礁区。
分布地区　我国南海海域。国外分布于西太平洋和印度洋区域。

12. 细巧柱星螅 *Stylaster gracilis*

学　　名 *Stylaster gracilis* Milne Edwards *et* Haime，1850

曾用学名 无

英 文 名 Lace coral

别　　名 无

分类地位 刺胞动物门CNIDARIA/水螅纲HYDROZOA/花裸螅目ANTHOATHECATA/柱星螅科Stylasteridae/柱星螅属*Stylaster*

保护级别 国家二级；CITES附录Ⅱ

识别特征 群体分枝浓密，群体小，高度约为4.5cm；群体分枝为二歧分枝且笔直而不弯曲，分枝不等长也不合并；分枝圆柱状，共骨为亮橙色到粉色，分枝末端通常为白色。营养孔圆柱形。

生活习性 生活于浅水珊瑚礁区。

分布地区 我国南海海域。国外分布于西太平洋。

13. 佳丽柱星螅 *Stylaster pulcher*

学　　名　*Stylaster pulcher* Quelch，1884

曾用学名　无

英 文 名　Lace coral

别　　名　无

分类地位　刺胞动物门CNIDARIA/
水螅纲HYDROZOA/
花裸螅目ANTHOATHECATA/
柱星螅科Stylasteridae/柱星螅属*Stylaster*

保护级别　国家二级；CITES附录Ⅱ

识别特征　群体分枝固着生活，分枝不规则，通常呈扇形；分枝不合并，表面非常精细且常有白色印记，尤其是在基部；主干和次枝都非常厚和圆，或者呈轻微压缩状，分枝直径大小规则递减，从分枝上还可分出许多短小的小枝，这些小枝不小且并不是脆弱的；群体呈黄红色或亮瓦红色。

生活习性　生活于浅水珊瑚礁区。

分布地区　我国南海海域。国外分布于西太平洋。

14. 艳红柱星螅 *Stylaster sanguineus*

学　　名 *Stylaster sanguineus* Milne Edwards *et* Haime，1850

曾用学名 *Stylaster elegans*

英 文 名 Lace coral

别　　名 华丽柱星螅

分类地位 刺胞动物门CNIDARIA/水螅纲HYDROZOA/花裸螅目ANTHOATHECATA/柱星螅科Stylasteridae/柱星螅属*Stylaster*

保护级别 国家二级；CITES附录Ⅱ

识别特征 群体固着生活，具分枝，分枝呈扁平状，口环系分布在分枝的侧面，由小的管状孔围绕大的营养孔形成，群体为鲜艳的粉红色或白色。

生活习性 生活于浅水珊瑚礁区。

分布地区 我国西沙群岛。国外分布于西太平洋热带至温带海域。

15. 粗糙柱星螅 *Stylaster scabiosus*

学　　名 *Stylaster scabiosus* Broch，1935

曾用学名 无

英 文 名 Lace coral

别　　名 无

分类地位 刺胞动物门CNIDARIA/
水螅纲HYDROZOA/
花裸螅目ANTHOATHECATA/
柱星螅科Stylasteridae/柱星螅属*Stylaster*

保护级别 国家二级；CITES附录Ⅱ

识别特征 群体分枝固着生活，群体细长，分枝多数在一个平面上；口环系在周围小枝的所有边都存在，主枝背面则几乎没有口环系；群体颜色为红色到浅粉红色。

生活习性 生活于浅水珊瑚礁区。

分布地区 我国台湾附近海域。国外分布于西太平洋和鄂霍次克海区域。

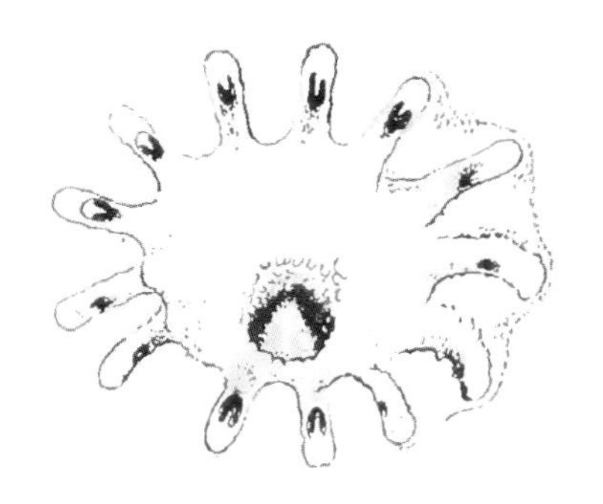

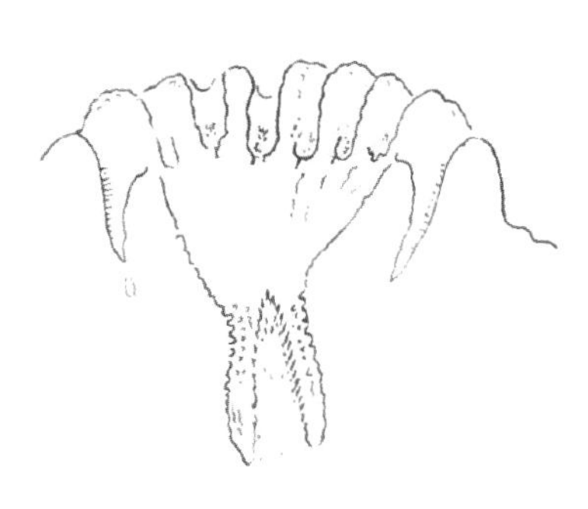

刺胞动物门

CNIDARIA

珊瑚纲

ANTHOZOA

16. 日本红珊瑚 *Corallium japonicum*

学　　名 *Corallium japonicum* Kishinouye，1903

曾用学名 *Paracorallium japonicum*

英 文 名 Aka Moro coral，Red coral

别　　名 阿卡

分类地位 刺胞动物门CNIDARIA/
珊瑚纲ANTHOZOA/
软珊瑚目ALCYONACEA/
红珊瑚科Coralliidae/红珊瑚属*Corallium*

保护级别 国家一级；CITES附录Ⅲ

识别特征 群体固着生活，分枝基本都在一个平面上，短而刺的小枝生长在群体平面其中一侧以及分枝的侧面。共肉薄且一般为深红色，在分枝尖端则为粉红色至白色。共肉丘直径仅约0.7mm，且仅略微凸起，通常在分枝的一侧。中轴上具有纵沟，通常为深红色，中轴中心白色。

生活习性 分布在水深100～300m区域。

分布地区 我国台湾。国外分布于日本和帕劳。

17. 红珊瑚 *Corallium rubrum*

学　　名　*Corallium rubrum*（Linnaeus，1758）

曾用学名　无

英 文 名　Precious coral，Mediterrean coral

别　　名　珠宝珊瑚

分类地位　刺胞动物门CNIDARIA/珊瑚纲ANTHOZOA/软珊瑚目ALCYONACEA/红珊瑚科Coralliidae/红珊瑚属*Corallium*

保护级别　无（非我国原产）

识别特征　群体由含高镁碳酸钙的坚固中轴支撑，没有带腔的中心孔；轴骨骼连续，由不分离融合骨针体组成；皮层骨针为对称辐射突形状，生活时有8个触手的水螅体呈白色。珊瑚虫分布在分枝各个面，分枝产出不在一个平面上，钙质骨骼的颜色在粉红色与鲜红色之间。中轴深红色或称公牛血红色。

生活习性　栖息于40～80m水深的岩石上，所生长环境光线很暗。

分布地区　地中海及北大西洋。

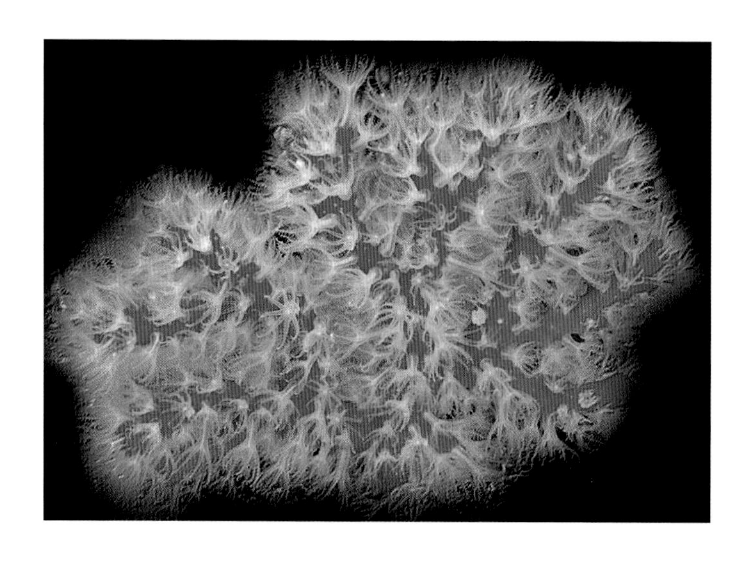

18. 瘦长侧红珊瑚 *Pleurocorallium elatius*

学　　名 *Pleurocorallium elatius*（Ridley，1882）

曾用学名 *Corallium elatius*

英 文 名 Red coral

别　　名 摩摩、桃色珊瑚

分类地位 刺胞动物门CNIDARIA/珊瑚纲ANTHOZOA/软珊瑚目ALCYONACEA/红珊瑚科Coralliidae/侧红珊瑚属*Pleurocorallium*

保护级别 国家一级；CITES附录Ⅲ

识别特征 群体由含高镁碳酸钙的坚固中轴支撑，没有带腔的中心孔；轴骨骼连续，由不分离融合骨针体组成；皮层有双茄形骨针和6-、7-辐射突骨针。生活时有8个触手的水螅体呈白色。水螅体收缩成疣且均匀分布，不成丛状，有乳突。小分枝末端瘦长。中轴淡红和粉红色。

生活习性 栖息于日本九州岛、五岛列岛一带沿海深水岩底区，水深一般为150～330m。

分布地区 我国台湾、东海和南海。日本伊豆诸岛、小笠原诸岛；韩国济州岛。

19. 皮滑侧红珊瑚 *Pleurocorallium konojoi*

学　名 *Pleurocorallium konojoi*（Kishiouye，1903）

曾用学名 *Corallium konojoi*

英文名 Red coral

别　名 无

分类地位 刺胞动物门CNIDARIA/珊瑚纲ANTHOZOA/软珊瑚目ALCYONACEA/红珊瑚科Coralliidae/侧红珊瑚属*Pleurocorallium*

保护级别 国家一级；CITES附录Ⅲ

识别特征 群体由含高镁碳酸钙的坚固中轴支撑，没有带腔的中心孔；轴骨骼连续，由不分离融合骨针体组成；皮层有双茄形骨针和6-、7-辐射突骨针。生活时有8个触手的水螅体呈白色。水螅体收缩成疣，形成丛状，表皮光滑，小分枝末端厚。中轴白色。

生活习性 栖息于西太平洋沿岸和菲律宾北部至日本南部50 ~ 150m深的浅海岩底区。

分布地区 我国台湾东岸。国外分布于日本；北菲律宾群岛。

20. 巧侧红珊瑚 *Pleurocorallium secundum*

学　名 *Pleurocorallium secundum*（Dana，1846）

曾用学名 *Corallium secundum*

英 文 名 Angel skin coral，Red coral

别　名 安琪的皮肤，中途岛珊瑚

分类地位 刺胞动物门CNIDARIA/珊瑚纲ANTHOZOA/软珊瑚目ALCYONACEA/红珊瑚科Coralliidae/侧红珊瑚属*Pleurocorallium*

保护级别 国家一级；CITES附录Ⅲ

识别特征 群体固着生活，分枝基本都在一个平面上，短而刺的小枝生长在群体平面一侧。在分枝的所有面都具有乳突，但在其中一面更为密集。共肉与共肉丘粉红色。共肉丘通常仅在一个表面上，均匀排布。中轴上具纵沟，中轴中心呈淡粉色或白色。

生活习性 分布在水深200 ~ 600m的区域。

分布地区 我国南海。国外分布于夏威夷群岛和日本。

21. 粗糙竹节柳珊瑚 *Isis hippuris*

学　名　*Isis hippuris* Linnaeus，1758
曾用学名　无
英 文 名　Gorgonian coral
别　名　无
分类地位　刺胞动物门CNIDARIA/珊瑚纲ANTHOZOA/软珊瑚目ALCYONACEA/竹节柳珊瑚科Isididae/竹节柳珊瑚属*Isis*
保护级别　国家二级
识别特征　群体固着生活，高度可达40cm，基部附着于岩石；群体树状分枝但趋向于形成扇形面，主干扁平，初级分枝呈圆柱形，末端分枝粗短且密集。水螅体在珊瑚枝四周均匀分布，收缩后不形成突起的珊瑚萼而在皮层上留下一个个小孔。珊瑚骨骼中轴分节，角质中轴节间没有骨针，钙质中轴节间则由钙质骨针紧密黏合而成，其表面有均匀分布的纵向沟脊，群体的分枝从中轴节间上长出。群体外表可分辨出轴节和膨大的节间所在位置。
生活习性　多生活于珊瑚礁区。
分布地区　我国的中沙群岛黄岩岛海底。国外分布于西太平洋。

22. 细枝竹节柳珊瑚 *Isis minorbrachyblasta*

学　　名 *Isis minorbrachyblasta* Zou，Huang *et* Wang，1991

曾用学名 无

英 文 名 Gorgonian coral

别　　名 无

分类地位 刺胞动物门CNIDARIA/珊瑚纲ANTHOZOA/软珊瑚目ALCYONACEA/竹节柳珊瑚科Isididae/竹节柳珊瑚属*Isis*

保护级别 国家二级

识别特征 群体固着生活，高度可达35cm，基部坚硬块状；群体树状分枝，末端珊瑚枝细短且密集，皮层厚度为1.0 ~ 1.2mm。水螅体在珊瑚枝四周均匀分布，完全收缩后不形成突起的珊瑚萼，而在皮层上留下一个个圆形小孔。珊瑚骨骼中轴分节，浅棕色中轴节中没有骨针，白色钙质中轴节间则由骨针彼此牢固黏合而成，分枝从中轴节间处长出。

生活习性 多生活于珊瑚礁区。

分布地区 我国的南沙群岛。国外分布于西太平洋。

23. 网枝竹节柳珊瑚 *Isis reticulata*

学　　名 *Isis reticulata* Nutting，1910

曾用学名 无

英 文 名 Gorgonian coral

别　　名 无

分类地位 刺胞动物门CNIDARIA/珊瑚纲ANTHOZOA/软珊瑚目ALCYONACEA/竹节柳珊瑚科Isididae/竹节柳珊瑚属*Isis*

保护级别 国家二级

识别特征 群体固着生活，高度可达65cm，基部坚硬块；群体分枝趋向于形成一个扇面，主干圆柱状，分枝有若干处彼此吻合而形成网状，末端珊瑚枝细长而疏散。水螅体在珊瑚枝四周均匀分布，完全收缩后不形成突起的珊瑚萼而在皮层上留下一个个小孔。中轴分节，角质中轴节间没有骨针，钙质中轴节间则由钙质骨针紧密黏合而成，其表面有均匀分布的纵向沟脊，群体的分枝从中轴节间上长出。

生活习性 多生活于珊瑚礁区。

分布地区 我国的西沙群岛。国外分布于西太平洋。

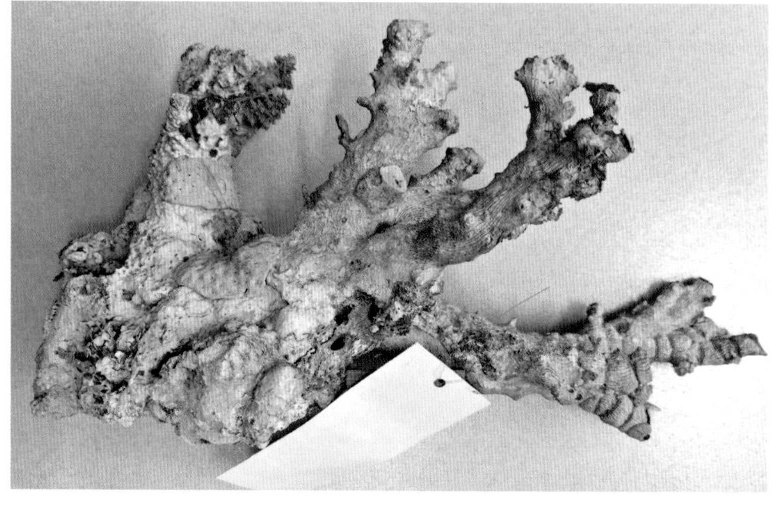

24. 笙珊瑚 *Tubipora musica*

学　　名 *Tubipora musica* Linnaeus，1758

曾用学名 无

英 文 名 Music coral，Organ-pipe coral，Pipe organ

别　　名 音乐珊瑚

分类地位 刺胞动物门CNIDARIA/珊瑚纲ANTHOZOA/软珊瑚目ALCYONACEA/笙珊瑚科Tubiporidae/笙珊瑚属*Tubipora*

保护级别 国家二级；CITES附录Ⅱ

识别特征 群体固着生活，呈大而圆的簇丛状或笙形。除珊瑚冠外，骨针体牢固融合，使得珊瑚群体拥有坚硬的骨骼。笙珊瑚的骨骼由许多红色的细管构成，细管的直径1～2mm，排列呈束状，形成笙管状。水螅体具有8个触手和8个隔膜，可以收缩回到水螅体茎内。

生活习性 生活于浅水珊瑚礁区。

分布地区 我国的南海海域。国外广泛分布于印度洋及太平洋。

25. 二叉黑角珊瑚 *Antipathes dichotoma*

学　　名 *Antipathes dichotoma* Pallas，1766

曾用学名 无

英 文 名 Bush black coral，Iorn tree

别　　名 海柳，铁树

分类地位 刺胞动物门CNIDARIA/
珊瑚纲ANTHOZOA/
角珊瑚目ANTIPATHARIA/
角珊瑚科Antipathidae/角珊瑚属*Antipathes*

保护级别 国家二级；CITES附录Ⅱ

识别特征 群体不规则分枝或二叉，分枝密集。最小分枝在不同的方向，位置不规则或有时排列在分枝的一侧，长度不等而一头逐渐变细。最小分枝上的刺因部位不同而形状有异。最小分枝上靠分枝的一端呈刺圆锥形，顶端钝，分叉或有乳头状突起。中部刺稍压缩呈近三角形，顶端钝，二叉。顶部刺三角形，顶端尖，光滑。排成右螺旋形10纵列。水螅体触手拇指状，长度几乎相等，口锥圆柱状，开着的口圆，闭着的口与最小分枝方向垂直。

生活习性 栖息于水深20 ~ 30m的热带和亚热带海域。

分布地区 我国广东珠江口、海南三亚西岛。国外分布于菲律宾苏禄海、印度尼西亚、帝汶海、澳大利亚、印度、地中海、意大利那不勒斯、法国马赛和加斯科涅湾。

26. 多小枝黑角珊瑚 *Antipathes virgata*

学　　名 *Antipathes virgata* Esper，1798

曾用学名 无

英 文 名 Black coral，Iron tree

别　　名 海柳，铁树

分类地位 刺胞动物门CNIDARIA/
珊瑚纲ANTHOZOA/
角珊瑚目ANTIPATHARIA/
角珊瑚科Antipathidae/角珊瑚属*Antipathes*

保护级别 国家二级；CITES附录Ⅱ

识别特征 群体距离基盘较短处成二叉分枝，每个分枝上再产生二叉分枝。在次级分枝上有许多向上的小分枝，逐渐变细。它们几乎都分布在分枝的一侧，稠密地聚集成扫帚状。刺三角形，顶端钝，有粒状突起排成向右螺旋10纵列。水螅体铁锈色，在主干和大的分枝上环绕分布，在最小分枝上交替排成不规则的系列，分布密集。水螅体触手较短，口锥半球形，开着的口圆，闭合的口与最小分枝方向垂直。

生活习性 栖息于水深20～30m的热带和亚热带海域。

分布地区 我国海南三亚西岛。国外分布于印度洋、波斯湾、毛里求斯、地中海、亚速尔群岛和佛得角群岛。

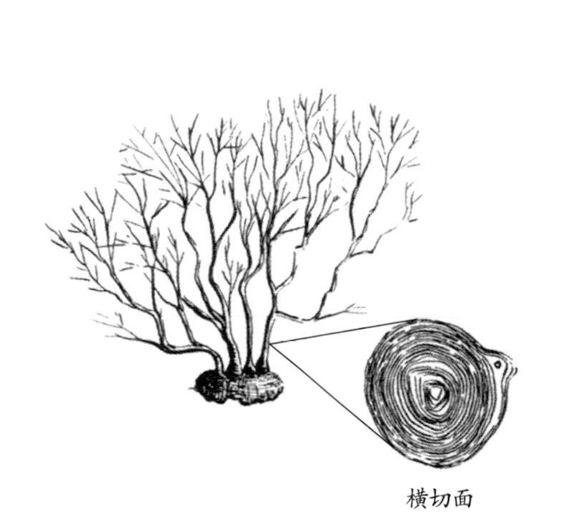

横切面

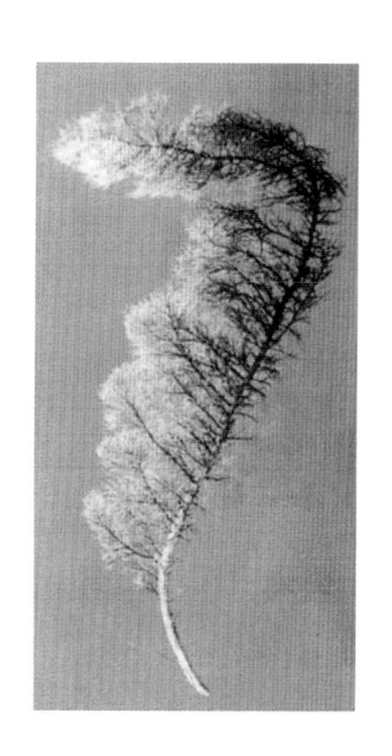

27. 螺旋鞭角珊瑚 *Cirrhipathes spiralis*

学　　名　*Cirrhipathes spiralis* (Linnaeus, 1758)

曾用学名　无

英 文 名　Wire coral，Black coral，Iron tree

别　　名　无

分类地位　刺胞动物门CNIDARIA/珊瑚纲ANTHOZOA/角珊瑚目ANTIPATHARIA/角珊瑚科Antipathidae/鞭角珊瑚属*Cirrhipathes*

保护级别　国家二级；CITES附录Ⅱ

识别特征　群体似铁丝螺旋圈，不分枝，形似鞭子。角质轴黑色或黑棕色，具钝圆锥形或圆柱形的刺，呈右螺旋排列。水螅体口呈圆形，有口锥。

生活习性　栖息于水深20～30m的热带和亚热带海域，在珊瑚礁底部生长。

分布地区　我国西沙群岛永兴岛海底。

28. 苍珊瑚 *Heliopora coerulea*

学　　名　*Heliopora coerulea*（Pallas，1766）

曾用学名　无

英 文 名　Blue coral

别　　名　蓝珊瑚

分类地位　刺胞动物门CNIDARIA/
珊瑚纲ANTHOZOA/
苍珊瑚目HELIOPORACEA/
苍珊瑚科Helioporidae/苍珊瑚属*Heliopora*

保护级别　国家二级；CITES附录Ⅱ

识别特征　群体固着生活，具有大型骨骼，骨骼由霰石所组成，与石珊瑚目物种相似；群体形状多变，有的为树枝状，有的为圆块状；珊瑚水螅体触手和隔膜各8个。

生活习性　在浅水区的珊瑚礁中生存。

分布地区　我国南海海域。国外广泛分布于印度洋和太平洋区域。

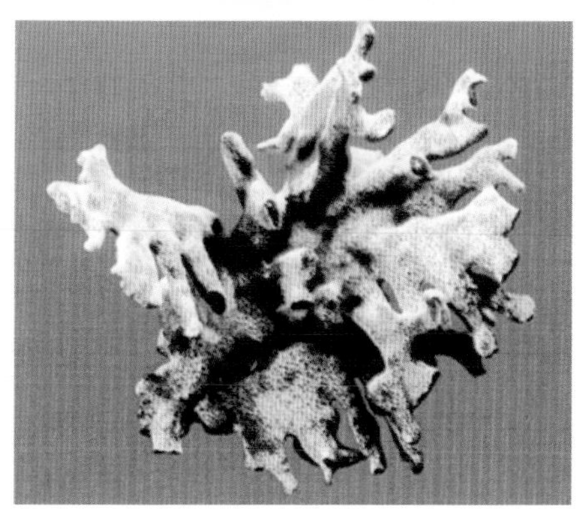

29. 美丽鹿角珊瑚 *Acropora muricata*

学　名 *Acropora muricata*（Linnaeus，1758）

曾用学名 *Acropora formosa*

英文名 Staghom coral

别　名 无

分类地位 刺胞动物门CNIDARIA/
珊瑚纲ANTHOZOA/
石珊瑚目SCLERACTINIA/
鹿角珊瑚科Acroporidae/鹿角珊瑚属*Acropora*

保护级别 国家二级；CITES附录Ⅱ

识别特征 珊瑚骨骼为树枝状群体，分枝距离大，长而粗（直径1.5 ~ 2.0mm）。顶端小枝细长而渐尖，分枝中部和基部的辐射珊瑚体稀，浸埋或稍突出，向上逐渐变为鼻形半管唇形。小枝上的辐射珊瑚体为斜口管形，并夹杂了无一定排列次序的短管鼻形或鼻形珊瑚体，轴珊瑚体圆柱形，从分枝顶端到基部珊瑚体壁有沟槽呈刺状和刺网状。生活时褐黄色和紫色。

生活习性 生活于浅水区内。枝状顶端有一特大的水螅体，是珊瑚生长最迅速的地方。

分布地区 我国海南、台湾、东沙群岛和南沙群岛。国外广布于印度-西太平洋。

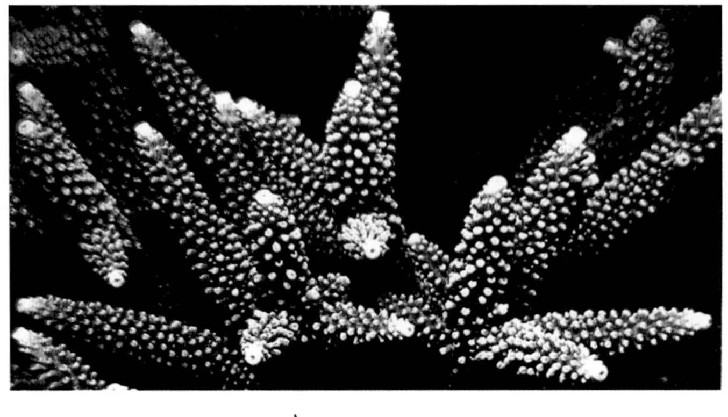

鹿角珊瑚属的不同分枝结构类型

30. 石芝珊瑚 *Fungia fungites*

学　名　*Fungia fungites*（Linnaeus，1758）

曾用学名　无

英文名　Mushroom coral

别　名　无

分类地位　刺胞动物门CNIDARIA/珊瑚纲ANTHOZOA/石珊瑚目SCLERACTINIA/石芝珊瑚科Fungiidae/石芝珊瑚属*Fungia*

保护级别　国家二级；CITES附录Ⅱ

识别特征　整个珊瑚由一单个大水螅体组成，仅有一个口。珊瑚骨骼呈圆形，中央窝短而深，底部有交错的小颗粒状或小条状的小梁，珊瑚骨骼正面凸，随生长环境而长成各种奇怪的形状；背面凹，随环境而变化。除柄痕迹处之外，缝隙布满整个背面，珊瑚肋也随生长年龄的增加，逐渐由外向里增加。隔片齿和珊瑚肋是类群特征，隔片齿小而尖且光滑。珊瑚肋光滑或仅有小颗粒。生活时为铬黄色、黄褐色，棕色中带有少许绿色。

生活习性　幼小时若反置于海底，会利用水螅体的涨缩慢慢翻转过来，并且能利用四周的触手做有效的运动。成虫的珊瑚会在海底慢慢移动，因而得“会走路的珊瑚”之名。

分布地区　我国海南、东沙、西沙、南沙群岛和台湾。国外广泛分布于红海、印度-西太平洋区域。

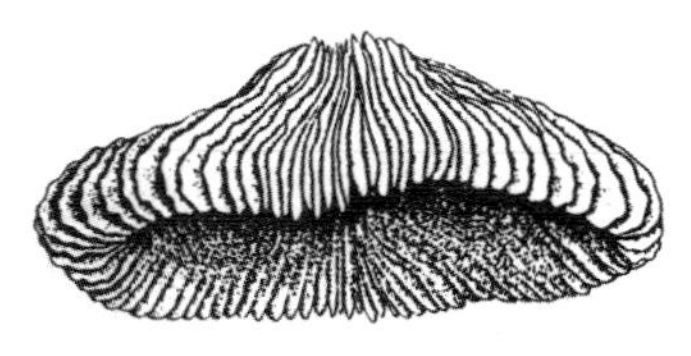

31. 疣状杯形珊瑚 *Pocillopora verrucosa*

学　名 *Pocillopora verrucosa*（Ellis *et* Solander，1786）

曾用学名 无

英文名 Brown stem coral，White lace，Cauliflower

别　名 海石花

分类地位 刺胞动物门CNIDARIA/珊瑚纲ANTHOZOA/石珊瑚目SCLERACTINIA/杯形珊瑚科Pocilloporidae/杯形珊瑚属*Pocillopora*

保护级别 国家二级；CITES附录Ⅱ

识别特征 外观呈树枝状，但枝梢并不尖细。群体几乎等大的大小分枝形成半球状，分枝与小枝上的突起多。该种特点是大小分枝均向上生长，无蔓延枝，牢固附在硬底。个体排列越到分支顶端越拥挤。突起高矮不等，直径从2～5mm到3～6mm。珊瑚杯底部圆形，直径约1mm。在分枝顶部几乎磨光或有小疣存在，珊瑚杯模糊不清。隔片刺状，二轮不完全，轴柱为微突瘤。

生活习性 该种生活在礁斜波浪大处，常见为棕褐色群体，粉红色群体在水深或稍为平静环境中经常可见。

分布地区 我国南海诸岛屿。国外广泛分布于印度洋和太平洋。

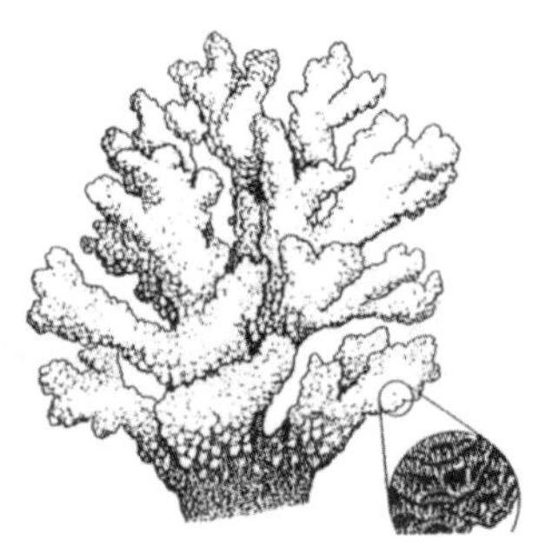

环节动物门

ANNELIDA

蛭纲

HIRUDINOIDEA

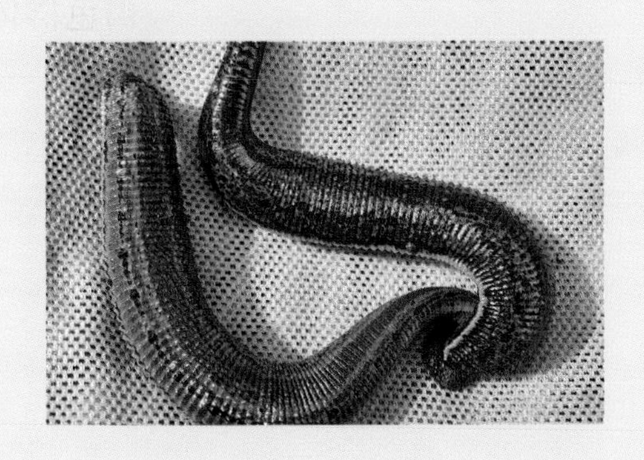

32. 欧洲医蛭 *Hirudo medicinalis*

学　　名 *Hirudo medicinalis* Linnaeus，1758

曾用学名 无

英 文 名 Medicinal leech

别　　名 蚂蝗，水蛭

分类地位 环节动物门ANNELIDA/蛭纲HIRUDINOIDEA/无吻蛭目ARHYNCHOBDELLIDA/医蛭科Hirudinidae/医蛭属*Hirudo*

保护级别 国家二级（核准）；CITES附录Ⅱ

识别特征 体中型，长度为3.0 ~ 15.0cm。背面常有纵行的条纹，但偶尔有斑点。5对眼，较发达。体表感觉乳突背面有8列、腹面6列。第9节至23或24节为完全体节，每节5环相等。环带占15节。雄性和雌性生殖孔的位置恒定，分别位于第 11节和第12节的环沟上，没有交配孔。有3个发达的颚。咽部有6条内纵褶，背中1对及腹侧各1对，其前端又同颚的内基相合并。

生活习性 本种为水生吸血种类。广泛栖息于水田及其相通的沟渠、池塘和沼泽中。以卵茧繁殖。

分布地区 主要分布于欧洲各国。

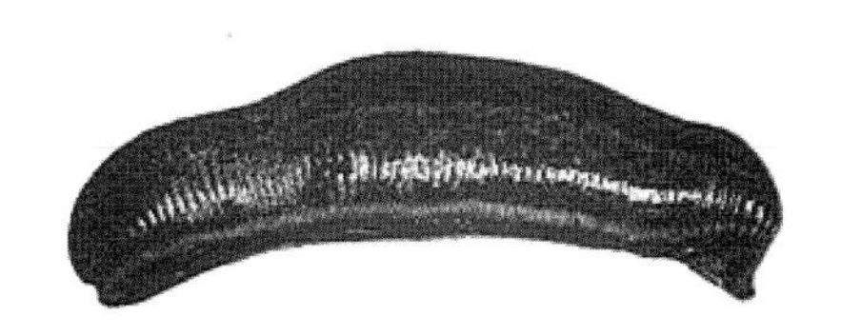

33. 侧纹医蛭 *Hirudo verbana*

学　　名 *Hirudo verbana* Carena，1820

曾用学名 无

英 文 名 Medicinal leech

别　　名 蚂蟥，水蛭

分类地位 环节动物门ANNELIDA/
蛭纲HIRUDINOIDEA/
无吻蛭目ARHYNCHOBDELLIDA/
医蛭科Hirudinidae/医蛭属*Hirudo*

保护级别 国家二级（核准）；CITES附录Ⅱ

识别特征 体狭长，背腹扁平。有5对发达的眼。背面有2条宽的黄色纵纹。腹面两侧各有一条很细的黑绿色纵纹，腹部中间呈黄色。雄性和雌性生殖孔位于第11节和12节的b5/b6环沟上，两孔相隔5环。有3个发达的颚，颚具锐利的齿。咽部有6条内纵褶，背中1对及腹侧各1对，前端又同颚内基相合并。精管膨腔呈圆形，具有不甚长的阴茎囊。阴道囊呈梨形，没有盲囊。阴道狭长，具“V”形转折。

生活习性 本种为水生吸血种类。栖息于水田、沟渠、池塘、沼泽和水库中，吸取人、畜、鱼类和其他动物血液。以卵茧繁殖。

分布地区 主要分布于欧洲南部、中部和东部。

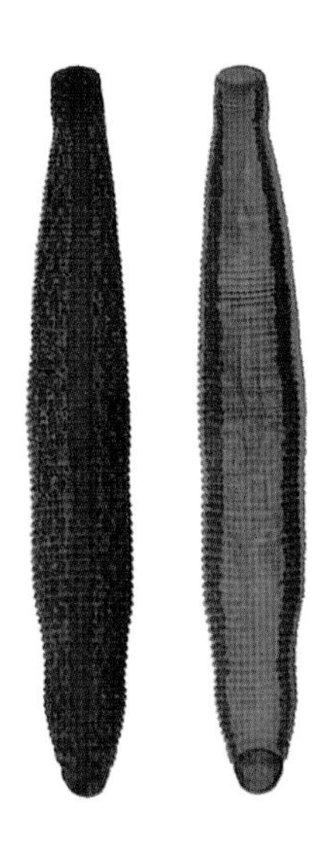

软体动物门

MOLLUSCA

腹足纲

GASTROPODA

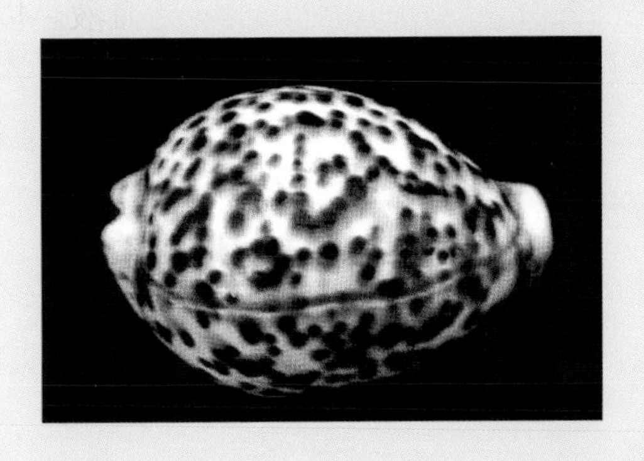

34. 夜光蝾螺 *Turbo marmoratus*

学　　名　*Turbo marmoratus* Linnaeus，1758

曾用学名　*Turbo olearius*，*Turbo cochlus*，*Turbo undulata*

英 文 名　Great green turban

别　　名　蝾螺，夜光螺，夜光贝

分类地位　软体动物门MOLLUSCA/腹足纲GASTROPODA/原始腹足目ARCHAEOGASTROPODA/蝾螺科Turbinidae/蝾螺属*Turbo*

保护级别　国家二级

识别特征　贝壳大且厚重，近球形，壳长可达16.5cm，为蝾螺科中最大的一个种；体螺层极其膨大，壳面平滑，缝合线浅，老个体体螺层的肩角上常具瘤状突起。壳口圆形，内珍珠层较厚，具珍珠光泽。厣石灰质，极厚重，近圆形，外部凸圆；无脐孔。贝壳呈暗绿色，具黑褐色和白色相间的纵带和色斑。

生活习性　多栖息于高温、高盐、水质清澈和海藻繁茂的岩礁和珊瑚礁海底。

分布地区　我国主要分布于台湾、海南岛南部及各岛礁。国外广泛分布于印度洋和太平洋热带海域。

35. 法螺 *Charonia tritonis*

学　　名 *Charonia tritonis*（Linnaeus，1758）

曾用学名 *Eutritonium tritonis*，*Murex tritonis*，*Septa tritonia*，*Triton imbricata*

英 文 名 Trumpet triton

别　　名 大法螺

分类地位 软体动物门MOLLUSCA/腹足纲GASTROPODA/玉黍螺目LITTORINIMORPHA/法螺科Charoniidae/法螺属*Charonia*

保护级别 国家二级

识别特征 贝壳大型，壳高可达35cm，外形似号角状。壳面具粗细相间的螺肋和结节状突起，螺肋光滑、宽平，其间有较深的螺沟及少数细肋；螺层常有两条明显的纵肿肋。缝合线浅，各螺层在缝合线下的螺肋常呈波纹状。壳口卵圆形，内呈橘红色，外唇内缘具有成对的红褐色齿肋。轴唇上有白褐相间的条状褶襞。壳呈黄红色，具黄褐色或紫色鳞状花纹。

生活习性 多生活于水深约10m的浅海珊瑚礁或岩礁间，有藻类丛生处。

分布地区 我国台湾和西沙群岛。本种为印度-西太平洋暖水种，主要分布于印度洋、新西兰、澳大利亚、菲律宾和日本南部等地。

36. 唐冠螺 *Cassis cornuta*

学　　名 *Cassis cornuta*（Linnaeus，1758）

曾用学名 *Cassis caputequinm*，*Cassis hamata*，*Cassis labiata*

英 文 名 Crown snail

别　　名 冠螺

分类地位 软体动物门MOLLUSCA/腹足纲GASTROPODA/中腹足目MESOGASTROPODA/冠螺科Cassididae/冠螺属*Cassis*

保护级别 国家二级

识别特征 壳高22.0～29.6cm，壳宽18.5～22.0cm，呈皇冠形，壳质极坚实而厚，有光泽，有9～10个螺层。壳顶尖。贝壳表面具有生长线和螺旋形的肋纹，两种肋纹相互交叉形成网状，每一螺层的肩部具有结节状突起，体螺层上的结节状突起特别发达，呈圆锥状。体螺层上还有2条粗壮的横肋，上面也生有结节状突起。螺旋部和体螺层上具有一条片状的纵肋。壳口狭长，内外层都扩张为帽缘状，贝壳表面呈灰白色，并具有不规则的红褐色斑纹。

生活习性 本种为暖海性种类，多栖息在珊瑚礁间，平时贝壳口向下，多匍匐于珊瑚礁或海底。

分布地区 我国南海、西沙群岛等海域。国外分布于东非沿岸，印度洋和太平洋之间的加罗林群岛、萨摩亚群岛、夏威夷群岛、日本南部以及澳大利亚沿岸。

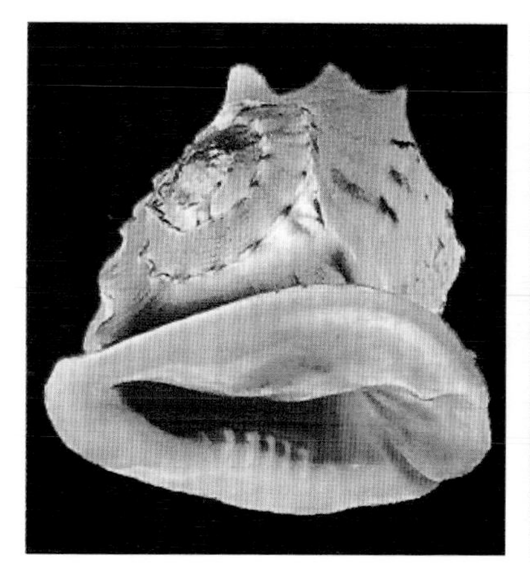

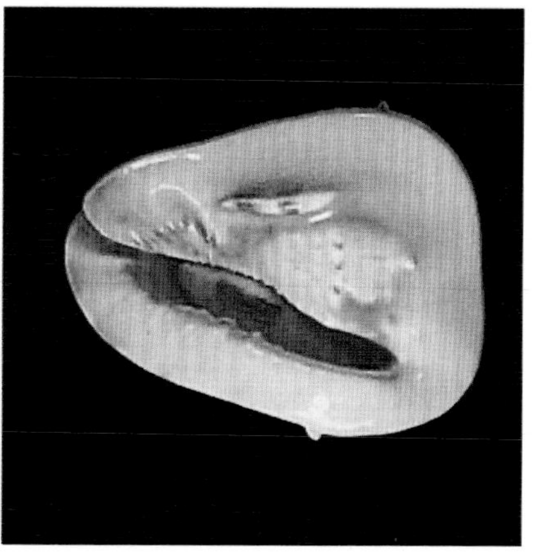

37. 虎斑宝贝 *Cypraea tigris*

学　名　*Cypraea tigris* Linnaeus，1758

曾用学名　*Cypraea tigris* f. *semipicta*，*Cypraea tigris* var. *chionia*

英 文 名　Tiger cowrie

别　名　宝贝，货贝

分类地位　软体动物门MOLLUSCA/腹足纲GASTROPODA/中腹足目MESOGASTROPODA/宝贝科Cypraeidae/宝贝属*Cypraea*

保护级别　国家二级

识别特征　贝壳较大，表面极光滑，富有陶瓷光泽，呈卵圆形，壳质结实。壳色为灰白色或淡黄褐色，两侧缘为白色，壳面上布有许多大小不等、分布不均匀的黑褐色斑点，形似虎身上的斑纹，其色泽的浓淡常因栖息环境而有变化。

生活习性　本种为暖海性种类，常栖息在潮间带低潮区或稍深的岩石、珊瑚礁质的海底。喜欢在黄昏和夜间活动、觅食或交配。雌雄异体，卵生。主要以珊瑚动物为食，也取食海绵、有孔虫和小的甲壳动物。

分布地区　印度洋和太平洋的热带海域。

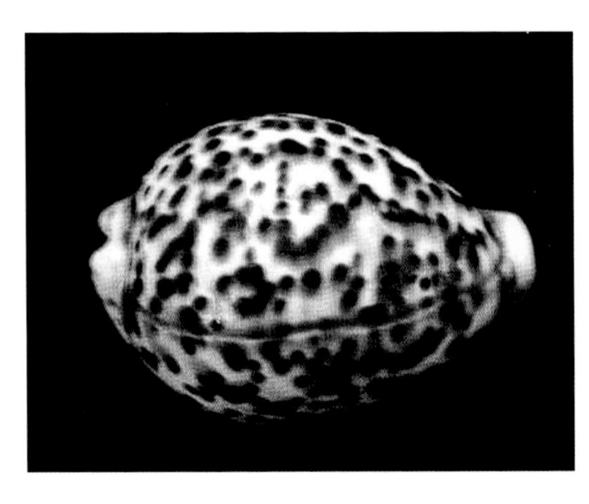

38. 大凤螺 *Strombus gigas*

学　　名　*Strombus gigas*（Linnaeus，1758）

曾用学名　*Aliger gigas*

英 文 名　Gueen conch，Pink conch，Sea-snail

别　　名　凤螺，女王凤螺

分类地位　软体动物门MOLLUSCA/腹足纲GASTROPODA/中腹足目MESOGASTROPODA/凤螺科Strombidae/凤螺属*Strombus*

保护级别　国家二级（核准，仅野外种群）；CITES附录Ⅱ

识别特征　贝壳较大，略呈小角塔形，壳质实而厚，有光泽，有7～8个螺层，前几个螺层增长缓慢，螺旋部低矮，体螺层极膨大。缝合线深，壳顶尖。贝壳表面具有刻纹，并具有粗壮的小瘤。壳口宽大，口缘厚，前缘短。轴缘具有胼胝部。厣长而狭窄。

生活习性　本种为暖海性种类，生活于浅海，在潮间带的下区，低潮线附近较多，喜在岩石、细沙质或珊瑚礁的海底栖息。一般移动迟缓。

分布地区　分布于中美洲加勒比海的热带海域中。

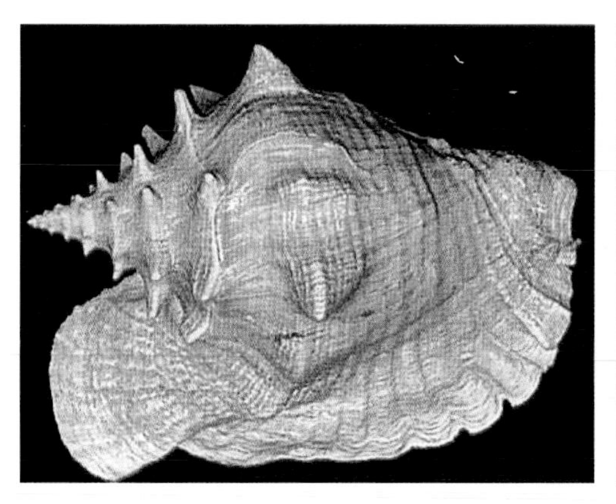

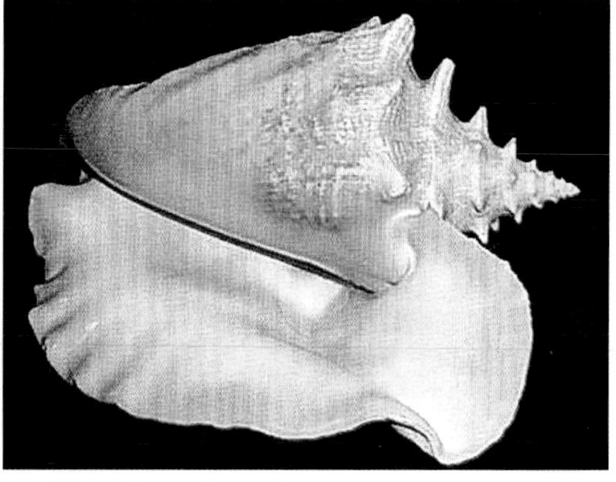

39. 螺蛳 *Margarya melanioides*

学　　名 *Margarya melanioides* Nevill，1877

曾用学名 *Vivipara margariana* var. *carinata* Neumayr，1887

英 文 名 Snail

别　　名 滇池螺蛳

分类地位 软体动物门MOLLUSCA/腹足纲GASTROPODA/中腹足目MESOGASTROPODA/田螺科Viviparidae/螺蛳属*Margarya*

保护级别 国家二级

识别特征 贝壳大型，成体壳高，最大者可达77mm，壳宽47mm。壳质厚坚实，外形呈塔状。有6个螺层，各层增长均匀，皆外凸；壳顶钝；体螺层膨大。壳面呈绿褐色或黄褐色。各螺层中部呈角状，上有2～3条念珠状的螺棱，在体螺层上有5条螺棱，并具有大的棘状突起。壳口近圆形，外唇较薄，在体螺层棘状突起处成沟状突起，内唇厚，外折，上方贴覆于体螺层上，壳口内呈灰白色。脐孔小，经常被内唇所遮盖。厣为角质的红褐色梨形薄片，具有同心圆的生长纹，厣核略靠近内唇中央处。

生活习性 仅生活在湖泊内，常以宽大的足部在湖底匍匐生活。

分布地区 本种为我国特有属种，仅分布于我国云南省的滇池、洱海、抚仙湖、异龙湖和大屯海等湖泊。

40. *缩短小玛瑙螺 *Achatinella abbreviata*

学　名　*Achatinella abbreviata* Reeve，1850
曾用学名　*Helix abbreviata*
英文名　Little agate snail，Oahu tree snail
别　名　蜗牛
分类地位　软体动物门MOLLUSCA/
腹足纲GASTROPODA/
柄眼目STYLOMMATOPHORA/
小玛瑙螺科Achatinellidae/小玛瑙螺属*Achatinella*
保护级别　CITES附录Ⅰ
识别特征　贝壳中等大小，壳质稍厚，有光泽，呈卵圆锥形，有6个螺层。前几个螺层增长较缓慢，膨大，螺旋部十分短，呈矮圆锥形，体螺层特膨大。壳顶钝，缝合线明显。壳面光滑，为橄榄黄色，在缝合线处有1条黑褐色线，在体螺层下部壳面为暗黑绿色。壳顶为黑色。壳轴胼胝扭转。壳高19mm，壳宽10mm；壳口高9.5mm，壳口宽4.5mm。
生活习性　本种为陆栖种类。一般栖息于阴暗潮湿、多腐殖质的灌木丛、草丛和石块缝隙中。白昼潜伏，夜间出来活动，寻找食物和交配繁殖。
分布地区　主要分布于美国夏威夷瓦胡岛。

41. *金顶小玛瑙螺 *Achatinella apexfulva*

学　　名　*Achatinella apexfulva*（Dixon, 1789）

曾用学名　*Helix apexfulva*，*Turbo apexfulva*

英 文 名　Oahu treesnail

别　　名　蜗牛

分类地位　软体动物门MOLLUSCA/
腹足纲GASTROPODA/
柄眼目STYLOMMATOPHORA/
小玛瑙螺科Achatinellidae/小玛瑙螺属*Achatinella*

保护级别　CITES附录Ⅰ

识别特征　贝壳左旋或右旋，圆锥形，壳质厚、坚实，壳面光滑。有6个螺层，体螺层膨大，壳顶尖，缝合线清晰。壳口稍倾斜，口缘增厚，呈白色，扩张，略外折，轴缘具轴板。胚螺层呈金黄色，其余螺层呈棕色且具有白色色带环绕。壳高19.0mm，壳宽12.5mm。

生活习性　栖息于树上或灌丛，以树叶和树干上着生的真菌为食。

分布地区　美国夏威夷瓦胡岛。

42. *凹陷小玛瑙螺 *Achatinella concavospira*

学　　名　*Achatinella concavospira* Pfeiffer, 1859
曾用学名　*Apex turbiniformis*
英 文 名　Oahu tree snail
别　　名　蜗牛
分类地位　软体动物门MOLLUSCA/
腹足纲GASTROPODA/
柄眼目STYLOMMATOPHORA/
小玛瑙螺科Achatinellidae/小玛瑙螺属*Achatinella*
保护级别　CITES附录 I
识别特征　贝壳右旋，圆锥形，壳质厚、坚实，壳面光滑。有7个螺层，体螺层膨大，壳顶尖，缝合线清晰。壳口稍倾斜，口缘增厚，呈鹅黄色，扩张，略外折，轴缘具乳状突起。前三个螺层呈白色，其余螺层呈棕色，沿缝合线具有较宽的白色色带环绕。壳高21.5mm，壳宽11.3 mm。
生活习性　栖息于树上或灌丛，以树叶和树干上着生的真菌为食。
分布地区　美国夏威夷瓦胡岛。

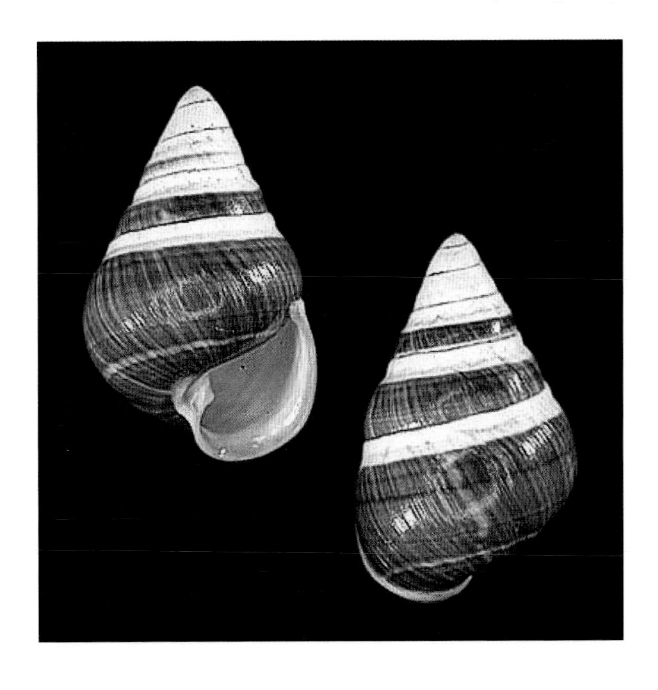

43. *迷惑小玛瑙螺 *Achatinella decipiens*

学　　名　*Achatinella decipiens* Newcomb, 1854

曾用学名　*Achatinella corrugata*, *Achatinella torrida*

英 文 名　Oahu tree snail

别　　名　蜗牛

分类地位　软体动物门MOLLUSCA/腹足纲GASTROPODA/柄眼目STYLOMMATOPHORA/小玛瑙螺科Achatinellidae/小玛瑙螺属*Achatinella*

保护级别　CITES附录 I

识别特征　贝壳左旋或右旋，圆锥形，壳质厚、坚实，壳面光滑。有6个螺层，体螺层膨大，壳顶尖，缝合线清晰。壳口稍倾斜，口缘增厚，扩张，略外折；外唇呈黄色，底唇呈白色，轴板短。壳面颜色变异较大，呈黄色或棕色，沿缝合线具有较细的栗色色带。壳高20.5mm，壳宽9mm。

生活习性　栖息于树上或灌丛，以树叶和树干上着生的真菌为食。

分布地区　美国夏威夷瓦胡岛。

44. *光亮小玛瑙螺 *Achatinella fulgens*

学　　名 *Achatinella fulgens* Newcomb，1853

曾用学名 *Achatinella diversa*，*Achatinella trilineata*

英 文 名 Oahu tree snail

别　　名 蜗牛

分类地位 软体动物门MOLLUSCA/腹足纲GASTROPODA/柄眼目STYLOMMATOPHORA/小玛瑙螺科Achatinellidae/小玛瑙螺属*Achatinella*

保护级别 CITES附录Ⅰ

识别特征 贝壳多为左旋（极少数为右旋），长圆锥形，壳质厚、坚实，壳面光滑。有6个螺层，体螺层膨大，壳顶尖，缝合线清晰。壳口稍倾斜，口缘略外折，轴板短。壳面颜色变异较大，除胚螺层外，其余螺层通常具有栗色色带。壳高23.1mm，壳宽10.3 mm。

生活习性 栖息于树上或灌丛，以树叶和树干上着生的真菌为食。

分布地区 美国夏威夷瓦胡岛。

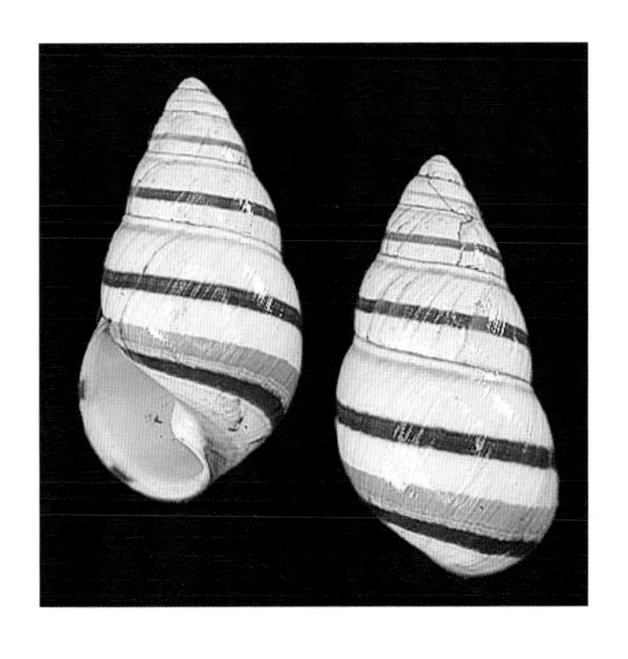

45. *环带小玛瑙螺 *Achatinella fuscobasis*

学　　名　*Achatinella fuscobasis*（E.A. Smith，1873）

曾用学名　*Bulimella fuscobasis*

英 文 名　Oahu tree snail

别　　名　蜗牛

分类地位　软体动物门MOLLUSCA/腹足纲GASTROPODA/柄眼目STYLOMMATOPHORA/小玛瑙螺科Achatinellidae/小玛瑙螺属*Achatinella*

保护级别　CITES附录Ⅰ

识别特征　贝壳左旋，呈圆锥形，壳质厚、坚实，壳面光滑。有6个螺层，体螺层膨大，壳稍钝，缝合线清晰。壳口稍倾斜，口缘稍薄，轴缘具轴板。壳面呈白色，沿缝合线具有栗色色带，体螺层下方具有两条深黄色色带。壳高16.0mm，壳宽10.0mm。

生活习性　栖息于树上或灌丛，以树叶和树干上着生的真菌为食。

分布地区　美国夏威夷瓦胡岛。

46. *里拉小玛瑙螺 *Achatinella lila*

学　　名　*Achatinella lila* Pilsbry，1914
曾用学名　无
英 文 名　Oahu tree snail
别　　名　蜗牛
分类地位　软体动物门MOLLUSCA/腹足纲GASTROPODA/柄眼目STYLOMMATOPHORA/小玛瑙螺科Achatinellidae/小玛瑙螺属*Achatinella*
保护级别　CITES附录Ⅰ
识别特征　贝壳左旋，呈圆锥形，壳质稍薄、坚实，壳面光滑。有$5\frac{1}{2}$个螺层，体螺层膨大，壳顶稍钝，缝合线清晰。壳口稍倾斜，口缘稍薄，轴缘具轴板。壳面呈浅棕色，体螺层和倒数第二螺层常具有浅绿色色带。壳高17.0mm，壳宽11.0mm。
生活习性　栖息于树上或灌丛，以树叶和树干上着生的真菌为食。
分布地区　美国夏威夷瓦胡岛。

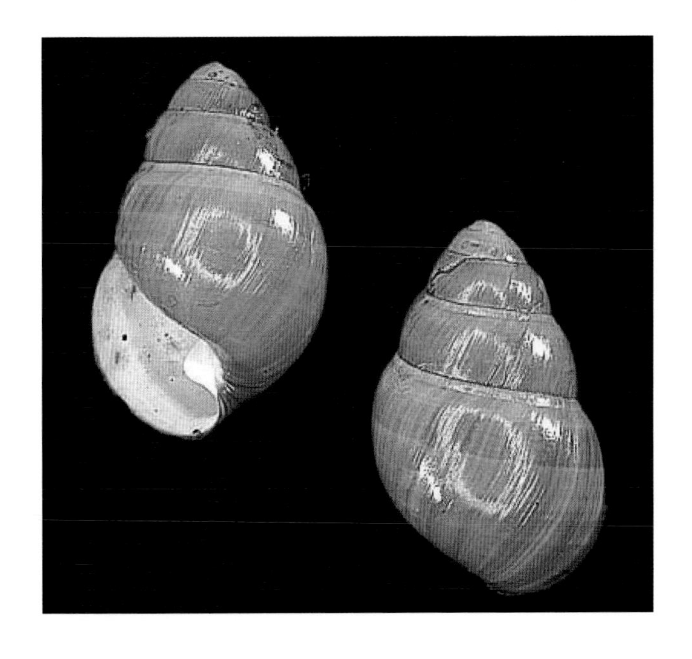

47. *青灰小玛瑙螺 *Achatinella livida*

学　名 *Achatinella livida* Swainson，1828

曾用学名 无

英 文 名 Oahu tree snail

别　名 蜗牛

分类地位 软体动物门MOLLUSCA/
腹足纲GASTROPODA/
柄眼目STYLOMMATOPHORA/
小玛瑙螺科Achatinellidae/小玛瑙螺属*Achatinella*

保护级别 CITES附录Ⅰ

识别特征 贝壳左旋或右旋，呈长圆锥形，壳质稍薄、坚实，壳面光滑。有6个螺层，体螺层膨大，壳顶稍钝，缝合线清晰。壳口稍倾斜，口缘稍薄，轴板短。壳面颜色变异较大，呈浅黄色、浅绿色或深棕色，除胚螺层外，各螺层具有栗色色带环绕。壳高17.0mm，壳宽9.0mm。

生活习性 栖息于树上或灌丛，以树叶和树干上着生的真菌为食。

分布地区 美国夏威夷瓦胡岛。

48. *鼬鼠小玛瑙螺 *Achatinella mustelina*

学　　名 *Achatinella mustelina*（Mighels，1845）
曾用学名 *Apex mustelina*，*Bulimella multilineata*
英 文 名 Oahu tree snail
别　　名 蜗牛
分类地位 软体动物门MOLLUSCA/腹足纲GASTROPODA/柄眼目STYLOMMATOPHORA/小玛瑙螺科Achatinellidae/小玛瑙螺属*Achatinella*
保护级别 CITES附录 I
识别特征 贝壳左旋或右旋，呈长圆锥形，壳质稍薄、坚实，壳面光滑。有7个螺层，体螺层膨大，壳顶稍钝，缝合线清晰。壳口稍倾斜，口缘稍薄，轴板短。壳面颜色变异较大，除胚螺层外，沿缝合线具有白色色带环绕。壳高25.6mm，壳宽10.5mm。
生活习性 栖息于树上或灌丛，以树叶和树干上着生的真菌为食。
分布地区 美国夏威夷瓦胡岛。

49. *索氏小玛瑙螺 *Achatinella sowerbyana*

学　　名 *Achatinella sowerbyana* Pfeiffer, 1855

曾用学名 *Bulimella sowerbiana*

英 文 名 Oahu tree snail

别　　名 蜗牛

分类地位 软体动物门MOLLUSCA/腹足纲GASTROPODA/柄眼目STYLOMMATOPHORA/小玛瑙螺科Achatinellidae/小玛瑙螺属*Achatinella*

保护级别 CITES附录 I

识别特征 贝壳左旋或右旋，呈长圆锥形，壳质厚、坚实，壳面光滑。有6个螺层，体螺层膨大，壳顶尖，缝合线清晰。壳口稍倾斜，口缘稍薄，轴板短。前三个螺层呈白色，其余螺层呈黄色，除胚螺层外，沿缝合线具有栗色色带环绕。壳高18.0mm，壳宽9.0mm。

生活习性 栖息于树上或灌丛，以树叶和树干上着生的真菌为食。

分布地区 美国夏威夷瓦胡岛。

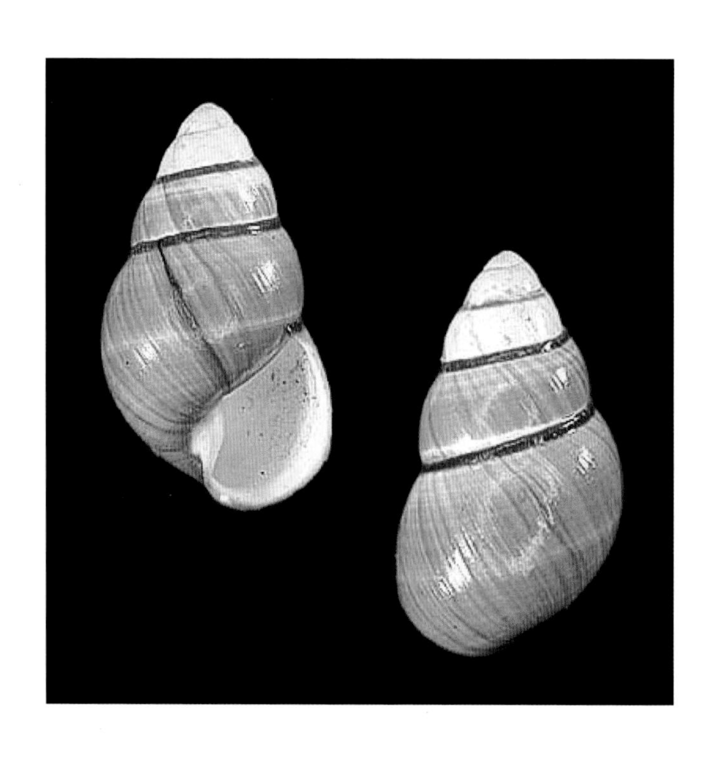

50. *美丽尖柱螺 *Papustyla pulcherrima*

学　　名　*Papustyla pulcherrima*（Rensch，1931）

曾用学名　*Papuina pulcherrima*

英 文 名　Manus green tree snail

别　　名　柱螺

分类地位　软体动物门MOLLUSCA/腹足纲GASTROPODA/柄眼目STYLOMMATOPHORA/坚齿螺科Camaenidae/尖柱螺属*Papustyla*

保护级别　CITES附录Ⅱ

识别特征　贝壳中等大小，呈塔形，壳质稍厚，光滑，有光泽，有6～7个螺层，前几个螺层增长迅速，螺旋部呈长圆锥形，体螺层膨大。缝合线深，壳顶尖。贝壳面有各种色彩，具有刻纹，并具有粗壮的小瘤。壳口倾斜，椭圆形，口缘宽大，无脐孔。

生活习性　本种为陆栖热带种类，生活于热带丛林中，常栖息于树上。

分布地区　新几内亚及邻近岛屿。

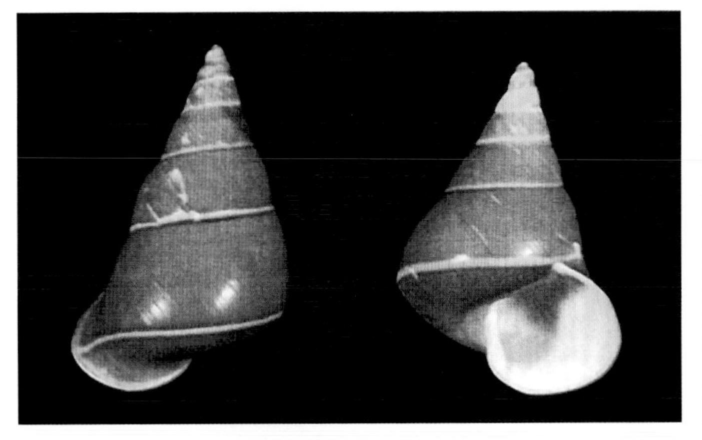

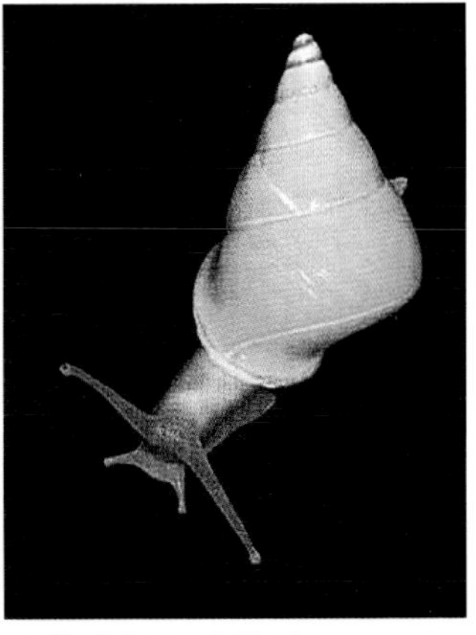

软体动物门

MOLLUSCA

双壳纲

BIVALVIA

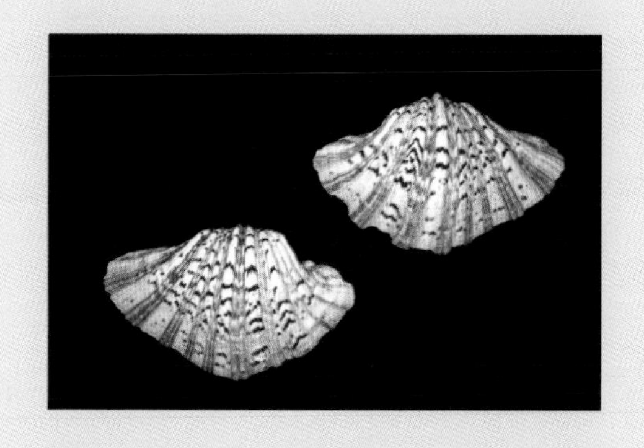

51. 大珠母贝 *Pinctada maxima*

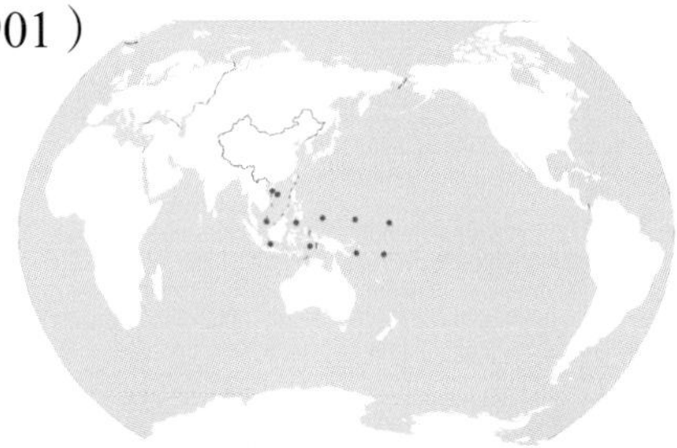

学　　名　*Pinctada maxima*（Jameson，1901）

曾用学名　*Pinctada anomioides*，*Pteria*（*Margaritifera*）*maxima*

英 文 名　Silver-lipped pearl oyster

别　　名　珍珠贝，马六甲珠母贝，金唇珠母贝，黄唇珠母贝

分类地位　软体动物门MOLLUSCA/双壳纲BIVALVIA/珍珠贝目PTERIOIDA/珍珠贝科Pteriidae/珠母贝属*Pinctada*

保护级别　国家二级（仅野外种群）

识别特征　成体壳高超过20.0cm，壳长与壳高几乎相等，是珍珠贝中最大的一种。壳质坚实而厚重，外形略呈圆状，略凸出。壳顶位于背缘前端，前耳小，后耳缺。壳表面为暗黄褐色，具有淡褐色放射肋，鳞片排列不规则，老贝体鳞片常脱落，珠层明显外露，放射肋不明显。壳内面珍珠层呈银白色，边缘部为黄褐色的角质。韧带宽厚，脱落后遗留一凹痕。闭壳肌痕宽大，略呈肾脏形，外侧1/2处有一粗的横褶，内侧2/3处加宽，痕面不平滑，有许多明显的横纹。

生活习性　本种为热带海洋种类，多栖息在水深20m左右的浅海，在我国海南沿海60m深处可采到。

分布地区　分布范围较窄。我国分布于海南及西沙群岛；国外仅分布于太平洋西部的热带海区。

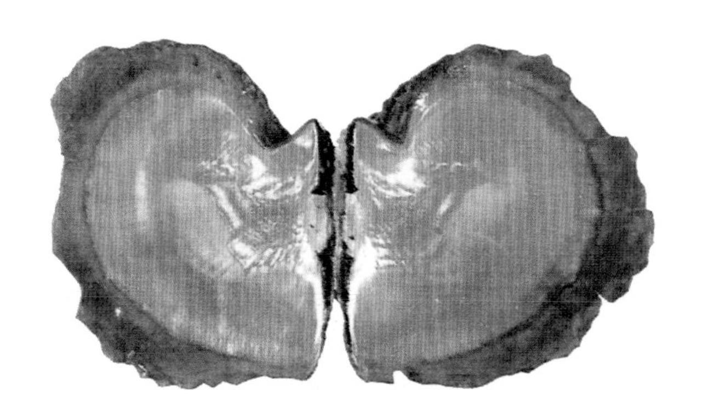

52. 珠母珍珠蚌 *Margarritiana dahurica*

学　　名 *Margarritiana dahurica*（Middendorff，1850）

曾用学名 *Unio*（*Margaritana*）*dahuricus* Middendorff，1850；*Dahurinaia dahurica*（Middendorff，1850）

英 文 名 Pearl clam

别　　名 大珍珠蚌

分类地位 软体动物门MOLLUSCA/双壳纲BIVALVIA/蚌目UNIONIDA/珍珠蚌科Margaritanidae/珍珠蚌属*Margarritiana*

保护级别 国家二级（仅野外种群）

识别特征 贝壳大型，壳长可达180mm，壳高70mm，壳宽40mm。壳质较厚而坚固，外形呈长椭圆形，两壳略膨胀。壳面呈深褐色，或近于黑色。壳顶经常被腐蚀，位于壳前端，全部壳长1/4处，不突出。壳面上生长线明显，从壳顶到腹缘有一条不明显的凹痕。壳顶窝浅，壳内面珍珠层呈淡鲑肉色或白色，并布有近于蓝色、有光泽的白点。

生活习性 栖息于水质清澈的河流及小溪内。以微小生物及有机碎屑为食料。

分布地区 我国的黑龙江省及吉林省（黑龙江、松花江及其支流内）。国外分布于国后岛、蒙古等。

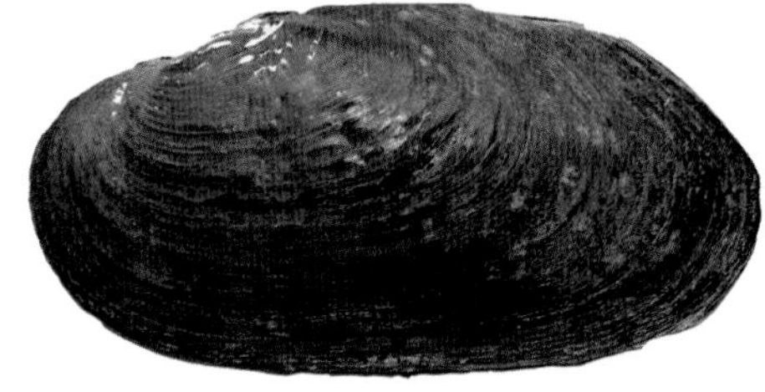

53. 中国淡水蛏 *Novaculina chinensis*

学　名 *Novaculina chinensis* Liu *et* Zhang, 1979

曾用学名 无

英 文 名 Freshwater razor clam

别　名 淡水蛏

分类地位 软体动物门MOLLUSCA/双壳纲BIVALVIA/蚌目UNIONIDA/截蛏科Solecurtidae/淡水蛏属*Novaculina*

保护级别 国家二级

识别特征 贝壳较小型，壳长一般约35mm，壳高16mm，壳宽10mm。壳质薄而脆，近长方形，背缘和腹缘平行。两壳闭合时，顶略突出于背缘之上，位于贝壳前端，全部壳长的1/3处。壳表面黄褐色，布满细密的生长纹，于前后端形成皱褶渊。壳内表面白色，前闭壳肌痕呈长三角形，后闭壳肌痕呈宽三角形，外套窦呈“U”形，分别与后闭壳肌痕和外套痕相连。中国淡水蛏足大肉多，肉味鲜美，营养价值高，是人们喜食的淡水贝类。

生活习性 中国淡水蛏栖息于泥底或沙底的河流及湖泊内，主要以硅藻为食料。

分布地区 在我国最早记录分布于江苏的太湖和高邮湖，后陆续报道分布于长江中下游的巢湖、鄱阳湖、洞庭湖、昆承湖、淀山湖和黄浦江等，以及山东南四湖、福建陶江、广东深圳河和浙江湖州、嘉善等地。

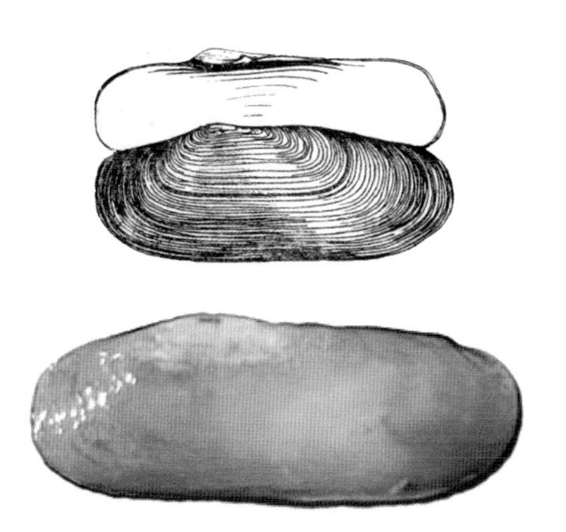

54. 龙骨蛏蚌 *Solenaia carinatus*

学　　名　*Solenaia carinatus*（Heude，1877）

曾用学名　*Micetopus carinatus*

英 文 名　Freshwater mussel

别　　名　蛏蚌

分类地位　软体动物门MOLLUSCA/双壳纲BIVALVIA/蚌目UNIONIDA/截蛏科Solecurtidae/蛏蚌属*Solenaia*

保护级别　国家二级

识别特征　贝壳大型，壳长可达280mm，壳高80mm，壳宽60mm。外形窄长，壳长约为壳高的3.5倍。壳较厚，呈黑色，左右贝壳对等，壳前端细，逐渐向后端延长扩大，后端呈截状，开口，腹缘中部凹入缩小。壳顶低，不突出背缘之上。后背嵴有明显的龙骨状突起，斜达后缘中线上部。后背缘末端呈直角下垂。壳表面有粗大的生长线。

生活习性　生活于大的湖泊、河流等流水环境。主要栖息于水质清澈、有一定水流的河口及湖泊相连的河口处，终生穴居，不移动。和橄榄蛏蚌有同样生境和生活方式，但繁殖生物学研究几乎为空白。

分布地区　我国特有种。分布于江西赣江、修河，安徽淮河等。

55. 雕刻射蚌 *Conradilla caelata*

学　名　*Conradilla caelata*（Conrad，1834）
曾用学名　*Lemiox rimosus*，*Lemiox caelata*
英 文 名　Bird-wing pearly mussel，
Rimrose naiad
别　名　裂缝嵴蚌
分类地位　软体动物门MOLLUSCA/
双壳纲BIVALVIA/珠蚌目UNIONOIDA/
蚌科Unionidae/射蚌属*Conradilla*
保护级别　CITES附录Ⅰ
识别特征　贝壳中等大小，壳质坚实而厚，稍微扁平，外形略呈圆三角形，壳顶高。壳面具有明显排列成2列的刻纹，在贝壳后部具有粗的放射状纹。铰合齿低，粗糙。左贝壳上有2枚齿，右贝壳上有1～3枚齿。
生活习性　常栖息于多为泥沙底或泥底的湖泊和河流内。以微小生物为食料。
分布地区　主要分布于美国。

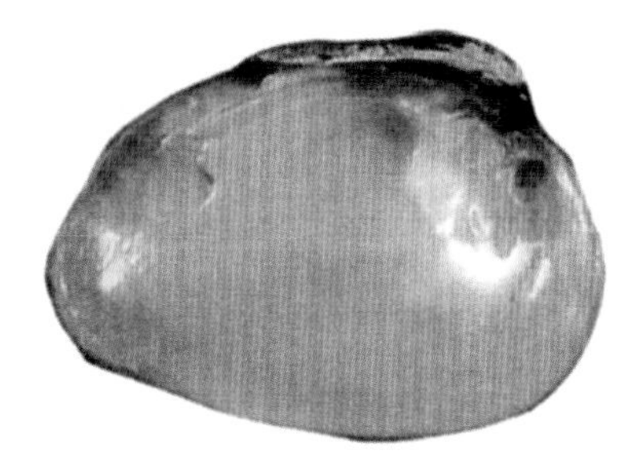

56. 阿氏强膨蚌 *Cyprogenia aberti*

学　名 *Cyprogenia aberti*（Conrad，1850）

曾用学名 *Unio aberi*

英 文 名 Edible naiad，Edible pearly mussel

别　名 蚌

分类地位 软体动物门MOLLUSCA/双壳纲BIVALVIA/珠蚌目UNIONOIDA/蚌科Unionidae/强膨蚌属*Cyprogenia*

保护级别 CITES附录Ⅱ

识别特征 贝壳中等大小，短粗，扁平，壳质坚实而厚，外形略呈圆三角形，壳顶升高。壳面具有十分弱的刻纹，横向贝壳表面并具有小瘤状的结节。铰合部缘宽大而平坦。主齿粗壮、钝，呈三角形。

生活习性 常栖息于多为泥沙底或泥底的湖泊、池塘和河流内。以微小生物及有机碎屑为食料。

分布地区 主要分布于美国。

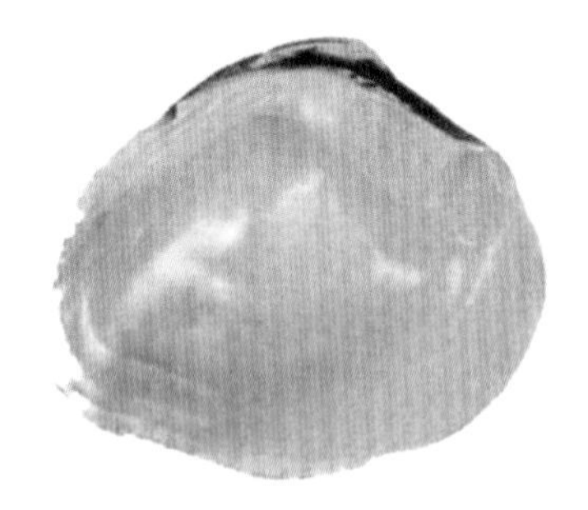

57. 走蚌 *Dromus dromas*

学　名　*Dromus dromas*（Lea，1834）

曾用学名　*Fusconaia cuneolus*

英 文 名　Dromedary naiad

别　名　蚌

分类地位　软体动物门MOLLUSCA/双壳纲BIVALVIA/珠蚌目UNIONOIDA/蚌科Unionidae/走蚌属*Dromus*

保护级别　CITES附录 I

识别特征　贝壳中等大小，壳质坚实而厚，外形略呈圆三角形，其前部特别粗壮，壳顶十分高。壳面具有明显的排列呈同心圆的刻纹，并有一排瘤状的结节围绕在整个边缘中心的位置。铰合部缘宽大而扁平。主齿呈三角形，小而浅。鳃瓣较粗，呈棒状。

生活习性　常栖息于多为泥沙底或泥底的湖泊、池塘和河流内。以藻类或微小生物为食料。

分布地区　主要分布于美国。

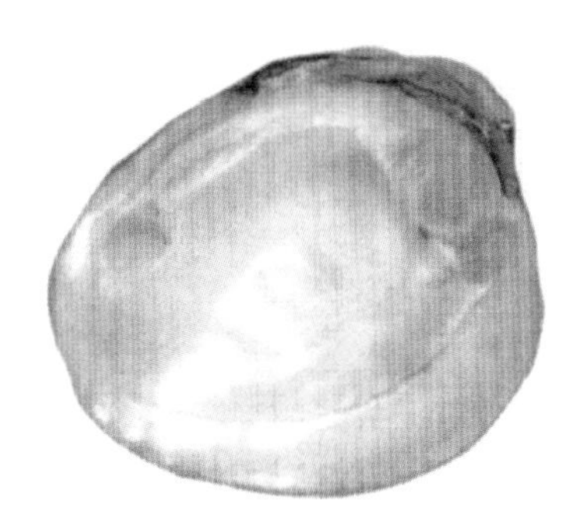

58. 冠前嵴蚌 *Epioblasma curtisi*

学　名　*Epioblasma curtisi*（Frierson *et* Utterback in Utterback，1916）
曾用学名　*Truncilla curtisii*
英文名　Blossom naiad
别　名　蚌
分类地位　软体动物门MOLLUSCA/双壳纲BIVALVIA/珠蚌目UNIONOIDA/蚌科Unionidae/前嵴蚌属*Epioblasma*
保护级别　CITES附录Ⅰ
识别特征　壳较厚且坚固，呈椭圆形或斜方形。壳顶略膨大，稍高于背缘。雄蚌后背缘有双肋，雌蚌后背缘宽圆；壳表面黄褐色，有突出的生长线及绿色放射线。拟主齿和侧齿清晰。珍珠层白色。
生活习性　栖息于奥索卡（Ozark）小溪的沙砾或泥底中。
分布地区　美国特有物种。分布于美国奥索卡高原（Ozark Plateau）。

59. 闪光前嵴蚌 *Epioblasma florentina*

学　名 *Epioblasma florentina*（Lea，1857）

曾用学名 *Dysnomia florentina*，*Epioblasma curtisi*，*Epioblasma walkeri*

英 文 名 Leaf shell mussel，Yellow blossom naiad

别　名 蚌，闪光斜蚌

分类地位 软体动物门MOLLUSCA/双壳纲BIVALVIA/珠蚌目UNIONOIDA/蚌科Unionidae/前嵴蚌属*Epioblasma*

保护级别 CITES附录Ⅰ

识别特征 贝壳稍大，壳质坚实而厚，外形略呈卵圆形。壳顶紧靠贝壳前端，凸出。壳面呈淡黄褐色，但壳顶颜色常退色，呈白色或浅白色，具有微弱的同心圆刻纹，并向贝壳后部弯曲，并有十分明显的放射条纹。拟主齿较长，侧齿较短，在大多数情况下不向上弯曲。

生活习性 常栖息于多为泥沙底或泥底的湖泊、池塘和河流内。以微小生物及有机碎屑为食料。

分布地区 主要分布于美国。

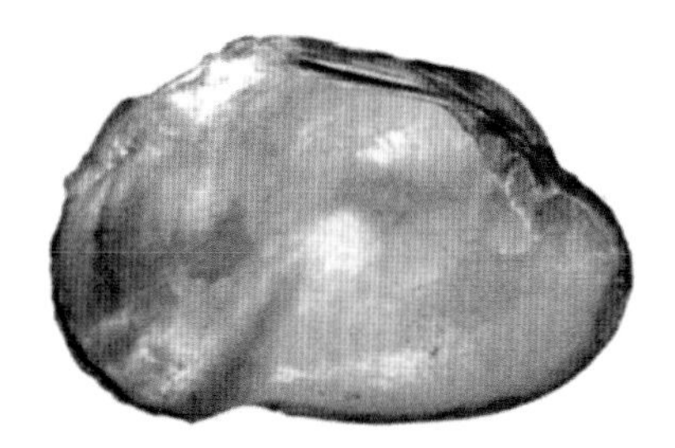

60. 沙氏前嵴蚌 *Epioblasma sampsonii*

学　　名　*Epioblasma sampsonii*（Lea，1862）

曾用学名　*Unio sampsonii*

英 文 名　Blossom naiad

别　　名　蚌

分类地位　软体动物门MOLLUSCA/双壳纲BIVALVIA/珠蚌目UNIONOIDA/蚌科Unionidae/前嵴蚌属*Epioblasma*

保护级别　CITES附录Ⅰ

识别特征　壳质坚厚，呈椭圆形或斜方形。壳顶膨大，位于近前端背缘，稍高于背缘之上。壳表面黄绿色，有突出的生长线和绿色放射线。拟主齿和侧齿清晰。珍珠层为乳白色。

生活习性　栖息于河流底泥和沙砾中。

分布地区　美国特有物种。分布于美国的下俄亥俄（Lower Ohio）盆地。

61. 全斜沟前嵴蚌 *Epioblasma sulcata perobliqua*

学 名 *Epioblasma sulcata perobliqua* (Conrad，1836)

曾用学名 *Dysnomia sulcata*

英 文 名 White cat paw mussel

别 名 全斜沟斜蚌

分类地位 软体动物门MOLLUSCA/双壳纲BIVALVIA/珠蚌目UNIONOIDA/蚌科Unionidae/前嵴蚌属*Epioblasma*

保护级别 CITES附录 I

识别特征 贝壳稍大，壳质坚实而厚，外形略呈斜方形。壳顶紧靠贝壳前端，歪斜，十分凸出。壳面呈黑黄褐色，但壳顶颜色常退色，呈白色或浅白色，具有明显的同心圆刻纹，并向贝壳后部弯曲，并有微弱的放射条纹。拟主齿十分长，侧齿短小。

生活习性 常栖息于多为泥沙底或泥底的湖泊、池塘和河流内。以微小生物及有机碎屑为食料。

分布地区 主要分布于美国。

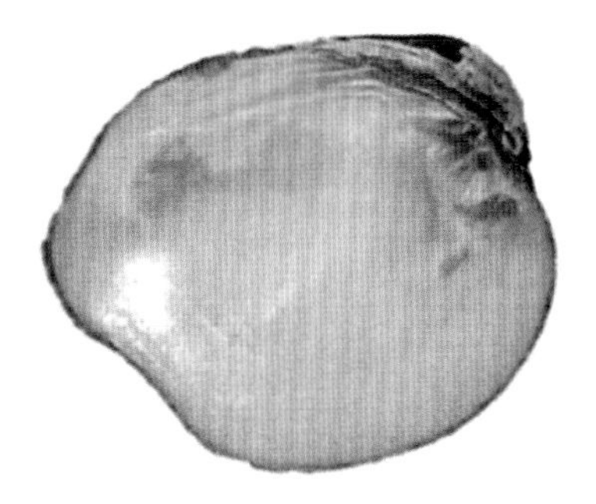

62. 舵瘤前嵴蚌 *Epioblasma torulosa gubernaculum*

学　名 *Epioblasma torulosa gubernaculum*（Reeve，1865）

曾用学名 *Dysnomia torulosa gubernaculum*

英 文 名 Green blossom naiad

别　名 舵瘤沟斜蚌

分类地位 软体动物门MOLLUSCA/双壳纲BIVALVIA/珠蚌目UNIONOIDA/蚌科Unionidae/前嵴蚌属*Epioblasma*

保护级别 CITES附录Ⅰ

识别特征 贝壳稍大，壳质坚实而厚，外形略呈椭圆形。壳顶紧靠贝壳前端，歪斜，十分凸出。壳面呈黑褐色，但壳顶颜色常退色，呈白色或浅白色，具有明显、较粗的同心圆刻纹，并向贝壳后部弯曲，并有微弱的放射条纹，在贝壳中上方有一浅的凹陷。拟主齿十分长，且直。侧齿短小。

生活习性 常栖息于多为泥沙底或泥底的湖泊、池塘和河流内。以微小生物及有机碎屑为食料。

分布地区 主要分布于美国。

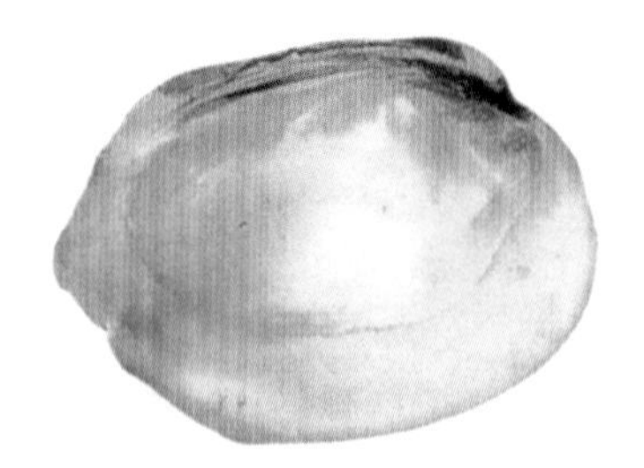

63. 行瘤前嵴蚌 *Epioblasma torulosa rangiana*

学　　名　*Epioblasma torulosa rangiana* (Lea，1838)

曾用学名　*Dysnomia torulosa rangiana*

英 文 名　Tan-blossom naiad

别　　名　行瘤沟斜蚌

分类地位　软体动物门MOLLUSCA/双壳纲BIVALVIA/珠蚌目UNIONOIDA/蚌科Unionidae/前嵴蚌属*Epioblasma*

保护级别　CITES附录Ⅱ

识别特征　贝壳稍大，壳质坚实而厚，外形略呈椭圆形。壳顶紧靠贝壳前端，歪斜，十分凸出。壳面呈黄褐色，但壳顶颜色常退色，呈白色或浅白色，具有明显的、较粗的同心圆刻纹，并向贝壳后部弯曲，并有微弱的、细的放射条纹，在贝壳中上方有一浅的凹陷，其上并有黑色条纹。拟主齿十分长，且直而细小。侧齿短粗。

生活习性　常栖息于多为泥沙底或泥底的湖泊、池塘和河流内。以微小生物及有机碎屑为食料。

分布地区　主要分布于美国。

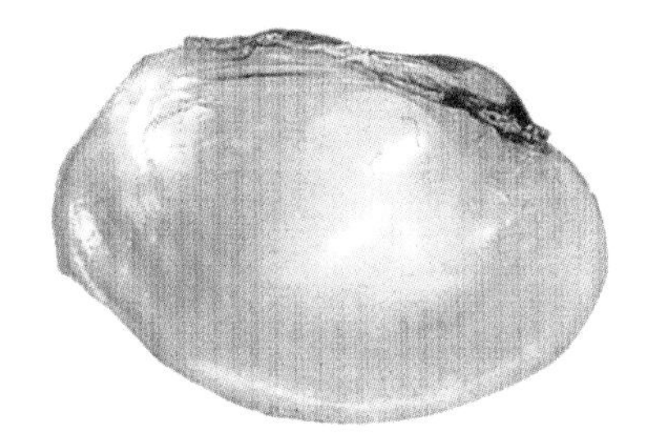

64. 瘤前嵴蚌 *Epioblasma torulosa torulosa*

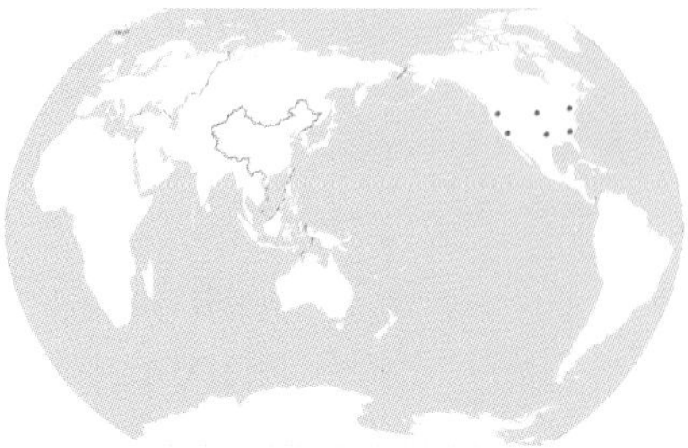

学　　名 *Epioblasma torulosa torulosa*（Rafinesque，1820）

曾用学名 *Dysnomia torulosa*

英 文 名 Curtis' naiad，Criffle shell

别　　名 瘤前斜蚌

分类地位 软体动物门MOLLUSCA/双壳纲BIVALVIA/珠蚌目UNIONOIDA/蚌科Unionidae/前嵴蚌属*Epioblasma*

保护级别 CITES附录Ⅰ

识别特征 贝壳稍大，壳质坚实而厚，外形略呈椭圆形，其前端常有一缺刻。壳顶紧靠贝壳前端，歪斜，十分凸出。壳面呈深黄褐色，间或有黑色，但壳顶颜色常退色，呈白色或浅白色，具有明显的、十分粗的同心圆刻纹，并向贝壳后部弯曲，并有微弱的、细的放射条纹，在贝壳中上方有一浅的凹陷，其上并无黑色条纹。拟主齿十分长，且直而细小。侧齿短粗。

生活习性 常栖息于多为泥沙底或泥底的湖泊、池塘和河流内。以微小生物及有机碎屑为食料。

分布地区 主要分布于美国。

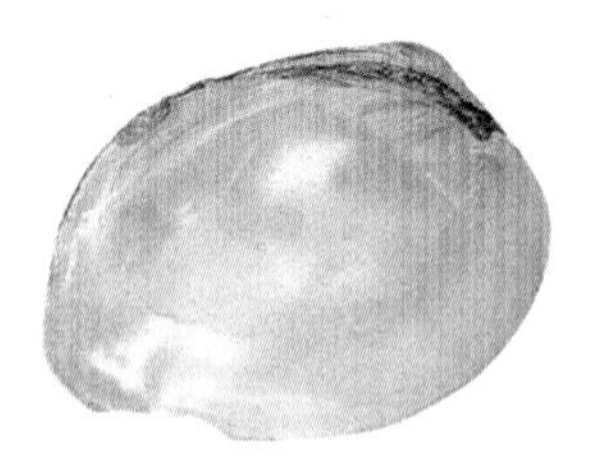

65. 膨大前嵴蚌 *Epioblasma turgidula*

学　　名　*Epioblasma turgidula*（Lea，1858）

曾用学名　*Dysnomia turgidula*

英 文 名　Turgid blossom naiad

别　　名　膨大斜蚌

分类地位　软体动物门MOLLUSCA/双壳纲BIVALVIA/珠蚌目UNIONOIDA/蚌科Unionidae/前嵴蚌属*Epioblasma*

保护级别　CITES附录Ⅰ

识别特征　贝壳稍大，壳质坚实而厚，外形略呈卵圆形或椭圆形。壳顶紧靠贝壳前端，十分歪斜，特凸出。壳面黄绿褐色，但壳顶颜色常退色，呈白色或浅白色，具有明显的、较粗的同心圆刻纹，并向贝壳后部弯曲，并有细小的放射条纹或有黑色放射条纹，在贝壳中部有一浅的凹陷或无。拟主齿十分粗，且长。侧齿短而细小。

生活习性　常栖息于多为泥沙底或泥底的湖泊、池塘和河流内。以微小生物及有机碎屑为食料。

分布地区　主要分布于美国。

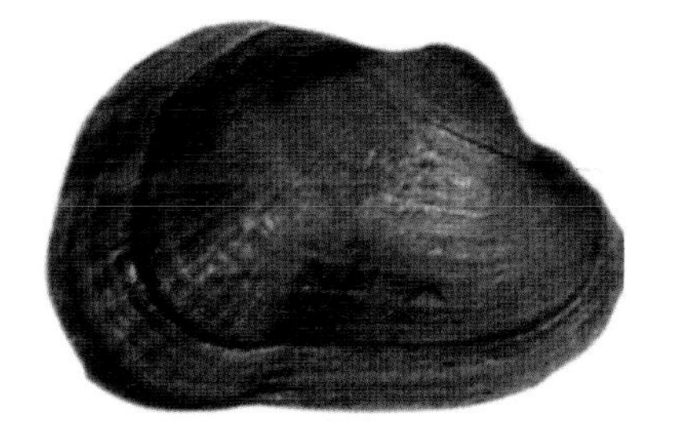

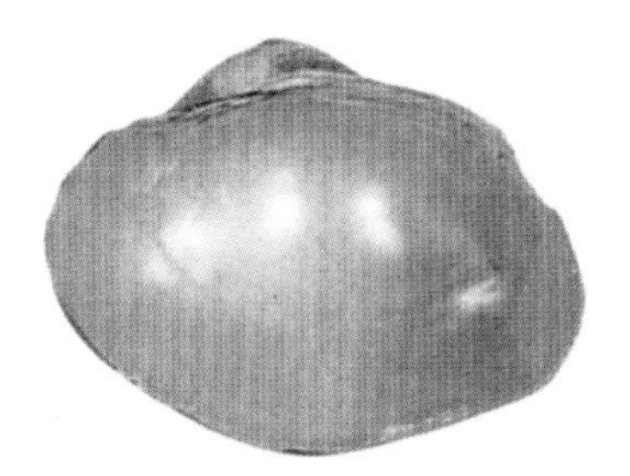

66. 瓦氏前嵴蚌 *Epioblasma walkeri*

学　名　*Epioblasma walkeri*（Wilson *et* Clark，1914）

曾用学名　*Truncilla walkeri*

英 文 名　Blossom naiad

别　名　蚌

分类地位　软体动物门MOLLUSCA/双壳纲BIVALVIA/珠蚌目UNIONOIDA/蚌科Unionidae/前嵴蚌属*Epioblasma*

保护级别　CITES附录 I

识别特征　贝壳椭圆形或斜方形。壳顶位于贝壳背缘的1/3处，几乎与后背缘平齐。贝壳表面黄绿色，具有多束绿色的放射线，从壳顶辐射到壳腹面边缘。珍珠层白色。

生活习性　栖息在河流底泥和沙砾中。

分布地区　美国的坎伯兰河（Cumberland River）。

67. 楔状水蚌 *Fusconaia cuneolus*

学　　名　*Fusconaia cuneolus*（Lea，1840）

曾用学名　*Unio wnolus*，*Margaron*（*Unio*）*cuneolus*

英 文 名　Fine-rayed pig-toe naiad

别　　名　蚌

分类地位　软体动物门MOLLUSCA/双壳纲BIVALVIA/珠蚌目UNIONOIDA/蚌科Unionidae/水蚌属*Fusconaia*

保护级别　CITES附录 I

识别特征　贝壳稍大，壳质坚实而厚，外形略呈卵圆形。壳顶紧靠贝壳前端，十分歪斜，特凸出。壳面呈深黄褐色，但壳顶颜色常退色，呈白色或浅白色，具有明显的、较粗的同心圆刻纹，并向贝壳后部弯曲，并有细小的放射条纹或有黄褐色放射条纹，在贝壳中部有一浅的凹陷。拟主齿十分长，且直，发达。侧齿短而细小。

生活习性　常栖息于多为泥沙底或泥底的湖泊、池塘和河流内。以微小生物及有机碎屑为食料。

分布地区　主要分布于美国。

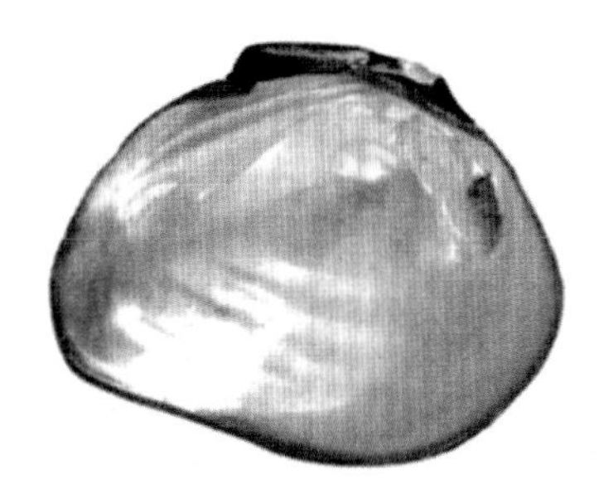

68. 水蚌 *Fusconaia edgariana*

学　　名　*Fusconaia edgariana*（Lea，1840）

曾用学名　*Fusconaia cor*

英 文 名　Shiny pig-toe naiad

别　　名　瞳仁水蚌

分类地位　软体动物门MOLLUSCA/双壳纲BIVALVIA/珠蚌目UNIONOIDA/蚌科Unionidae/水蚌属*Fusconaia*

保护级别　CITES附录 I

识别特征　贝壳稍大，壳质坚实而厚，外形略呈卵圆形。壳顶紧靠贝壳前端，十分歪斜，特凸出。壳面呈深黄褐色，有光泽，但壳顶颜色常退色，呈白色或浅白色，具有明显的、较粗的同心圆刻纹，并向贝壳后部弯曲，仅在壳顶部有细小的放射条纹或有黄褐色放射条纹，在贝壳中部无一浅的凹陷。拟主齿十分长，且直，发达。侧齿短而细小。

生活习性　常栖息于多为泥沙底或泥底的湖泊、池塘和河流内。以微小生物及有机碎屑为食料。

分布地区　主要分布于美国。

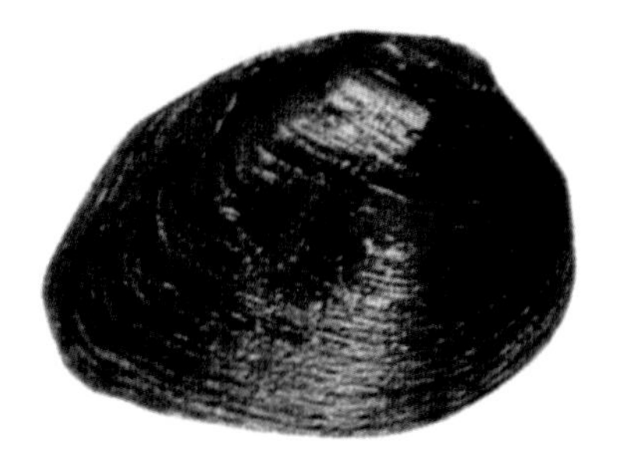

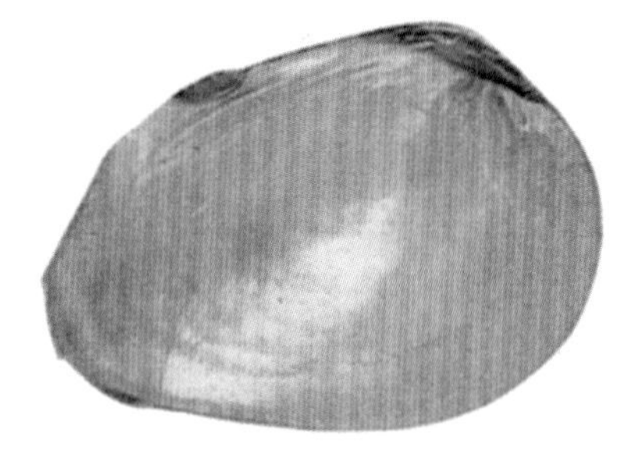

69. 绢丝丽蚌 *Lamprotula fibrosa*

学　　名 *Lamprotula fibrosa*（Heude，1877）

曾用学名 *Quadrula fibrosa*（Heude，1877）；*Unio fibrosus* Heude，1877

英 文 名 Mussel

别　　名 老窝子，坨子，肋纹丽蚌

分类地位 软体动物门MOLLUSCA/双壳纲BIVALVIA/珠蚌目UNIONOIDA/蚌科Unionidae/丽蚌属*Lamprotula*

保护级别 国家二级

识别特征 贝壳一般中等大小，壳长73mm，壳高48mm，壳宽33mm。壳质厚、坚硬，外形呈卵圆形，前部膨胀，后部压扁，左右两壳稍不对称，左壳略向前斜伸。壳顶突出，位于贝壳最前方，背缘略呈弧形，前缘向下呈切割状，腹缘与后缘弧度大，连成半圆形。壳面生长轮脉细密，瘤状结节零星散布在生长轮脉上，有的个体瘤状结节细弱，有的瘤状结节发达，壳顶部表面具有两排小棘或棘痕。壳面呈棕褐色，有丝状光泽。

生活习性 常栖息于水深较深处，冬季不干涸且水质澄清的河流及与其相通的湖泊内。这些河流和湖泊底质较硬，上为底泥，下为沙底或泥沙底或卵石底。有的个体还可以生活在岩石缝中。

分布地区 我国特有物种。分布于长江流域中、下游，湖南、湖北、江西、安徽、浙江、江苏等。

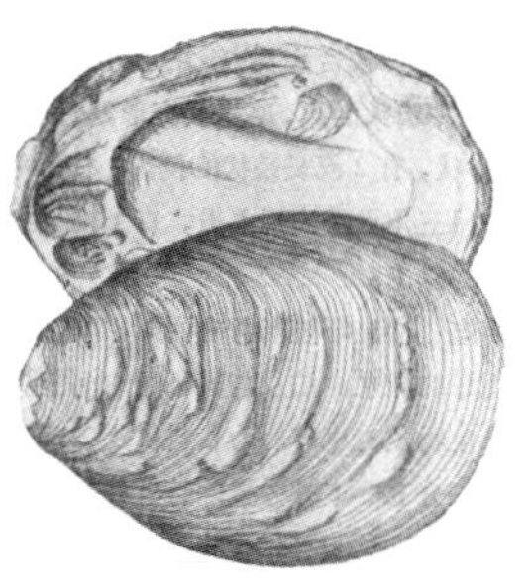

70. 背瘤丽蚌 *Lamprotula leai*

学　　名 *Lamprotula leai*（Griffith *et* Pidgeon，1833）

曾用学名 *Unio leaii*

英 文 名 无

别　　名 无

分类地位 软体动物门MOLLUSCA/双壳纲BIVALVIA/珠蚌目UNIONOIDA/蚌科Unionidae/丽蚌属*Lamprotula*

保护级别 国家二级

识别特征 贝壳较大型，壳长约100mm，壳宽35mm，壳高80mm。贝壳甚厚，壳质坚硬，外形呈长椭圆形。前端圆窄，后端扁而长，腹缘呈弧状，背缘近直线状，后背缘弯曲稍突出成角形。壳顶略高于背缘，位于背缘最前端。壳面布满瘤状结节，一般标本结节连成条状，并与后背部的粗肋接呈“人”字形。幼壳壳面呈绿褐色，老壳则变成暗褐色或暗灰色。贝壳外形变异很大，有的壳前部短圆，有的前部长。壳内层为乳白色的珍珠层。蚌壳质厚，坚硬，为制造珠核、纽扣等工艺品的主要原料。

生活习性 喜生活于水深、水流较急的河流及其相通的湖泊内。这些河流和湖泊底质较硬，多为沙底、有卵石的沙底或泥沙底。有的个体生活在岩石缝中。幼蚌较成蚌行动灵活，往往在水域沿岸带可采到幼蚌，而成蚌则在水深处才能采到。

分布地区 我国的河北、安徽、江苏、浙江、江西、湖北、湖南、广东、台湾及广西等地。在长江中、下游流域的大型、中型湖泊及河流内，产量特别高。国外分布于越南和朝鲜。

71. 佛耳丽蚌 *Lamprotula mansuyi*

学　名 *Lamprotula mansuyi* Dautzenberg *et* Fischer，1908

曾用学名 *Unio*（*Quadrula*）*mansuyi*，*Quadrula mansuyi*

英文名 Buddha-ear-mussel

别　名 佛耳蚌，白玉蛤

分类地位 软体动物门MOLLUSCA/双壳纲BIVALVIA/珠蚌目UNIONOIDA/蚌科Unionidae/丽蚌属*Lamprotula*

保护级别 国家二级

识别特征 壳质厚而坚实，极重，外形呈佛耳状，或呈梯形。左右两壳相等，但两侧不等称。壳前端钝圆，后部呈钝角状。前缘短、弯曲，腹缘略直，中部略凹入，后背缘长，稍弯曲，向下倾斜，与腹缘相连成钝角。壳顶被腐蚀，不突出，低于背缘最高点，位于贝壳前部壳长的1/3处。壳面呈黄褐色，无光泽，具有不规则的生长线，贝壳中部后背嵴具有垂直而呈放射状的纵肋。后背嵴的纵肋由较强或较弱的瘤状结节形的斜肋所构成。贝壳下缘呈纤维质的边缘，边缘锋锐。韧带短而粗大，壳高7.4cm，壳宽4.4cm，壳长12.8cm。

生活习性 常栖息于水质清澈透明，水深约10m，水底为沙石、卵石或岩石，水温低，水流较急（流速为150～200m/s）的山涧河流，河面宽20～50m。蚌多生活在卵石间，以微小颗粒为食料，营底栖生活。

分布地区 目前我国仅发现于广西右江流域一带。国外分布于越南。

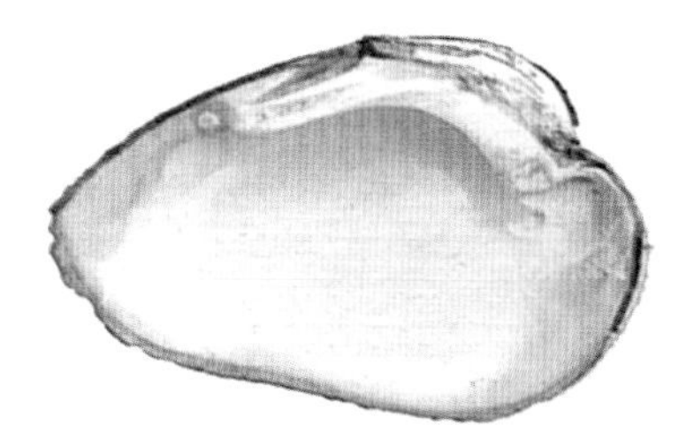

72. 多瘤丽蚌 *Lamprotula polysticta*

学　　名　*Lamprotula polysticta*（Heude，1877）

曾用学名　*Unio paschalis*

英 文 名　Mussel

别　　名　丽蚌

分类地位　软体动物门MOLLUSCA/双壳纲BIVALVIA/珠蚌目UNIONOIDA/蚌科Unionidae/丽蚌属*Lamprotula*

保护级别　国家二级

识别特征　贝壳略大型，壳长可达90mm，壳高61mm，壳宽44mm。壳质厚而坚硬，略膨胀，外形呈长椭圆形或圆形。壳顶位于背缘最前端，前背嵴下方与稍弯或平直的前缘相连接，向前突出，并向内弯，而形成两壳的壳顶非常接近，但大多数标本壳顶磨损而形成两壳的壳顶距离较远。前端圆，背缘弯曲，腹缘与后缘形成大的弧形。壳面呈褐色或棕黄色，除前腹外，全布满瘤状结节，后背嵴具有弯曲而粗大的瘤状斜肋，上部略有角度。珍珠层呈乳白色或鲑肉色，有珍珠光泽，壳后端珍珠层薄。壳顶窝很深。韧带粗大。外套痕明显。蚌壳质厚，坚硬，为制造珠核、纽扣等工艺品的主要原料，也可作中药珍珠母。

生活习性　生活于底质为沙泥，底质较硬，水流较急或缓流的河流及湖泊内。

分布地区　我国特有物种。分布于浙江，江苏，江西鄱阳湖、赣江、信江，以及湖南洞庭湖、湘江、沅江、资水等。

73. 刻裂丽蚌 *Lamprotula scripta*

学　　名 *Lamprotula scripta*（Heude，1875）

曾用学名 *Unio scriptus*

英 文 名 无

别　　名 无

分类地位 软体动物门MOLLUSCA/双壳纲BIVALVIA/珠蚌目UNIONOIDA/蚌科Unionidae/丽蚌属*Lamprotula*

保护级别 国家二级

识别特征 贝壳中等大小，壳长70mm，壳高50mm，壳宽38mm左右。贝壳质厚而坚硬，两壳稍膨胀，外形呈卵圆形。壳顶位于贝壳最前端，略膨胀，向壳内弯曲，不高出背缘之上。背缘微向上斜升，壳前端呈截状，背缘、后缘及腹缘三者连成一大圆弧形，壳后端压缩，侧扁。壳面呈棕褐色或黑褐色，稍有光泽，并具有较大的同心圆形生长轮脉，其上散布着瘤状结节。

生活习性 喜栖息于水深较深，冬季水不干涸之处，水流稍急或较缓的、水质澄清透明的河流及其相通湖泊内。这些河流和湖泊底质较硬，上层为泥层，下为沙底，或泥沙底或卵石底。有的个体生活在岩石礁中，但一般多栖息于上层为泥层、下为沙底的环境中。它们以微小生物（原生动物、单鞭毛藻及硅藻等）及有机碎屑为食料。

分布地区 我国特有物种。主要分布于江苏太湖，安徽淮河，江西鄱阳湖、赣江、信江，湖南洞庭湖等河流及湖泊内。

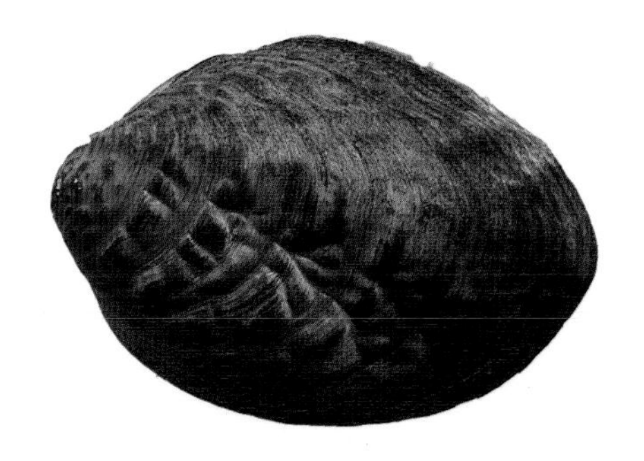

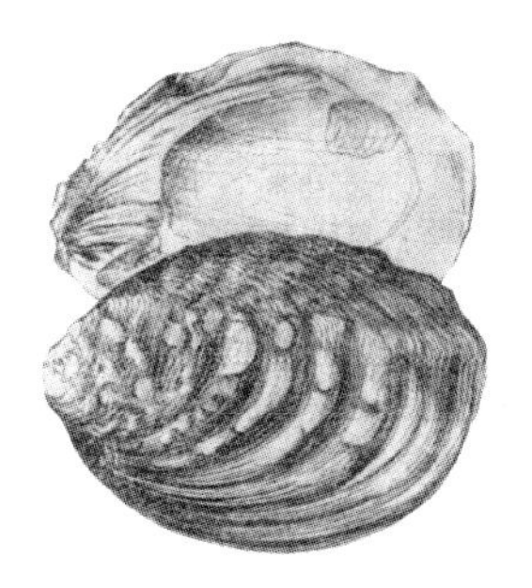

74. 希氏美丽蚌 *Lampsilis higginsii*

学　　名 *Lampsilis higginsii*（Lea，1857）

曾用学名 *Unio higginsi*，*Margaro*（*Unio*）*higginsi*

英 文 名 Higgins' eye naiad

别　　名 蚌

分类地位 软体动物门MOLLUSCA/双壳纲BIVALVIA/珠蚌目UNIONOIDA/蚌科Unionidae/美丽蚌属*Lampsilis*

保护级别 CITES附录Ⅰ

识别特征 贝壳稍大，壳质坚实而稍薄，外形略呈卵圆形或椭圆形。壳顶紧靠贝壳略中央位置，特凸出。壳面呈深黑褐色，有光泽，但壳顶颜色常退色，呈白色或浅白色，具有明显的、较粗的平行刻纹，间或有呈黑色的平行刻纹，并向贝壳后部弯曲，在壳顶部为黑色，但无放射条纹或有黄褐色放射条纹，在贝壳中部无一浅的凹陷，但略凸起。拟主齿较长，且直、发达。侧齿短而粗。

生活习性 常栖息于多为泥沙底或泥底的湖泊、池塘和河流内。以微小生物及有机碎屑为食料。

分布地区 主要分布于美国。

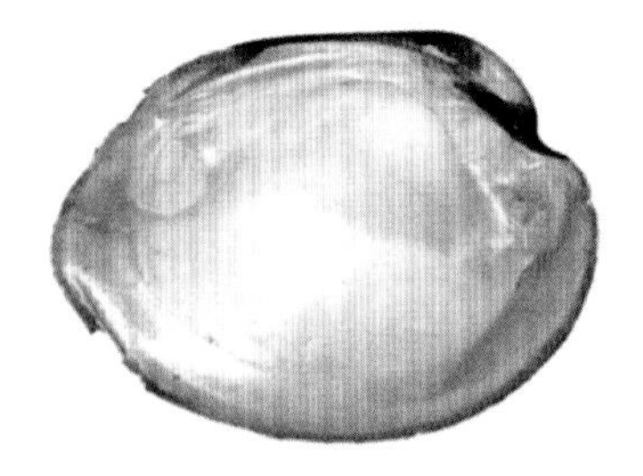

75. 球美丽蚌 *Lampsilis orbiculata orbiculata*

学　　名 *Lampsilis orbiculata orbiculata* (Hildreth，1828)

曾用学名 *Unio orbiculata*，*Margarita* (*Unio*) *orbiculata*

英 文 名 Pink mucket naiad

别　　名 蚌

分类地位 软体动物门MOLLUSCA/双壳纲BIVALVIA/珠蚌目UNIONOIDA/蚌科Unionidae/美丽蚌属*Lampsilis*

保护级别 CITES附录 I

识别特征 贝壳稍大，壳质坚实而稍薄，外形略呈卵圆形或椭圆形。壳顶紧靠贝壳前端，十分歪斜。壳面呈黑褐色，有光泽，但壳顶颜色常退色，呈白色或浅白色，具有明显的、较粗的同心圆刻纹，间或有较粗的、呈黑色的平行刻纹，并向贝壳后部弯曲，在壳顶部无放射条纹或有黄褐色放射条纹，在贝壳中部无一浅的凹陷，但略凸起。拟主齿较长，且直、发达。侧齿短而粗。

生活习性 常栖息于多为泥沙底或泥底的湖泊、池塘和河流内。以微小生物及有机碎屑为食料。

分布地区 主要分布于美国。

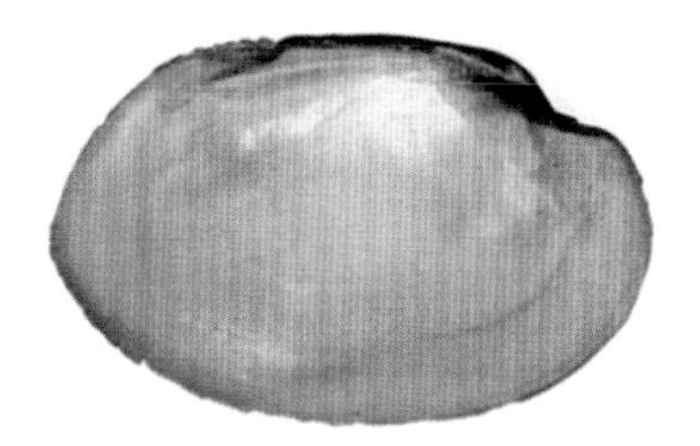

76. 多彩美丽蚌 *Lampsilis satur*

学　　名　*Lampsilis satur*（Lea，1852）

曾用学名　*Lampsilis ovata satur*

英 文 名　Plain pocket-book naiad

别　　名　蚌

分类地位　软体动物门MOLLUSCA/双壳纲BIVALVIA/珠蚌目UNIONOIDA/蚌科Unionidae/美丽蚌属*Lampsilis*

保护级别　CITES附录 Ⅰ

识别特征　贝壳稍大，壳质坚实而稍薄，外形略呈卵圆形或椭圆形。壳顶紧靠贝壳略中央位置，特凸出。壳面呈深绿黑褐色，有光泽，但壳顶颜色常退色，呈白色或浅白色，具有明显的、较粗的平行刻纹，间或有呈黑绿色的平行刻纹，并向贝壳后部弯曲，在壳顶部颜色较浅，为墨绿色或深黄褐色，有细且呈深绿褐色的放射条纹，在贝壳中部无一浅的凹陷，但凸起。拟主齿较长，且直、发达。侧齿短而小。

生活习性　常栖息于多为泥沙底或泥底的湖泊、池塘和河流内。以微小生物及有机碎屑为食料。

分布地区　主要分布于美国。

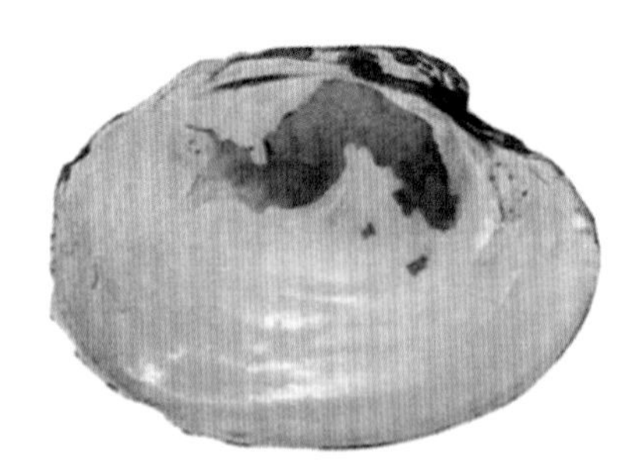

77. 绿美丽蚌 *Lampsilis virescens*

学　　名　*Lampsilis virescens*（Lea，1858）

曾用学名　*Ligumia virescens*

英 文 名　Alabama lamp naiad

别　　名　绿舌蚌

分类地位　软体动物门MOLLUSCA/双壳纲BIVALVIA/珠蚌目UNIONOIDA/蚌科Unionidae/美丽蚌属*Lampsilis*

保护级别　CITES附录Ⅰ

识别特征　壳质坚实而稍薄，外形略呈尖卵圆形或长椭圆形。壳顶紧靠贝壳前端位置，凸出。壳面呈深黄褐色，有光泽，但壳顶颜色常退色，呈白色或浅白色，具有明显的、较细的平行刻纹，间或有呈黑绿色的平行刻纹，并向贝壳后部弯曲，在壳顶部颜色较浅，无细的放射状条纹或呈深绿褐色放射条纹，在贝壳中部无一浅的凹陷，但凸起。拟主齿十分长，且直，窄细。侧齿短而粗大。

生活习性　常栖息于多为泥沙底或泥底的湖泊、池塘和河流内。以微小生物及有机碎屑为食料。

分布地区　主要分布于美国。

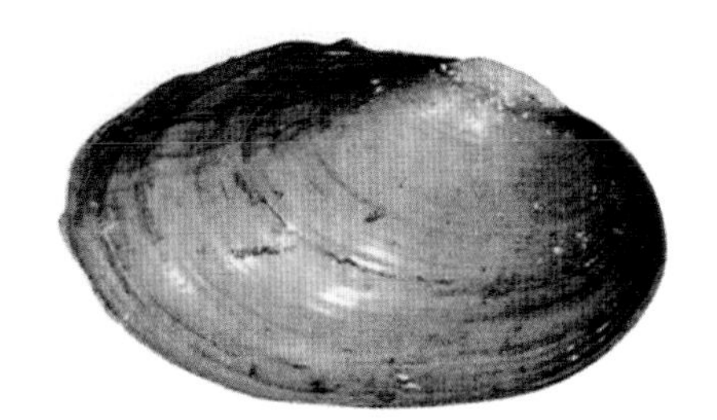

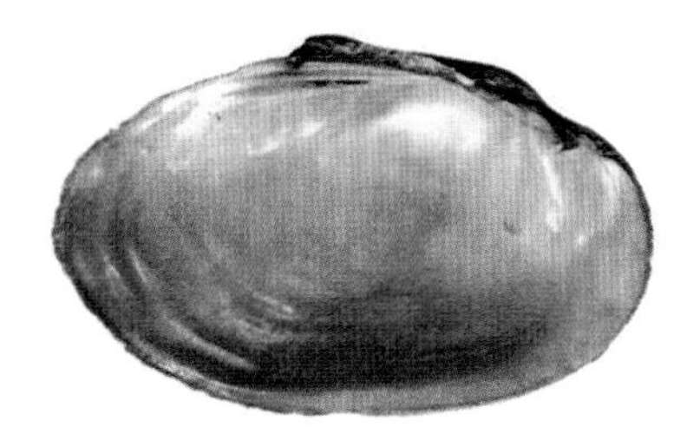

78. 皱疤丰底蚌 *Plethobasus cicatricosus*

学　　名　*Plethobasus cicatricosus*（Say, 1829）

曾用学名　*Plethobasus cyphyus*

英 文 名　White warty-back (pearly mussel)

别　　名　弯曲丰底蚌

分类地位　软体动物门MOLLUSCA/双壳纲BIVALVIA/珠蚌目UNIONOIDA/蚌科Unionidae/丰底蚌属*Plethobasus*

保护级别　CITES附录Ⅰ

识别特征　贝壳较大，壳质坚实而厚，外形略呈不规则尖卵圆形或长椭圆形，平坦。壳顶紧靠贝壳前端位置，凸出。壳面呈深黄褐色，有光泽，并有宽大的行和扁平的疣突，但壳顶颜色常退色，呈白色或浅白色，具有明显的、较粗的平行刻纹，并向贝壳后部弯曲，在壳顶部颜色较深，有粗壮的皱褶。拟主齿呈三角形，粗糙，十分长且直，窄细。侧齿短而粗大。

生活习性　常栖息于多为泥沙底或泥底的湖泊、池塘和河流内。以微小生物及有机碎屑为食料。

分布地区　主要分布于美国。

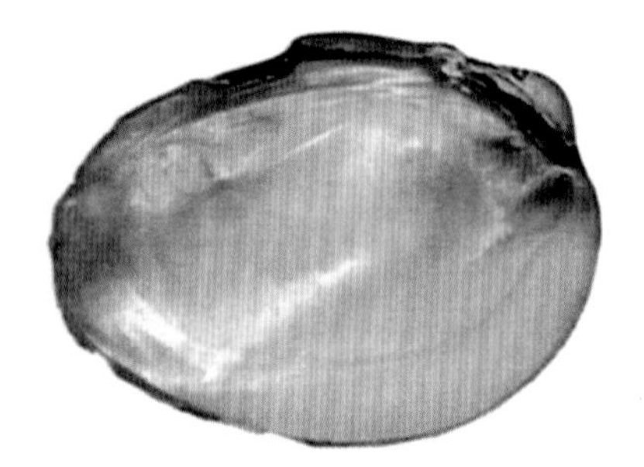

79. 古柏丰底蚌 *Plethobasus cooperianus*

学　名　*Plethobasus coopenarius*（Lea，1834）

曾用学名　*Plethobasus striatus*

英 文 名　Orange-footed pimple-back pearly mussel

别　名　条纹丰底蚌

分类地位　软体动物门MOLLUSCA/双壳纲BIVALVIA/珠蚌目UNIONOIDA/蚌科Unionidae/丰底蚌属*Plethobasus*

保护级别　CITES附录Ⅰ

识别特征　贝壳较大，壳质坚实而厚，外形略呈不规则尖卵圆形或长椭圆形，平坦。壳顶紧靠贝壳前端位置，凸出。壳面呈深黑黄褐色，有光泽，并有宽大的行和颗粒状的疣突，但壳顶颜色常退色，呈白色或浅白色，具有明显的、较粗的平行刻纹，并向贝壳后部弯曲，在壳顶部颜色较深，有粗壮的皱褶条纹。拟主齿呈三角形，粗糙，十分长且直，窄细。侧齿短而粗大。

生活习性　常栖息于多为泥沙底或泥底的湖泊、池塘和河流内。以微小生物及有机碎屑为食料。

分布地区　主要分布于美国。

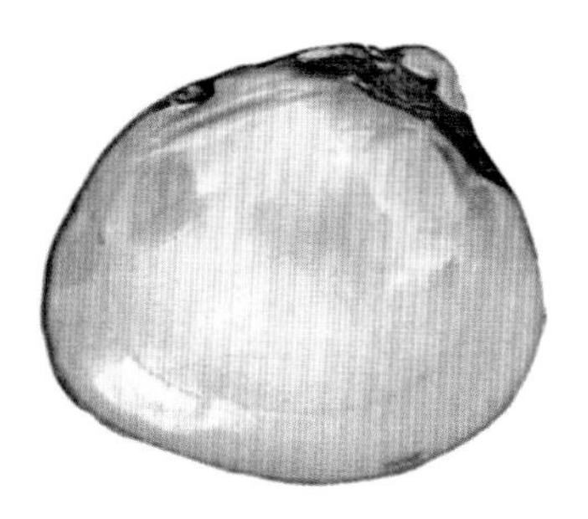

80. 棒形侧底蚌 *Pleurobema clava*

学　　名　*Pleurobema clava*（Lamarck，1819）

曾用学名　*Pleurobema cuneata*

英 文 名　Club naiad

别　　名　蚌

分类地位　软体动物门MOLLUSCA/双壳纲BIVALVIA/珠蚌目UNIONOIDA/蚌科Unionidae/侧底蚌属*Pleurobema*

保护级别　CITES附录Ⅱ

识别特征　贝壳较大，壳质坚实而厚，外形略呈三角形或菱形。壳顶远离贝壳前端的位置，凸出。壳面呈黄褐色，有光泽，并无宽大的行和颗粒状的疣突，但壳顶颜色不退色，具有明显的、较粗的平行刻纹，并向贝壳后部弯曲，在壳顶部颜色较深，有明显的刻纹和褶皱，但褶皱常被中断。在贝壳后部常呈圆形。拟主齿粗糙，十分长且直，窄细。侧齿短而小。在双壳中的铰合齿重叠。

生活习性　常栖息于多为泥沙底或泥底的湖泊、池塘和河流内。以微小生物及有机碎屑为食料。

分布地区　主要分布于美国。

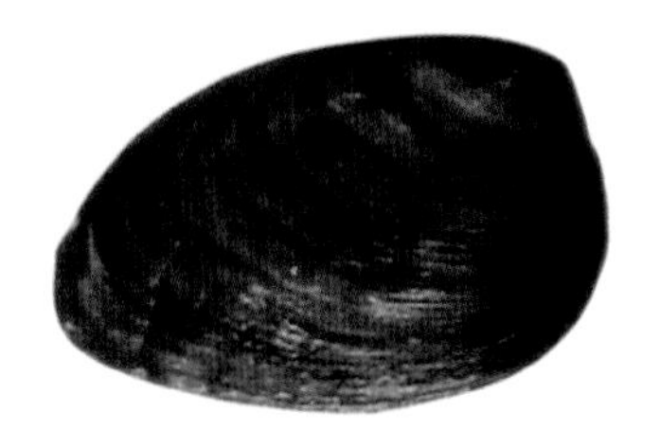

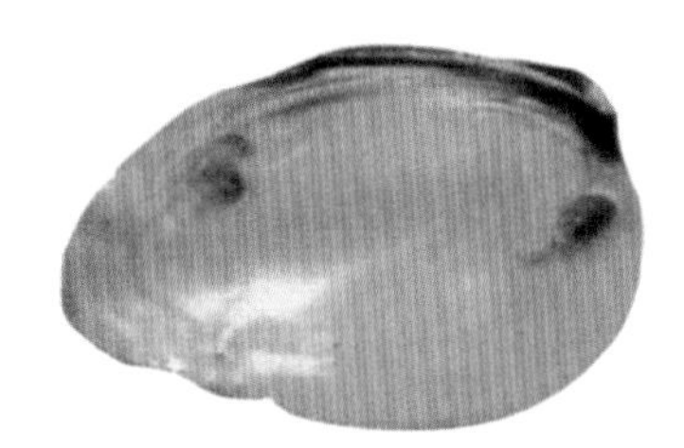

81. 满侧底蚌 *Pleurobema plenum*

学　名 *Pleurobema plenum*（Lea，1840）

曾用学名 *Pleurobema cordatum plenum*

英 文 名 Rough pig-toe pearly mussel

别　名 满心形侧底蚌

分类地位 软体动物门MOLLUSCA/双壳纲BIVALVIA/珠蚌目UNIONOIDA/蚌科Unionidae/侧底蚌属*Pleurobema*

保护级别 CITES附录Ⅰ

识别特征 贝壳较大，壳质坚实而厚，外形略呈三角形或卵圆形。壳顶远离贝壳前端的位置，十分偏斜，凸出而高。壳面呈深黑褐色，有光泽，并无宽大的行和颗粒状的疣突，但壳顶颜色常退色，呈白色或浅白色，具有明显的、较粗的平行刻纹，并向贝壳后部弯曲。在贝壳后部常呈圆形。拟主齿十分长且直，窄细。侧齿短而粗。

生活习性 常栖息于多为泥沙底或泥底的湖泊、池塘和河流内。以微小生物及有机碎屑为食料。

分布地区 主要分布于美国。

82. 大河蚌 *Potamilus capax*

学　名 *Potamilus capax*（Green，1832）

曾用学名 *Prop ter a capax*

英 文 名 Fat pocket-book pearly mussel

别　名 蚌

分类地位 软体动物门MOLLUSCA/双壳纲BIVALVIA/珠蚌目UNIONOIDA/蚌科Unionidae/河蚌属*Potamilus*

保护级别 CITES附录Ⅰ

识别特征 贝壳大型，壳质坚实而厚，外形略呈卵圆形。壳顶紧靠贝壳前端，十分凸出。壳面具有微弱的同心圆刻纹，并向贝壳后部弯曲。前铰合齿常退化，在大多数情况下向上弯曲。

生活习性 常栖息于多为泥沙底或泥底的湖泊、池塘和河流内。以微小生物及有机碎屑为食料。

分布地区 主要分布于美国。

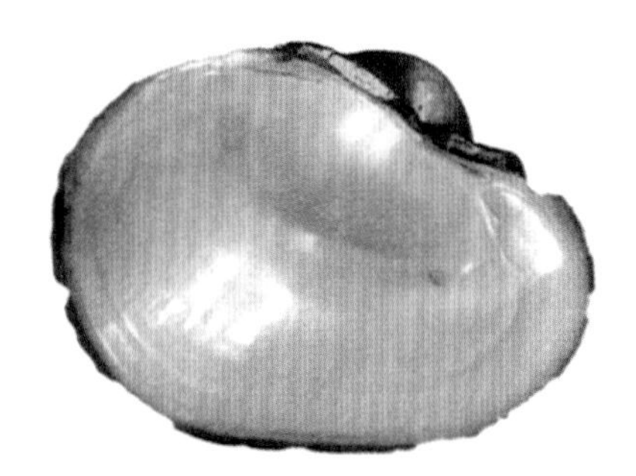

83. 中间方蚌 *Quadrula intermedia*

学　　名 *Quadrula intermedia*（Conrad, 1836）

曾用学名 *Unio intermedia*，*Margaron*（*Unio*）*intermedia*

英 文 名 Cumberland monkey-face pearly mussel

别　　名 蚌

分类地位 软体动物门MOLLUSCA/双壳纲BIVALVIA/珠蚌目UNIONOIDA/蚌科Unionidae/方蚌属*Quadrula*

保护级别 CITES附录Ⅰ

识别特征 贝壳中等大小，壳质坚实而厚，外形略呈卵圆形或桃形，前部呈圆形，后部呈斜平截形。壳顶位置略在贝壳的中间，略凸出。壳面呈深黄黑褐色，夹杂有黑色，有光泽，并有无数近似于同心圆的脊，在较远的地方有呈锯齿状的小瘤，相互交替着生。壳顶颜色常退色，呈白色或浅白色，具有明显的、较粗的平行刻纹，并向贝壳后部弯曲。有拟主齿 2枚，后者较大。左壳有2枚侧齿。

生活习性 常栖息于多为泥沙底或泥底的湖泊、池塘和河流内。以微小生物及有机碎屑为食料。

分布地区 主要分布于美国。

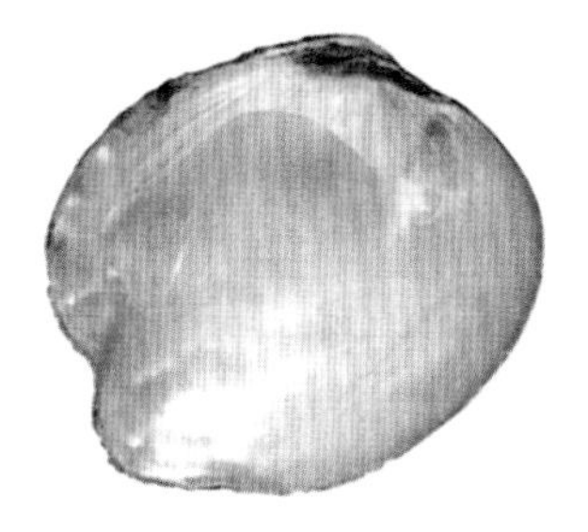

84. 稀少方蚌 *Quadrula sparsa*

学　　名　*Quadrula sparsa*（Lea，1841）

曾用学名　*Unio sparsa*，*Margaron*（*Unio*）*sparsa*

英 文 名　Appalachian monkey-face pearly mussel

别　　名　蚌

分类地位　软体动物门MOLLUSCA/双壳纲BIVALVIA/珠蚌目UNIONOIDA/蚌科Unionidae/方蚌属*Quadrula*

保护级别　CITES附录Ⅰ

识别特征　贝壳中等大小，壳质坚实而厚，外形略呈卵圆形或桃形，前部呈圆形，后部呈斜平截形。壳顶位置略在贝壳的中间，略凸出。壳面呈深黄褐色，夹杂有深绿黑色，有光泽，并有无数近似于同心圆的粗脊，并在贝壳中部和靠侧翼处有无数疣状小瘤。壳顶颜色常退色，呈白色或浅白色，具有明显的、较粗的平行刻纹，并向贝壳后部弯曲。有拟主齿2枚，粗大。左壳有2枚侧齿，细长。

生活习性　常栖息于多为泥沙底或泥底的湖泊、池塘和河流内。以微小生物及有机碎屑为食料。

分布地区　主要分布于美国。

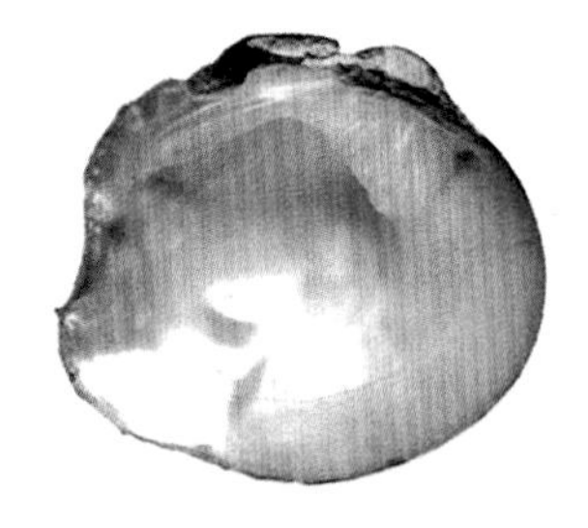

85. 柱状扁弓蚌 *Toxolasma cylindrella*

学　　名 *Toxolasma cylindrella*（Lea，1868）

曾用学名 *Carunculina parva*

英 文 名 Pale lilliput naiad，Lilliput pearly mussel

别　　名 微细肉蚌

分类地位 软体动物门MOLLUSCA/双壳纲BIVALVIA/珠蚌目UNIONOIDA/蚌科Unionidae/扁弓蚌属*Toxolasma*

保护级别 CITES附录Ⅰ

识别特征 贝壳较小，十分粗壮，扁平，稍长；壳质坚实而厚，外形略呈椭圆形，壳顶位于前面至中心的位置。壳面具有十分明显而粗的同心圆刻纹，其中有十分强烈向上而向后弯曲的条纹。前铰合齿压缩，在大多数情况下向上弯曲。

生活习性 常栖息于多为泥沙底或泥底的湖泊、池塘和河流内。以微小生物及有机碎屑为食料。

分布地区 主要分布于美国。

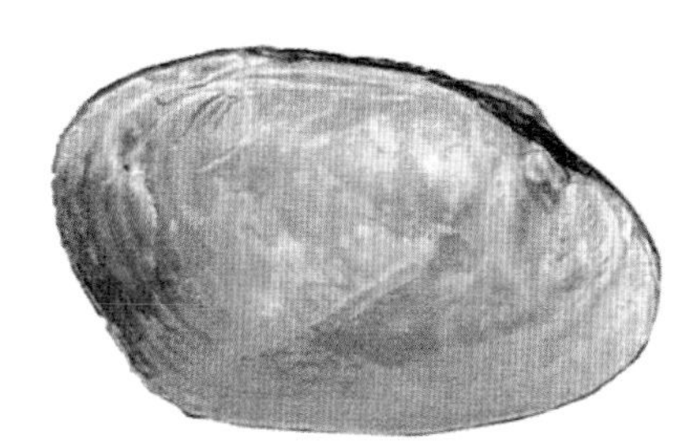

86. V线珠蚌 *Unio nickliniana*

学　　名　*Unio nickliniana* Lea，1834

曾用学名　*Megalonaias nickliniana*

英 文 名　Nicklin’s pearly mussel

别　　名　尼克大蚌

分类地位　软体动物门MOLLUSCA/双壳纲BIVALVIA/珠蚌目UNIONOIDA/蚌科Unionidae/珠蚌属*Unio*

保护级别　CITES附录Ⅰ

识别特征　贝壳较大，十分粗壮，扁平，稍长；壳质坚实而厚，外形略呈卵圆形，壳顶位于稍前的位置。壳面具有十分明显而粗的同心圆刻纹，贝壳后部具较宽凸起，且有强烈的向后上方弯曲的条纹。前铰合齿压缩，在大多数情况下向上弯曲。

生活习性　常栖息于多为泥沙底或泥底的湖泊、池塘和河流内。以微小生物及有机碎屑为食料。

分布地区　主要分布于美国和墨西哥。

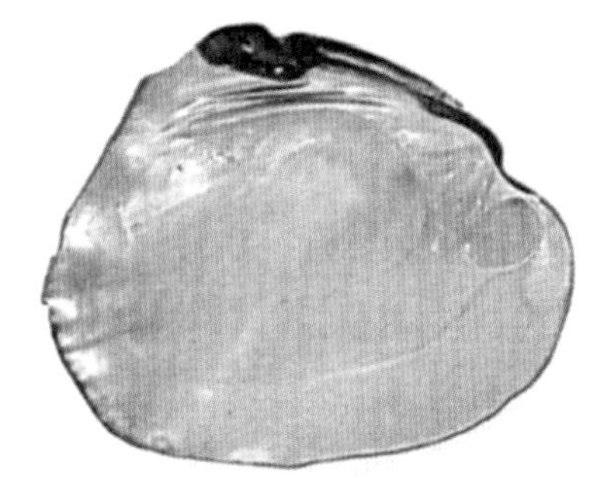

87. 德科马坦比哥珠蚌 *Unio tampicoensis tecomatensis*

学　　名　*Unio tampicoensis tecomatensis* Lea，1841

曾用学名　*Actinonaias tecomatensis*

英 文 名　Tampico（tecoma mucket）pearly mussel

别　　名　珠蚌

分类地位　软体动物门MOLLUSCA/双壳纲BIVALVIA/珠蚌目UNIONOIDA/蚌科Unionidae/珠蚌属*Unio*

保护级别　CITES附录Ⅰ

识别特征　贝壳较大，壳质坚实而厚，稍长，明显压缩，外形略呈卵圆形。壳顶紧靠贝壳前端。壳面具有十分微弱而细的同心圆刻纹，并向贝壳后部弯曲。前铰合齿较深，在大多数情况下向上弯曲。

生活习性　常栖息于多为泥沙底或泥底的湖泊、池塘和河流内。以微小生物及有机碎屑为食料。

分布地区　主要分布于美国和墨西哥。

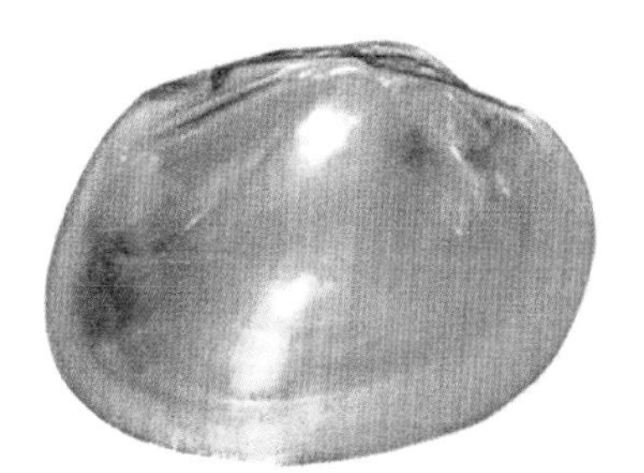

88. 横条多毛蚌 *Villosa trabalis*

学　　名 *Villosa trabalis* Conrad，1834

曾用学名 *Unio trabalis*，*Lampsilis trabalis*

英 文 名 Cumberland bean pearly mussel

别　　名 蚌

分类地位 软体动物门MOLLUSCA/双壳纲BIVALVIA/珠蚌目UNIONOIDA/蚌科Unionidae/多毛蚌属*Villosa*

保护级别 CITES附录Ⅰ

识别特征 贝壳中等大小，壳质坚实而厚，膨胀，外形略呈楔形或长椭圆形，前部稍尖，后部呈圆形。壳顶位置略在贝壳的后部，略凸出而高。壳面呈黑褐色，有光泽，并有2列刻纹，在贝壳后部有十分粗的皱纹和许多近似于同心的圆纹。壳顶颜色常退色，呈白色或浅白色。铰合齿较低，粗糙，2枚齿在左壳，3枚在右壳。左壳有2枚侧齿，细长。

生活习性 常栖息于多为泥沙底或泥底的湖泊、池塘和河流内。以微小生物及有机碎屑为食料。

分布地区 主要分布于美国。

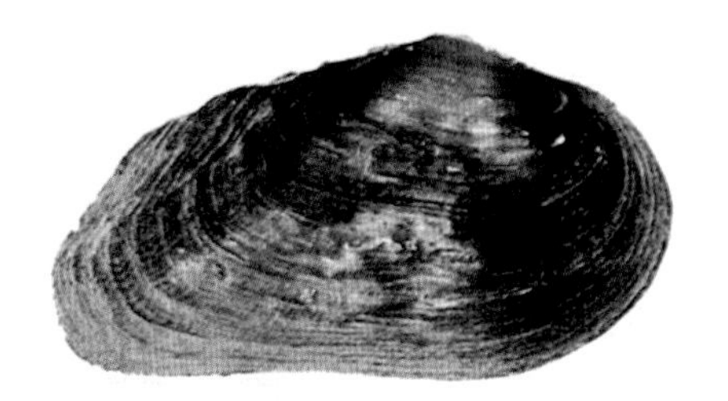

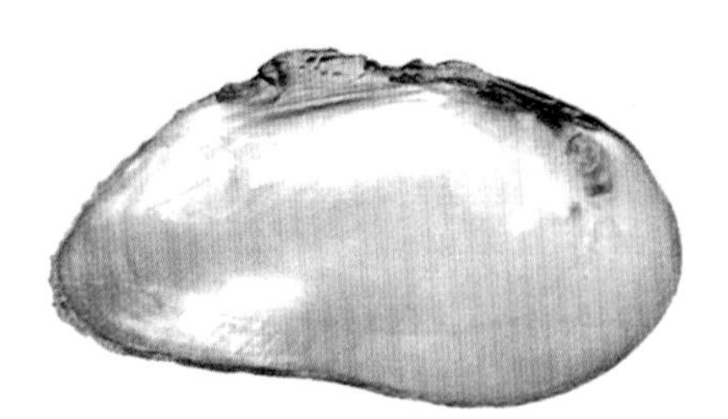

89. 砗蚝 *Hippopus hippopus*

学　　名 *Hippopus hippopus*（Linnaeus，1758）

曾用学名 *Chama hippopus*，*Hippopus equinus*，*Tridachnes ungula*

英 文 名 Strawberry clam，Horseshoe clam，Bear paw clam

别　　名 砗蠔，河马蛤，草莓蛤，马蹄蛤，熊掌蛤

分类地位 软体动物门MOLLUSCA/双壳纲BIVALVIA/帘蛤目VENEROIDA/砗磲科Tridacnidae/砗蚝属*Hippopus*

保护级别 国家二级（仅野外种群）；CITES附录Ⅱ

识别特征 贝壳较小，壳长17cm，个别大型者长可达38.5cm。两侧大小相等，略呈不等边四角形，外壳曲起呈弓状。壳表具粗细不一的放射肋，肋上有小鳞片或棘。壳表面黄白色，有紫红色色斑。壳内面白色，有光泽，有与壳表对应的放射沟和紫色斑。铰合部狭长，左、右壳各具主齿和侧齿1枚。闭壳肌痕呈卵圆形，位于壳中央稍近下方。

生活习性 栖息于珊瑚礁和近礁环境的浅水区，幼体常以足丝附着生活，成体在礁坪上营自由生活。

分布地区 我国台湾、西沙和南沙群岛。国外分布于印度洋和大西洋。

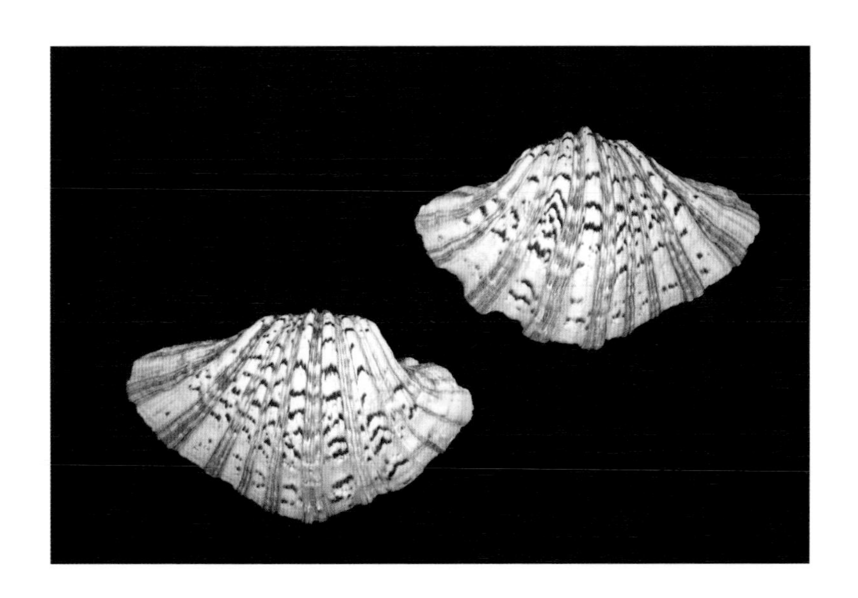

90. 番红砗磲 *Tridacna crocea*

学　　名 *Tridacna crocea* Lamarck，1819

曾用学名 *Tridacna cumingii*，*Tridacna ferruginea*

英 文 名 Saffron-coloured clam，Crocus giant clam，Boring clam

别　　名 圆砗磲，红番砗磲，红袍砗磲

分类地位 软体动物门MOLLUSCA/双壳纲BIVALVIA/帘蛤目VENEROIDA/砗磲科Tridacnidae/砗磲属*Tridacna*

保护级别 国家二级（仅野外种群）；CITES附录Ⅱ

识别特征 贝壳壳长13cm，呈卵圆形，两壳中等膨胀。壳顶较低，前倾，位于中央之后，其前方有一大的足丝孔。壳面黄白色或略带红色，壳表放射肋宽而低平，呈波纹状，肋上具低矮的鳞片，肋间沟浅。壳内面白色，有珍珠光泽。后肌痕较大，近圆形。

生活习性 以足丝附着于浅海的珊瑚礁中。

分布地区 我国台湾和西沙群岛。国外分布于西太平洋和印度洋北部。

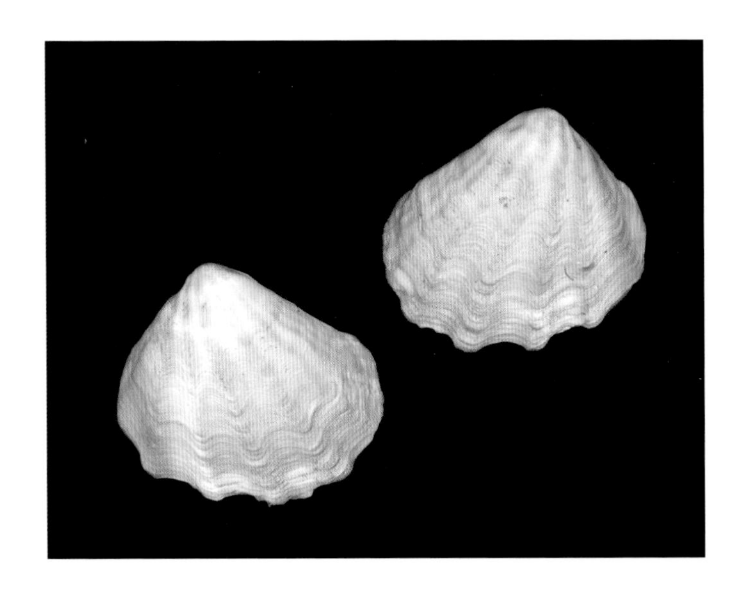

91. 无鳞砗磲 *Tridacna derasa*

学名 *Tridacna derasa*（Röding，1798）

曾用学名 *Persikima whitleyi*，*Tridacna glabra*，*Tridacna obesa*，*Tridacna serrifera*

英文名 Southern giant clam，Smooth giant clam

别名 砗磲

分类地位 软体动物门MOLLUSCA/双壳纲BIVALVIA/帘蛤目VENEROIDA/砗磲科Tridacnidae/砗磲属*Tridacna*

保护级别 国家二级（仅野外种群）；CITES附录Ⅱ

识别特征 贝壳大型，体长可达60cm。壳厚，两壳等边且形状大小相同。壳面具5～6条宽平的放射肋，肋较光滑，无鳞片；肋间隙较宽，其内有细肋。通常有足丝开口。铰合部有1个主齿，1个或2个后侧齿。后闭壳肌和后收足肌近中央，前闭壳肌退化。韧带发达。

生活习性 栖息于珊瑚残骸上或钻孔进入珊瑚礁，腹部边缘朝上，外套膜内有虫黄藻共生。

分布地区 我国主要分布于海南岛、西沙和南沙群岛。国外分布于西太平洋区域，澳大利亚、斐济、印度尼西亚、新喀里多尼亚、菲律宾和越南。

92. 大砗磲 *Tridacna gigas*

学　名　*Tridacna gigas*（Linnaeus，1758）
曾用学名　*Chama gigas*，*Dinodacna cookiana*
英 文 名　Giant clam，Sea-mussel
别　名　海蚌，库氏砗磲
分类地位　软体动物门MOLLUSCA/双壳纲BIVALVIA/帘蛤目VENEROIDA/砗磲科Tridacnidae/砗磲属*Tridacna*
保护级别　国家一级；CITES附录Ⅱ
识别特征　贝壳较大，略呈三角形，两壳相等，两侧不等，前端短，约为贝壳全长的1/3。壳质极坚实而厚重，为双壳纲中最大型的贝类。壳顶前方有一足丝孔。外韧带棕褐色，狭长，几乎占贝壳后部的全长。背缘较平；腹缘弯曲呈波浪状。贝壳表面为白色，具有5条明显粗壮的覆瓦状放射肋。生长轮脉明显，在贝壳表面形成弯曲重叠的皱褶，在壳顶部分常被磨损。贝壳内面为白瓷色，并有与放射肋相对应的肋间沟。两壳均有主齿，后侧齿各1个。后闭壳肌痕近似马蹄形，位于中部。外套痕明显。
生活习性　本种为暖海性种类，生活于浅海珊瑚礁间，营底栖生活。
分布地区　主要分布于我国南海、西沙群岛等海域。

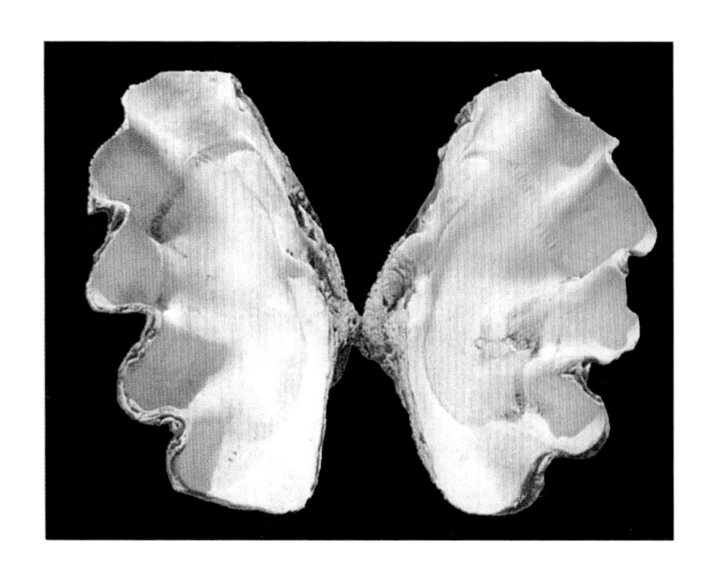

93. 长砗磲 *Tridacna maxima*

学　　名 *Tridacna maxima*（Röding，1798）

曾用学名 *Tridachnes maxima*；*Tridacna elongata*；*Tridacna compressa*；*Tridacna acuticostata*；*Tridacna troughtoni*

英 文 名 Small giant clam，Elongate clam

别　　名 砗磲

分类地位 软体动物门MOLLUSCA/双壳纲BIVALVIA/帘蛤目VENEROIDA/砗磲科Tridacnidae/砗磲属*Tridacna*

保护级别 国家二级（仅野外种群）；CITES附录Ⅱ

识别特征 为砗磲属中较小的一种，壳长16.5cm，大个体可达30cm。贝壳前端延长，后端短，呈长卵圆形。壳面有4～6条粗肋，肋上有鳞片，近壳顶部放射肋的鳞片低伏，呈覆瓦状排列。壳表面黄白色，壳内面白色，足丝孔较大。

生活习性 常栖息于浅海珊瑚礁和岩石底。

分布地区 我国主要分布于台湾、海南岛、西沙和南沙群岛。国外分布于印度洋的东非、红海以东，以及太平洋的波利尼西亚以西、澳大利亚以北和日本九州、纪伊海域以南。

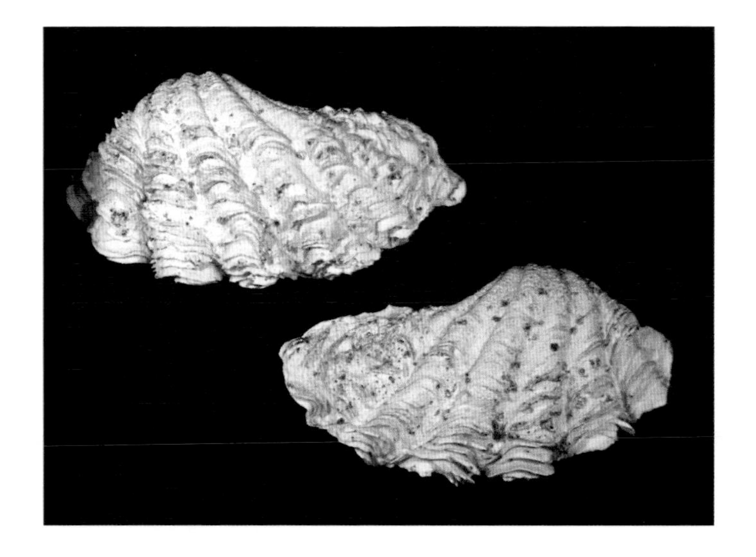

94. 鳞砗磲 *Tridacna squamosa*

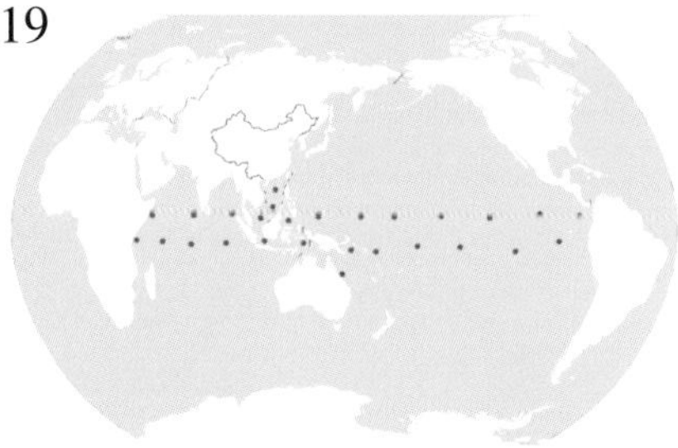

学　　名 *Tridacna squamosa* Lamarck，1819

曾用学名 *Tridacna aegyptiaca*，*Tridacna lamarcki*

英 文 名 Scaly clam，Fluted giant clam

别　　名 海蚌

分类地位 软体动物门MOLLUSCA/双壳纲BIVALVIA/帘蛤目VENEROIDA/砗磲科Tridacnidae/砗磲属*Tridacna*

保护级别 国家二级（仅野外种群）；CITES附录Ⅱ

识别特征 贝壳大，呈卵圆形，两壳大小相等。背缘稍平；腹缘弯曲呈波浪状。壳顶位于贝壳中央，其前方有一足丝孔。外韧带极长，黄褐色，约为贝壳后半部的3/4长。贝壳表面为白色，生长轮脉细密，具有4～6条强大的放射肋。肋上具有翘起的大鳞片，肋间沟有宽的放射肋纹。贝壳内面为白瓷色，右壳有主齿1个和2个并列的后侧齿。左壳主齿和后侧齿各1个。后闭壳肌痕卵圆形，位于中部。壳高10.0～13.10cm，壳宽 10.0～14.4cm，壳长17.0～19.3cm。

生活习性 生活于深海区，贝壳大部分埋入珊瑚礁内，仅露出腹缘。生活时外套缘具有极美丽的红褐色色彩，营底栖生活。

分布地区 我国主要分布于南海、西沙群岛等海域。国外分布于印度尼西亚的摩鹿加群岛，澳大利亚的大堡礁。本种为印度洋和太平洋热带海区广分布种，为暖海性种类。

软体动物门

MOLLUSCA

头足纲

CEPHALOPODA

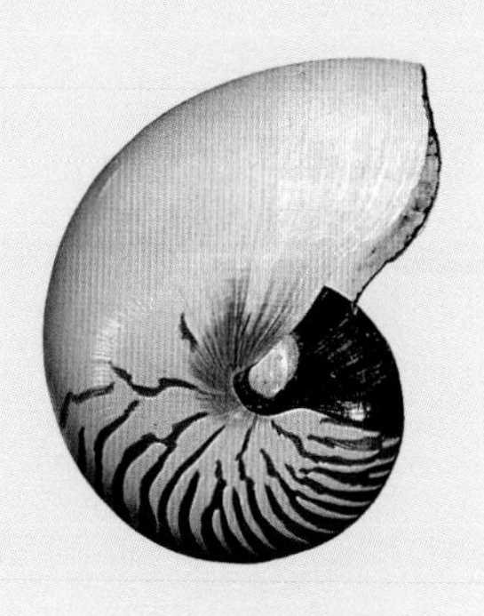

95. 鹦鹉螺 *Nautilus pompilius*

学　　名　*Nautilus pompilius* Linnaeus，1758

曾用学名　无

英 文 名　Nautilus

别　　名　鹦鹉嘴，海螺

分类地位　软体动物门MOLLUSCA/头足纲CEPHALOPODA/鹦鹉螺目NAUTILIDA/鹦鹉螺科Nautilidae/鹦鹉螺属*Nautilus*

保护级别　国家一级；CITES附录Ⅱ

识别特征　壳大而厚，左右对称，呈螺旋形，外表光滑，灰白色，后方间杂着橙红色波状条纹。壳口后侧壳面呈黑色。壳由两层构成，外层是磁质层，内层是富光泽的珍珠层。壳内腔由隔壁分成30多个壳室，动物藏在最后一个隔壁的前边，即被称为“住室”。雄体贝壳较宽大，壳口较圆，而边缘弯曲，雌体贝壳两侧扁。雄性生殖腕由左侧或右侧的4只唇腕愈合而成。

生活习性　营深水底栖生活，也能靠充气的壳室在水中游泳，或以漏斗喷水急冲后退。浮游时间多在夜间或暴风雨停歇之后，浮游时头及腕完全伸展，贝壳口向下。爬行时贝壳口向上，头及腕向下。食物种类是底栖甲壳类动物。

分布地区　我国台湾和海南。国外分布于菲律宾群岛、新赫布里底群岛和斐济群岛。

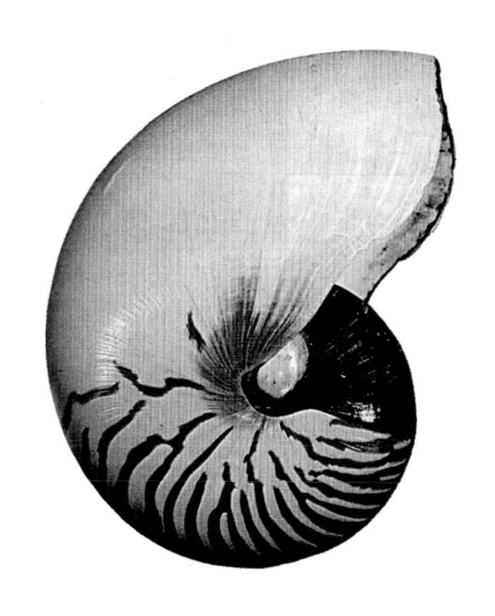

节肢动物门

ARTHROPODA

软甲纲

MALACOSTRACA

96. 锦绣龙虾 *Panulirus ornatus*

学　　名 *Panulirus ornatus*（Fabricius, 1798）
曾用学名 无
英 文 名 Splendid spiny lobster
别　　名 龙虾，花龙虾
分类地位 节肢动物门ARTHROPODA/软甲纲MALACOSTRACA/十足目DECAPODA/龙虾科Palinuridae/龙虾属*Panulirus*
保护级别 国家二级（仅野外种群）
识别特征 本种为龙虾中最大的一种，体重可达5kg。腹部背甲无横沟，触角板具有2对大棘，第2颚足外肢无鞭，头腹甲后缘的横沟宽度相等（中央特别宽大），步足呈棕紫色，并具有白色圆形斑点，腹部无黄色横斑（第2颚足外肢无鞭），头胸甲上有五彩花纹，非常美丽。
生活习性 本种为暖水种类。常生活在水深10m以内的海底石缝中。善于爬行，行动迟缓，不善游泳。夏秋两季抱卵。卵的数目很多，形状很小，初孵出的幼体头胸部宽大，腹部短小，经过数次蜕皮才变得像龙虾成体的样子。经过一个游泳阶段，最后才定居在海底生活。由于肉质肥美、外形华丽，遭严重过度捕捉，野生种群数量极少，已处“易危”状态。
分布地区 我国广东、海南及西沙群岛沿海。国外分布于日本、越南、菲律宾、印度尼西亚、新加坡等沿海海域。

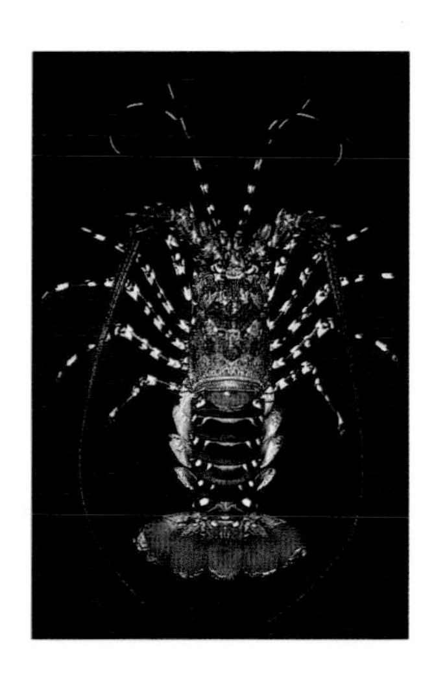

节肢动物门

ARTHROPODA

肢口纲

MEROSTOMATA

97. 圆尾蝎鲎 *Carcinoscorpius rotundicauda*

学　　名　*Carcinoscorpius rotundicauda* (Latreille，1802)

曾用学名　无

英 文 名　Horseshoe crab

别　　名　马蹄蟹，圆尾鲎

分类地位　节肢动物门ARTHROPODA/肢口纲MEROSTOMATA/剑尾目XIPHOSURA/鲎科Tachypleidae/圆尾鲎属*Carcinoscorpius*

保护级别　国家二级

识别特征　此种在鲎类中个体最小，雌性个体从头至尾全长约为30.0cm，雄体长28.0cm，体重平均在0.5kg左右。头胸甲呈圆弧形。背面散布有微小的小刺。缘刺无明显的差别。腹甲后端背面正中有一小的隆起，尾剑表面完全无小刺，后半部腹面两侧长有白毛，端面略呈圆形。

生活习性　本种常与南方鲎生活在一起。栖息环境和生活习性与南方鲎相似。

分布地区　我国浙江、福建、广东、广西、海南等沿海。国外分布区域以印度恒河河口附近为西限，向东南方广大海域延伸。

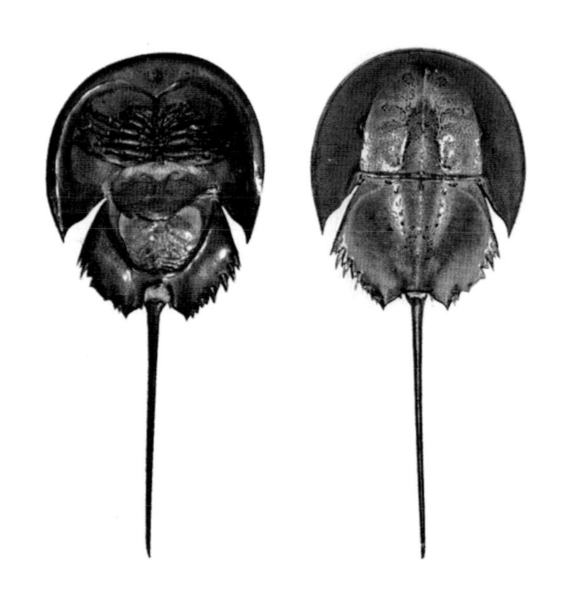

98. 中国鲎 *Tachypleus tridentatus*

学　　名 *Tachypleus tridentatus*（Leach，1819）

曾用学名 无

英 文 名 Horseshoe crab

别　　名 海怪，三刺鲎

分类地位 节肢动物门ARTHROPODA/肢口纲MEROSTOMATA/剑尾目XIPHOSURA/鲎科Tachypleidae/鲎属*Tachypleus*

保护级别 国家二级

识别特征 雌雄异体，雌性比雄性体大，雌性体长40cm左右，体重4kg左右；雌性体长30cm左右，体重1.8kg左右。体呈瓢状，全身被以硬甲，背面圆突，腹面凹陷。头胸部、腹甲部各有附肢6对。腹甲背部有细刺，雌性两侧有3对细刺，雄性两侧有6对细刺。

生活习性 本种是暖水性近海节肢动物，栖息于沙质海底。栖息地点与年龄有关，小个体生活于沙滩，成年个体生活于近海。每年11月由浅海游向深水区越冬，次年4～5月又向浅海游动进行生殖洄游。卵生，卵为淡黄色，圆球形。产卵时，雌鲎挖穴2～4个，将卵产于穴中，雄鲎即将精液撒于卵上。以环节、腔肠、软体等底栖动物为食。

分布地区 我国特有种，分布于福建、浙江、广东、广西、台湾等沿海。

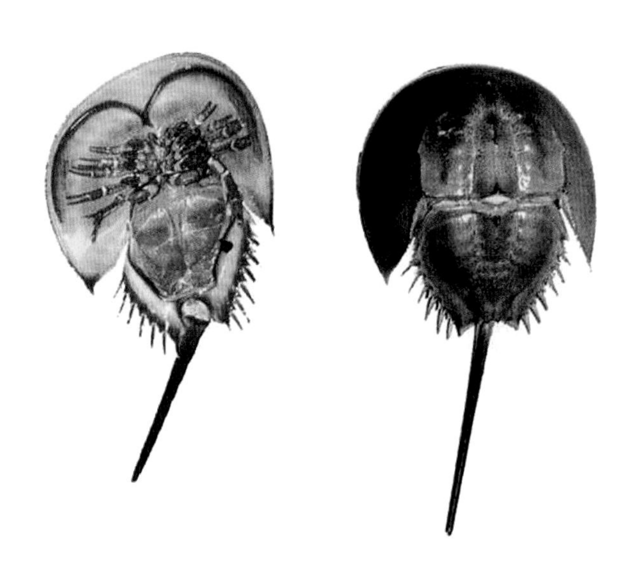

棘皮动物门

ECHINODERMATA

海参纲

HOLOTHUROIDEA

99. 黄乳海参 *Holothuria fuscogilva*

学　　名 *Holothuria fuscogilva* Cherbonnier, 1980

曾用学名 *Microthele nobilis*

英 文 名 White teatfish

别　　名 白乳海参

分类地位 棘皮动物门ECHINODERMATA/
海参纲HOLOTHUROIDEA/
海参目HOLOTHURIIDA/
海参科Holothuriidae/海参属*Holothuria*

保护级别 CITES附录Ⅱ

识别特征 个体大，长可达50cm，宽可达13cm。壁厚而粗糙。口腹位，周围有疣襟部，具20个触手。背部散布小疣足和管足，体两侧各具5～6个很大的乳房状突起。体壁内骨片丰富，包括桌形体和扣状体。有的桌形体底盘边缘平滑，塔部顶端齿少；有的桌形体底盘边缘具瘤状突起，顶端齿多；有的桌形体大，具有立柱5～6个，顶端齿多，几乎将整个盘盖满。扣状体有的简单，有的复杂，形成有孔中空纺锤形穿孔体。生活时背面灰褐色，带有小的白色斑块，两侧有大的白色斑块或全白，腹面为浅的栗褐色。本种与印度洋黑乳海参、太平洋黑乳海参的区别见“太平洋黑乳海参”。

生活习性 栖息于珊瑚礁中，通常生活在水深10～45m处。

分布地区 我国西沙群岛。国外分布于印度洋和西太平洋。

100. 印度洋黑乳海参 *Holothuria nobilis*

学　　名 *Holothuria nobilis*（Selenka，1867）

曾用学名 *Muelleria nobilis*，*Actinopyga nobilis*，*Muelleria maculate*，*Mirothele nobilis*

英 文 名 Black teatfish

别　　名 黑乳海参，黑乳参

分类地位 棘皮动物门ECHINODERMATA/海参纲HOLOTHUROIDEA/海参目HOLOTHURIIDA/海参科Holothuriidae/海参属*Holothuria*

保护级别 CITES附录Ⅱ

识别特征 个体大，体宽而厚，长一般30cm，宽约6cm，两端钝圆。口小，偏腹位，具20个触手。肛门稍偏于背面，周围具5个钙化疣突，各疣周围有一圈小疣。背部散布小疣足。体两侧各具几个很大的乳房状突起，该突起在加工的干海参上仍然很显著，但酒精浸制标本上通常收缩而不显著。腹面管足多而密集，无规则排列。体壁厚，骨片丰富，包括桌形体和扣状体。桌形体底盘通常呈方形，边缘平滑，中央具1大孔，周缘有1列小孔，塔部低而钝，顶端具多数小齿。扣状体简繁不同，复杂者为有孔的中空纺锤形穿孔体。生活时全体黑色，侧面乳突白色，腹面色泽较浅。加工后常有白色污斑。

生活习性 生活在有海草的珊瑚礁沙底，常裸露，身体表面常粘有珊瑚沙。

分布地区 印度洋（见太平洋黑乳海参分布说明）。

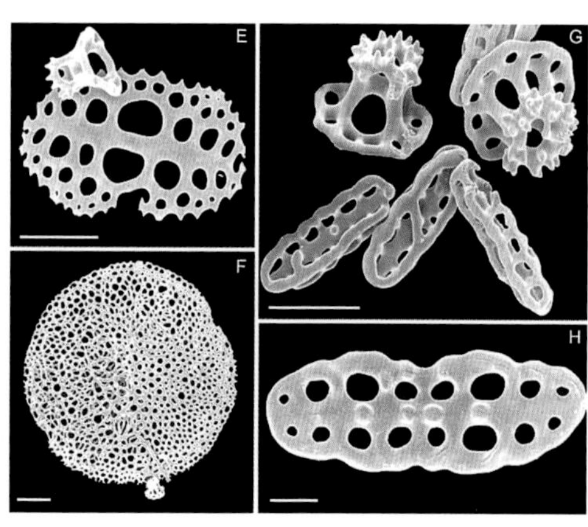

101. 太平洋黑乳海参 *Holothuria whitmaei*

学　　名 *Holothuria whitmaei* Bell，1887

曾用学名 *Holothuria*（*Microthele*）*whitmaei*，*Holothuria*（*Bohadschia*）*whitemaei*，*Holothuria mannifera*，*Holothuria nobilis*

英 文 名 Black teatfish

别　　名 瓦氏黑乳参，黑乳参

分类地位 棘皮动物门ECHINODERMATA/海参纲HOLOTHUROIDEA/海参目HOLOTHURIIDA/海参科Holothuriidae/海参属*Holothuria*

保护级别 CITES附录Ⅱ

识别特征 本种与印度洋黑乳海参非常相似，但生活时通体黑色，侧面乳突没有白色斑块。

生活习性 生活在有海草的珊瑚礁沙底，常裸露，身体表面常粘有珊瑚沙。

分布地区 西太平洋。最新研究认为，印度洋黑乳海参［*Holothuria nobilis*（Selenka，1867）］仅分布于印度洋，以前文献中西太平洋记录的黑乳海参应该是太平洋黑乳海参（*Holothuria whitmaei* Bell，1887）。如是，则我国台湾、海南岛、西沙群岛记录的“黑乳海参”也应该是太平洋黑乳海参。

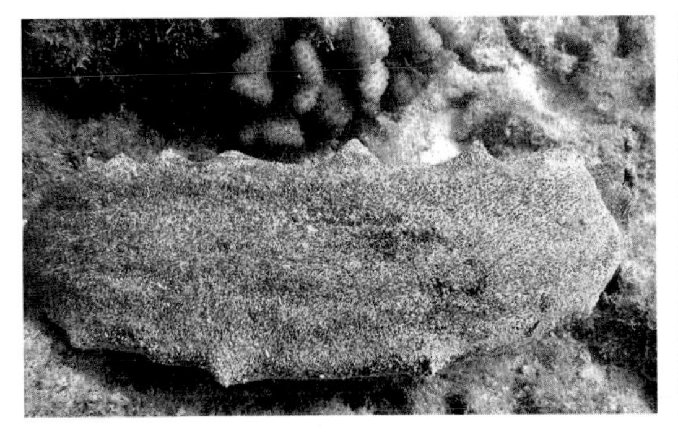

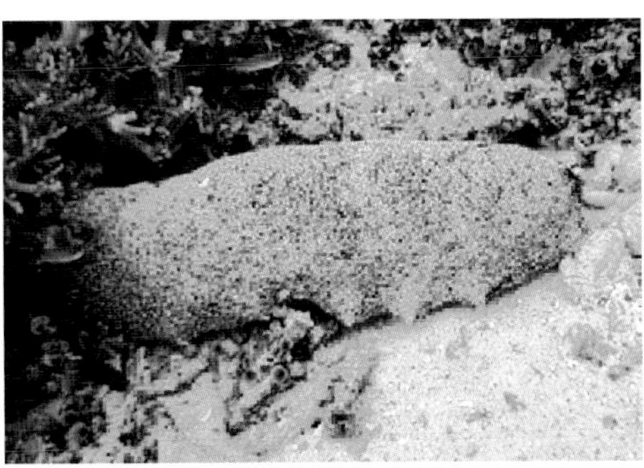

半索动物门

HEMICHORDATA

肠鳃纲

ENTEROPNEUSTA

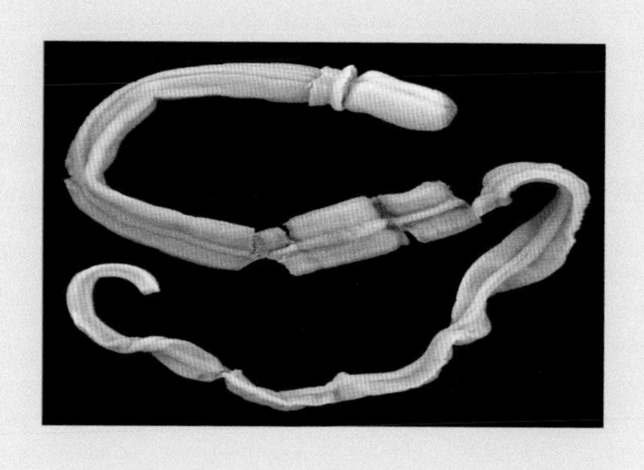

102. 黄岛长吻虫 *Saccoglossus hwangtauensis*

学　名 *Saccoglossus hwangtauensis* Tchang *et* Koo，1935

曾用学名 *Dolichoglossus hwangtauensis*

英 文 名 Acorn worm

别　名 柱头虫

分类地位 半索动物门HEMICHORDATA/肠鳃纲ENTEROPNEUSTA/柱头虫目BALANOGLOSSIDA/玉钩虫科Harrimaniidae/长吻虫属*Saccoglossus*

保护级别 国家一级

识别特征 虫体柔软，细长，呈蠕虫状。生活时体长21～42cm，分吻、领和躯干三部分。吻长1.8～3.2cm，稍扁，呈长扁圆锥形，淡橘黄色。领短，长0.3～0.4cm，宽0.6～0.8cm，呈深橘黄色，表面平滑，中、后部各有一条环沟，游离后缘盖在第一、二对鳃生殖区、肝区和尾区。鳃生殖区生殖翼发达，雌性为淡黄褐色，雄性为淡黄或橘黄色。肝区前段褐色或墨绿色，后段草绿色，至尾区则变成白色。肛门在尾区末端中央。

生活习性 栖息于潮间带中区附近细砂滩中的“U”形洞穴内，营底内穴居生活，行动缓慢，以沉积物中的有机碎屑为食。

分布地区 仅分布于我国青岛胶州湾内黄岛、薛家岛、沧口、阴岛。

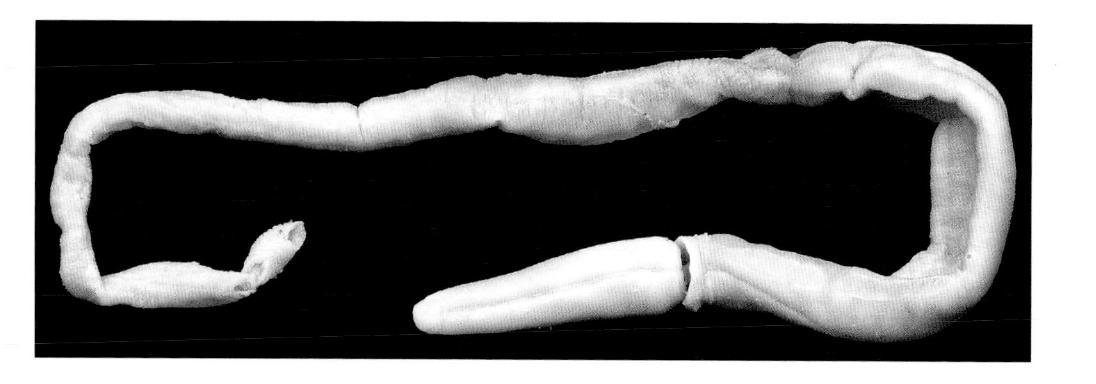

103. 肉质柱头虫 *Balanoglossus carnosus*

学　　名　*Balanoglossus carnosus* Müller，1893

曾用学名　*Ptychodera carnosus*，*Balanoglossus numeensis*

英 文 名　Acorn worm

别　　名　柱头虫

分类地位　半索动物门HEMICHORDATA/肠鳃纲ENTEROPNEUSTA/柱头虫目BALANOGLOSSIDA/殖翼柱头虫科Ptychoderidae/柱头虫属*Balanoglossus*

保护级别　国家二级

识别特征　体大，长38 ~ 77cm。吻部小，部分或全部被领部遮蔽。领长，领中央位置具一条显著缢环，环前领部表皮较后部光滑，后缘明显，领长为鳃区的2 ~ 4倍。生殖翼开始于领后缘，连接领部，遮盖鳃区前部，开始较窄，至鳃区后部最宽，终止于肝区之前；两翼在终末平直展开，两生殖翼间常有白色黏液，黏液凝结物将两翼牢固地黏合在一起，完全包围鳃区和生殖区，生殖翼内面靠基部附近有许多白色表皮小丘。鳃生殖区与鳃区等长至为后者的4倍长甚至8倍长。生殖翼与肝区之间一般都有过渡区，为本种重要特征之一。肝区的肝囊排成两行，前部肝囊较大，呈叶瓣状，密集如书页，其中有些较大的肝囊边缘锯齿状，后部肝囊逐渐变小。肛门在末端中央开口。鳃区后部到肝区前的躯干腹面具有棕色的间环线。

生活习性　潮间带泥滩。

分布地区　我国海南岛。国外分布于马尔代夫、安汶、卡伊群岛、新不列颠、大堡礁、新喀里多尼亚、日本。

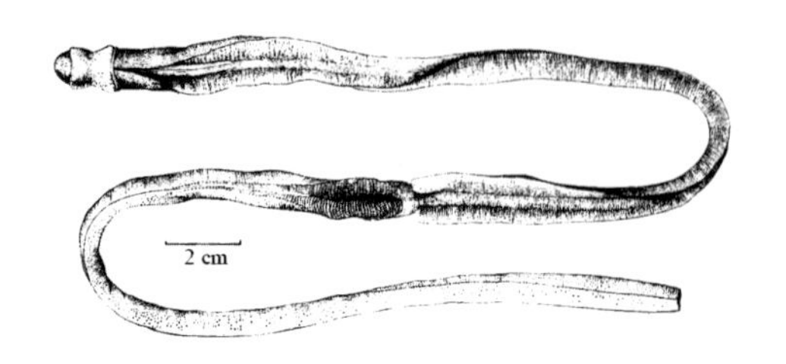

104. 三崎柱头虫 *Balanoglossus misakiensis*

学　名　*Balanoglossus misakiensis* Kuwano, 1902

曾用学名　无

英 文 名　Acorn worm

别　名　柱头虫

分类地位　半索动物门HEMICHORDATA/肠鳃纲ENTEROPNEUSTA/柱头虫目BALANOGLOSSIDA/殖翼柱头虫科Ptychoderidae/柱头虫属*Balanoglossus*

保护级别　国家二级

识别特征　体长20～55cm。躯干部具有明显的环纹，环纹在鳃区较粗而且环间距较大，在肝区十分纤细。吻部亚圆锥形，橘黄色，长9～15mm，宽5～9mm，背部中央具一条深纵沟。领圆柱形，背缘较腹缘短，背部长5～12mm，腹部长6～14mm，宽9～13mm，具有许多纵褶和明显的横纹分带线，领与吻几乎同色，领沟为淡黄色，后部有一条深橘红色横带；鳃长20～50mm，鳃管为长等腰三角形，末端表皮深陷形成矢状。生殖翼发达，紧接领的后缘，但前端约2mm的一小段与领背面中央后缘不相连接，至鳃区后方生殖翼达到最宽，向后到肝区前陡然终止，有时稍伸到肝囊前部，鳃生殖区长50～200mm，性成熟个体雌性为灰褐色，雄性为蛋黄色。肝区长40～210mm，色泽在前部几个肝囊为砖红色，向后逐渐由黑褐色变为黄绿色，肝囊分为两行排列。尾区长110～200mm，淡黄色，近肛门处色素逐渐加深，背面具有两条表皮纵纹；肛门在末端背面开口。

生活习性　潮间带泥滩。

分布地区　我国山东青岛、广西合浦。国外分布于日本三崎、馆山。

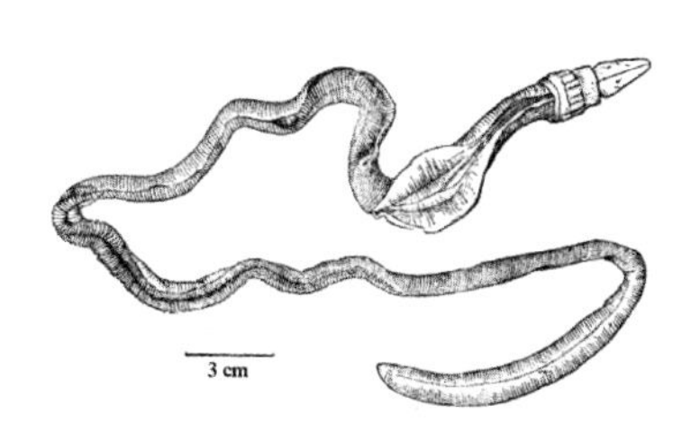

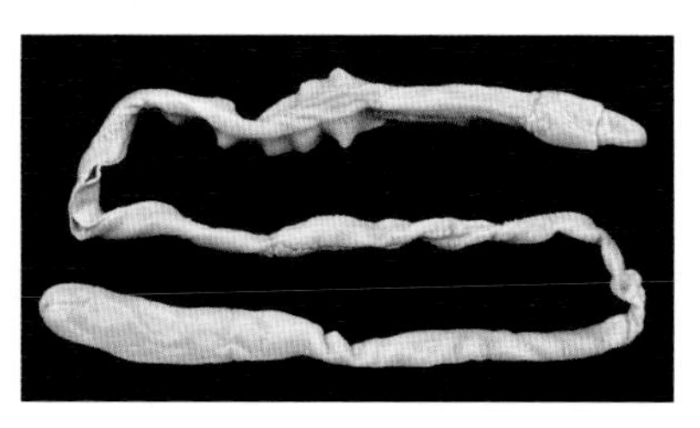

105. 短殖舌形虫 *Glossobalanus mortenseni*

学　名 *Glossobalanus mortenseni* van der Horst，1932

曾用学名 无

英 文 名 Acorn worm

别　名 柱头虫

分类地位 半索动物门HEMICHORDATA/肠鳃纲ENTEROPNEUSTA/柱头虫目BALANOGLOSSIDA/殖翼柱头虫科Ptychoderidae/舌形虫属*Glossobalanus*

保护级别 国家二级

识别特征 体长约35cm。吻部圆锥形，长4～5mm，宽度与长度相等，表皮具有浅的纵沟；领长2～3mm，宽4～5mm。鳃区裸露，长5～6mm，鳃沟深，鳃区背部中央线为一深沟，伸延到生殖区则形成一条突起的背中脊，鳃区的生殖翼不显著，鳃后生殖区极短，仅2～3mm，生殖翼不突出。肝区界限明显，长约5mm，肝囊16～22个，大小由前到后相差不悬殊。腹部中央沟纵贯整个鳃区和生殖区。肛门在末端中央开口。

生活习性 潮间带泥滩。

分布地区 我国海南岛。国外分布于毛里求斯。

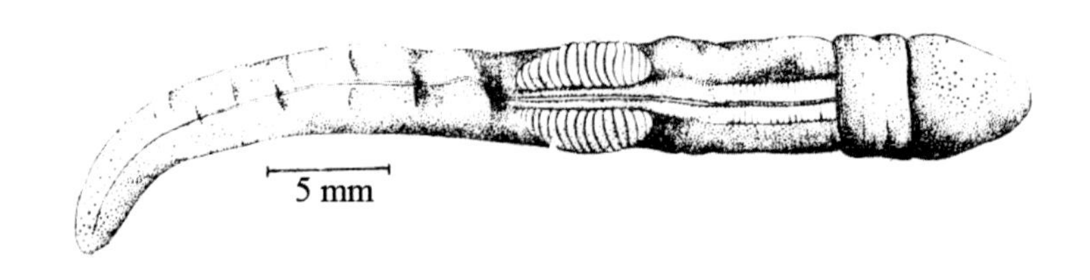

106. 多鳃孔舌形虫 *Glossobalanus polybranchioporus*

学　　名 *Glossobalanus polybranchioporus* Tchiang *et* Liang，1965

曾用学名 无

英 文 名 Acorn worm

别　　名 柱头虫

分类地位 半索动物门HEMICHORDATA/肠鳃纲ENTEROPNEUSTA/柱头虫目BALANOGLOSSIDA/殖翼柱头虫科Ptychoderidae/舌形虫属*Glossobalanus*

保护级别 国家一级

识别特征 虫体大而细长，长35.2～61.3cm，呈蠕虫状。吻较短，长1.0～1.2cm，呈尖锥形或圆锥形，为淡橘黄色。领长0.7～1.1cm，宽0.8～0.9cm，后缘自背缘向腹缘倾斜，并有一条深橘红色环带，而整个领区则为淡橘黄色。躯干很长，为33.5～59.2cm。鳃生殖区鳃孔多，130～160个，腹面两侧无棕色色素斑点，鳃后盲囊与生殖翼对称，无翼缘垂，雌性生殖翼紫棕色，雄性橘黄色或橘红色。肝区肝囊多，110～130个，其颜色由前向后通常为褐黑色、赭色、黄色、绿色等。

生活习性 栖息于潮间带泥砂滩内的“U”形洞穴中，营底内穴居生活，行动缓慢，以沉积物中的有机碎屑为食。

分布地区 仅分布于我国河北的北戴河，山东的青岛（薛家岛、黄岛、娄山、沧口、栈桥、汇泉浴场）和石臼所，江苏的大丰、东川。

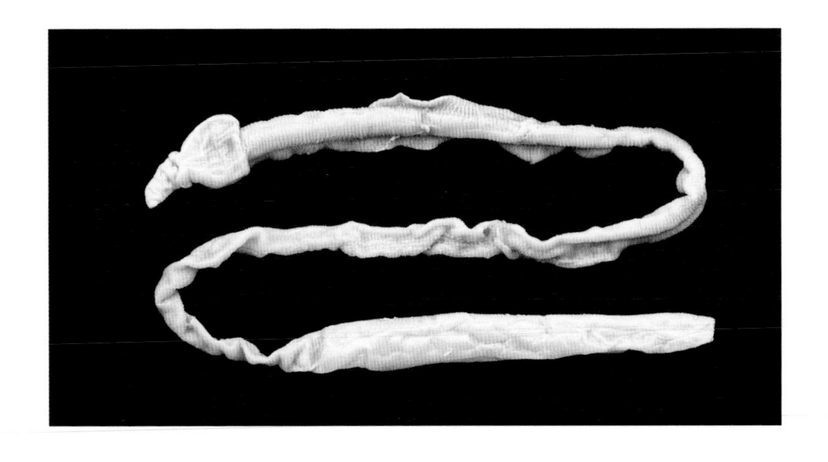

107. 黄殖翼柱头虫 *Ptychodera flava*

学　名 *Ptychodera flava* Eschscholtz，1825

曾用学名 *Ptychodera*（*Chlamydothorax*）*erythraeus*；*Ptychodera erythraeus*

英 文 名 Acorn worm

别　名 柱头虫

分类地位 半索动物门HEMICHORDATA/肠鳃纲ENTEROPNEUSTA/柱头虫目BALANOGLOSSIDA/殖翼柱头虫科Ptychoderidae/殖翼柱头虫属*Ptychodera*

保护级别 国家二级

识别特征 体长5～10cm。吻长约3mm，宽约4mm，圆形至圆锥形。领长约4mm，宽约5mm，中部收窄，后缘具明显的环状槽。生殖翼始于领后缘，在鳃区最宽。鳃区长约9mm，腊肠形，鳃孔宽大。鳃生殖区长约21mm；鳃后生殖区逐渐变窄延伸入肝区，从两侧全抱或半抱肝区前部而终止。肝区长约12mm，前部界限不明显，肝囊小，从前到后排成规则的纵列，中段渐大，向后变小，较大肝囊具有栉齿状或者指状突起的前后缘。尾区肿大，长约24mm。肛门开口于尾部末端。表皮环纹在肝区特别明显，背部两侧环纹形成小岛状，在生殖翼的外缘环纹较弱，常形成小分枝。

生活习性 潮间带泥滩。

分布地区 我国海南岛、西沙群岛。国外广泛分布于印度-西太平洋。

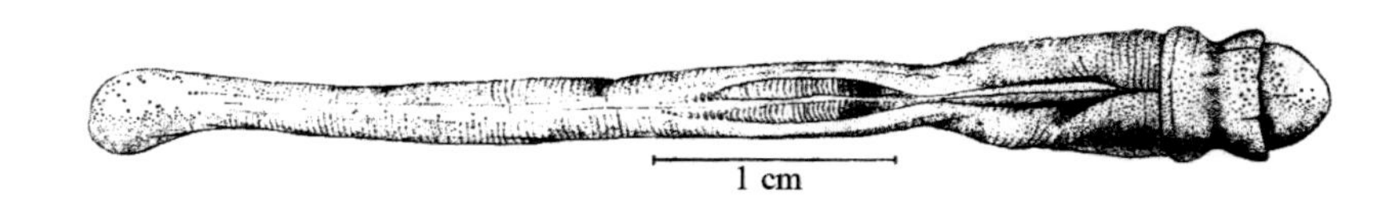

108. 青岛橡头虫 *Glandiceps qingdaoensis*

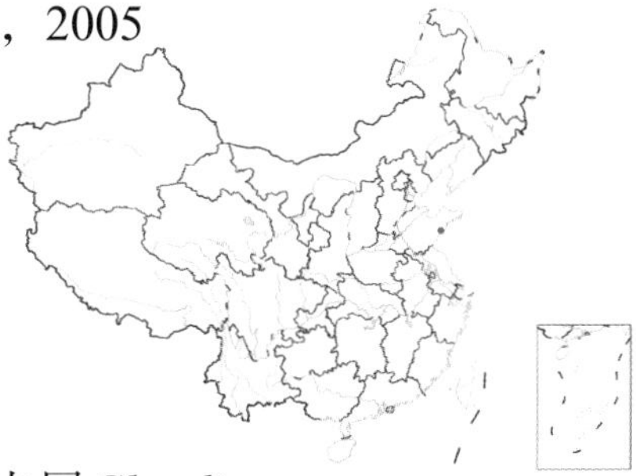

学　名　*Glandiceps qingdaoensis* An *et* Li，2005

曾用学名　无

英文名　Acorn worm

别　名　柱头虫

分类地位　半索动物门HEMICHORDATA/肠鳃纲ENTEROPNEUSTA/柱头虫目BALANOGLOSSIDA/史氏柱头虫科Spengeliidae/橡头虫属*Glandiceps*

保护级别　国家二级

识别特征　体型大，易断、易碎，躯体近圆柱形，分为前生殖区、生殖翼生殖区、极短的肝区和细弱的肠区四部分。吻呈近圆锥形，长19.1mm，约为领长的3倍，宽7.1mm；背面中央和腹面具沟；领长6.1mm，宽10.1mm，在其后部中央具一特色沟，沟后部覆盖着皱褶；前唇宽于后唇；鳃生殖区近圆柱形，具模糊的环纹沟，有1条较深的腹沟和1条深的背沟，并有1对平行于背沟的背脊，鳃孔小，约56对，不易看见。新鲜标本体色为黄色，体表具不规则的褐色斑纹，生殖翼为淡黄色，肝区为暗绿色；固定标本为淡黄色。

生活习性　潮下带泥底。

分布地区　我国山东青岛胶州湾。

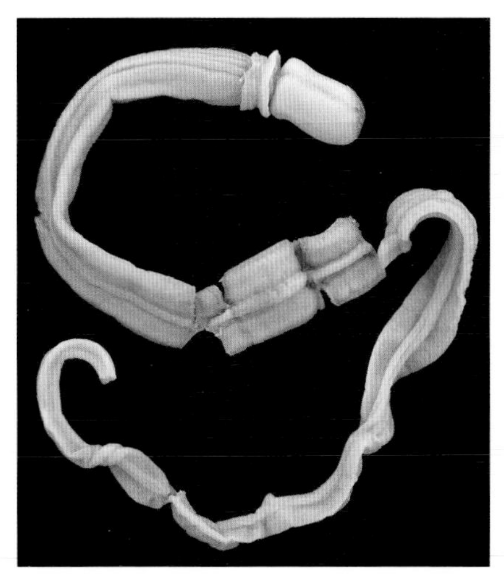

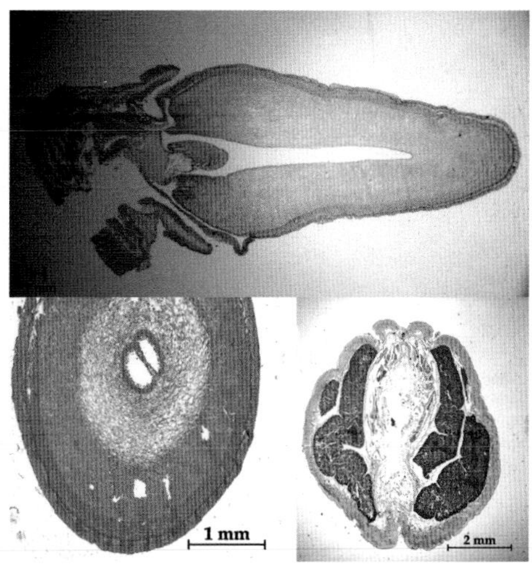

脊索动物门

CHORDATA

文昌鱼纲

AMPHIOXI

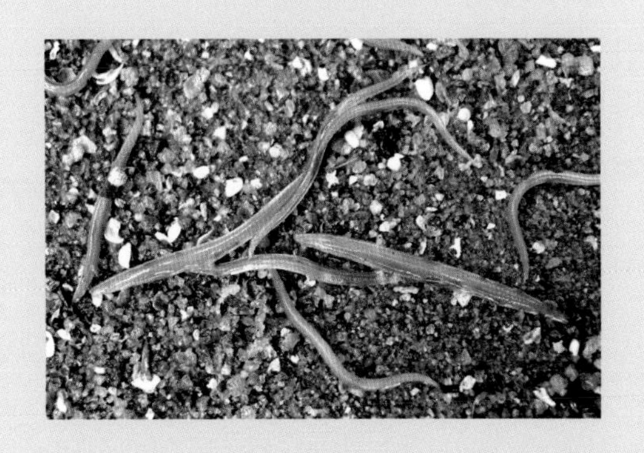

109. 厦门文昌鱼 *Branchiostoma belcheri*

学　　名　*Branchiostoma belcheri*（Gray, 1847）

曾用学名　*Branchiostoma belcheri belcheri*

英 文 名　Belcher's lancelet，Slugfish

别　　名　文昌鱼，白氏文昌鱼，白氏文昌鱼厦门亚种

分类地位　脊索动物门CHORDATA/文昌鱼纲AMPHIOXI/文昌鱼目AMPHIOXIFORMES/文昌鱼科Branchiostomatidae/文昌鱼属*Branchiostoma*

保护级别　国家二级（仅野外种群）

识别特征　身体侧扁，两端尖，体长35～57mm，体高约为体长的1/10。分为头部、躯干部和尾部。头部不明显，腹面有一漏斗状凹陷，称为口前庭，周围生有口须，平均42条（随个体而异，也随年龄增加而增加，如体长45～48mm的标本，口须多在46条以上）。身体背中线有一背鳍，腹面自口向后有两条平行且对称的腹褶，腹褶延伸到腹孔前汇合，末端为茅形尾鳍；腹孔即排泄腔的开口。身体两侧肌节明显，平均65节。具脊索，位于身体背面，贯穿几达身体全长。神经管状，位于脊索背面，无脑分化；无心脏，血液无色。雌雄异体，生殖腺数为23～30个，按体节成对排列于身体两侧，但右侧多于左侧。生殖细胞由腹孔排出，在海水中受精。生活态身体为半透明肉色。

生活习性　水清、流缓、疏松的潮下带中沙至粗沙底。

分布地区　我国福建、广东、海南岛。国外分布于印度洋和西太平洋浅海区。本种与青岛文昌鱼在厦门海域分布区有重合。

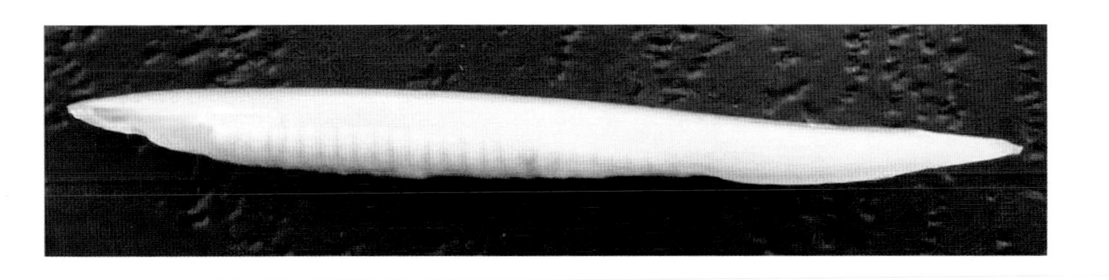

110. 青岛文昌鱼 *Branchiostoma tsingdauense*

学　　名 *Branchiostoma tsingdauense* Tchang *et* Koo，1936

曾用学名 *Branchiostoma belcheri japonicum*，*Branchiostoma belcheri tsingtauense*，*Branchiostoma nakagawae*

英 文 名 Japanese lancelet，Japanese slugfish

别　　名 文昌鱼，日本文昌鱼，白氏文昌鱼日本亚种，白氏文昌鱼青岛亚种

分类地位 脊索动物门CHORDATA/文昌鱼纲AMPHIOXI/文昌鱼目AMPHIOXIFORMES/文昌鱼科Branchiostomatidae/文昌鱼属*Branchiostoma*

保护级别 国家二级（仅野外种群）

识别特征 身体侧扁，两端尖，体长约55mm，体高约为体长的1/10。分为头部、躯干部和尾部。头部不明显，腹面有一漏斗状凹陷，称为口前庭，周围生有口须33～59条（随个体而异，也随年龄增加而增加，如体长45～48mm标本，口须多在46条以上）。身体背中线有一背鳍，腹面自口向后有两条平行且对称的腹褶，腹褶延伸到腹孔前汇合，末端为尾鳍；腹孔即排泄腔的开口。身体两侧肌节明显，65～69节，以67节最常见。具脊索，位于身体背面，贯穿几达身体全长。神经管状，位于脊索背面，无脑分化；无心脏，血液无色。生殖腺按体节成对排列于身体两侧，但右侧多于左侧，右侧生殖腺为25～30个，左侧为23～27个。生殖细胞由腹孔排出，在海水中受精。生活态身体为半透明肉色。本种与厦门文昌鱼的主要区别是：喙鳍椭圆形、前端较尖；臀前鳍鳍室数较少，一般少于70枚，鳍室较宽而矮；尾鳍较宽，尾鳍上叶与背鳍及尾鳍下叶与臀前鳍的夹角较小。

生活习性 水清、流缓、疏松的潮下带中沙至粗沙底。

分布地区 我国河北、山东和福建。国外分布于日本。本种与厦门文昌鱼在厦门海域分布区有重合。

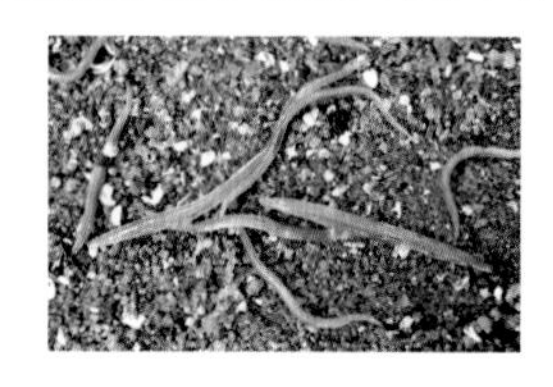

脊索动物门

CHORDATA

圆口纲

CYCLOSTOMATA

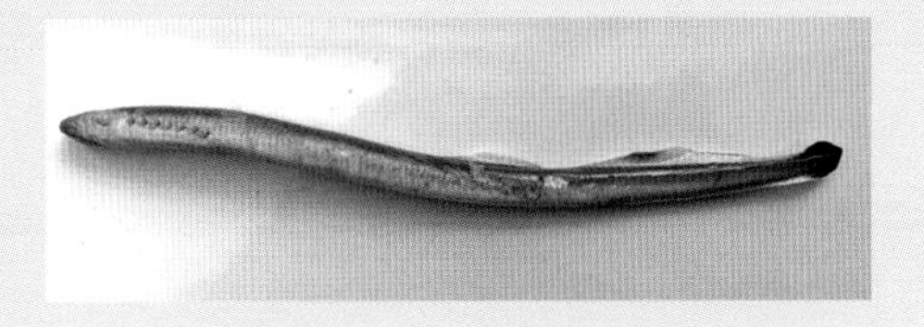

111. 日本七鳃鳗 *Lampetra japonica*

学　　名 *Lampetra japonica*（Martens，1868）

曾用学名 *Lethenteron camtschaticum*

英 文 名 Arctic lamprey，Darktail alascan lamprey，Lamprey-eel，River eight-eye lamprey

别　　名 八目鳗，七星子，东亚叉牙七鳃鳗

分类地位 脊索动物门CHORDATA/圆口纲CYCLOSTOMATA/七鳃鳗目PETROMYZONTIFORMES/七鳃鳗科Petromyzontidae/七鳃鳗属*Lampetra*

保护级别 国家二级

识别特征 体呈鳗形，前部圆筒形，后部侧扁。眼被半透明厚皮膜覆盖，呈淡白色。鼻孔1个。口下位，呈圆形吸盘状，边缘有穗状突起，每个突起呈掌状，末端分枝。没有上下颌。每侧有7个鳃孔，位于眼后，头部有乳头状突起的侧线管孔。体无鳞。没有胸鳍和腹鳍。体灰褐色或灰黄色。与东北七鳃鳗的区别在于，没有外侧齿，两背鳍基底相连。与雷氏七鳃鳗的区别在于，体型较大，全长可达400 ~ 500mm，尾鳍黑色。

生活习性 洄游型鱼类，每年秋季由海进入江河，越过冬季，次年5 ~ 6月产卵繁殖。

分布地区 我国黑龙江、图们江等水系。国外分布于太平洋北部阿拉斯加，以及日本和朝鲜半岛沿岸及通海河流。

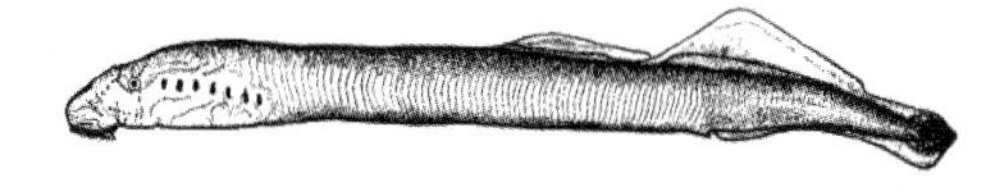

112. 东北七鳃鳗 *Lampetra morii*

学　　名　*Lampetra morii* Berg，1931

曾用学名　*Eudontomyzon morii*

英 文 名　Korean lamprey

别　　名　森氏双齿七鳃鳗

分类地位　脊索动物门CHORDATA/圆口纲CYCLOSTOMATA/七鳃鳗目PETROMYZONTIFORMES/七鳃鳗科Petromyzontidae/七鳃鳗属*Lampetra*

保护级别　国家二级

识别特征　体呈鳗形，前部圆筒形，后部侧扁。头长，圆筒形。眼被半透明皮肤覆盖，鼻孔1个，口下位，呈漏斗状吸盘，边缘有穗状突起，每个突起呈掌状，末端分枝。没有上下颌。每侧有7个鳃孔，位于眼后。体无鳞，侧线不发达，只有在眼前方的一段较明显。有两个背鳍。没有胸鳍和腹鳍。体呈灰褐色，腹部灰白色。与日本七鳃鳗和雷氏七鳃鳗的区别在于，具有外侧齿，两背鳍间距明显。

生活习性　终生栖息在淡水，生活于有微流、沙质底的山区河流。3～4龄成熟。

分布地区　我国的鸭绿江。国外分布于朝鲜。

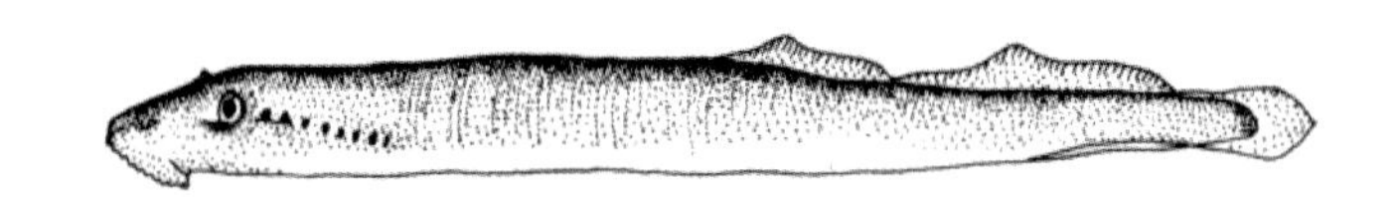

113. 雷氏七鳃鳗 *Lampetra reissneri*

学　名　*Lampetra reissneri* Dybowski，1869

曾用学名　*Petromyzon reissneri*，*Lethenteron reissneri*

英文名　Asiatic brook lamprey，Sand lamprey

别　名　雷氏叉牙七鳃鳗

分类地位　脊索动物门CHORDATA/圆口纲CYCLOSTOMATA/七鳃鳗目PETROMYZONTIFORMES/七鳃鳗科Petromyzontidae/七鳃鳗属*Lampetra*

保护级别　国家二级

识别特征　体呈鳗形，前部圆筒形，后部侧扁。头长，圆筒形。眼透明，不被厚皮肤覆盖，鼻孔1个，口下位，呈漏斗状吸盘，边缘有穗状突起，每个突起呈片状，末端分枝。没有上下颌。每侧有7个鳃孔，位于眼后。体无鳞，侧线不发达，只有在眼前方的一段较明显。有两个背鳍。没有胸鳍和腹鳍。体背部暗褐色，腹部白色。与日本七鳃鳗的区别在于体型较小，全长可达100～170mm，尾鳍颜色较淡；与东北七鳃鳗的区别在于没有外侧齿，两背鳍基底相连。

生活习性　陆封型，终生栖息在淡水溪流或沟渠中。无寄生营养期，直接进入繁殖期。

分布地区　我国黑龙江水系干支流上游山区溪流、辽宁太子河等。国外分布于朝鲜、日本九州、俄罗斯阿纳德尔河等太平洋水系一些河流。

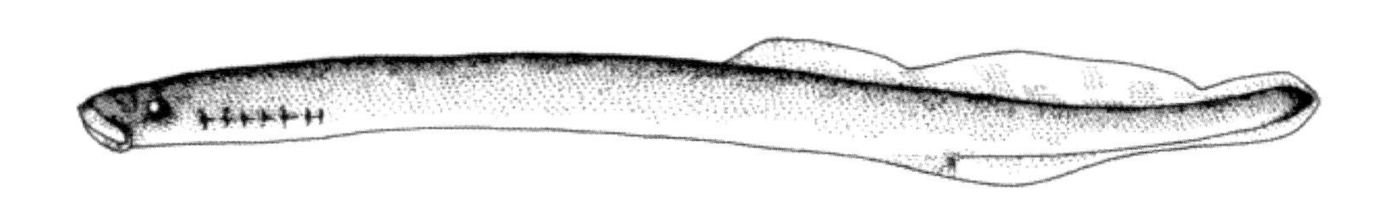

脊索动物门

CHORDATA

软骨鱼纲

CHONDRICHTHYES

114. 长鳍真鲨 *Carcharhinus longimanus*

学　名 *Carcharhinus longimanus*（Poey，1861）

曾用学名 *Squalus longimanus*

英文名 Whitetip shark，Oceanic whitetip shark

别　名 远洋白鳍鲨

分类地位 脊索动物门CHORDATA/软骨鱼纲CHONDRICHTHYES/真鲨目CARCHARHINIFORMES/真鲨科Carcharhinidae/真鲨属*Carcharhinus*

保护级别 CITES附录Ⅱ

识别特征 长形的翼状胸鳍和背鳍，尖端圆润；大部分成鱼鳍的末端呈白色。鼻子和眼睛都呈圆形，眼睛存在瞬膜（又称“第三眼睑”，可以遮住角膜，借以湿润眼球，却又不影响视线，有保护整个眼球的作用）。牙齿形态多样，下颚为相对较小的三角形薄锯齿，两侧各13～15颗。上颚为相对较大的三角形锯齿，两侧各14～15颗。锯齿较平，通常有5～7个脊。

生活习性 生活在不超过150m深的上层海域，喜近海深水区。独居生活，其身边往往会存在鲯鳅和鲫鱼，行动速度较为缓慢。没有昼夜节律，全天都很活跃。以浮游头足纲和硬骨鱼类为主要食物。胎生，妊娠期一年。

分布地区 在全球所有北纬45°到南纬43°（水温在18℃以上）的开阔海域都有分布。

115. 镰状真鲨 *Carcharhinus falciformis*

学　　名　*Carcharhinus falciformis*（Müller *et* Henle，1839）

曾用学名　*Carcharias falciformis*

英 文 名　Silky shark

别　　名　平滑白眼鲛，丝鲨

分类地位　脊索动物门CHORDATA/软骨鱼纲CHONDRICHTHYES/真鲨目CARCHARHINIFORMES/真鲨科Carcharhinidae/真鲨属*Carcharhinus*

保护级别　CITES附录Ⅱ

识别特征　第1背鳍相对其他鲨鱼较小，连接背缘曲线；第2背鳍小、尖端非常长，约是鳍本身长度的2.5倍。胸鳍较大，镰刀状。身体背部呈暗灰色、灰褐色或蓝灰色，腹部呈灰白色；皮肤嫩滑如丝质。

生活习性　具有迁徙、洄游的习性。胎生，雄性6～10年达到性成熟，雌性7～12年达到性成熟，寿命22年以上。进食海岸附近或远洋的多骨鱼类，也会进食乌贼及远洋的蟹类。

分布地区　分布于全球的热带和亚热带温水海洋中，一般出现在大西洋、太平洋和印度洋。

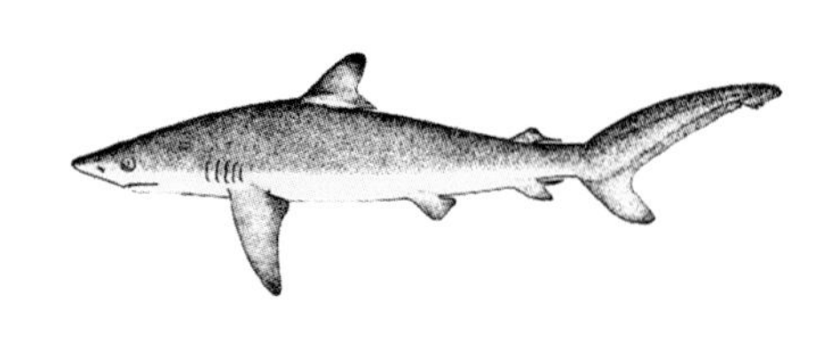

116. 无沟双髻鲨 *Sphyrna mokarran*

学　　名 *Sphyrna mokarran*（Rüppell, 1837）

曾用学名 *Zygaena mokarran*

英 文 名 Great hammerhead, Squat-headed hammerhead shark

别　　名 八鳍丫髻鲛

分类地位 脊索动物门CHORDATA/软骨鱼纲CHONDRICHTHYES/真鲨目CARCHARHINIFORMES/双髻鲨科Sphyrnidae/双髻鲨属*Sphyrna*

保护级别 CITES附录Ⅱ

识别特征 头的额骨区向左右两侧锥状突出，眼位于头两侧突出部。吻短而宽，前缘稍呈弧形，正中浅凹，里鼻沟消失（区别于本属的其他两种）。臀鳍基底约与第2背鳍基底等长，第1背鳍高大，前缘较倾斜。

生活习性 最大的双髻鲨，体长可达6.1m；寿命20～30年。肉食性，以蟹、鱿鱼、章鱼和硬骨鱼类等为食。有洄游习性，迁徙性鱼类。胎生，长有卵黄囊胎盘。

分布地区 我国南海。国外多分布于大西洋、印度洋、太平洋的热带和暖温带水域（北纬40°至南纬37°）。

117. 路氏双髻鲨 *Sphyrna lewini*

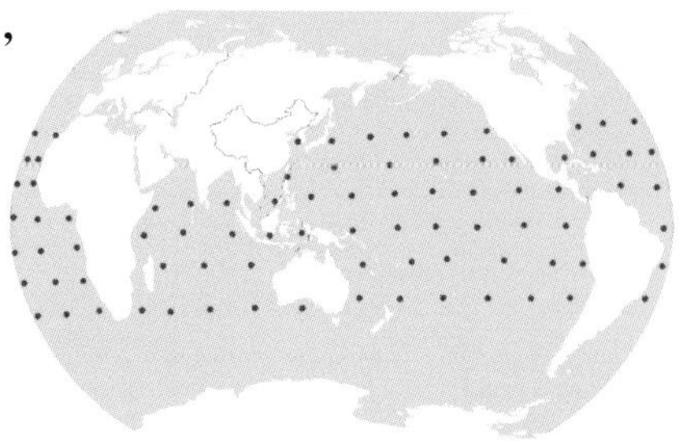

学　名 *Sphyrna lewini*（Griffith *et* Smith，1834）

曾用学名 *Zygaena lewini*

英 文 名 Bronze hammerhead shark，Gebuchteter Hammerhai

别　名 红肉丫髻鲛，双髻鲨，双过仔

分类地位 脊索动物门CHORDATA/软骨鱼纲CHONDRICHTHYES/真鲨目CARCHARHINIFORMES/双髻鲨科Sphyrnidae/双髻鲨属*Sphyrna*

保护级别 CITES附录Ⅱ

识别特征 头的额骨区向左右两侧锥状突出，眼位于头两侧突出部分。吻部短而宽，前缘呈波浪状，中央区显著凹入（区别于无沟双髻鲨和锤头双髻鲨）。鳍风帆形，起点对着胸鳍基前缘。

生活习性 栖息于沿岸至外洋中表层，成年体长可达3.7～4.3m，雌性体型一般大于雄性，寿命可超过30年。肉食性，以小型鱼类或魟、鳐及其他鲨类为食。胎生，一次可产15～31尾幼鲨。具攻击性，对人类具有潜在危险性。

分布地区 在我国常见于南海、东海和黄海。国外分布于大西洋、印度洋和太平洋的温带至热带海域，也生活在西地中海。

118. 锤头双髻鲨 *Sphyrna zygaena*

学名 *Sphyrna zygaena*（Linnaeus，1758）

曾用学名 *Squalus zygaena*

英文名 Smooth hammerhead shark，Common hammerhead shark

别名 锤头鲨，丫髻鲛，双髻鲨

分类地位 脊索动物门CHORDATA/软骨鱼纲CHONDRICHTHYES/真鲨目CARCHARHINIFORMES/双髻鲨科Sphyrnidae/双髻鲨属*Sphyrna*

保护级别 CITES附录Ⅱ

识别特征 头的额骨区向左右两侧锥状突出，眼位于头两侧突出部。吻端中央圆凸，里鼻沟长，中央区不凹入，两侧则明显凹入（区别于无沟双髻鲨和路氏双髻鲨）。第1背鳍高大，前缘略倾斜，呈镰刀形，起点与胸鳍内角相对。

生活习性 夏季时，聚集成大群洄游至北方水域。肉食性，以其他软骨鱼类、硬骨鱼类及头足类、甲壳类等底栖生物为食。具有攻击性，对人类具有潜在危险性。胎生。

分布地区 我国主要分布于东海及黄海海域。国外分布于大西洋、印度洋和太平洋的热带和亚热带海区。

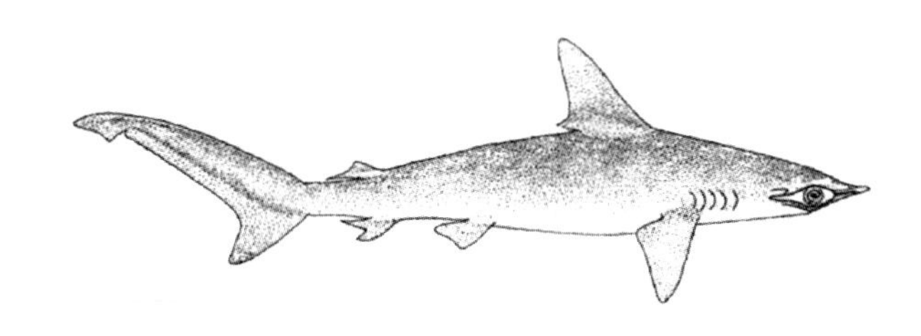

119. 姥鲨 *Cetorhinus maximus*

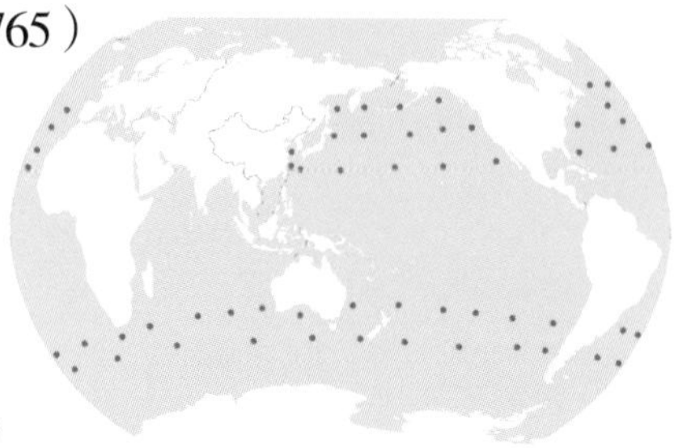

学　　名 *Cetorhinus maximus*（Gunnerus，1765）

曾用学名 *Squalus maximus*

英 文 名 Basking shark，Bone shark

别　　名 戇鲨（福建），蒙鲨（浙江），老鼠鲨（江苏、浙江）

分类地位 脊索动物门CHORDATA/软骨鱼纲CHONDRICHTHYES/鼠鲨目LAMNIFORMES/姥鲨科Cetorhinidae/姥鲨属*Cetorhinus*

保护级别 国家二级；CITES附录Ⅱ

识别特征 体长可达10～12m，体重超过5000kg。体灰褐色、青褐色或近黑色，腹面白色。体纺锤形。头大，略侧扁。成体吻短，圆锥形。口宽大，成体宽弧形，下位。牙细小而多。眼小，无瞬褶。喷水孔细小，位于口角后上方。鳃裂很宽，由背侧向下直到胸部腹面。鳃耙细长密列。背鳍2个，第二背鳍和臀鳍均小，胸鳍呈镰状。尾分叉，上叶较长。尾柄两侧各有一侧突。

生活习性 姥鲨有明显的昼夜垂直移动现象，清晨和傍晚上升到水表层，其他时间栖息于100m以下的深水层。以浮游动物为食，主要是浮游桡足类及鳀鱼、沙丁鱼等小型结群性鱼类。

分布地区 我国东海和黄海；福建、浙江、上海、江苏和山东沿海均有分布。国外广泛分布于太平洋、印度洋和大西洋的温带和亚寒带海区。南、北半球均有分布。

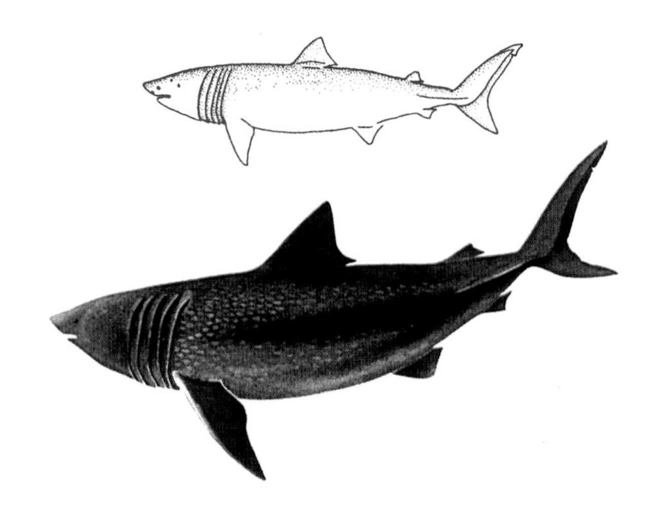

120. 噬人鲨 *Carcharodon carcharias*

学　名 *Carcharodon carcharias*（Linnaeus，1758）

曾用学名 *Squalus carcharias*

英文名 Great white shark，Man eater

别　名 大白鲨、白鲛、食人鲛

分类地位 脊索动物门CHORDATA/软骨鱼纲CHONDRICHTHYES/鼠鲨目LAMNIFORMES/鼠鲨科Lamnidae/噬人鲨属*Carcharodon*

保护级别 国家二级；CITES附录Ⅱ

识别特征 体长最长可达800cm，鳃孔5个，宽大，最后两个距离较近。2个背鳍，尾呈新月形，一般体呈灰色、淡蓝色或淡褐色，腹部呈淡白色，背腹体色界限分明，体型大者色较淡。没有鱼鳞，长满了小小的倒刺（极粗糙）。上颚排列26枚尖牙，齿大且有锯齿缘，呈三角形。

生活习性 性凶猛，善游泳，速度快。卵胎生。食性广，主要以鱼类、海洋哺乳类、海洋无脊椎动物和海鸟类为食；在所有鲨鱼中，噬人鲨是唯一可以把头部直立于水面之上的。属半恒温鱼类。

分布地区 我国南海、东海和台湾东北海域。国外广泛分布于几乎所有的热带、亚热带和温带海域，多集中在美国（大西洋东北区及加利福尼亚州海岸）、智利、南非、日本、大洋洲海域，也包括地中海。其中，南非干斯拜的海岸被发现为最密集种群的聚集地。

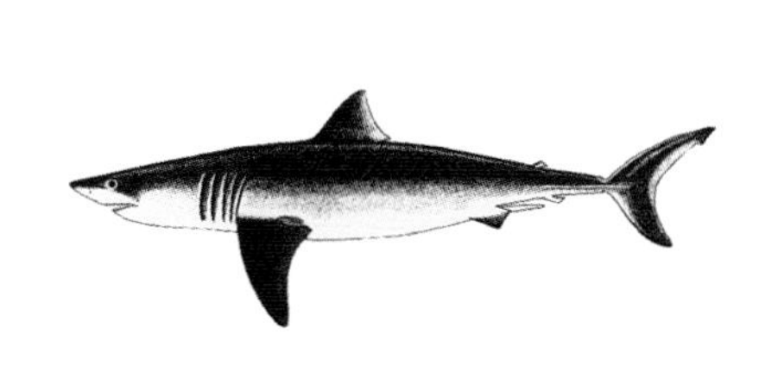

121. 浅海长尾鲨 *Alopias pelagicus*

学　名 *Alopias pelagicus* Nakamura，1935

曾用学名 无

英 文 名 Pelagic thresher，Fox shark

别　名 浅海狐鲛

分类地位 脊索动物门CHORDATA/
软骨鱼纲CHONDRICHTHYES/
鼠鲨目LAMNIFORMES/
长尾鲨科Alopiidae/长尾鲨属*Alopias*

保护级别 CITES附录Ⅱ

识别特征 浅海长尾鲨的尾鳍特别长，几乎占体长的一半。可以通过胸鳍基部上方的黑色皮肤斑块和没有唇沟这些特征来将其与同属物种区分开来。浅海长尾鲨的颜色比其他长尾鲨颜色浅。生活时背表面颜色为蓝灰色，死后不久会褪色为浅灰色。身体两侧呈浅蓝灰色（死后不久呈浅灰色），腹面为白色。鳃和侧面区域具有金属银色色调。平均长度约为300cm，平均体重约为69.5kg。

生活习性 以鲱鱼、飞鱼、鲭鱼等鱼类为食。胎生。

分布地区 我国台湾、广东和海南附近海域。国外主要分布于太平洋和印度洋的暖温带近海水域。

122. 大眼长尾鲨 *Alopias superciliosus*

学　　名 *Alopias superciliosus* Lowe，1841

曾用学名 *Alopecias superciliosus*，*Alopias profundus*

英 文 名 Big-eyed thresher

别　　名 深海狐鲛

分类地位 脊索动物门CHORDATA/软骨鱼纲CHONDRICHTHYES/鼠鲨目LAMNIFORMES/长尾鲨科Alopiidae/长尾鲨属*Alopias*

保护级别 CITES附录Ⅱ

识别特征 大眼长尾鲨的尾鳍特别长，几乎占体长的一半。眼睛非常大且向上，前额有凹痕，可与同属物种进行区分。胸鳍端部宽而弯曲，第一背鳍的起点位于腹鳍后方。背部表面呈现出灰紫色到褐灰色的金属色调，而腹部则呈现出奶油色。成年体长为335～400cm，平均体重约为160kg。

生活习性 一般以底栖和深海鱼类为食，如金枪鱼、鳕鱼和鲱鱼，也以鱿鱼和各种甲壳类动物为食。胎生。

分布地区 我国台湾。国外分布于美国（范围从纽约海岸到佛罗里达州，从加利福尼亚海岸到加利福尼亚湾和夏威夷群岛南部），以及澳大利亚西北部、新西兰、日本南部海岸。

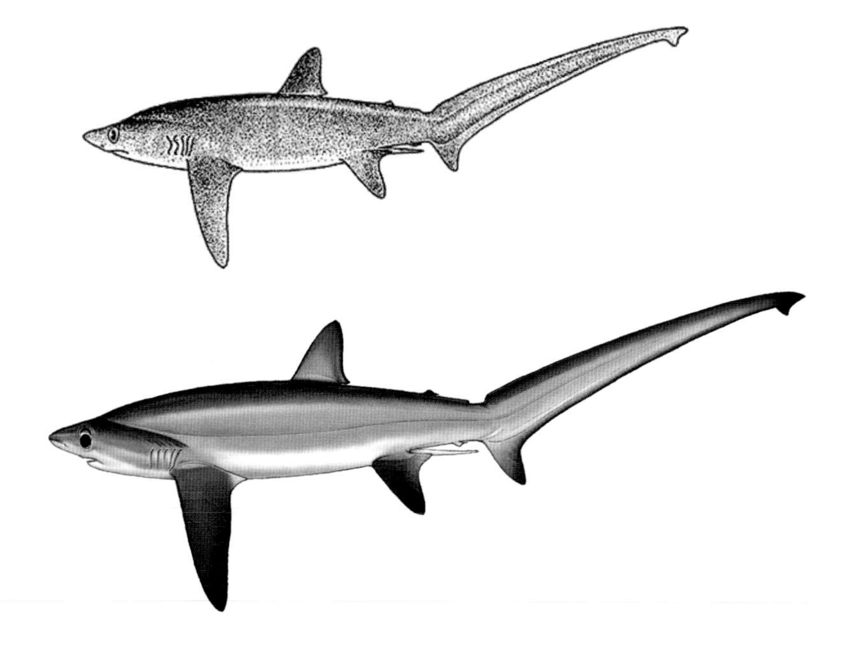

123. 细尾长尾鲨 *Alopias vulpinus*

学　名　*Alopias vulpinus*（Bonnaterre，1788）

曾用学名　*Squalus vulpinus*

英 文 名　Common thresher

别　名　弧形长尾鲨

分类地位　脊索动物门CHORDATA/
软骨鱼纲CHONDRICHTHYES/
鼠鲨目LAMNIFORMES/
长尾鲨科Alopiidae/长尾鲨属*Alopias*

保护级别　CITES附录Ⅱ

识别特征　细尾长尾鲨的尾鳍特别长，几乎占体长的一半，呈纤细的"鞭状"。眼睛中等大小。胸鳍呈镰刀形，尖端窄小。体色通常为深棕色和板岩灰色，但也有几乎为全黑的。腹部白色，但在腹鳍和尾柄附近有黑点，白色可以延伸到胸鳍上方至头部。记录最大体长为760cm，体重为340kg。

生活习性　主要以鲱鱼、大西洋秋刀鱼、沙枪鱼和鲭鱼等成群的小鱼为食。胎生。

分布地区　分布于世界各地的热带和温带水域。

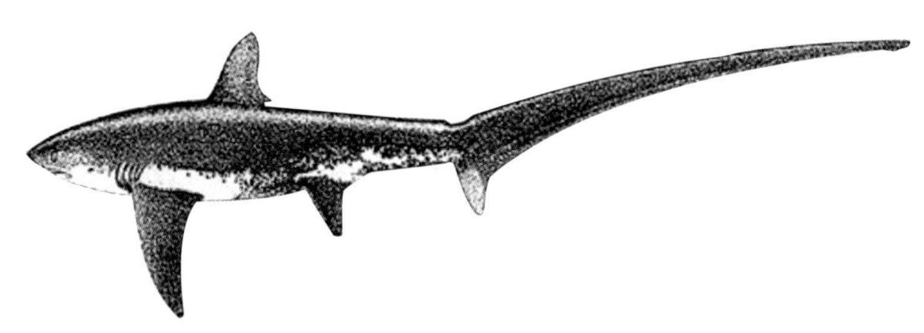

124. 黄魟 *Dasyatis bennettii*

学　名 *Dasyatis bennettii*（Müller *et* Henle，1841）

曾用学名 *Trygon bennetii*，*Hemitryogon bennettii*

英文名 Bennett's cowtail，Bennett's stingray

别　名 笨氏土魟，黄土魟

分类地位 脊索动物门CHORDATA/软骨鱼纲CHONDRICHTHYES/鲼目MYLIOBATIFORMES/魟科Dasyatidae/魟属*Dasyatis*

保护级别 国家二级（仅陆封种群）

识别特征 体盘亚圆形，略微呈斜方形，吻尖，突出，口底中部有明显的乳突3个，外侧各有细小乳突1个。尾细长，是体盘长的2.7～3.0倍，具有下皮褶，上皮褶消失。幼体体表光滑，成体背部和尾部有鳞片。背部黄褐色或灰褐色，有时为云状暗色斑块，边缘颜色较淡，尾后部为黑色，腹面白色，边缘褐色，尾基部白色。

生活习性 卵胎生。

分布地区 我国珠江流域西江的下游，以及南海和东海。国外分布于印度洋和太平洋。

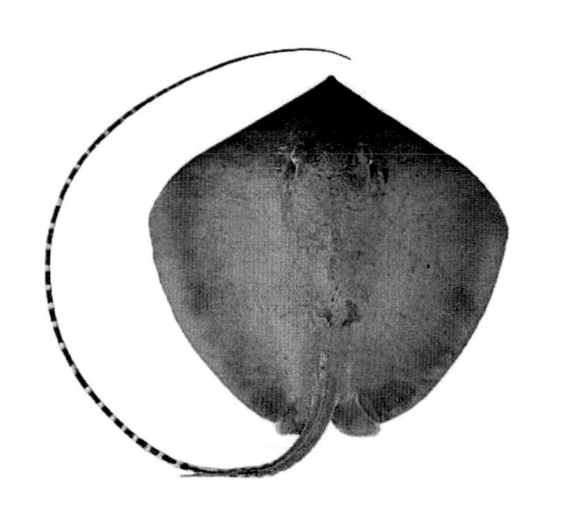

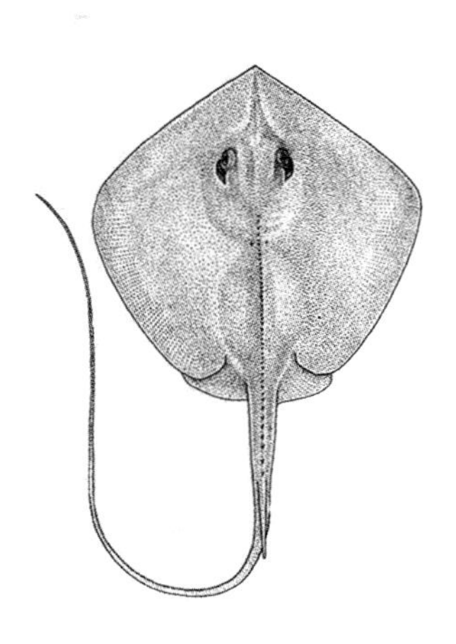

125. 阿氏前口蝠鲼 *Mobula alfredi*

学　　名 *Mobula alfredi*（Krefft，1868）

曾用学名 *Ceratoptera alfredi*

英 文 名 Alfred manta

别　　名 无

分类地位 脊索动物门CHORDATA/软骨鱼纲CHONDRICHTHYES/鲼目MYLIOBATIFORMES/鲼科Myliobatidae/蝠鲼属*Mobula*

保护级别 CITES附录Ⅱ

识别特征 与双吻前口蝠鲼的形态相近，两者可通过以下特征差异区别：本种头侧至肩区具有1对水滴状的灰白色大斑。上颌、下颌及口裂周旁为白色至淡灰色。第5鳃孔处，仅有1对在鳃裂末缘的小型黑斑。尾巴等于或短于其躯体宽度。平均宽度为300～350cm，最重可达到700kg。

生活习性 暖水性中上层大型鱼类。行动敏捷。主食浮游甲壳动物，有时会捕食成群的小型鱼类。

分布地区 印度洋、西太平洋的热带和温带海域。

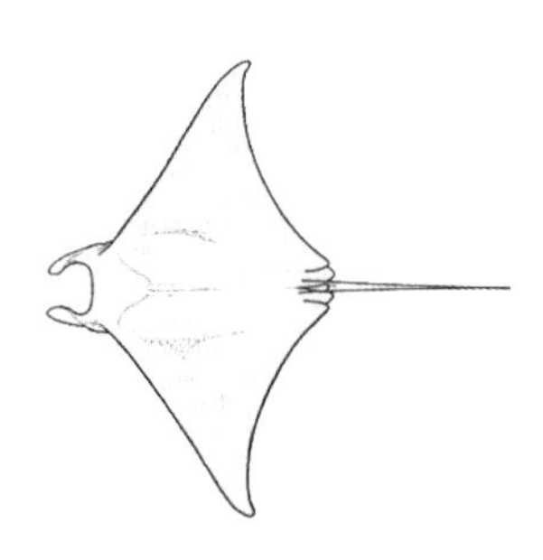

126. 双吻前口蝠鲼 *Mobula birostris*

学　名 *Mobula birostris*（Walbaum，1792）

曾用学名 *Raja birostris*

英 文 名 Atlantic manta；Devil ray

别　名 鬼蝠魟

分类地位 脊索动物门CHORDATA/软骨鱼纲CHONDRICHTHYES/鲼目MYLIOBATIFORMES/鲼科Myliobatidae/蝠鲼属*Mobula*

保护级别 CITES附录Ⅱ

识别特征 头前具有一对喇叭状的鳍状肢。背侧有白色肩部斑纹，形成两个镜像直角三角形，呈黑色的“T”形。部分下腹部区域有黑色斑点，尾根部退化的脊柱形成球形突起。平均宽度为400～500cm，最重可达到2000kg。

生活习性 栖息于暖水性中上层的大型鱼类。好成群游泳，雌雄常偕行。卵胎生。主食浮游甲壳动物，有时会捕食成群的小型鱼类。

分布地区 广泛分布于全球热带和亚热带海区。

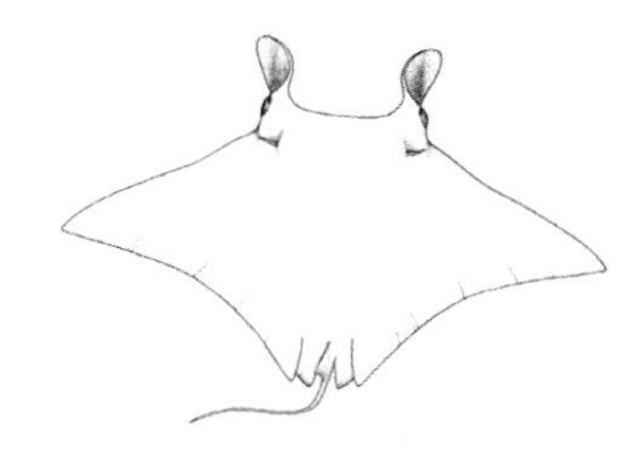

127. 鲸鲨 *Rhincodon typus*

学　名 *Rhincodon typus* Smith，1828

曾用学名 *Rhinodon pentalineatus*，*Micristodus punctatus*

英文名 Whale shark

别　名 大鲨鱼，鲸鲛，鲸鱼

分类地位 脊索动物门CHORDATA/软骨鱼纲CHONDRICHTHYES/须鲨目ORECTOLOBIFOREMES/鲸鲨科Rhincodontidae/鲸鲨属*Rhincodon*

保护级别 国家二级；CITES附录Ⅱ

识别特征 为最大鱼类，最大体长可达20m，体重7000～8000kg。体灰褐色、赤褐色或青褐色，具有许多白色或黄色斑点及横纹。体延长、粗大，前部平扁。眼小，无瞬膜。鼻孔宽大，无瞬膜。口宽大，齿细小。喷水孔圆小。鳃孔5个，宽大，鳃弓有角质鳃耙。背鳍2个，第2背鳍和臀鳍均小。胸鳍宽大。尾鳍叉形，上叶长于下叶。

生活习性 好群游，常到水面晒太阳，有时也在近海出现。主食浮游生物，也吞食小鱼。性和善，无危害。卵胎生，卵椭圆形，长30cm，宽14cm，为现知最大鱼卵。

分布地区 我国的山东、浙江、福建、广东、广西及台湾沿海。国外分布于印度洋、太平洋和大西洋的热带和温带海区，最北约达北纬42°、最南达南纬31°53′（南非）。

128. 绿锯鳐 *Pristis zijsron*

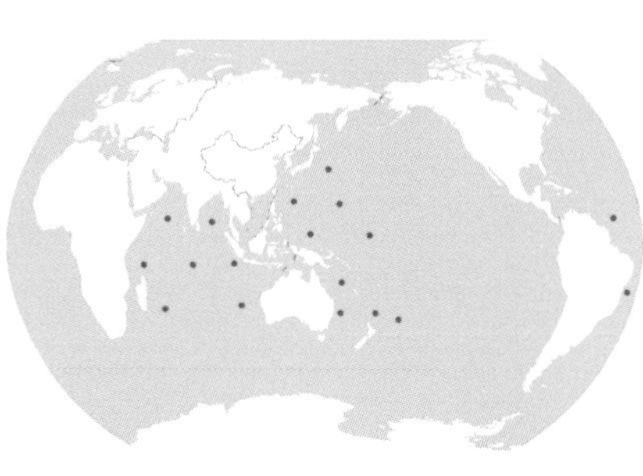

学　　名 *Pristis zijsron* Bleeker，1851

曾用学名 *Pristis dubius*，*Pristis leptodon*

英 文 名 Green sawfish

别　　名 后鳍锯鳐

分类地位 脊索动物门CHORDATA/软骨鱼纲CHONDRICHTHYES/锯鳐目PRISTIFORMES/锯鳐科Pristidae/锯鳐属*Pristis*

保护级别 CITES附录Ⅰ

识别特征 没有触须，身体侧面扁平。吻部和鳃位于身体下方，眼睛位于背部。具有长而扁平的“锯”状喙，沿边缘镶有喙齿，每侧有23～37颗喙齿。第1个背鳍的起点位于腹鳍起点的稍后方。长度可达7.2m。体色为绿色，绿褐色或蓝灰色。

生活习性 栖息地主要是海洋、河口和近岸淡水水域。通常生活在水深5m以上的水域。

分布地区 主要分布于印度洋和西太平洋，以及大西洋的东非海岸线。

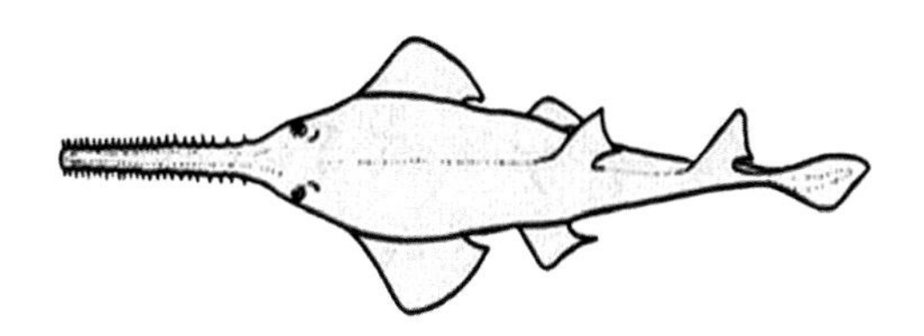

脊索动物门

CHORDATA

硬骨鱼纲

OSTEICHTHYES

129. 西伯利亚鲟 *Acipenser baerii*

学　　名　*Acipenser baerii* Brandt，1869

曾用学名　无

英 文 名　Siberian sturgeon

别　　名　无

分类地位　脊索动物门CHORDATA/
硬骨鱼纲OSTEICHTHYES/
鲟形目ACIPENSERIFORMES/
鲟科Acipenseridae/鲟属*Acipenser*

保护级别　国家二级（仅野外种群）；CITES附录Ⅱ

识别特征　体型大，最大体长可达2m以上，重200kg。体侧青绿色，腹部银白色。体长筒状，背侧较窄，向后渐细长。下唇中断。吻钝圆，口前吻部长小于宽。外侧吻须达口角。体被5行骨板，均有棘状突起。背骨板12～16块，体侧骨板46～49块，腹侧骨板10～11块。背鳍1个，后位，上缘微凹。臀鳍始于背鳍中部下方。胸鳍侧位而低。尾鳍歪形，后缘凹形。

生活习性　西伯利亚鲟分为3个种群：洄游型、半洄游型和定栖型。其中定栖型最稀少。主要以毛翅目、蜉游目、摇纹幼虫等为食。性成熟迟，在俄罗斯最小性成熟年龄7～10龄，最大为17～18龄。5～6月中旬产卵。

分布地区　我国仅见于新疆额尔齐斯河流域。国外分布于俄罗斯鄂毕河至科雷马河流域。

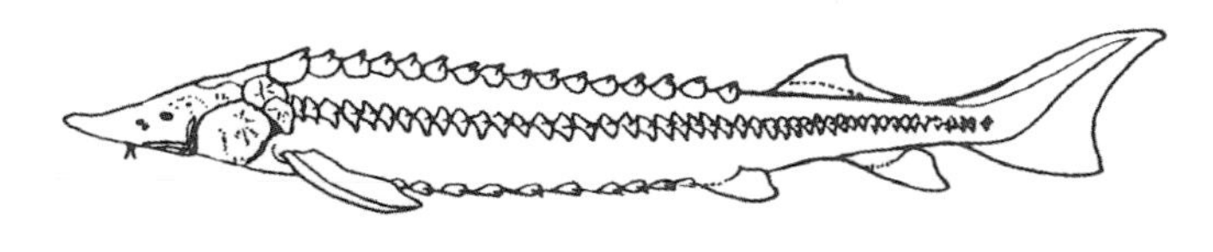

130. 短吻鲟 *Acipenser brevirostrum*

学　　名 *Acipenser brevirostrum* Lesueur，1818

曾用学名 无

英 文 名 Short-nosed sturgeon

别　　名 无

分类地位 脊索动物门CHORDATA/
硬骨鱼纲OSTEICHTHYES/
鲟形目ACIPENSERIFORMES/
鲟科Acipenseridae/鲟属*Acipenser*

保护级别 国家二级（核准，仅野外种群）；CITES附录Ⅰ

识别特征 成鱼体长40～90cm。体上部深黑色，腹部色浅。体延长，呈梭形，躯部断面呈近五角形。吻短而钝，仅有头长的1/4。体被5行骨板，体后部骨板小，为前部一半左右，骨板间有小刺状突起。背骨板11（8～11）块，体侧骨板32（22～33）块，腹侧骨板9（6～9）块。背鳍后位，臀鳍位背鳍中部下方。胸鳍位低，腹鳍位背鳍前，尾为歪形尾。

生活习性 每年4～6月到上游急流处产卵。4～16龄性成熟，寿命50～60年。以软体动物、甲壳动物、环节动物、昆虫等为食。

分布地区 美国佛罗里达州圣约翰斯河向北至加拿大闻克孟河的北美大西洋沿岸海、河、湖水域。

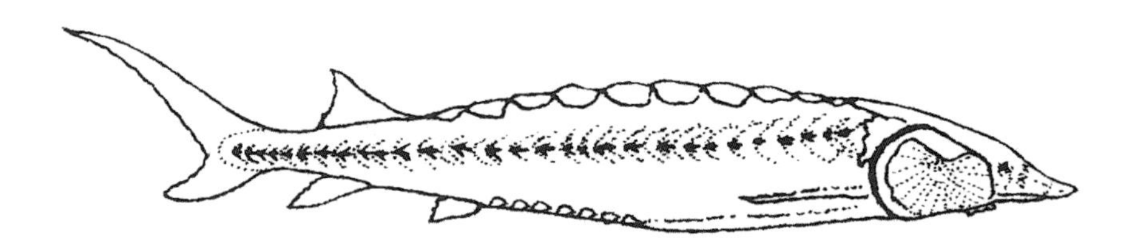

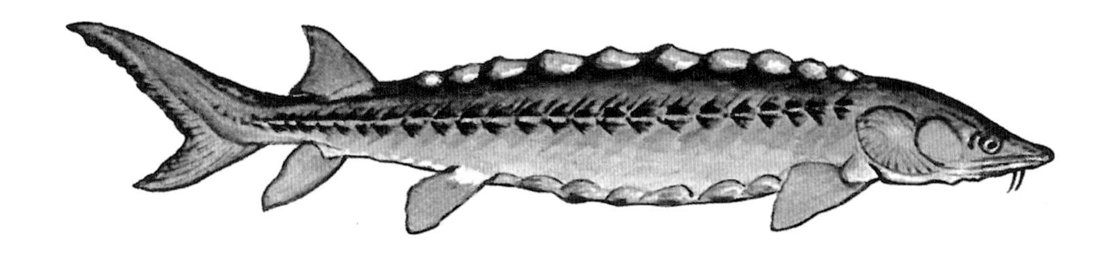

131. 长江鲟 *Acipenser dabryanus*

学名　*Acipenser dabryanus* Duméril，1869

曾用学名　无

英文名　Yangtze river sturgeon

别名　达氏鲟，沙腊子

分类地位　脊索动物门CHORDATA/
硬骨鱼纲OSTEICHTHYES/
鲟形目ACIPENSERIFORMES/
鲟科Acipenseridae/鲟属*Acipenser*

保护级别　国家一级；CITES附录Ⅱ

识别特征　体大，最大体长93～108cm，体重9.0～15.1kg。体背部和侧板以上为灰黑色或灰褐色，侧骨板至腹骨板之间为乳白色，腹部黄白色或乳白色。体长梭形，胸鳍前部平扁，后部侧扁。头呈楔头形。吻的腹面有2对长触须，其长约等于须基距口前缘的1/2。背鳍1个，后位。臀鳍始点稍后于背鳍。尾鳍歪形，上叶特别发达。体具5纵行骨板，背鳍部骨板10～16块，体侧骨板31～40块，腹侧骨板10～12块。

生活习性　喜群集于水流缓慢、泥沙底质、富腐殖质及底栖动物的近岸浅水处，为纯淡水定居性鱼类。杂食性。雄鱼4～7龄性成熟，雌鱼6～8龄性成熟，3～4月产卵。现已人工养殖。

分布地区　现仅分布于我国长江干支流，上溯可达乌江、嘉陵江、渠江、沱江、岷江及金沙江等下游。国外在朝鲜汉江有过分布。

132. 俄罗斯鲟 *Acipenser gueldenstaedtii*

学　名 *Acipenser gueldenstaedtii* Brandt *et* Ratzeburg，1833

曾用学名 无

英文名 Russian sturgeon

别　名 俄国鲟

分类地位 脊索动物门CHORDATA/硬骨鱼纲OSTEICHTHYES/鲟形目ACIPENSERIFORMES/鲟科Acipenseridae/鲟属*Acipenser*

保护级别 国家二级（核准，仅野外种群）；CITES附录Ⅱ

识别特征 体型大，体长约为2.35m，体重13.5～24.6kg。体侧青绿色，腹侧银白色。体长筒状，背侧较窄，向后渐细尖。吻钝状，头上部有辐射状颗粒，颗粒间距不大。下唇中央中断。吻须短，不达口角。背鳍1个，后位，后缘微凹。臀鳍位于背鳍基中部下方。尾鳍歪形，后缘凹形。体有5行骨板，骨板上覆盖着许多行星状纹，背鳍前有10～14块骨板，体侧有30～43块。

生活习性 为溯河性鱼类，有时也定居淡水中。成鱼以底栖鱼类和摇蚊幼虫为食。5～8龄性成熟，4月下旬在河上游的石砾水底上产卵70万～80万粒。现我国已引进养殖。

分布地区 俄罗斯的黑海、亚速海和里海水系，并溯河进入淡水中。

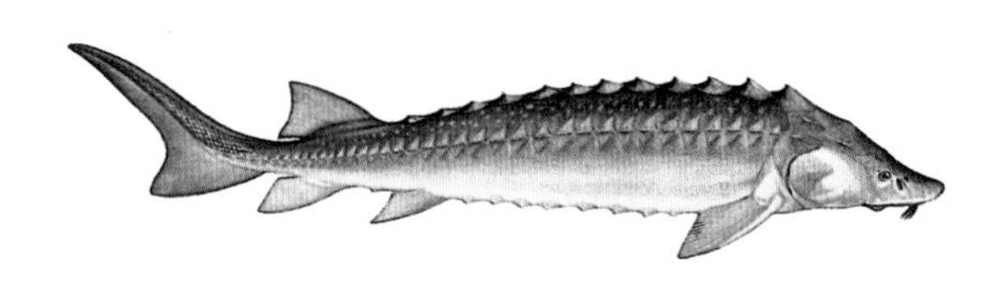

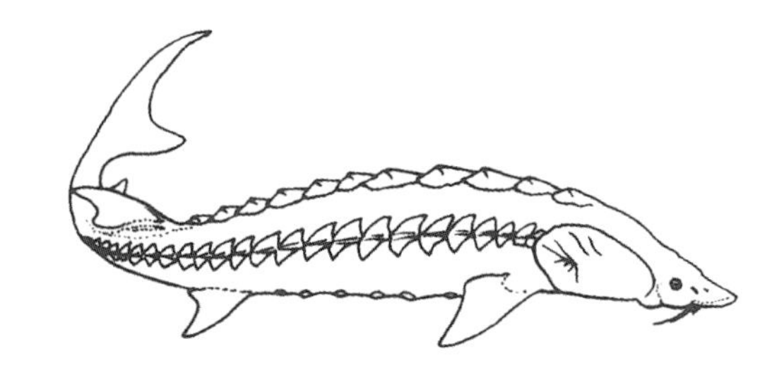

133. 裸腹鲟 *Acipenser nudiventris*

学　名：*Acipenser nudiventris* Lovetsky, 1828
曾用学名　*Acipenser schypa*
英 文 名　Ship sturgeon
别　名　鲟鳇鱼
分类地位　脊索动物门CHORDATA/
硬骨鱼纲OSTEICHTHYES/
鲟形目ACIPENSERIFORMES/
鲟科Acipenseridae/鲟属*Acipenser*
保护级别　国家二级（仅野外种群）；CITES附录Ⅱ
识别特征　体长筒状，腹部较宽。背侧窄，向后逐渐细长。头大，三角形。吻突出，稍扁平。鼻孔2个，位于眼前方。上下颌都无齿。下唇完整，中间部中断。吻部须4对，须较长，向后不达口前缘。鳃盖膜与峡部相连。臀鳍起始于背鳍近中部下方。腹鳍腹位，后端达背鳍起始点下方。尾鳍歪形。有5行骨板，中间骨板15块，体侧骨板62块，腹侧骨板12块。体背青绿色，腹侧银白色。
生活习性　为溯河性、肉食性鱼类。性成熟较晚，雄鱼比雌鱼成熟较早。
分布地区　我国新疆的伊犁河。原产于黑海、里海及咸海等流域。

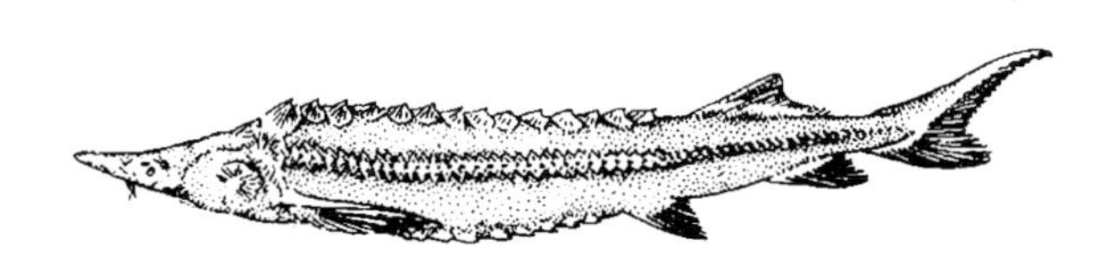

134. 小体鲟 *Acipenser ruthenus*

学　名：*Acipenser ruthenus* Linnaeus，1758
曾用学名　无
英 文 名　Sterlet
别　　名　小种鲟
分类地位　脊索动物门CHORDATA/
硬骨鱼纲OSTEICHTHYES/
鲟形目ACIPENSERIFORMES/
鲟科Acipenseridae/鲟属*Acipenser*
保护级别　国家二级（仅野外种群）；CITES附录Ⅱ
识别特征　体呈梭形，吻圆锥形，口中等大，下唇中间中断。吻须较长。眼小，侧位。鼻孔大，每侧2个，位于眼前缘。有喷水孔。鳃盖膜与峡部不相连。背部骨板13～16块，体侧骨板60～71块。
生活习性　淡水鱼，常生活于河流中，最大体长为800mm，主要以水生昆虫为食。雄鱼4～5龄性成熟，雌鱼5～9龄性成熟。
分布地区　我国新疆额尔齐斯河流域，包括哈巴河、布尔津、阿勒泰盐池渔场等。国外分布于里海、波罗的海、黑海等周边河流及鄂毕河和叶尼塞河。

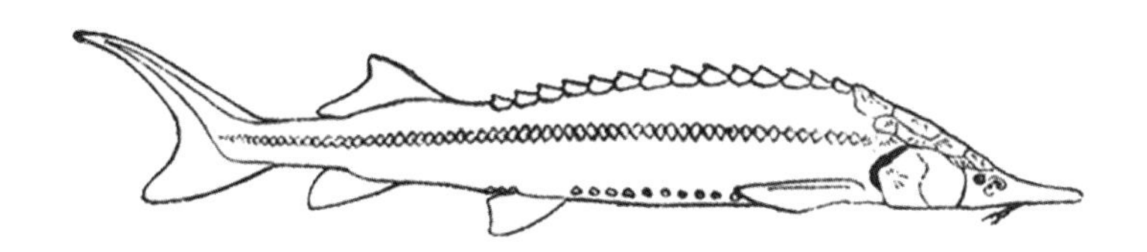

135. 施氏鲟 *Acipenser schrenckii*

学　　名 *Acipenser schrenckii* Brandt，1869

曾用学名 无

英 文 名 Amur sturgeon

别　　名 史氏鲟，黑龙江鲟

分类地位 脊索动物门CHORDATA/硬骨鱼纲OSTEICHTHYES/鲟形目ACIPENSERIFORMES/鲟科Acipenseridae/鲟属*Acipenser*

保护级别 国家二级（仅野外种群）；CITES附录Ⅱ

识别特征 体型大，最大体长240cm，体重102kg。体侧及背部褐色或灰色，腹部银白色。体延长，头略呈三角形。下唇中断。吻较尖长，吻须较长，须长大于须基距前缘的1/2，吻下面须的基部有疣状突起。体具5行骨板，每个骨板上有锐利的棘，背部骨板13～15块，第1个硬鳞最大，体侧骨板37块，腹侧骨板11块。背鳍后位，起点在腹鳍之后。尾鳍为歪形尾。

生活习性 喜栖息于水色透明、石沙底质的水域内，属淡水定居种类。成鱼以水生昆虫幼虫、底栖生物及小型鱼类为食。雌鱼9～10龄性成熟，雄鱼7～8龄性成熟，5月中旬至6月下旬产卵。现已人工养殖。

分布地区 我国黑龙江中游、松花江和乌苏里江。国外分布于俄罗斯境内的黑龙江河口、石勒喀河及额尔古纳河。

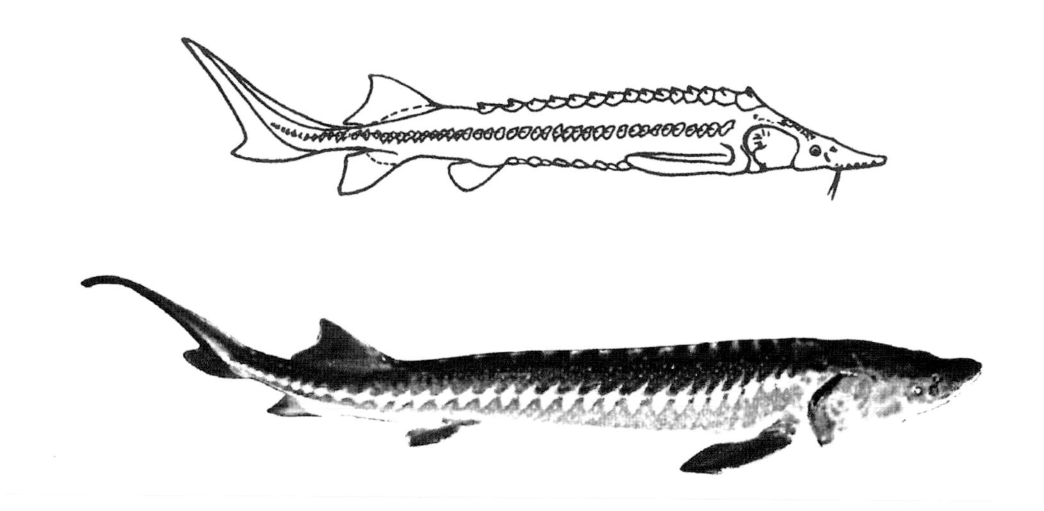

136. 中华鲟 *Acipenser sinensis*

学　名 *Acipenser sinensis* Gray，1835

曾用学名 无

英 文 名 Chinese sturgeon

别　名 鳇鱼，大腊子，菊池鲟

分类地位 脊索动物门CHORDATA/硬骨鱼纲OSTEICHTHYES/鲟形目ACIPENSERIFORMES/鲟科Acipenseridae/鲟属*Acipenser*

保护级别 国家一级；CITES附录Ⅱ

识别特征 体型大，最大体长3.1m，重300kg。体侧青灰色、灰褐色或灰黄色，腹部乳白色，鳍灰色。体长梭形。头大平扁，呈三角形，头部下方有1个呈横裂状能自由伸缩的口。口前方并列着4根短须。眼小，眼后有喷水孔。背骨板10～16块，侧骨板26～42块，腹骨板8～17块。尾鳍歪形，上叶长，下叶短。中华鲟是低等的硬骨鱼类。

生活习性 为溯河性洄游鱼类。7～8月便由海进入江河，溯流而上，冬季在河床深槽等适宜的场所过冬。10月中旬至11月中旬上溯到江河上游有石质河床的江段产卵。以水生昆虫和软体动物为主食。靠口的伸缩，把食物吸入。进入江河后，在整个洄游和滞留期间，基本不进食。

分布地区 为世界鲟科鱼类分布最南的一种。在我国辽河、黄河、淮河、长江、钱塘江、闽江以及珠江都有发现，但在长江最常见。国外分布于朝鲜半岛西南部和日本九州西部。

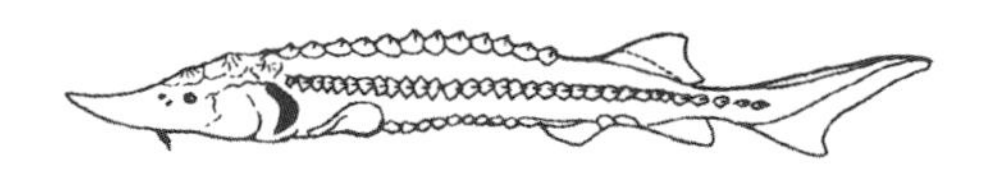

137. 波罗的海鲟 *Acipenser sturio*

学　　名　*Acipenser sturio* Linnaeus，1758

曾用学名　无

英 文 名　Common sturgeon

别　　名　鲟，长吻鲟

分类地位　脊索动物门CHORDATA/硬骨鱼纲OSTEICHTHYES/鲟形目ACIPENSERIFORMES/鲟科Acipenseridae/鲟属*Acipenser*

保护级别　国家二级（核准，仅野外种群）；CITES附录 I

识别特征　体大，最大体长3m以上，重200kg以上。体橄榄灰色，腹部色浅。体延长，呈梭形，躯部断面呈近五角形。吻尖长，吻长约等于吻后头长，随着鱼体长大，吻变短钝。触须长，后可伸至口角。鳃耙短，稀疏，其长短于眼径。背鳍后位，臀鳍始于背鳍中央下方。胸鳍侧下位。体被5行骨板，背骨板10～12块，体侧骨板29（27～36）块，腹侧骨板9（8～11）块。歪形尾，上叶长，下叶后部较尖。

生活习性　为溯河性洄游鱼类。雄鱼7～9龄、雌鱼8～14龄性成熟，在石砾底质的急流处产卵，卵孵化期为64～120小时。成鱼以鱼类等为食。

分布地区　北大西洋的欧洲、美洲沿岸和黑海，以及波罗的海、挪威沿岸到瓦兰格尔峡湾。

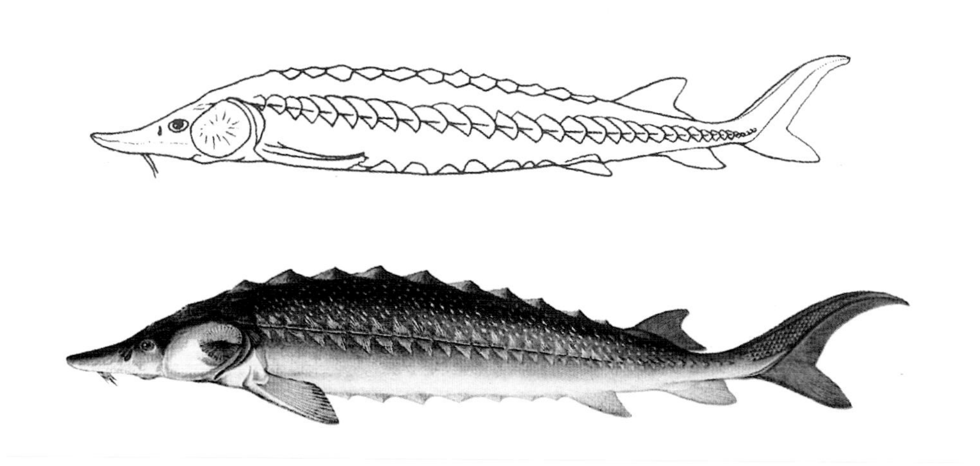

138. 鳇 *Huso dauricus*

学　　名 *Huso dauricus*（Georgi，1775）

曾用学名 *Acipenser dauricus*

英 文 名 Siberian huso sturgeon

别　　名 黑龙江鳇

分类地位 脊索动物门CHORDATA/硬骨鱼纲OSTEICHTHYES/鲟形目ACIPENSERIFORMES/鲟科Acipenseridae/鳇属*Huso*

保护级别 国家一级（仅野外种群）；CITES附录Ⅱ

识别特征 体呈圆锥形，吻突出较尖。口下位，口裂大，有时后伸可达头侧。口前方有2对触须，左右鳃盖膜相互连结。体背有5行菱形骨板，骨板上有刺。与鲟属相比，鳇属鱼类两侧骨板相对较小。臀鳍起始于背鳍后部下方，尾鳍为歪形尾。背部青绿色，体侧略淡，腹部为白色。

生活习性 常生活于大江夹心子、江岔等水流较缓慢、沙砾底质的中下层江河内。分散活动，冬季在深水越冬，初春向产卵场洄游。幼鱼以枝角类、摇蚊幼虫为食，成鱼以鮈、鲤、鲫、雅罗鱼为食。最大个体可达1000kg，寿命长，可达百岁。

分布地区 我国黑龙江水系。国外分布于日本、俄罗斯（远东地区）等。

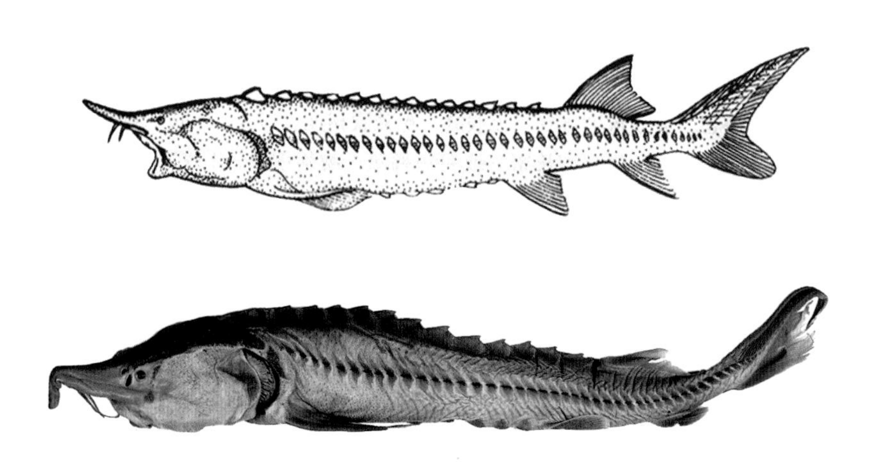

139. 欧洲鳇 *Huso huso*

学　　名　*Huso huso*（Linnaeus，1758）
曾用学名　*Acipenser huso*
英 文 名　European sturgeon，Beluga
别　　名　黑海鳇
分类地位　脊索动物门CHORDATA/
硬骨鱼纲OSTEICHTHYES/
鲟形目ACIPENSERIFORMES/
鲟科Acipenseridae/鳇属*Huso*
保护级别　国家二级（核准，仅野外种群）；CITES附录Ⅱ
识别特征　口下位，口裂大，呈新月形，2对吻须，后部呈叶状，扁平且较短。吻端较尖，略微朝上。体背有5列骨板，背骨板9～17块，侧骨板37～53块，腹骨板17～36块。两侧鳃膜彼此相连，不与峡部相连，背部灰白色或绿色，侧面颜色变淡，腹部白色。
生活习性　栖息于海洋中上层水体，洄游到水体较深的河流主干道中产卵，雄性10～16龄、雌性14～20龄性成熟，每3～4年在4～6月时产卵。欧洲鳇的体长一般小于5m，体重小于1000kg。
分布地区　欧洲的里海、黑海、亚速海和亚得里亚海海域。

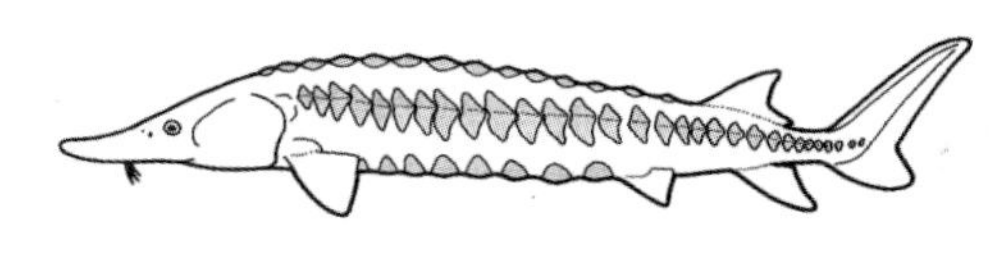

140. 匙吻鲟 *Polyodon spathula*

学　名 *Polyodon spathula*（Walbaum, 1792）

曾用学名 *Squalus spathula*

英 文 名 Paddlefish，Spadefish，Spoonbill cat，Duckbill cat

别　名 长吻鲟

分类地位 脊索动物门CHORDATA/硬骨鱼纲OSTEICHTHYES/鲟形目ACIPENSERIFORMES/匙吻鲟科Polyodontidae/匙吻鲟属*Polyodon*

保护级别 国家二级（核准，仅野外种群）；CITES附录Ⅱ

识别特征 体型大，最大体长1.8m，体重37kg以上。体灰白色或棕黄色，背部色深，背、臀、尾鳍末端黑色。体长梭形，胸鳍前部平扁，后部侧扁。头长，头长为体长一半以上。吻扁平，极长。眼极小。口下位。吻的腹面有1对短须。颌齿尖，细小。鳃耙细长，密集。背鳍位体后方。背、臀鳍基部肌肉发达。尾鳍歪形，上叶长于下叶。体表光滑，仅尾鳍上叶有棘状硬鳞。

生活习性 以浮游动物为食，偶尔也食摇蚊幼虫等。性成熟迟，雄鱼7～9龄，雌鱼10～12龄。体重14.1～23.6kg的雌鱼怀卵量14.8万～50.7万粒。生长迅速，有时当年可长到50cm以上，1龄以后生长缓慢。1994年我国已引进该种，作为商品食用鱼进行养殖。

分布地区 美国的中、北部地区大型河流及附近的海湾沿岸地区，以及北美五大湖（苏必利尔湖、休伦湖、密歇根湖、伊利湖和安大略湖）。

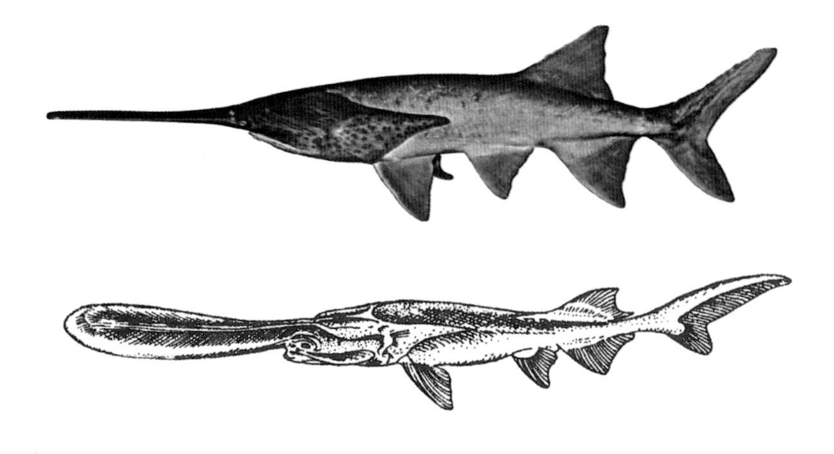

141. 白鲟 *Psephurus gladius*

学　　名 *Psephurus gladius*（Martens，1862）

曾用学名 *Polyodon gladius*

英 文 名 Chinese elephant fish，Chinese paddlefish

别　　名 象鱼，象鼻鱼，扬子江白鲟，朝剑鱼，象鲟

分类地位 脊索动物门CHORDATA/硬骨鱼纲OSTEICHTHYES/鲟形目ACIPENSERIFORMES/匙吻鲟科Polyodontidae/白鲟属*Psephurus*

保护级别 国家一级；CITES附录Ⅱ

识别特征 最大个体长可达7m，体重908kg。体背部和尾鳍深灰色或浅灰色，各鳍及腹部白色。体长梭形，胸鳍前部平扁，后部稍侧扁。头较长，头长为体长一半以上。吻延长，呈圆锥状，前端平扁而窄，基部宽大而肥厚。吻的腹面有1对短须。背鳍位体后方。臀鳍位背鳍后下方。尾鳍歪形，上叶有棘状硬鳞。体表无鳞，或仅有退化的鳞痕。侧线位体侧中位。

生活习性 为海、淡水洄游鱼类。肉食性，以鱼、虾、蟹等为食。雌鱼最小成熟龄为7～8龄，体重25～30kg；雄鱼成熟稍早。3～4月为生殖季节，在卵石底质的河床上产卵。生长较快。

分布地区 我国特有种，分布于我国长江，沿长江上溯可达乌江、嘉陵江、渠江、沱江、岷江、金沙江等。历史上曾在海河、黄河、淮河、黄海、渤海和东海有记录。

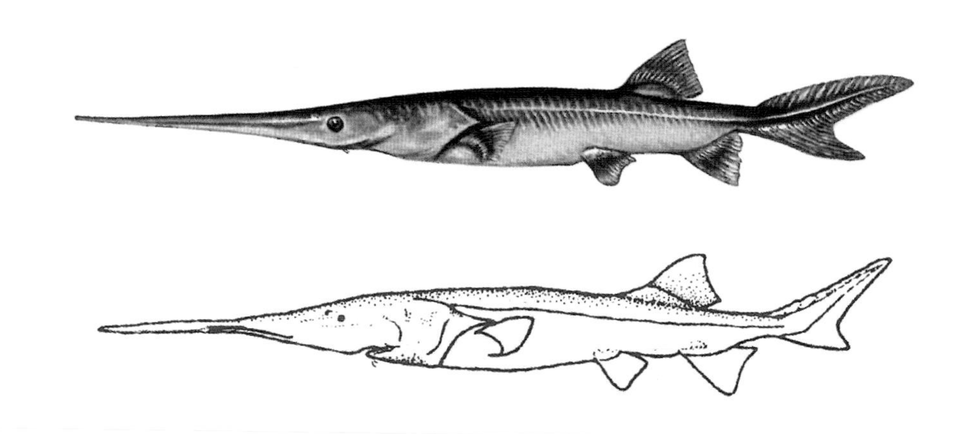

142. 花鳗鲡 *Anguilla marmorata*

学　　名　*Anguilla marmorata* Quoy *et* Gaimard，1824

曾用学名　无

英 文 名　Marbled eel

别　　名　花鳗，雪鳗，鳝王，乌耳鳗，卢鳗，溪鳗，鲈鳗，花锦鳝

分类地位　脊索动物门CHORDATA/硬骨鱼纲OSTEICHTHYES/鳗鲡目ANGUILLIFORMES/鳗鲡科Anguillidae/鳗鲡属*Anguilla*

保护级别　国家二级

识别特征　大型鱼，最大体长达2.3m以上。体背侧及鳍满布棕褐色斑，体斑间隙及胸鳍边缘黄色，腹侧白色或蓝灰色。体长，前部粗圆筒状，尾部侧扁。头圆锥形，较背、臀鳍始点间距短。眼小，侧位。两颌前端细齿丛状，侧齿成行。侧线完全。鳞细小，席纹状排列，隐皮下。奇鳍互连。

生活习性　为典型降河洄游鱼类之一。在河口、沼泽、河溪、湖塘等处长大。昼伏夜出。以鱼、虾、蟹、蛙及其他小动物为食。可沿山溪到山区生活。在淡水中育肥，后入海产卵繁殖，生殖后鱼类死亡。卵在海中孵化，刚孵出仔鱼为无色透明柳叶形叶状体。叶状幼体随海流漂至近岸过程中发生变态，由伸长期、收缩期变成棍状幼鳗，最后进入淡水中育肥长大。

分布地区　我国长江下游（崇明等）及以南的钱塘江、灵江、瓯江、闽江，以及台湾、广东、海南、广西等地的江河。国外分布北达朝鲜、韩国、日本，西达非洲马达加斯加，东至马克萨斯群岛，南到澳大利亚南部。

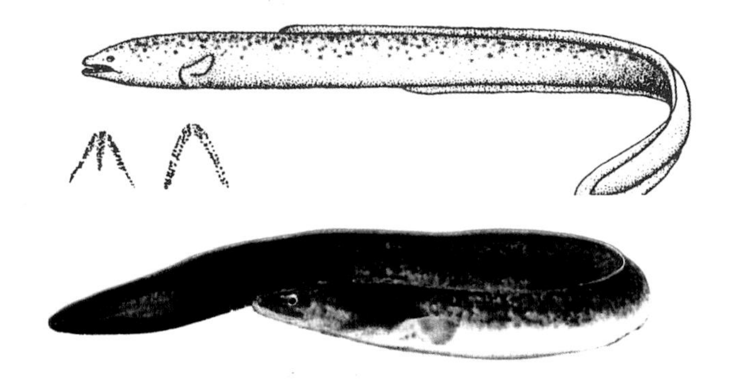

143. 澳大利亚肺鱼 *Neoceratodus forsteri*

学　　名 *Neoceratodus forsteri*（Krefft，1870）

曾用学名 *Ceratodus forsteri*

英 文 名 Australian lungfish，Queensland lungfish

别　　名 澳洲新角齿肺鱼，澳州肺鱼

分类地位 脊索动物门CHORDATA/硬骨鱼纲OSTEICHTHYES/角齿肺鱼目CERATODONTIFORMES/角齿肺鱼科Neoceratodontidae/肺鱼属*Neoceratodus*

保护级别 国家二级（核准）；CITES附录Ⅱ

识别特征 体型大，体长达1.25m，体重10kg。体延长，无颈板，有齿板。背鳍、臀鳍与尾鳍愈合，胸鳍、腹鳍均存在。尾鳍为原形尾，尖形。体被大薄圆鳞。肺不成对，鳃很发达，可以单独使用肺或鳃呼吸。

生活习性 栖息于水流平缓、草木丛生的河流中。水位低、氧气不足时可呼吸陆上空气，以延续生命；水位高、氧气充足时，改用鳃呼吸。以附着在植物上的软体动物、甲壳动物、昆虫幼虫、蠕虫等无脊椎动物为食。9～10月产卵，卵大，卵径0.65～0.70cm。幼鱼无外鳃，而用真正的鳃呼吸。

分布地区 澳大利亚昆士兰州别尔涅塔河、默里河。

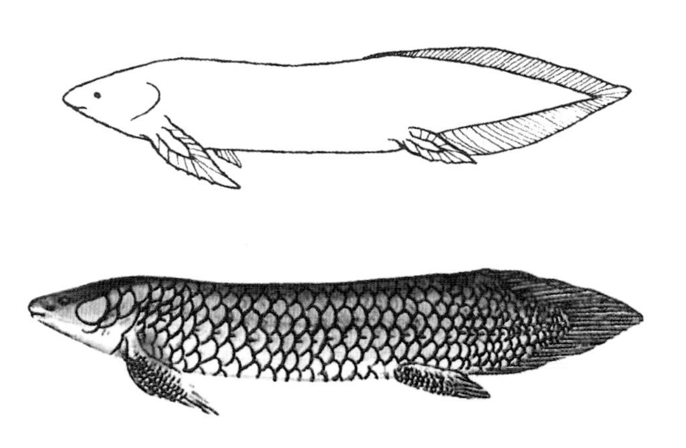

144. 鲥 *Tenualosa reevesii*

学　　名 *Tenualosa reevesii*（Richardson，1846）

曾用学名 *Alosa reevesii*

英 文 名 Chinese shad，Reeves shad，

别　　名 三来，三黎，中华鲥鱼，李氏鲥鱼，云鲥

分类地位 脊索动物门CHORDATA/硬骨鱼纲OSTEICHTHYES/鲱形目CLUPEIFORMES/鲱科Clupeidae/鲥属*Tenualosa*

保护级别 国家一级

识别特征 体型大，最大体长57cm，体重5kg。体背部绿色，体侧和腹部银白色，幼鱼期体侧有斑点，吻部乳白色，吻背为淡灰色，鳍淡黄色，背、尾鳍边缘灰黑色。体侧扁，长椭圆形，腹部有强棱鳞。头部顶缘窄，顶缘上细纹少或光滑无纹。前颌骨中间有显著的缺刻。鳞中等大，无细孔。

生活习性 为暖水性溯河中上层鱼类。以桡足类、虾类和硅藻等浮游生物为食。在海洋中生活2～3年后，溯河到淡水中繁殖。溯河洄游的生殖群体年龄为3～7龄，分3支进入珠江、长江、钱塘江繁殖。6月上旬至8月下旬产卵一次，怀卵量最高为389.4万粒。卵为浮游性。

分布地区 我国的黄海、渤海到南海海域均有分布。国外分布西起印度，西太平洋的安达曼，东至菲律宾，北至日本南部的海域。

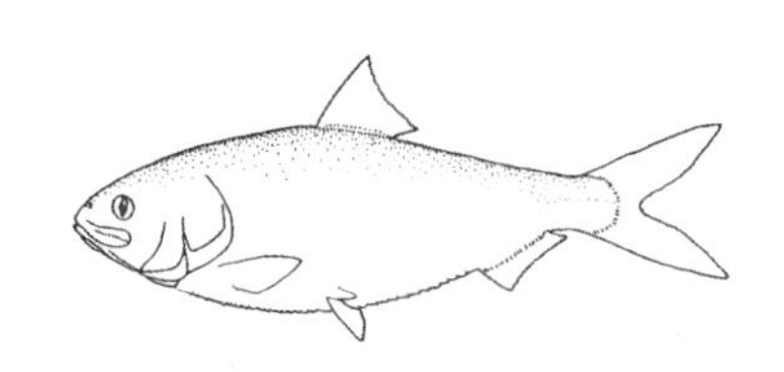

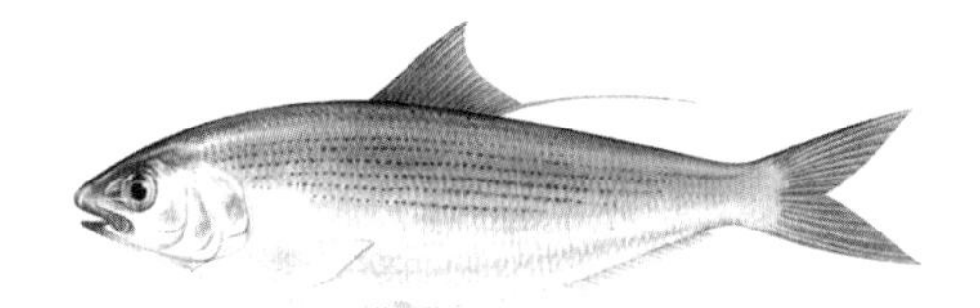

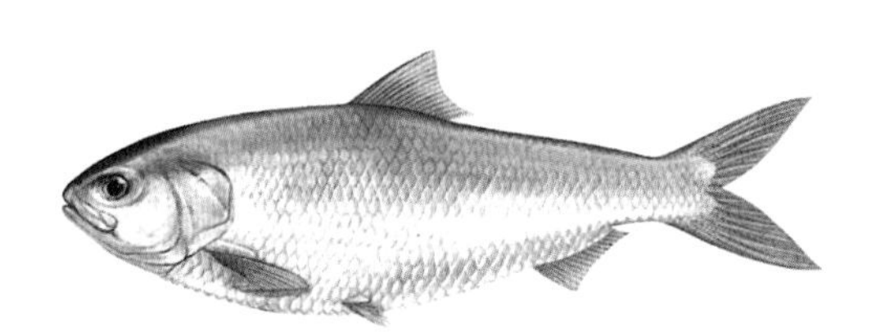

145. 矛尾鱼 *Latimeria chalumnae*

学　名 *Latimeria chalumnae* Smith，1939

曾用学名 无

英 文 名 Gombessa

别　名 拉蒂曼鱼

分类地位 脊索动物门CHORDATA/
硬骨鱼纲OSTEICHTHYES/
腔棘鱼目COELACANTHIFORMES/
矛尾鱼科Latimeriidae/矛尾鱼属*Latimeria*

保护级别 国家一级（核准）；CITES附录Ⅰ

识别特征 体型大，体长1.09 ~ 1.50m，体重19.5 ~ 58.0kg。体长形，2个背鳍。除第1背鳍和尾鳍外，其余各鳍都有柄。尾鳍 30叶，中间有一特殊的矛状副叶。体被圆形的大齿鳞。齿细小，颗粒状。有显著的颈板。

生活习性 栖息于盐度35.10‰ ~ 35.25‰、深70 ~ 400m的海域。以鱼类为食。数量极稀少，于1938年和1952年用拖网共捕到8尾，被誉为“活化石”。

分布地区 非洲东南部，东伦敦海域。

146. 厚唇原吸鳅 *Protomyzon pachychilus*

学　名 *Protomyzon pachychilus* Chen，1980

曾用学名 *Yaoshania pachychilus*

英 文 名 Panda loach

别　名 熊猫鱼，熊猫鲨，金带熊猫爬岩鳅

分类地位 脊索动物门CHORDATA/硬骨鱼纲OSTEICHTHYES/鲤形目CYPRINIFORMES/爬鳅科Balitoridae/原吸鳅属*Protomyzon*

保护级别 国家二级

识别特征 体较细长，圆筒形，尾柄稍侧扁。头稍低平，吻端圆钝，边缘较薄。吻长大于眼后头长。口下位，弧形。唇肉质，较肥厚，上唇表面不具乳突；下唇肥大而突出，上下唇在口角处相连。下颌外露。上唇与吻端之间具吻沟，延伸到口角。有2对小吻须。眼较小。鳞细小，头背部及腹鳍腋部之前的腹面无鳞。侧线完全，自体侧中部平直地延伸到尾背鳍基部。

生活习性 属于淡水性鱼类，生活在具有清泉的山涧小溪中，常匍匐在水底岩石上栖息。以附生于石上的固着藻类为食。厚唇原吸鳅幼体因有黑白相间的斑纹而被称为“熊猫鱼”。

分布地区 我国珠江水系的大瑶山山溪。

147. 丘裂鳍亚口鱼 *Chasmistes cujus*

学　　名 *Chasmistes cujus* Cope，1883

曾用学名 无

英 文 名 Cui-ui（印第安语）

别　　名 内华达州呵吸鲤，巨裂鳍亚口鱼

分类地位 脊索动物门CHORDATA/硬骨鱼纲OSTEICHTHYES/鲤形目CYPRINIFORMES/亚口鱼科Catostomidae/呵吸鲤属*Chasmistes*

保护级别 国家二级（核准）；CITES附录 I

识别特征 体大，重可达20kg以上。体浅橄榄色。体延长，侧扁，腹部无棱。头大，呈圆锥形，顶部宽、平。唇肥厚。吻突出。眼小，侧上位。口裂斜，具角质缘。无触须。咽喉齿镰刀状、1行，齿数多。鳔大，分2室。侧线完全，不中断。圆鳞，中等大，近尾柄处鳞较大。背鳍位体中上方，鳍较短。臀鳍短，位背鳍后下方。胸鳍侧下位。腹鳍腹位。无脂鳍。尾鳍浅叉形，上、下叶等长。

生活习性 以水中岩石表面的藻类和小型甲壳类为食。4～5月到河上游产卵，多在夜间产卵。

分布地区 为美国内华达州特产鱼类，仅分布于皮拉米德湖及其水域中。

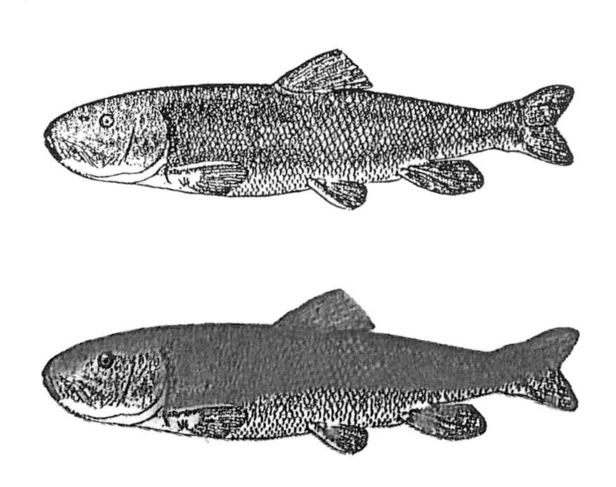

148. 胭脂鱼 *Myxocyprinus asiaticus*

学　　名　*Myxocyprinus asiaticus*（Bleeker，1864）

曾用学名　*Carpiodes asiaticus*

英 文 名　Chinese sucker

别　　名　红鱼，黄排，木叶鱼，紫鳊鱼，燕雀鱼，火烧鳊

分类地位　脊索动物门CHORDATA/硬骨鱼纲OSTEICHTHYES/鲤形目CYPRINIFORMES/亚口鱼科Catostomidae/胭脂鱼属*Myxocyprinus*

保护级别　国家二级（仅野外种群）

识别特征　体型大，最大体长可达1m左右，重60kg。幼体褐色，体侧有3条黑色横纹。成年雄鱼红色，雌体为青紫色，体侧中轴有1条胭脂红色的宽纵纹。体厚，稍呈圆筒形，胸腹部平，向后逐渐侧扁且细长，尾部较细。头小。口小，下位，无须。背鳍高大隆起，游动时似扬帆远航，故有“一帆风顺”吉祥鱼之称。尾鳍叉状。

生活习性　本种的幼鱼、成鱼在形态、生活习性上均有不同。幼鱼阶段多生活在水的上层，而成鱼阶段多生活在水的中下层。以摇蚊、蜻蜓等昆虫、端足类、软体动物为食。在河上游急流浅滩处繁殖，3～4月产卵，产卵后，回到干流深水处越冬。

分布地区　是我国鲤形目亚口鱼科唯一的一个物种。分布于我国长江、闽江水系。

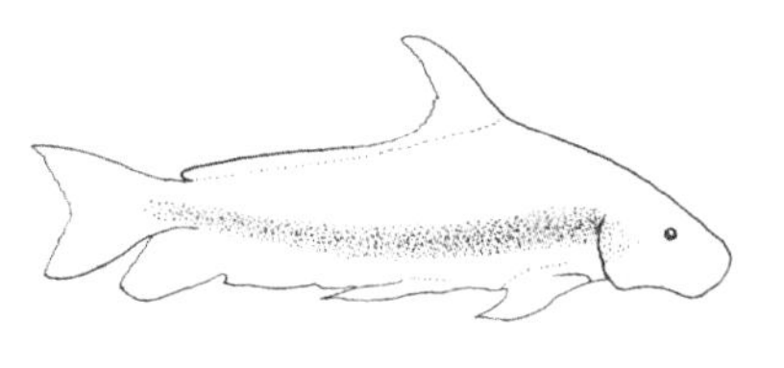

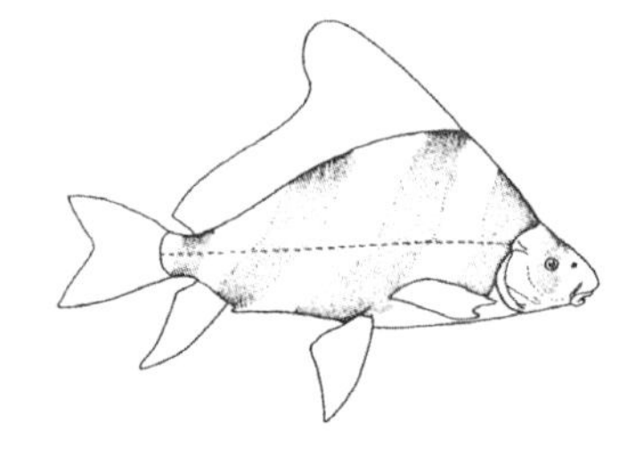

149. 长薄鳅 *Leptobotia elongata*

学名 *Leptobotia elongata*（Bleeker，1870）

曾用学名 *Botia elongata*

英文名 Elongate loach

别名 花鳅，薄鳅

分类地位 脊索动物门CHORDATA/硬骨鱼纲OSTEICHTHYES/鲤形目CYPRINIFORMES/鳅科Cobitidae/薄鳅属*Leptobotia*

保护级别 国家二级（仅野外种群）

识别特征 体长，侧扁。吻端较尖，吻长小于眼后头长。头长大于体高。眼很小，眼前下方有一眼下刺，尖端向后可达眼后缘。两个鼻孔相邻，前鼻孔有一鼻瓣。口较大，下位，呈马蹄形。上下唇较厚。须3对，吻须2对，口角须1对。体表鳞片细小，侧线完全，较平直。体呈土黄色，头部具不规则的深褐色花纹。体侧有5～6条较宽的深褐色垂直带纹。背鳍和尾鳍具3～4条带纹，其余各鳍也有相似的带纹，纹路不清晰。

生活习性 生活于江河底层，主食小鱼。最大个体可达3000g，是产区的经济鱼类。

分布地区 我国长江中上游，在珠江流域的漓江可能也有分布。

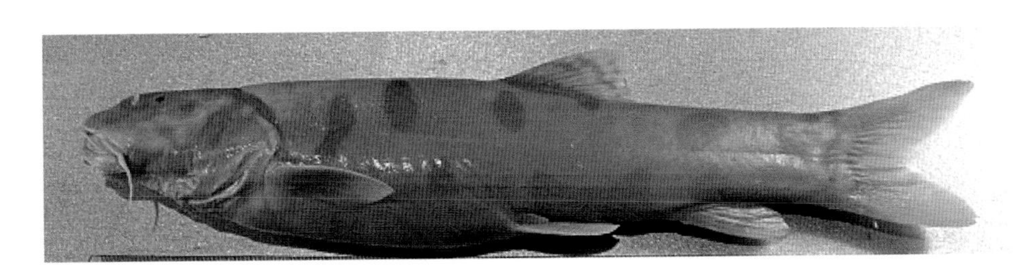

150. 黄线薄鳅 *Leptobotia flavolineata*

学　名　*Leptobotia flavolineata* Wang，1981

曾用学名　无

英 文 名　无

别　名　牛尾巴，边瞎子

分类地位　脊索动物门CHORDATA/硬骨鱼纲OSTEICHTHYES/鲤形目CYPRINIFORMES/鳅科Cobitidae/薄鳅属*Leptobotia*

保护级别　国家二级

识别特征　体长形，侧扁。须3对，吻须2对，口角须1对。眼小，侧上位。体被细鳞，颊部有鳞，侧线完全，较平直。背鳍约在吻端至尾鳍基的中点，外缘微突，胸鳍小，后缘钝圆，后伸远不达腹鳍起点；腹鳍起点约与背鳍起点相对，后伸不达肛门；臀鳍稍发达；尾鳍分叉，两叶尖钝圆。体背部棕灰色，头部自吻端向后具数条纵行线纹，体侧具11～12条棕灰色垂直宽带纹，规则排列；背鳍和尾鳍具多条由细点组成的条纹。

生活习性　不详。

分布地区　仅分布于我国北京房山的十渡镇拒马河。

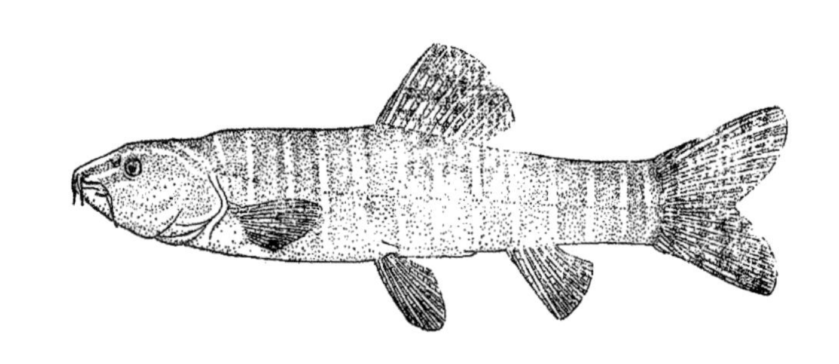

151. 红唇薄鳅 *Leptobotia rubrilabris*

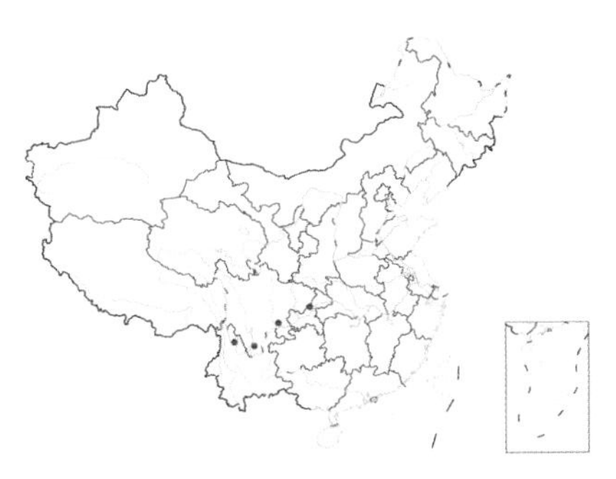

学　　名 *Leptobotia rubrilabris* (Dabry de Thiersant，1872)

曾用学名 *Parabotia rubrilabris*

英 文 名 无

别　　名 红针

分类地位 脊索动物门CHORDATA/硬骨鱼纲OSTEICHTHYES/鲤形目CYPRINIFORMES/鳅科Cobitidae/薄鳅属*Leptobotia*

保护级别 国家二级（仅野外种群）

识别特征 头部侧扁，吻尖和头背部中棱隆起。眼下具有“一”字形沟，内有光滑不分叉的眼下刺，向后伸可达或超过眼后缘。颊部有纽状突起。口下位，上唇几乎平滑，下唇分为口角和中间两部分，唇后沟不连续。须3对，其中吻须2对，外吻须比内吻须略长；口角须1对，长度可达到眼前缘或超过到眼前缘的距离。前后鼻孔紧相邻，前鼻孔具鼻瓣。侧线完全，较平直。体表覆盖鳞片。身体呈黄绿色，或者体侧有斑纹，背部具大圆斑或斑块。

生活习性 喜欢生活在江河底层，个体比较大，有一定经济价值。

分布地区 我国长江水系上游。

152. 角鱼 *Akrokolioplax bicornis*

学　　名 *Akrokolioplax bicornis*（Wu，1977）

曾用学名 *Epalzeorhynchus bicornis*

英 文 名 Bihorned barbel

别　　名 阿克角鱼

分类地位 脊索动物门CHORDATA/
硬骨鱼纲OSTEICHTHYES/
鲤形目CYPRINIFORMES/
鲤科Cyprinidae/角鱼属*Akrokolioplax*

保护级别 国家二级

识别特征 体长，前部呈圆筒状，后部侧扁。吻部前侧面有一对能活动的三角形侧小叶。口下位，横裂。上唇消失，下唇厚，与下颌分离。吻皮向腹面包围，覆盖在上颌前面，近边缘有一布满细小角质乳突的新月形区域，分裂成流苏。须2对，吻须较长，向后延伸，达口角，口角微细，鳞片中等大。侧线完全。背鳍没有硬刺，胸鳍较长，第4根分枝鳍条最长，其长大于头长。背部和体侧青黑色，杂有浅色斑纹，腹面灰白色。尾鳍基部常有一不明显的黑斑块。背鳍、臀鳍鳍条末端带黑色，其余鳍条均呈浅灰色。

生活习性 小型淡水鱼类，主要栖息于底质多岩石的清水江河下层。以着生藻类为食。体型较小，体长一般100 ~ 150mm。

分布地区 我国云南怒江水系。国外分布于缅甸和泰国。

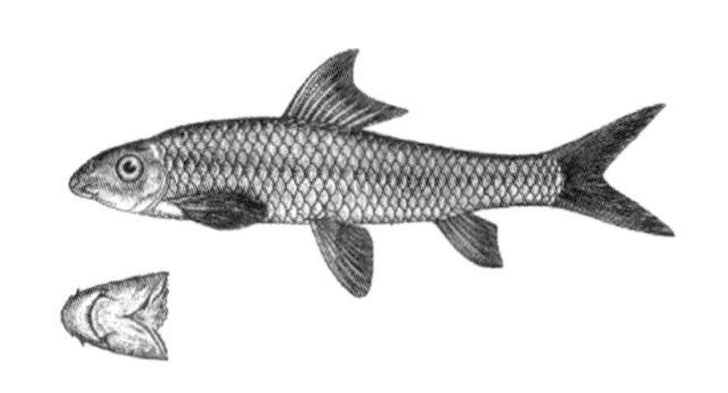

153. 多鳞白鱼 *Anabarilius polylepis*

学　名 *Anabarilius polylepis*（Regan，1904）

曾用学名 *Barilius polylepis*

英文名 无

别　名 桃花白鱼，大白鱼

分类地位 脊索动物门CHORDATA/硬骨鱼纲OSTEICHTHYES/鲤形目CYPRINIFORMES/鲤科Cyprinidae/白鱼属*Anabarilius*

保护级别 国家二级

识别特征 体长，侧扁。头后部稍隆起，吻尖，吻长大于眼径，等于或略小于眼间距。口端位，上下颌等长或下颌略突出，鳞细小。侧线完全，在胸鳍上方急剧向下弯折，背鳍末根不分枝鳍条为光滑的硬刺，起点位于腹鳍起点之后的上方，腹鳍远离肛门。生活时体呈银白色，背部灰褐色，体侧淡蓝色反光。

生活习性 栖息于水体中上层，主要以水草、小鱼和小虾为食，1冬龄性成熟，繁殖旺季为3月。

分布地区 我国特有种，分布于云南滇池。

154. 山白鱼 *Anabarilius transmontanus*

学　　名　*Anabarilius transmontanus*（Nichols，1925）

曾用学名　*Ischikauia transmontana*

英 文 名　无

别　　名　无

分类地位　脊索动物门CHORDATA/硬骨鱼纲OSTEICHTHYES/鲤形目CYPRINIFORMES/鲤科Cyprinidae/白鱼属*Anabarilius*

保护级别　国家二级

识别特征　体长，侧扁。体高小于头长。口端位，口裂后端伸达鼻孔的正下方，上下颌等长。鳞片中等大小。侧线完全，在背鳍下方急剧向下弯折，侧线鳞不多于57枚（与其他白鱼属的鱼类不同的鉴定特征）。背鳍起点对应腹鳍起点的附近。体呈银白色，背部灰黑色，腹部及鳍为白色。

生活习性　小型鱼类，喜欢生活在缓流水环境，在湖泊或江河都能生长、繁殖。

分布地区　我国特有种，分布于云南大屯湖及注入元江的文山盘龙河局部河段。

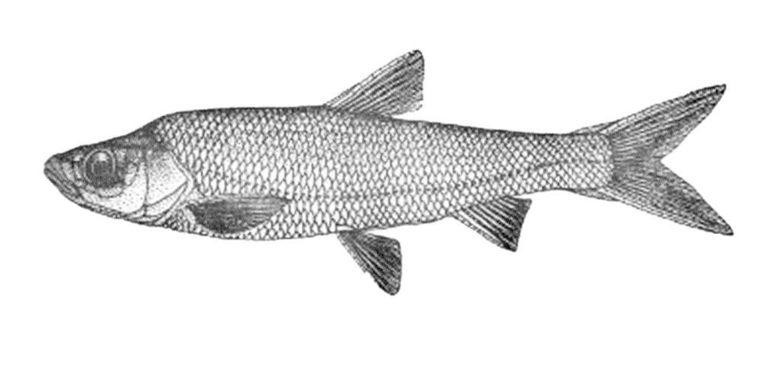

155. 扁吻鱼 *Aspiorhynchus laticeps*

学　　名 *Aspiorhynchus laticeps*（Day，1877）

曾用学名 *Ptychobarbus laticeps*

英 文 名 Big-head Schizothoracin，Tarim bighead-highland carp

别　　名 大头鱼，老虎鱼，虎鱼，新疆大头鱼

分类地位 脊索动物门CHORDATA/硬骨鱼纲OSTEICHTHYES/鲤形目CYPRINIFORMES/鲤科Cyprinidae/扁吻鱼属*Aspiorhynchus*

保护级别 国家一级

识别特征 体大，最大个体长可达2 m。体背侧蓝灰色，腹部银白色，胸鳍、腰鳍、臀鳍浅橙红色，尾鳍浅红色。体长，稍侧扁。头大，吻扁平。口大，宽斜。口角有须1对。眼小，近吻端。体被小圆鳞，沿肛门及臀鳍基有明显臀鳞。侧线鳞105～115枚。胸部裸露，腹部鳞片埋于皮下。背鳍位体中央稍后上方，成鱼背鳍最后硬刺强，后缘有锯齿。臀鳍短小，位于腹鳍基至尾鳍基中央。胸鳍侧下位。尾鳍深叉状。

生活习性 栖息于湖泊、河流中的大型底栖鱼类。静水、缓流水均可生活。以鱼类、水生昆虫等为食。4月底至5月初溯河产卵，卵黄色，卵量少，微黏性。

分布地区 我国新疆塔里木盆地特有的鱼类，仅分布于海拔800～1200m的塔里木河水系。

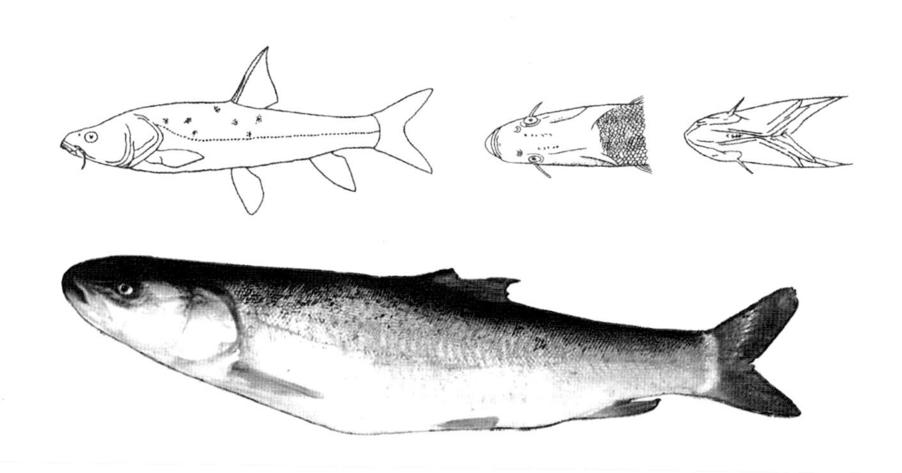

156. 刚果盲鲃 *Caecobarbus geertsii*

学　　名 *Caecobarbus geertsii* Boulenger，1921

曾用学名 无

英 文 名 African blind barb fish，Mbanza-Ngungu cave fish，Congo blind barb

别　　名 非洲盲鲃，姆班扎恩古恩古穴鱼，盲鲃

分类地位 脊索动物门CHORDATA/硬骨鱼纲OSTEICHTHYES/鲤形目CYPRINIFORMES/鲤科Cyprinidae/盲鲃属*Caecobarbus*

保护级别 国家二级（核准）；CITES附录Ⅱ

识别特征 体长6～7cm，最大可达11cm。体型侧扁，体色为粉红色，体和头前部有虹彩光亮，鳍无色透明。体侧扁，体长约为体高4倍，吻端与头部密布许多黏液孔，眼不突出，鳞细小，头中背部显著隆起。须2对，咽齿2行，弯曲而尖。背鳍起点与腰鳍约相对，臀鳍起点紧邻肛门之后，尾鳍叉形。

生活习性 栖息于饵料稀少的洞穴中，以同种气味集群生活。眼退化，已适应黑暗的环境。

分布地区 国外分布于刚果（金）姆班扎恩古恩古附近的7个分离洞穴或洞穴系统中。尽管当地共有45个洞穴，但只有其中7个确认有本种。

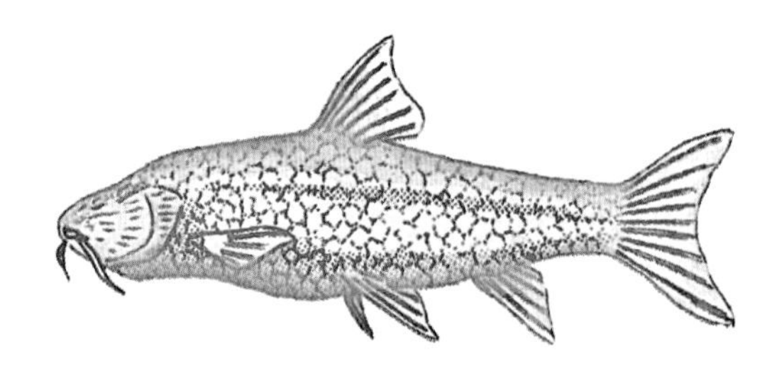

157. 骨唇黄河鱼 *Chuanchia labiosa*

学　名 *Chuanchia labiosa* Herzenstein，1891

曾用学名 ***Schizopygopsis labiosa***

英 文 名 Huanghe naked carp

别　名 小花鱼

分类地位 脊索动物门CHORDATA/硬骨鱼纲OSTEICHTHYES/鲤形目CYPRINIFORMES/鲤科Cyprinidae/黄河鱼属*Chuanchia*

保护级别 国家二级

识别特征 体延长，稍侧扁。头锥形，吻突出。口下位，横裂。下颌长显著小于眼径，前缘有发达的角质，但较钝，无须。背鳍最后不分枝鳍条强硬，后缘每边有20余枚深刻锯齿，但末端光滑；背鳍起点距吻端显著近于其至尾鳍基部；腹鳍起点与背鳍第1或第2分枝鳍条相对；臀鳍起点距腹鳍基底等于或大于其至尾鳍基部的距离。体几乎完全裸露无鳞，仅在肩带部分有2～4行不规则鳞片。臀鳞发达。身体背侧灰褐色或青灰色，腹侧银白色，体侧杂有黑色点状或环状斑纹，鳍浅灰色。

生活习性 主要以着生硅藻和昆虫为食。每年5月产卵，体长200mm左右的成熟雌鱼怀卵约2700粒，卵黄色，黏性。

分布地区 在我国青海境内黄河龙羊峡上游呈不连续分布。主要分布在干流扎陵湖、羊曲、班多，支流泽曲河。

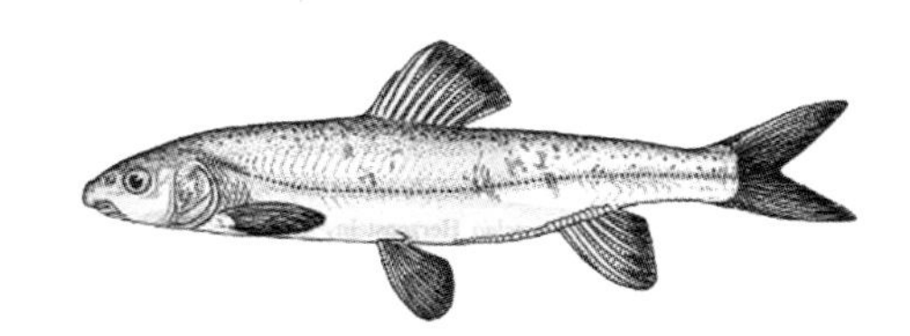

158. 圆口铜鱼 *Coreius guichenoti*

学　　名 *Coreius guichenoti*
(Sauvage *et* Dabry de Thiersant, 1874)

曾用学名 *Saurogobio guichenoti*

英 文 名 无

别　　名 方头，水鼻子，水密子，麻花鱼

分类地位 脊索动物门CHORDATA/
硬骨鱼纲OSTEICHTHYES/
鲤形目CYPRINIFORMES/鲤科Cyprinidae/铜鱼属*Coreius*

保护级别 国家二级（仅野外种群）

识别特征 头长，背后部显著隆起，身体前部呈圆筒状，后部侧扁。头小，扁平。口下位，口裂大。须1对，极粗长，后伸达胸鳍基部。鼻孔大，孔径大于眼径。侧线完全，平直。背鳍较短，没有硬刺，胸鳍宽大，末端远超腹鳍起点。体黄铜色，体侧有时呈肉红色，腹部白色带黄色。背鳍灰黑色略带黄色，胸鳍肉红色，基部黄色，腹鳍、臀鳍黄色且微带红色，尾鳍金黄色，边缘黑色。

生活习性 下层鱼，栖息于湍急的水流中，杂食性。

分布地区 我国长江，包括金沙江干流中下游和中上游，以及雅砻江干流下游。

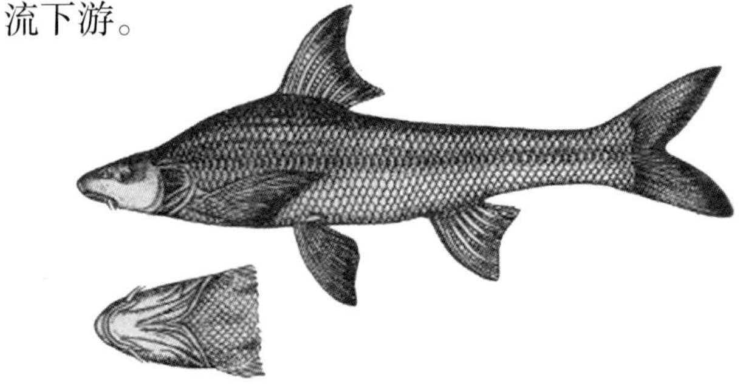

159. 北方铜鱼 *Coreius septentrionalis*

学　　名 *Coreius septentrionalis*（Nichols，1925）

曾用学名 *Coripareius septentrionalis*

英 文 名 Northern bronze-gudgeon

别　　名 鸽子鱼

分类地位 脊索动物门CHORDATA/
硬骨鱼纲OSTEICHTHYES/
鲤形目CYPRINIFORMES/
鲤科Cyprinidae/铜鱼属*Coreius*

保护级别 国家一级

识别特征 体略呈长筒形，尾柄稍侧扁，腹部圆，头小略平扁，吻长，口下位且呈马蹄形。口角有粗长触须1对，末端伸达前鳃盖骨后缘。眼小带有红圈，酷似鸽子眼，故俗称“鸽子鱼”。黄河中常见的体色有3种：灰白色、金黄色和棕褐色。鱼体两侧均有黑色斑块，呈散状、群集状分布。

生活习性 北方铜鱼是一种底层鱼类，喜欢栖息于河湾及水底多砂石、水流较平稳的区域。以动物性食物为主，水生昆虫、小鱼虾、植物碎屑和谷物都是成鱼的主要摄食对象。幼鱼阶段食性较广，摄食浮游动物、摇蚊幼虫、昆虫等，也捕食其他鱼类的鱼卵及鱼苗。非繁殖季节常集群在缓流多砾石的水域中游动；春季溯河上游产卵，产卵期不集群，也很少摄食；冬季则会潜伏在深水处或岩石下越冬，繁殖期为4～6月。

分布地区 我国特有种，分布于黄河水系青海贵德至山东河段。

160. 抚仙鲤 *Cyprinus fuxianensis*

学名 *Cyprinus fuxianensis* Yang *et al.*，1977

曾用学名 无

英文名 无

别名 无

分类地位 脊索动物门CHORDATA/
硬骨鱼纲OSTEICHTHYES/
鲤形目CYPRINIFORMES/
鲤科Cyprinidae/鲤属*Cyprinus*

保护级别 国家二级

识别特征 体呈纺锤形，尾柄较细，尾柄大于眼前缘到鳃盖骨后缘的距离。头长小于体高，吻长大于眼径。口端位，上颌比下颌稍长。须2对，细短，口角须比吻须稍长，末端可达眼前缘下方。背鳍、臀鳍末根不分枝鳍条的后缘均带有锯齿状硬刺，背鳍分枝鳍条一般为10（9）根。侧线鳞38～40枚。背部为深黄绿色，体侧为较浅黄绿色，背鳍和尾鳍为草黄绿色，其他各鳍均为浅黄色，眼上方为黄色。

生活习性 喜欢生活在水草丛中或附近。主要摄食软体动物，兼食摇蚊幼虫、浮游动物和丝状藻类等，属于以食软体动物为主的杂食性鱼类。4～5月为繁殖期。

分布地区 我国云南抚仙湖和星云湖。

161. 小鲤 *Cyprinus micristius*

学　名　*Cyprinus micristius* Regan，1906

曾用学名　无

英 文 名　Dianchi carp

别　名　菜呼，麻鱼，马边鱼，中鲤

分类地位　脊索动物门CHORDATA/硬骨鱼纲OSTEICHTHYES/鲤形目CYPRINIFORMES/鲤科Cyprinidae/鲤属*Cyprinus*

保护级别　国家二级

识别特征　体侧扁，背部稍隆起。尾柄较短，尾柄长小于眼前缘到鳃盖骨后缘的距离。头长一般小于体高，吻长通常大于眼径。口端位，上下颌约等长。须2对，短小，口角须略短于吻须。侧线完全，前部分微微弯曲，后部分平直。背鳍分枝鳍条10 ~ 12根，侧线鳞37 ~ 39枚。体背部和头部青灰色，体侧和腹部淡黄色。

生活习性　栖息于水草较多的静水水体中，为中下层鱼类。食性杂，以动物性饵料为主，主要摄食水生昆虫和小虾，其次是小螺、丝状藻类和枝角类等，偶尔也食少量小鱼。5 ~ 6月为繁殖期。

分布地区　我国云南滇池。

162. 大头鲤 *Cyprinus pellegrini*

学　　名 *Cyprinus pellegrini* Tchang，1933

曾用学名 无

英 文 名 Barbless carp

别　　名 大头鱼，碌鱼

分类地位 脊索动物门CHORDATA/硬骨鱼纲OSTEICHTHYES/鲤形目CYPRINIFORMES/鲤科Cyprinidae/鲤属*Cyprinus*

保护级别 国家二级（仅野外种群）

识别特征 体大，重可达2kg。体背部灰黑，稍呈绿色。腹部银白色，背鳍灰黑色，胸鳍、腹鳍、臀鳍和尾鳍下叶呈橘红色。体形似鲤，头大且宽，头长较体高或背鳍基为长。口大，端位。无须，或在口角有1对微小的须。鳞较大，侧线鳞34～37枚。背鳍、臀鳍末根不分枝。鳍条后缘有细齿状硬刺。尾鳍叉形。

生活习性 喜栖息于湖泊水质清澈的水域，为中上层鱼类。食物以浮游动物为主，也食少量藻类。1～2龄性成熟，4～9月产卵，多集中在5～6月。卵黏性，附在水草上孵化。

分布地区 我国特有种，仅分布于云南星云湖、杞麓湖等水域。

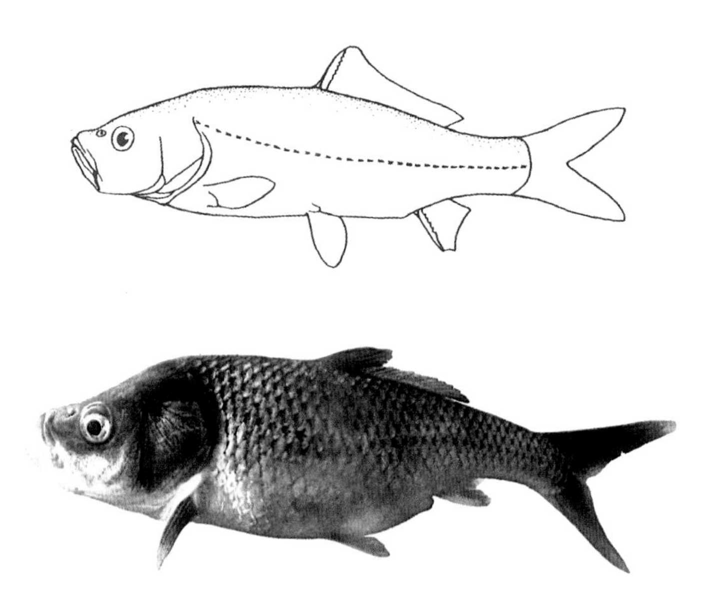

163. 斑重唇鱼 *Diptychus maculatus*

学名 *Diptychus maculatus* Steindachner，1866

曾用学名 无

英文名 River trout，Scaled osman

别名 无

分类地位 脊索动物门CHORDATA/硬骨鱼纲OSTEICHTHYES/鲤形目CYPRINIFORMES/鲤科Cyprinidae/重唇鱼属*Diptychus*

保护级别 国家二级

识别特征 体延长，略呈圆筒形，背部稍隆起。口下位，下颌具锐利角质前缘。下唇完整，表面具有乳突，下唇分左右两叶，唇后沟部连续。口角须1对，长度约等于眼径，体侧鳞片约与侧线鳞大小相同，胸部裸露无鳞。侧线完全。背鳍末根不分枝鳍条柔软光滑，后缘没有锯齿。固定标本头背及体背部呈灰褐色，腹部浅黄色，背侧、头部和各鳍上均有小型不规则黑斑，各鳍浅黄色。

生活习性 属于冷水性鱼类。

分布地区 我国新疆和西藏。国外分布于中亚部分国家。

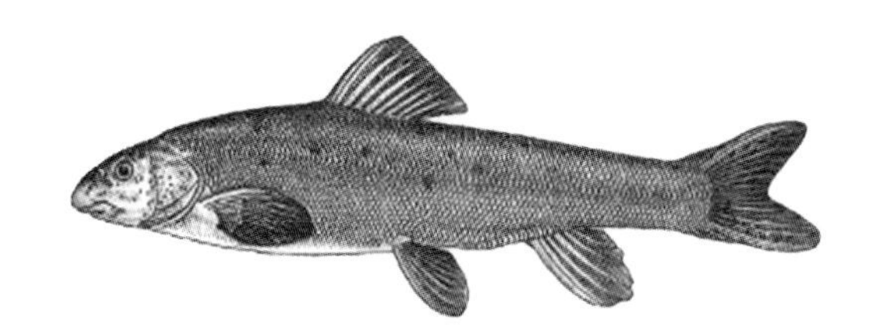

164. 平鳍鳅鮀 *Gobiobotia homalopteroidea*

学　　名 *Gobiobotia homalopteroidea* Rendahl，1933

曾用学名 无

英 文 名 Eight-whisker gudgeon

别　　名 八根胡子鱼

分类地位 脊索动物门CHORDATA/
硬骨鱼纲OSTEICHTHYES/
鲤形目CYPRINIFORMES/
鲤科Cyprinidae/鳅鮀属*Gobiobotia*

保护级别 国家二级

识别特征 体长圆筒形，后部稍侧扁，尾柄细长。头低，吻部向前渐近平扁。口下位，呈弧形。唇薄，上唇具乳突状皱褶。腹膜浅灰色。体背部及体侧上半部灰褐色，腹部灰白色。头后部有一明显的黑斑，体背部中线有8～10个黑色斑块，体侧有一道浅褐色纵纹从胸鳍基部上方延伸到尾柄，在纵纹上有8个黑斑。背面色深，其他各鳍灰白色。

生活习性 栖息于江河底层，喜急流，主要以底栖动物为食。

分布地区 我国黄河中上游干流和支流中。

165. 稀有鮈鲫 *Gobiocypris rarus*

学　　名　*Gobiocypris rarus* Ye *et* Fu，1983

曾用学名　无

英 文 名　Rare gudgeon

别　　名　青鱼，金白娘

分类地位　脊索动物门CHORDATA/硬骨鱼纲OSTEICHTHYES/鲤形目CYPRINIFORMES/鲤科Cyprinidae/鮈鲫属*Gobiocypris*

保护级别　国家二级（仅野外种群）

识别特征　小型鱼类，通常全长38～45mm达到性成熟，已知最大个体全长85mm。体纺锤形，侧扁。侧线不完全，口较小、端位。背鳍无硬刺，胸鳍不达腹鳍，腹鳍不达臀鳍，肛门紧靠臀鳍起点。体侧具有淡黄色宽纵纹，腹部白色，尾鳍基中部有一较明显的黑斑，在繁殖季节成鱼体侧金黄色纵带鲜艳。雄鱼胸鳍、腹鳍的相对长度较长，胸鳍末端距离腹鳍起点距离较近，鳃盖、胸鳍上有细小的棘状珠星；雌鱼胸鳍、腹鳍的相对长度较短，一般体表光滑，无珠星。

生活习性　在自然界中主要以昆虫幼虫、浮游生物、着生藻类和水蚯蚓为食。在自然条件下，稀有鮈鲫的繁殖季节为3～11月。稀有鮈鲫为温水性鱼类，对温度的适应范围很广，可在0～35℃下正常生长存活。

分布地区　我国四川西部大渡河支流流沙河和成都附近岷江柏条河。

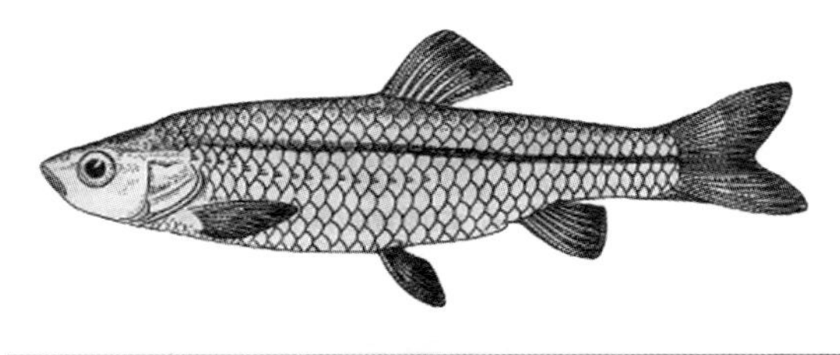

166. 厚唇裸重唇鱼 *Gymnodiptychus pachycheilus*

学　　名 *Gymnodiptychus pachycheilus* Herzenstein，1892

曾用学名 无

英 文 名 无

别　　名 厚唇重唇鱼，麻花鱼，石花鱼，翻嘴鱼

分类地位 脊索动物门CHORDATA/硬骨鱼纲OSTEICHTHYES/鲤形目CYPRINIFORMES/鲤科Cyprinidae/裸重唇鱼属*Gymnodiptychus*

保护级别 国家二级（仅野外种群）

识别特征 体修长，尾柄细圆。吻突出。口下位，马蹄形。下颌无锐利角质边缘。唇发达，肥厚多肉，是重要的识别特征。下唇分左、右叶，其表面具明显皱褶，无中间叶。口角须1对，短粗，稍长于眼径，末端伸达眼后缘下方。体裸露无鳞，仅在肩部有2～4行不规则鳞片。臀鳞发达。侧线完全。体背部和头顶部黄褐色或灰褐色，较均匀地分布着黑褐色斑点或圆斑。侧线下方有少数斑点；腹部灰白色，无斑点。

生活习性 为高原冷水性大型鱼类，生活在宽谷江河中，有时也进入附属湖泊，每年河水开冰后即溯河产卵。主要以底栖动物、石蛾、摇蚊幼虫和其他水生昆虫及桡足类、钩虾为食，也摄食水生植物枝叶和藻类。性成熟较慢，4龄左右开始成熟；性成熟雄体吻部、臀鳍和背鳍具白色珠星。

分布地区 我国的黄河水系和金沙江上游及雅砻江中下游。

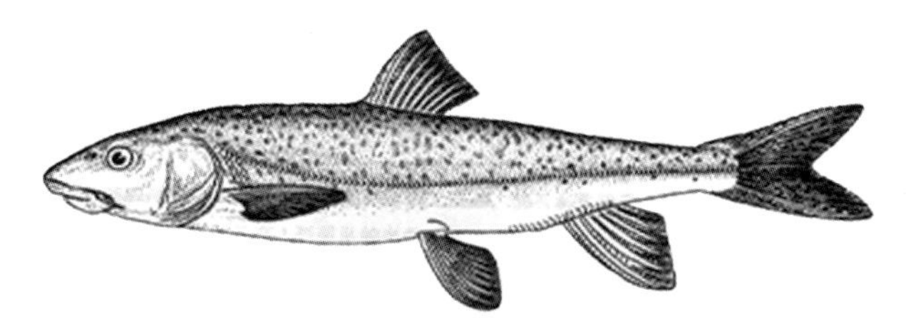

167. 大鳞鲢 *Hypophthalmichthys harmandi*

学　　名　*Hypophthalmichthys harmandi* Sauvage，1884

曾用学名　无

英 文 名　无

别　　名　大鳞白鲢

分类地位　脊索动物门CHORDATA/硬骨鱼纲OSTEICHTHYES/鲤形目CYPRINIFORMES/鲤科Cyprinidae/鲢属*Hypophthalmichthys*

保护级别　国家二级

识别特征　外形似鲢。胸鳍基部前下方至肛门间有发达的腹棱。头长较体高小。口宽大，端位，没有须。鳞片比鲢大，侧线完全，前部分向下弯曲，中后部逐渐平直。侧线鳞78～88枚，臀鳍分枝鳍条15个。身体呈银白色，背部灰褐色，胸鳍和腹鳍灰白色。

生活习性　多数栖息于水流缓慢、水质较肥，浮游生物丰富的开阔水体。主要以浮游生物为食。雌鱼2龄性成熟，雄鱼比雌鱼早成熟1年，5～6月为繁殖期，有时延至8月中旬。

分布地区　我国海南岛南渡江。国外分布于越南。

168. 鯮 *Luciobrama macrocephalus*

学　名 *Luciobrama macrocephalus*（Lacepède，1803）

曾用学名 *Synodus macrocephalus*

英 文 名 Long spiky-head carp

别　名 吹火筒

分类地位 脊索动物门CHORDATA/硬骨鱼纲OSTEICHTHYES/鲤形目CYPRINIFORMES/鲤科Cyprinidae/鯮属*Luciobrama*

保护级别 国家二级

识别特征 体侧扁，背部平直，腹部圆。头长尖，吻像“鸭嘴”，口端位，下颌突出于上颌。眼后有透明脂肪体，鳃盖膜与峡部相连。鳞片较小。侧线完全。背鳍短小，在腹鳍后上方，臀鳍位于背鳍后下方。体背部深灰色，体侧及腹部银白色，胸鳍淡粉色，背鳍、尾鳍灰色，腹鳍、臀鳍浅灰色。

生活习性 大型经济鱼类，最重可达50kg，性情凶猛，以其他鱼类为食。雌鱼5龄性成熟，雄鱼4龄性成熟。产卵期为4～7月，卵为浮游性。

分布地区 我国长江、闽江和珠江。国外分布于越南。

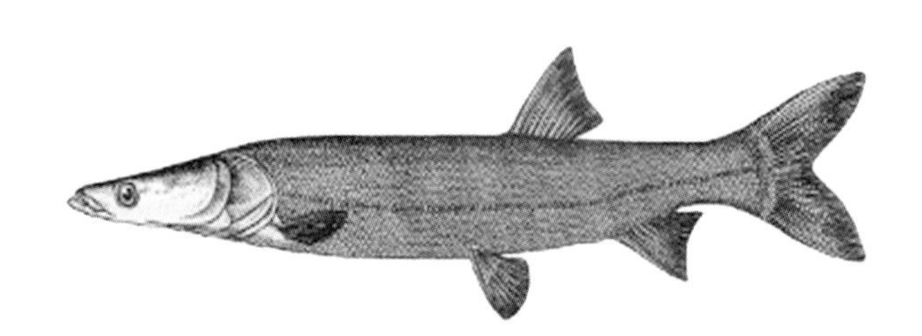

169. 单纹似鳡 *Luciocyprinus langsoni*

学　　名 *Luciocyprinus langsoni* Vaillant，1904

曾用学名 无

英 文 名 Shuttle-like carp

别　　名 单纹拟鳡

分类地位 脊索动物门CHORDATA/硬骨鱼纲OSTEICHTHYES/鲤形目CYPRINIFORMES/鲤科Cyprinidae/似鳡属*Luciocyprinus*

保护级别 国家二级

识别特征 体长形似鳡，圆棒状。头较长，其长大于头高，吻尖，口端位，口裂深，上下颌等长。鳞片小，圆形，覆盖体表，没有裸露的地方。侧线完全。背鳍没有硬刺，胸鳍、腹鳍和臀鳍几乎等长。体侧沿侧线有一条粗黑纵条纹。背部青灰色略带暗红色，腹部银白色，体侧银灰色略带黄色，偶鳍及尾鳍灰黑色带橘红色，尾柄背面鲜红色。

生活习性 生活在大江河和湖泊的开阔水域，为中、上层鱼类。性成熟年龄较迟，生殖季节一般在3～5月。幼鱼主要以浮游动物为食，成鱼以鱼类为食。

分布地区 我国西江、南盘江水系。

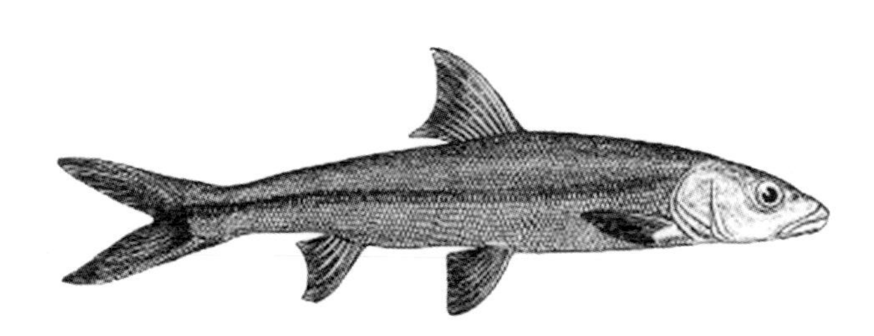

170. 四川白甲鱼 *Onychostoma angustistomata*

学　　名　*Onychostoma angustistomata*（Fang，1940）

曾用学名　*Varicorhinus angustistomatus*

英 文 名　无

别　　名　小口白甲，尖嘴白甲，腊棕

分类地位　脊索动物门CHORDATA/硬骨鱼纲OSTEICHTHYES/鲤形目CYPRINIFORMES/鲤科Cyprinidae/白甲鱼属*Onychostoma*

保护级别　国家二级

识别特征　体长，侧扁。尾柄较高。口下位，横裂，口裂宽，头长为口宽的3倍以下。上颌末端达鼻孔后缘下方，下颌具锐利的角质前缘。须2对，吻须较短，口角须长，约为眼径的2/3，侧线完全，侧线鳞46枚以上。背鳍末根不分枝鳍条为硬刺，后缘具锯齿。浸泡标本体黄褐色，背部颜色稍深；各鳍黄色。

生活习性　底栖性鱼类，生活于清澈而具有砾石的流水中。常以锐利的下颌角质边缘在岩石及其他物体上刮取食物，主要以着生藻类及沉积的腐殖物质为食。

分布地区　我国长江中、上游。

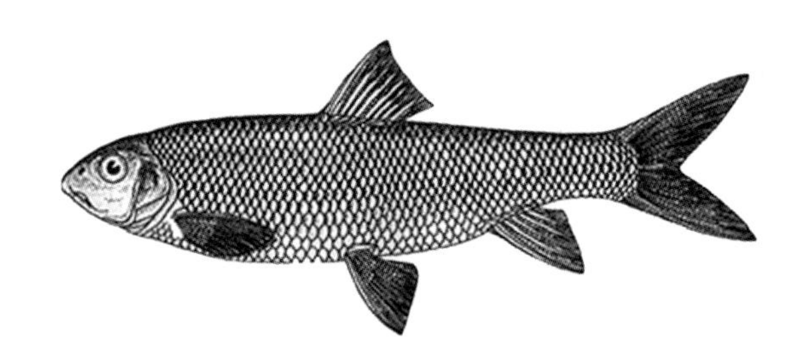

171. 多鳞白甲鱼 *Onychostoma macrolepis*

学　名 *Onychostoma macrolepis*（Bleeker，1871）

曾用学名 *Gymnostomus macrolepis*

英文名 无

别　名 赤鳞鱼、多鳞铲颌鱼

分类地位 脊索动物门CHORDATA/
硬骨鱼纲OSTEICHTHYES/
鲤形目CYPRINIFORMES/
鲤科Cyprinidae/白甲鱼属*Onychostoma*

保护级别 国家二级（仅野外种群）

识别特征 体较细长，侧扁。背部稍隆起。口下位，横裂，口裂较宽。下颌裸露，具锐利的角质前缘。须2对，极细小。侧线完全，侧线鳞50枚以上，背鳍前鳞18枚以上。背鳍末根不分枝鳍条柔软，后缘光滑。以第一根分枝鳍条最长，短于头长。浸泡标本背部灰褐色，腹部黄褐色。体侧鳞片基部有新月形黑斑。背鳍和尾鳍微黑，其余各鳍黄色。

生活习性 栖息的河道为砾石底质，水清澈低温，流速较大。雄性性成熟一般在3龄以上，雌性为4～5龄。

分布地区 我国海河上游的拒马河等水系，黄河下游的大汶河上游，中游的沁河、渭河等水系，长江支流汉江、嘉陵江等上游水系。

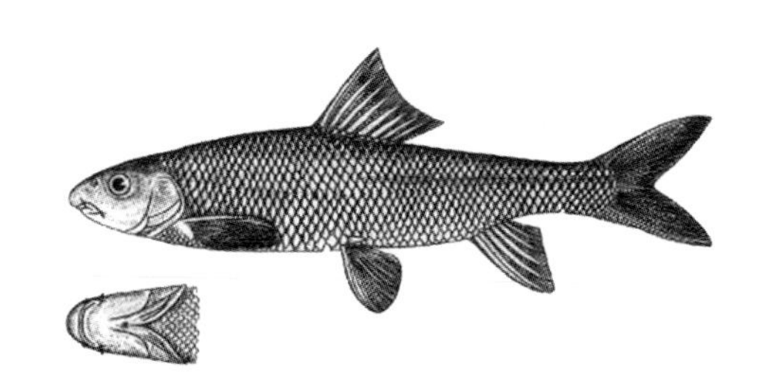

172. 尖裸鲤 *Oxygymnocypris stewartii*

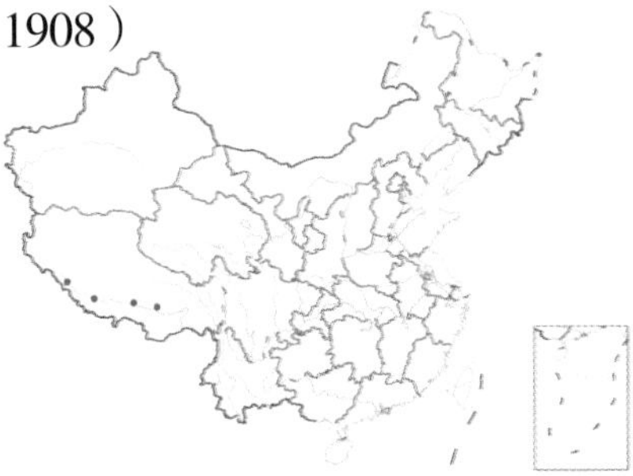

学　　名 *Oxygymnocypris stewartii*（Lloyd，1908）

曾用学名 *Schizopygopsis stewartii*

英 文 名 Naked schizothoracin

别　　名 斯氏裸鲤鱼

分类地位 脊索动物门CHORDATA/
硬骨鱼纲OSTEICHTHYES/
鲤形目CYPRINIFORMES/
鲤科Cyprinidae/尖裸鲤属*Oxygymnocypris*

保护级别 国家二级（仅野外种群）

识别特征 背部隆起，吻部较尖。口端位，口裂较大。上颌稍长于下颌，下颌前缘没有锐利角质。上唇发达，下唇不发达，唇后沟中断。没有须，侧线完全。身体裸露无鳞，仅有臀鳞。背鳍末根不分枝鳍条强壮，后缘具锯齿。背部青灰色，腹部银白色或浅黄色，背鳍和尾鳍青灰色，胸鳍、腹鳍和臀鳍的末端为橙红色，体背侧以及背鳍和尾鳍上具有很多黑褐色斑点。

生活习性 栖息于海拔3600m以上的高原水域，多在江中游的各大干支流的流水处活动。主要以其他鱼类及水生昆虫等为食。

分布地区 我国雅鲁藏布江中上游及其主要支流。

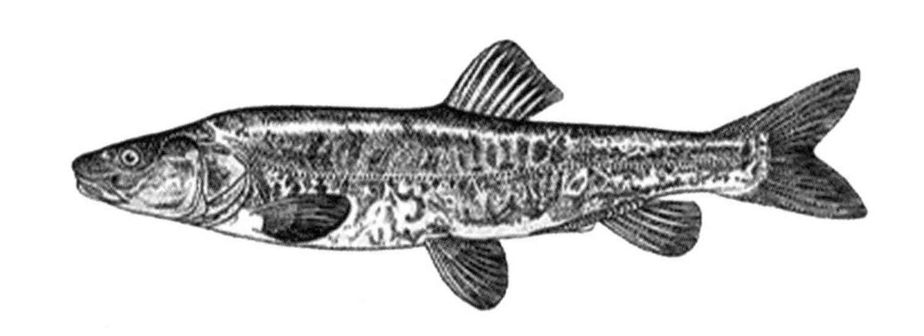

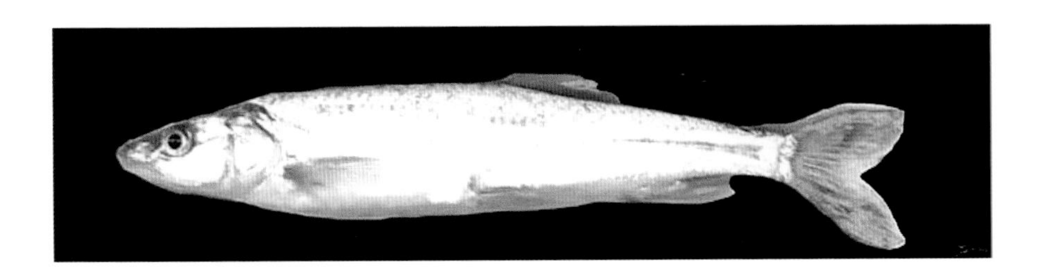

173. 金沙鲈鲤 *Percocypris pingi*

学　名　*Percocypris pingi*（Tchang，1930）

曾用学名　*Leptobarbus pingi*

英文名　无

别　名　大花鱼

分类地位　脊索动物门CHORDATA/硬骨鱼纲OSTEICHTHYES/鲤形目CYPRINIFORMES/鲤科Cyprinidae/鲈鲤属*Percocypris*

保护级别　国家二级（仅野外种群）

识别特征　体呈棒形，头背部较平，略呈弱弧形，头后背部稍微隆起，显著高于头背部，口亚下位，下颌长于上颌。须2对，颌须较吻须长，其末端可达眼后缘下方。背鳍外缘稍内凹，最后一根不分支鳍条为硬刺，后缘具锯齿。臀鳍起点至腹鳍起点的距离较至尾鳍基部稍近。胸鳍末端向后不伸达腹鳍基部。腹鳍起点稍前于背鳍起点，末端不伸达臀鳍起点。尾鳍末端稍尖。腹膜灰黑色。体背部金黄色，腹部灰白色，体侧鳞片后部有黑斑，由此连接成许多纵行黑色条纹。

生活习性　幼鱼栖息于静水浅滩处，成鱼喜栖息于大江大河急流险滩中。

分布地区　我国的长江上游，包括金沙江中下游、螳螂川等。

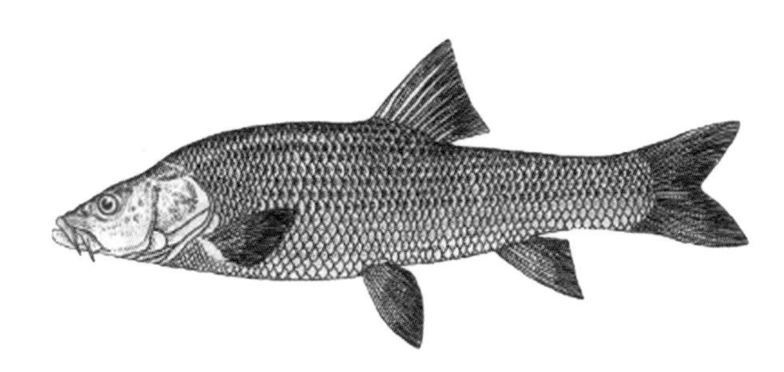

174. 花鲈鲤 *Percocypris regani*

学　　名 *Percocypris regani*（Tchang，1935）

曾用学名 *Barbus regani*

英 文 名 无

别　　名 无

分类地位 脊索动物门CHORDATA/硬骨鱼纲OSTEICHTHYES/鲤形目CYPRINIFORMES/鲤科Cyprinidae/鲈鲤属*Percocypris*

保护级别 国家二级（仅野外种群）

识别特征 最大个体体长达65cm。头大，侧扁，头长明显大于体高和尾柄长。除头部外，身体的其余部分被较细密的鳞片。侧线完全，略下弯，向后入尾柄的正中。下咽齿顶端尖而钩曲。体略侧扁，较延长。吻尖长，肛门位于臀鳍起点。尾鳍后缘叉形。生活时体色为黄绿色，体侧上半部具分散的黑色斑点，不成条行。在头背和头侧的黑色斑较大，颜色较深。背鳍和尾鳍微黑，其余各鳍灰白色。

生活习性 属凶猛肉食性鱼类。在抚仙湖自然水体中的产卵时间是12月至次年3月，而集中于2月产卵。产卵期为湖水的低温季节，水温为12～14℃。产卵场位于湖泊的出水口等有流水处，底质为砂石，水深1～5m。

分布地区 我国云南抚仙湖和南盘江。

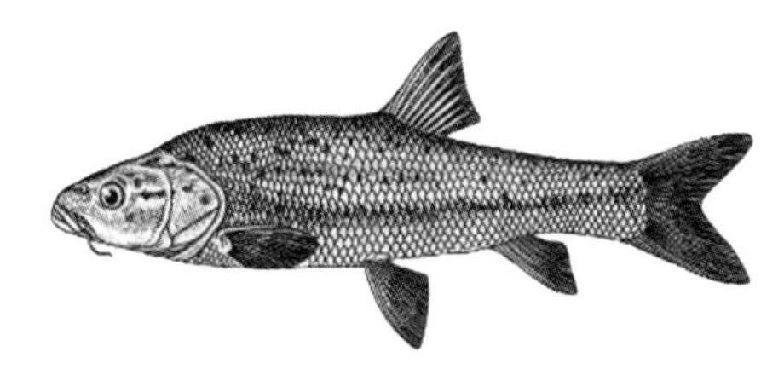

175. 后背鲈鲤 *Percocypris retrodorslis*

学　名　*Percocypris retrodorslis* Cui *et* Chu, 1990
曾用学名　无
英文名　Lower dorsal-fin perch-barbel
别　名　无
分类地位　脊索动物门CHORDATA/
硬骨鱼纲OSTEICHTHYES/
鲤形目CYPRINIFORMES/
鲤科Cyprinidae/鲈鲤属*Percocypris*
保护级别　国家二级（仅野外种群）
识别特征　体延长，侧扁。吻褶沟深，自吻须基部向后分为二叉，一叉止于口角须，另一叉绕过上颌后端与唇后沟相通。口上位，下颌略长于上颌。上下唇均较厚，包在上下颌的外表，在口角处相连。须2对，吻须伸达眼前缘的垂直下方，口角须伸达眼后缘的垂直下方。鼻孔接近眼前缘。眼大。背鳍起点位于腹鳍起点稍后之上方，距尾鳍基小于或等于距眼后缘。臀鳍起点紧接肛门之后，距腹鳍起点约等于距尾鳍基。腹鳍末端至臀鳍起点的距离小于吻长。鳞片较小。侧线完全。
生活习性　肉食性鱼类。
分布地区　我国云南澜沧江、怒江、剑湖等。

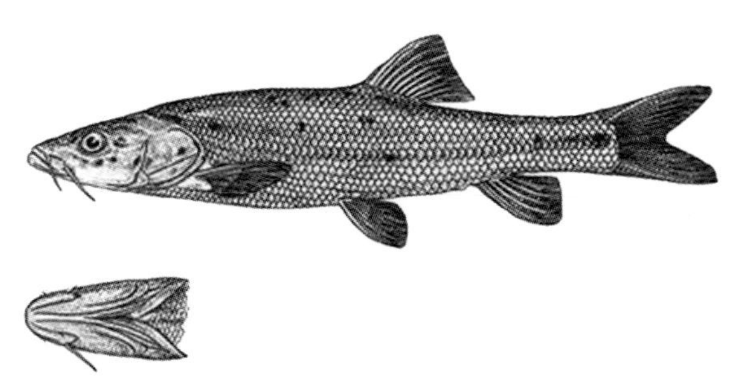

176. 张氏鲈鲤 *Percocypris tchangi*

学　名 *Percocypris tchangi*（Pellegrin *et* Chevey，1936）

曾用学名 *Leptobarbus tchangi*

英 文 名 无

别　名 无

分类地位 脊索动物门CHORDATA/硬骨鱼纲OSTEICHTHYES/鲤形目CYPRINIFORMES/鲤科Cyprinidae/鲈鲤属*Percocypris*

保护级别 国家二级（仅野外种群）

识别特征 体长，侧扁。口端位，上颌末端达到鼻孔后缘的下方。须2对，较发达。眼侧前上位。鳃孔大。侧线完全。鳞片较小，胸腹部鳞片更小，且埋于皮下。背鳍末根不分枝鳍条为硬刺，后缘具锯齿。体侧有一条居于中间的黑色横带，背鳍起点位于眼后缘和尾鳍起点的正中（区别于后背鲈鲤）。

生活习性 不详。

分布地区 我国澜沧江水系中、下游。国外分布于越南红河。

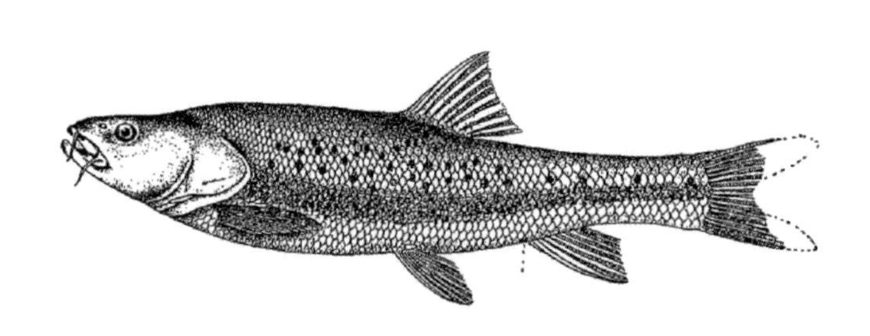

177. 极边扁咽齿鱼 *Platypharodon extremus*

学　　名　*Platypharodon extremus* Herzenstein, 1891

曾用学名　*Schizopygosis extrema*

英 文 名　Wide-tooth Schizothoracin

别　　名　鳇鱼

分类地位　脊索动物门CHORDATA/硬骨鱼纲OSTEICHTHYES/鲤形目CYPRINIFORMES/鲤科Cyprinidae/扁咽齿鱼属*Platypharodon*

保护级别　国家二级（仅野外种群）

识别特征　体长，侧扁。体背隆起，腹部平坦。头锥形。吻钝圆。口下位，横裂；下颌具锐利发达的角质前缘。上唇宽厚，下唇细狭。无须。体裸露无鳞，仅具臀鳞；肩带处鳞片消失或仅留痕迹；侧线鳞不明显。背鳍刺强，具深锯齿，背鳍、腹鳍起点相对；臀鳍位后；尾柄短。体背侧黄褐色或青褐色，腹部浅黄色或灰白色。腹鳍、臀鳍浅黄色，背鳍、尾鳍青灰色。

生活习性　是青藏高原特有的淡水鱼类，生活在海拔3000m以上的高原河流中，栖息环境为水底多砾石、水质清澈的缓流或静水水体，常喜在草甸下穴居。属于冷水性的底栖杂食性鱼类。生殖期在5～6月。

分布地区　主要分布于我国黄河上游干流及其附属支流中。

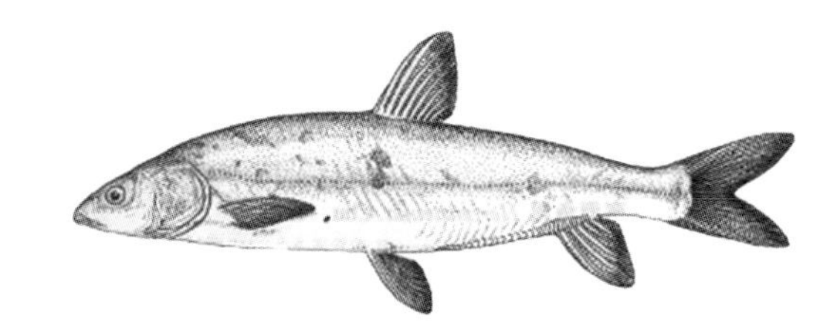

178. 湄公河原鲃 *Probarbus jullieni*

学　　名　*Probarbus jullieni* Sauvage，1880

曾用学名　无

英 文 名　Pla eesok（泰国）

别　　名　朱林氏原鲃，穗须原鲃

分类地位　脊索动物门CHORDATA/
硬骨鱼纲OSTEICHTHYES/
鲤形目CYPRINIFORMES/
鲤科Cyprinidae/原鲃属*Probarbus*

保护级别　国家二级（核准）；CITES附录 I

识别特征　体长20～30cm，大者可达1m。体有7条深黄色窄横带，头黄绿色。虹膜红色。背鳍、臀鳍、腹鳍、胸鳍鳍条淡红色，鳍膜黑色，尾鳍黑色。体长，侧扁。口角上颌有1对短须。咽齿1行，4个。体有圆鳞。背鳍位体中央前上方，有1鳍棘，9个分枝鳍条，后缘凹形。尾鳍深叉形。

生活习性　栖息于泥沙底质的淡水中，有时在河口也可见到。以水生植物为主要食物。

分布地区　国外分布于中南半岛的柬埔寨、老挝、泰国、越南等国家。

179. 乌原鲤 *Procypris merus*

学　名 *Procypris merus* Lin，1933

曾用学名 *Procypris mera*

英文名 Chinese-ink carp

别　名 乌鲤，乌钩，黑鲤，墨鲤

分类地位 脊索动物门CHORDATA/硬骨鱼纲OSTEICHTHYES/鲤形目CYPRINIFORMES/鲤科Cyprinidae/原鲤属*Procypris*

保护级别 国家二级

识别特征 体侧扁，背部隆起甚高。头较小，吻较长，吻长大于或等于眼后头长。口端位，唇很厚，表面有许多明显而细小的乳头状突起。须2对，较长，颌须较吻须粗长。侧线微下弯，背鳍与臀鳍均具强壮的硬刺，其后缘呈锯齿形。背鳍外缘内凹，基底长，分枝鳍条为16～18。胸鳍较长，末端达到或超过腹鳍起点。头部和体背部暗黑色，腹部银白色。每个鳞片的前部有一黑点，连成体侧明显的纵纹。各鳍为深黑色。

生活习性 约4龄性成熟，产卵期2～4月。江河中下层鱼类，多栖息于流水深处、底质为岩石的水体，也能生活于流速较缓慢的水体底部。有短距离的洄游习性，冬季产卵后溯江上游，洪水期向下游游动。食性杂，常以口向水底岩石表面吸食底栖动植物，以小型的螺蛳、蚌类、蚬类为主，也食少量的水生昆虫的幼虫、水蚯蚓和藻类。

分布地区 我国珠江水系特有鱼类，仅分布于珠江水系西江水域部分干流及支流。

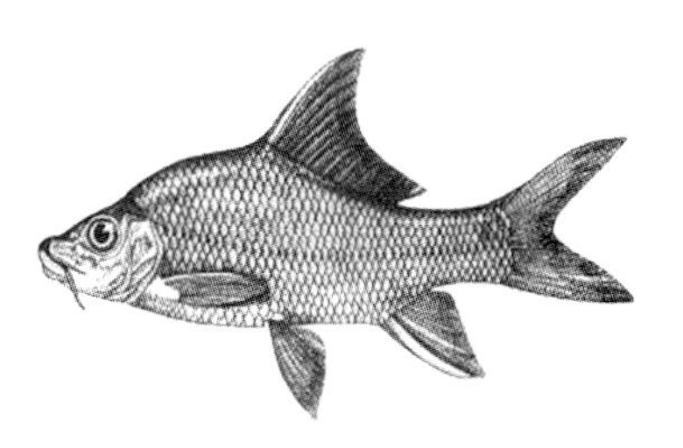

180. 岩原鲤 *Procypris rabaudi*

学　　名　*Procypris rabaudi*（Tchang，1930）
曾用学名　*Cyprinus rabaudi*
英 文 名　Rock carp
别　　名　岩鲤巴，岩鲤，鬼头鱼
分类地位　脊索动物门CHORDATA/
硬骨鱼纲OSTEICHTHYES/
鲤形目CYPRINIFORMES/
鲤科Cyprinidae/原鲤属*Procypris*
保护级别　国家二级（仅野外种群）
识别特征　体侧扁，略呈菱形，背部隆起。头小，前端稍尖，吻端钝圆。口亚下位，口裂大，末端位于鼻孔前下方。唇发达，具乳突。吻须、下颌须各1对，吻须较短，下颌须较长。鼻孔位于眼前缘上方。背鳍外缘平直，基部较长，尾鳍叉形，上下两叶等长。腹膜银白色。头及体背部呈深黑色，腹部银白色，各鳍灰黑色。体侧每个鳞片基部有1个黑点，组成12～13纵行细黑条。
生活习性　底栖性鱼类，喜欢集群栖息于较暗的底层缓流水体中。摄食底栖生物和着生于岩石上的软体动物、着生生物。立春后，即水温在12℃以上时开始溯水上游到长江上游的干流及与长江相通的支流中摄食、生长及产卵。
分布地区　我国长江中上游干支流。主要分布于云南金沙江永仁江段，在四川乐山、贵州修文六广河等有零星分布。

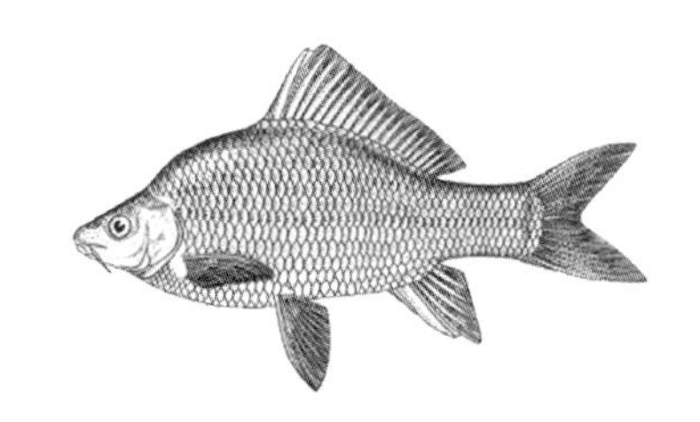

181. 大鼻吻鮈 *Rhinogobio nasutus*

学　名　*Rhinogobio nasutus*（Kessler，1876）

曾用学名　*Megagobio nasutus*

英文名　无

别　名　土耗儿

分类地位　脊索动物门CHORDATA/硬骨鱼纲OSTEICHTHYES/鲤形目CYPRINIFORMES/鲤科Cyprinidae/吻鮈属*Rhinogobio*

保护级别　国家二级

识别特征　体呈圆筒状，尾柄宽，稍侧扁。头长大于体高。吻长大于眼后头长。口下位，深弧形。唇厚。唇后沟中断，间距宽。口角须1对，稍粗，其长远超过眼径。鼻孔甚大，大于眼径。体鳞较小，略呈长圆形，胸部鳞片细小，常隐埋皮下。侧线完全，平直。背鳍无硬刺，外缘微凹，其起点距吻端较其基部后端至尾鳍基为近。胸鳍宽长，外缘略凹，位近腹面，其长度小于头长，末端近腹鳍起点。腹鳍位置在背鳍起点之后，末端接近肛门。腹膜浅灰黑色。体背及体侧青灰色，腹部灰白色。背鳍、尾鳍灰黑色，其他各鳍灰白色。

生活习性　生活于水体底层，喜流水，以底栖动物为食。

分布地区　我国黄河中上游。

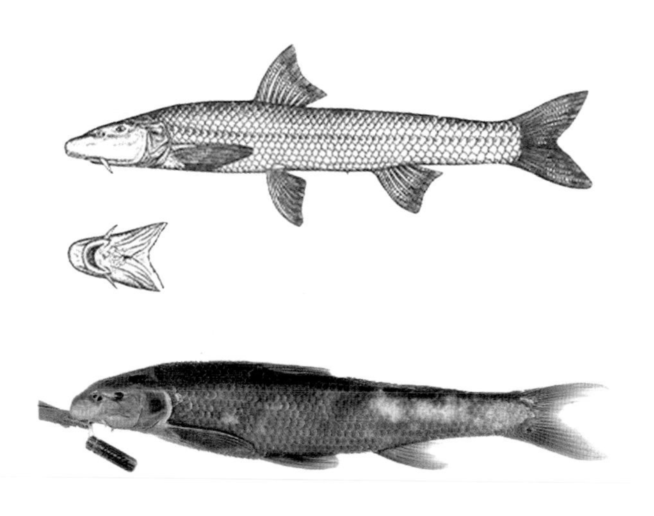

182. 长鳍吻鮈 *Rhinogobio ventralis*

学　名　*Rhinogobio ventralis* Sauvage *et* Dabry de Thiersant，1874

曾用学名　无

英 文 名　无

别　名　洋鱼，土耗儿，耗子鱼

分类地位　脊索动物门CHORDATA/硬骨鱼纲OSTEICHTHYES/鲤形目CYPRINIFORMES/鲤科Cyprinidae/吻鮈属*Rhinogobio*

保护级别　国家二级

识别特征　体长，稍侧扁。口小，下位。唇较厚、光滑，唇后沟中断，间距宽，须1对，位于口角，长度略大于眼径。鳞片较小，腹部鳞片比体侧鳞小。侧线完全，平直。背鳍较长，第一根分枝鳍条显著大于头长，胸鳍末端可达或超过腹鳍起点。体长为体高的5倍以下。背部深灰色，略带黄色；腹部灰白色。背鳍、腹鳍黑灰色，边缘色较浅，其余各鳍均为灰白色。

生活习性　常活动于急流险滩、支流出口。主要以淡水壳菜、河蚬和水生昆虫为食。

分布地区　我国长江中上游。

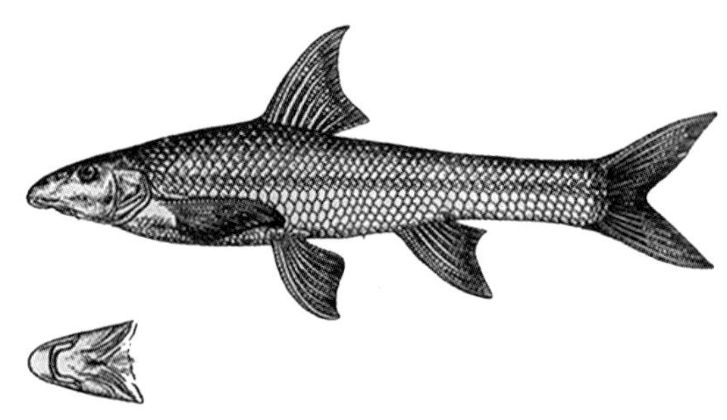

183. 塔里木裂腹鱼 *Schizothorax biddulphi*

学　　名　*Schizothorax biddulphi* Günther，1876

曾用学名　无

英 文 名　Tarim schizothoracin

别　　名　尖嘴鱼

分类地位　脊索动物门CHORDATA/
硬骨鱼纲OSTEICHTHYES/
鲤形目CYPRINIFORMES/
鲤科Cyprinidae/裂腹鱼属*Schizothorax*

保护级别　国家二级（仅野外种群）

识别特征　体长，侧扁，体背稍隆起。口亚下位，下颌内侧稍具角质，没有形成锐利角质前缘。下唇细窄，分为左右两叶，表面光滑无乳突。须2对，长度几乎相等，与眼径长度相等。体鳞细小，胸部无鳞。侧线完全。背鳍末根不分枝鳍条有硬刺，后缘具有锯齿。固定标本体背蓝灰色或灰褐色，腹侧灰白色，少数个体体侧有少数小斑点，背鳍和尾鳍灰褐色，胸鳍、腹鳍和臀鳍浅黄色。

生活习性　冷水性鱼类，栖息于高原地区的河流中，也进入湖泊。静水、微流水中均能生活。常以底栖无脊椎动物、藻类或植物碎屑为食。春末在流水中产卵，5~6月为盛产期。

分布地区　我国新疆塔里木河水系。

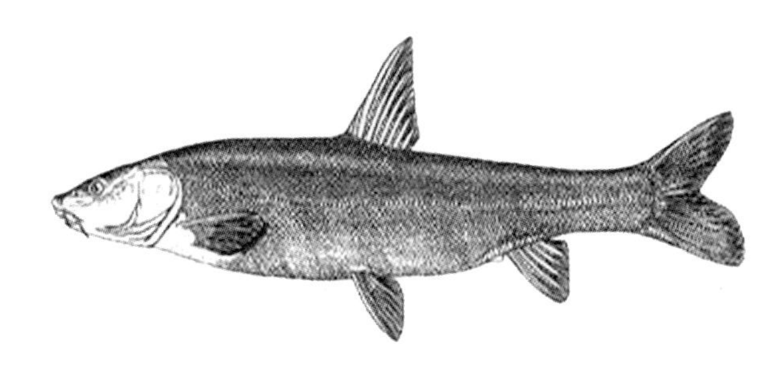

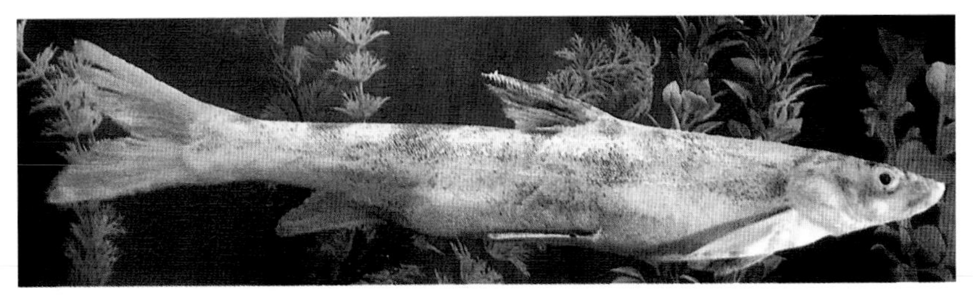

184. 细鳞裂腹鱼 *Schizothorax chongi*

学　　名　*Schizothorax chongi*（Fang，1936）

曾用学名　*Oreinus chongi*

英 文 名　无

别　　名　无

分类地位　脊索动物门CHORDATA/
硬骨鱼纲OSTEICHTHYES/
鲤形目CYPRINIFORMES/
鲤科Cyprinidae/裂腹鱼属*Schizothorax*

保护级别　国家二级（仅野外种群）

识别特征　体延长，侧扁。体背部隆起。口下位，口裂呈弧形或横裂。下颌具锐利的角质前缘，下唇表面具乳突，唇后沟连续。须2对，长度几乎相等，等于眼径的长度。背鳍末根不分枝鳍条较强壮，后缘具锯齿。体表被鳞，胸腹部也具有鳞片。侧线完全，侧线上鳞33枚以上，侧线下鳞25枚以上。福尔马林浸泡后的标本，体背灰褐色，腹侧灰白色或浅黄色。背鳍、尾鳍浅灰褐色，胸鳍、臀鳍浅黄褐色。

生活习性　不详。

分布地区　我国金沙江中下游、岷江下游和长江干流上游。

185. 重口裂腹鱼 *Schizothorax davidi*

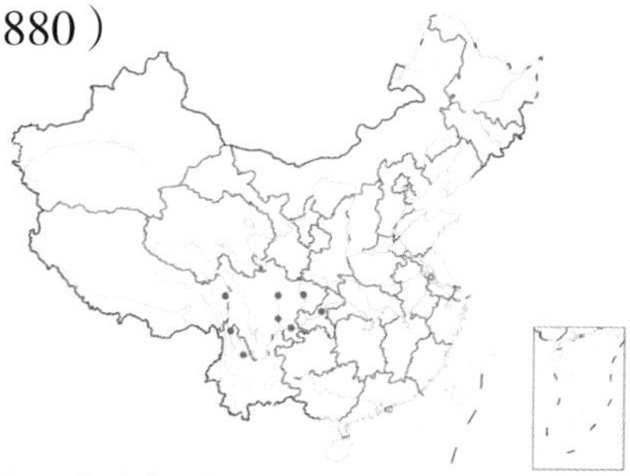

学　　名　*Schizothorax davidi*（Sauvage，1880）

曾用学名　*Paratylognathus davidi*

英 文 名　无

别　　名　重口细鳞鱼，雅鱼，重口，重唇细鳞鱼

分类地位　脊索动物门CHORDATA/硬骨鱼纲OSTEICHTHYES/鲤形目CYPRINIFORMES/鲤科Cyprinidae/裂腹鱼属*Schizothorax*

保护级别　国家二级（仅野外种群）

识别特征　体延长，侧扁。头呈锥形，吻端圆钝。口下位，呈弧形，下颌内侧具有较薄的角质，不锐利。下唇发达，分为左右两叶，表面光滑或具有纵行皱褶。须2对，较粗。眼中等大，位于头部两侧中线上方。背鳍外缘内凹，第2根不分支鳍条较弱，胸鳍外缘平截臀鳍起点接近肛门。尾鳍深叉形，末端稍尖。

生活习性　以动物性食物为主的杂食性鱼类，主食水生昆虫、昆虫幼体，也食小型鱼虾类及藻类和高等植物碎片。在自然环境中，重口裂腹鱼生长较缓慢，1～2龄增长最快，3龄以后逐年递减。怀卵量1万粒/kg左右，生殖期在8～9月。喜居于底质为泥或砂的有水流的峡谷河流，适宜生长温度为5～27℃，适宜水体pH为6.5～8.5。

分布地区　我国长江干流、岷江水系及嘉陵江水系的渠江、金沙江干流、乌江支流等中上游的峡谷急流河段中。

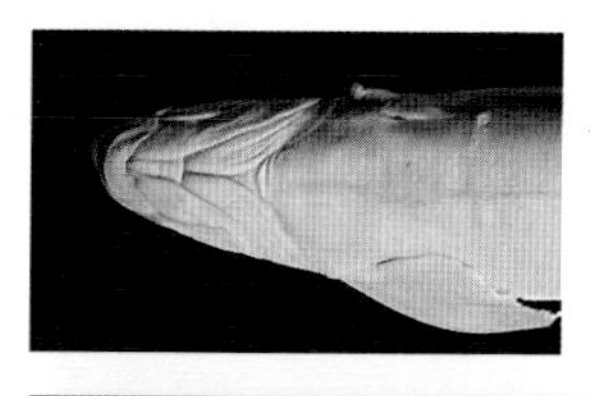

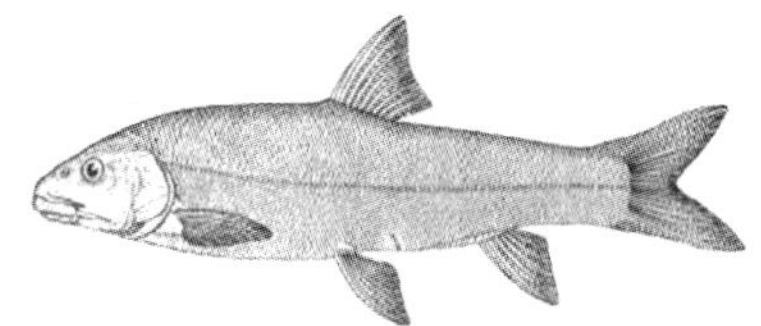

186. 巨须裂腹鱼 *Schizothorax macropogon*

学名　*Schizothorax macropogon* Regan，1905

曾用学名　无

英文名　无

别名　巨须弓鱼

分类地位　脊索动物门CHORDATA/
硬骨鱼纲OSTEICHTHYES/
鲤形目CYPRINIFORMES/
鲤科Cyprinidae/裂腹鱼属*Schizothorax*

保护级别　国家二级

识别特征　体延长，侧扁，体背稍隆起。口下位，口裂为弧形。下颌具有角质，但没有形成锐利的角质前缘，下唇分左右两叶，表面具乳突，唇后沟不连续。须2对，长度相等，长度约为眼径的3倍。体鳞细小，胸部也具有鳞片，侧线完全。背鳍末根不分枝鳍条较强壮，后缘有锯齿。固定标本体背青灰色，腹侧微黄色，体侧有少数暗斑，背鳍微褐色，鳍条粉红色。

生活习性　栖息于河流入口交汇、底质一般为砾石或砂质的滩地。主要以底栖无脊椎动物、水生昆虫和硅藻类为食。5～6月为其产卵期。

分布地区　我国的雅鲁藏布江中游。

187. 大理裂腹鱼 *Schizothorax taliensis*

学　名 *Schizothorax taliensis* Regan，1907

曾用学名 无

英文名 Dali schizothoracin

别　名 弓鱼，竿鱼

分类地位 脊索动物门CHORDATA/硬骨鱼纲OSTEICHTHYES/鲤形目CYPRINIFORMES/鲤科Cyprinidae/裂腹鱼属*Schizothorax*

保护级别 国家二级（仅野外种群）

识别特征 体中等大，体长20～30cm，体重0.1～0.2kg。体银白色，背部青色。体延长，侧扁或略侧扁。头小，口端位，下颌无发达的角质喙。须2对，细小。背鳍末根不分枝鳍条为硬刺，后缘有较强的锯齿。尾鳍叉状。体背部及侧部被细鳞，胸及前腹面裸露无鳞。肛门至臀鳍基两侧各有1列大型臀鳞。侧线完全。

生活习性 平时栖息于湖中敞水区，适应静水环境。以浮游生物为主要食物。到春季结群溯河，或群集出溶洞周围，在流水中进行繁殖，繁殖盛期不进食。

分布地区 为我国特产鱼类，仅分布于云南大理的洱海及其通湖的支流。

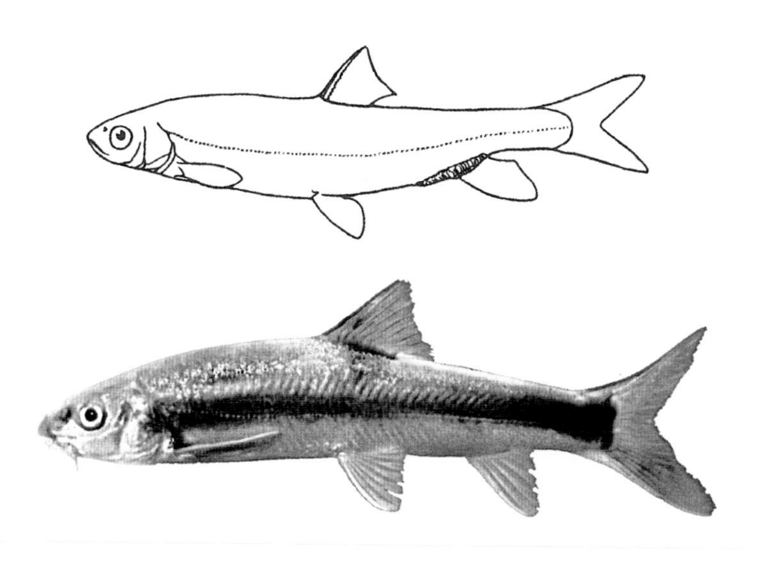

188. 拉萨裂腹鱼 *Schizothorax waltoni*

学　　名 *Schizothorax waltoni* Regan，1905

曾用学名 无

英 文 名 无

别　　名 无

分类地位 脊索动物门CHORDATA/
硬骨鱼纲OSTEICHTHYES/
鲤形目CYPRINIFORMES/
鲤科Cyprinidae/裂腹鱼属*Schizothorax*

保护级别 国家二级（仅野外种群）

识别特征 体延长，侧扁，体背隆起。口下位，口裂呈马蹄形。下颌具角质，但不形成锐利角质前缘，下颌和下唇之间有一条完整的凹沟。下唇分为左右两叶。须2对，口角须稍长，长度大于眼径。身体前部的鳞片排列不整齐；身体后部鳞片大小约与侧线鳞相等，排列整齐。胸腹部明显具鳞，侧线完全。背鳍末根不分枝鳍条强壮，后缘具有锯齿。固定标本体背蓝灰色或青灰色，腹部银白色或微黄色，体型较大的个体体侧有很多黑色斑点，背鳍、尾鳍和胸鳍也具有斑点。

生活习性 冷水性鱼类，栖息于峡谷激流中。

分布地区 我国雅鲁藏布江中上游。

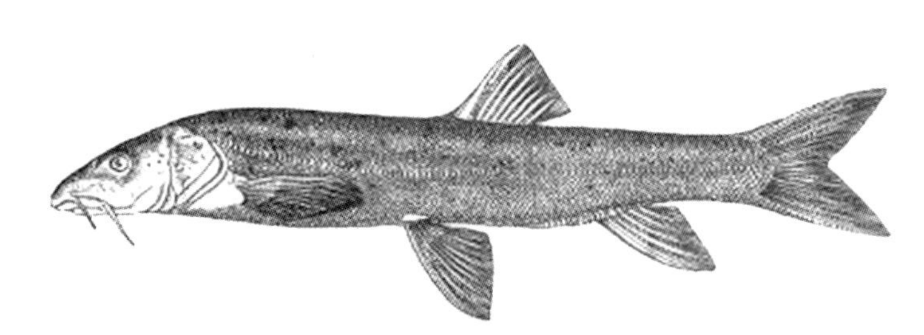

189. 鸭嘴金线鲃 *Sinocyclocheilus anatirostris*

学　　名 *Sinocyclocheilus anatirostris* Lin *et* Luo，1986

曾用学名 无

英 文 名 Duck-billed golden-line barbel

别　　名 无

分类地位 脊索动物门CHORDATA/
硬骨鱼纲OSTEICHTHYES/
鲤形目CYPRINIFORMES/
鲤科Cyprinidae/金线鲃属*Sinocyclocheilus*

保护级别 国家二级

识别特征 口亚下位，头尖，吻平扁如“鸭嘴”，极度前突。额骨突出，但不形成分叉。眼睛退化消失。须2对，吻须和口角须约等长。体裸露无鳞。侧线较发达，几乎直延伸至尾鳍基中央。背鳍起点与腹鳍起点相对。胸鳍后伸达到或超过腹鳍起点。腹鳍后伸不达肛门。臀鳍紧接肛门之后，距腹鳍起点较尾鳍基为近。尾鳍深分叉。生活时通体肉粉色，半透明，可见心脏及血管。浸泡标本全身乳白色或略带灰色。各鳍颜色与体色接近。

生活习性 属于典型洞穴鱼，全部生活史均在洞穴中完成。

分布地区 我国广西乐业县和凌云县地下河中，属红水河水系。

190. 无眼金线鲃 *Sinocyclocheilus anophthalmus*

学　　名 *Sinocyclocheilus anophthalmus* Chen，Chu，Luo *et* Wu，1988

曾用学名 无

英 文 名 Eyeless golden-line fish

别　　名 无

分类地位 脊索动物门CHORDATA/硬骨鱼纲OSTEICHTHYES/鲤形目CYPRINIFORMES/鲤科Cyprinidae/金线鲃属*Sinocyclocheilus*

保护级别 国家二级

识别特征 口亚下位，上颌明显长于下颌。口须2对，上颌须后伸达到或超过眼窝后缘；口角须长，后伸达到或超过前鳃盖骨后缘。吻部呈鸭嘴状，额骨平直，自顶骨开始有明显的隆起。背鳍起点较后，约位于吻端至尾鳍基的中点，略近尾鳍基。背鳍最后一根不分枝鳍条下部较硬，尖部较柔软，后缘具锯齿。胸鳍起点位于鳃盖骨后缘的垂直下方。腹鳍起点位于背鳍起点的正下方，大致位于胸鳍起点至臀鳍起点之间，后伸远不达肛门。臀鳍起点大致位于腹鳍起点和尾鳍基的中间；较长，但后压不达尾鳍基。侧线完全。生活时身体呈淡肉粉色，半透明，尾部隐约散布零星黑斑，各鳍浅黄色。酒精保藏标本体黄白色，自背部至腹部颜色逐渐变浅，体无特殊斑点；各鳍灰白色，边缘颜色略深。

生活习性 属于典型洞穴鱼，全部生活史均在洞穴中完成。

分布地区 我国云南宜良县九乡的几个洞穴中，属南盘江水系。

191. 驼背金线鲃 *Sinocyclocheilus cyphotergous*

学　名　*Sinocyclocheilus cyphotergous*（Dai，1988）
曾用学名　*Gibbibarbus cyphotergous*
英 文 名　无
别　名　无
分类地位　脊索动物门CHORDATA/
硬骨鱼纲OSTEICHTHYES/
鲤形目CYPRINIFORMES/
鲤科Cyprinidae/金线鲃属*Sinocyclocheilus*
保护级别　国家二级
识别特征　口近亚下位，口裂弧形，上颌略长于下颌。口须2对，体鳞细小，隐于皮下。自头部眼上方明显隆起，在背鳍起点之前形成一有前突的肉脊，背鳍起点约位于吻端至尾鳍基的中点。胸鳍起点位于鳃盖骨后缘的垂直下方；胸鳍较短，后伸不超过腹鳍起点。腹鳍起点位于背鳍起点的前下方，在胸鳍和臀鳍起点的中间；腹鳍较长，后伸达腹鳍起点到臀鳍起点的4/5处，但不超过肛门。臀鳍起点大致位于腹鳍起点和尾鳍基的中间，臀鳍长。尾鳍叉形。侧线完全。福尔马林固定并保藏的标本，体黄褐色，背部颜色稍深，腹部略浅；身体无明显斑点；各鳍浅褐色。
生活习性　属于典型洞穴鱼，全部生活史均在洞穴中完成。
分布地区　我国贵州罗甸县，属红水河水系。

192. 滇池金线鲃 *Sinocyclocheilus grahami*

学　　名　*Sinocyclocheilus grahami*（Regan，1904）

曾用学名　*Barbus grahami*

英 文 名　Golden-line barbel

别　　名　金线鱼、菠萝鱼、小洞鱼

分类地位　脊索动物门CHORDATA/
硬骨鱼纲OSTEICHTHYES/
鲤形目CYPRINIFORMES/
鲤科Cyprinidae/金线鲃属*Sinocyclocheilus*

保护级别　国家二级

识别特征　体小，体长10～23cm，重50～250g。头侧和背部浅灰褐色，体侧淡黄色，上半部有多个淡灰色圆斑，腹部白色，偶鳍与臀鳍淡红色。体长，侧扁。吻略尖。口亚下位，须2对。眼位于头侧前上方。侧线鳞较体鳞大。背鳍始点稍后于腹鳍始点，末根不分枝鳍条基部粗硬，后缘有锯齿。胸鳍、腹鳍、臀鳍均小，尾鳍叉形。

生活习性　栖息于水面较开阔地带。主要食浮游动物、水生昆虫。4～7月为繁殖期，在湖边有泉水的溶洞中产卵，卵黏性，黏附在石砾上直到孵化。

分布地区　我国特有种，仅分布于云南滇池。

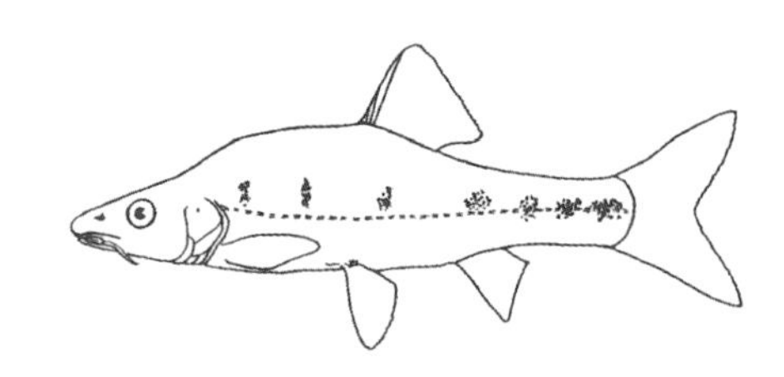

193. 桂林金线鲃 *Sinocyclocheilus guilinensis*

学　名　*Sinocyclocheilus guilinensis* Ji，1985

曾用学名　无

英 文 名　Guilin golden-line barbel

别　名　桂林波罗鱼，驼背鱼

分类地位　脊索动物门CHORDATA/硬骨鱼纲OSTEICHTHYES/鲤形目CYPRINIFORMES/鲤科Cyprinidae/金线鲃属*Sinocyclocheilus*

保护级别　国家二级

识别特征　头背交界处的背部略隆起，身体最高点在背鳍起点前。背鳍起点约位于吻端至尾鳍基的中点，约与胸鳍和臀鳍起点间的中点相对；背鳍最后一根不分枝鳍条柔软，后缘无锯齿。胸鳍稍短，后伸不超过腹鳍起点。腹鳍略长，后伸达到腹鳍起点到臀鳍起点的2/3处，但不达肛门。臀鳍起点约位于腹鳍起点至尾鳍基的中点稍前。尾鳍叉形。口端位，口裂弧形，上颌稍长于下颌。吻钝圆，吻端背部正中有一小突起。口须2对，眼圆，中等大。身体被细小鳞片。侧线完全。福尔马林固定后转至酒精中保藏的标本，体黄褐色，背部颜色稍深，腹部略浅；身体无明显斑点；各鳍浅黄褐色。

生活习性　不详。

分布地区　我国广西桂林市附近溶洞内地下河中。

194. 透明金线鲃 *Sinocyclocheilus hyalinus*

学　　名 *Sinocyclocheilus hyalinus* Chen *et* Yang，1993

曾用学名 无

英 文 名 Hyaline fish，Translucent golden-line barbel

别　　名 无

分类地位 脊索动物门CHORDATA/硬骨鱼纲OSTEICHTHYES/鲤形目CYPRINIFORMES/鲤科Cyprinidae/金线鲃属*Sinocyclocheilus*

保护级别 国家二级

识别特征 头身交界处由上枕骨脊参与形成明显前突，前突几呈棒状。眼睛退化消失，身体白色透明。背鳍起点较后，约位于吻端至尾鳍基的中点。胸鳍起点位于鳃盖骨后缘的后下方，后伸超过腹鳍起点。腹鳍起点位于背鳍起点的前下方；腹鳍略短，后伸不达肛门。臀鳍起点大致位于腹鳍起点和尾鳍基的中间，稍近于腹鳍起点。臀鳍中等长，后压远不达尾鳍基。尾鳍叉形。侧线完全。生活时体无色或白色，透明。福尔马林固定后转至酒精中保藏的标本，体淡黄色；各鳍淡白色。

生活习性 属于典型洞穴鱼，全部生活史均在洞穴中完成。

分布地区 我国云南泸西县阿庐古洞及其邻近洞穴的地下河中，属南盘江水系。

195. 季氏金线鲃 *Sinocyclocheilus jii*

学　　名　*Sinocyclocheilus jii* Zhang *et* Dai，1992

曾用学名　无

英 文 名　无

别　　名　无

分类地位　脊索动物门CHORDATA/
硬骨鱼纲OSTEICHTHYES/
鲤形目CYPRINIFORMES/
鲤科Cyprinidae/金线鲃属*Sinocyclocheilus*

保护级别　国家二级

识别特征　口端位，上颌稍长于下颌。口须2对，上颌须超过眼前缘；口角须超过眼后缘。头背交界处略向后隆起，背鳍起点约在腹鳍起点相对的垂直线后方，末根不分枝鳍条柔软，后缘无锯齿。胸鳍起点位于鳃盖骨后缘的下方，稍短，后伸不超过腹鳍起点。腹鳍略长，后伸达腹鳍起点到臀鳍起点的2/3处，不达肛门。臀鳍起点约位于腹鳍起点和尾鳍基的中点稍前。侧线完全，较平直，侧线上鳞27～29枚，侧线下鳞15～17枚。身体被细小鳞片，围尾柄鳞46～50枚。福尔马林固定后转至酒精中保藏的标本全体黄褐色，背部颜色稍深，腹部颜色略浅；身体无明显斑点；各鳍浅黄褐色。

生活习性　无。

分布地区　我国广西富川县和恭城县的观音乡。

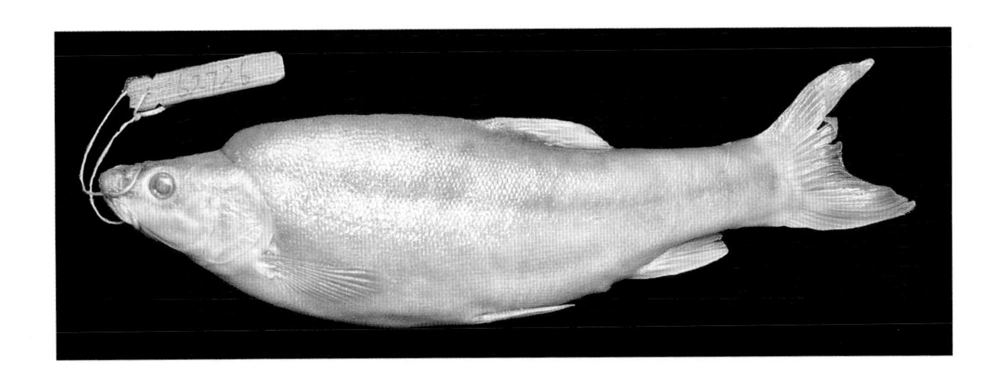

196. 唐鱼 *Tanichthys albonubes*

学　名 *Tanichthys albonubes* Lin，1932

曾用学名 无

英 文 名 White cloud mountain minnow，Tan's aquarium minnow

别　名 红尾鱼，白云金丝，白云山鱼，金丝鱼

分类地位 脊索动物门CHORDATA/硬骨鱼纲OSTEICHTHYES/鲤形目CYPRINIFORMES/鲤科Cyprinidae/唐鱼属*Tanichthys*

保护级别 国家二级（仅野外种群）

识别特征 体细小，最大体长不超过3cm。体橄榄绿色，体侧中部有黄色纵纹，上部具黑条纹。背鳍、臀鳍绿色，边缘透明，尾鳍基有红色大圆斑。体长，侧扁，背部微隆起，腹部无棱。头小。口小，下颌稍突出。无须。鳞小，纵列鳞30～32枚。背鳍短，与臀鳍相对。胸鳍、腹鳍小。尾鳍叉形。现已人工养殖，作为观赏鱼。

生活习性 多栖息于山区清澈的溪流或微流水的环境中。性活泼。尚能耐寒，在水温降至5℃时，仍能存活。杂食性，以浮游动物和腐殖质为食。

分布地区 为我国特有种，分布于广东白云山、花县及广州附近的山溪中。

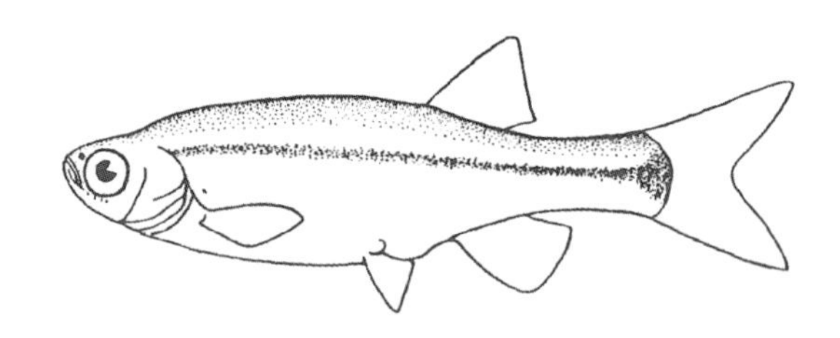

197. 裸腹盲鲃 *Typhlobarbus nudiventris*

学　　名 *Typhlobarbus nudiventris* Chu *et* Chen，1982

曾用学名 无

英 文 名 Blind naked-belly barbel

别　　名 无

分类地位 脊索动物门CHORDATA/硬骨鱼纲OSTEICHTHYES/鲤形目CYPRINIFORMES/鲤科Cyprinidae/盲鲃属*Typhlobarbus*

保护级别 国家二级

识别特征 体小，细长，胸腹面平坦，向后渐侧扁。头中等大。吻圆钝，略突出。前鼻孔具短管，与后鼻孔间有鼻瓣相隔。眼窝位头中央，略凹，内充塞脂肪组织，或仅留针尖状小孔，孔底黑色，是极度退化的眼球。口亚下位，弧形。吻须、颌须各1对，约等长。鳞中等大，前背部中央及胸腹部裸露。背鳍无硬刺，胸鳍、腹鳍平展，与胸腹部在同一平面上。活体身体半透明，隐现淡红色，腹部可见灰黑色肠含物。鳃部血红色。鳍条透明。

生活习性 生活于洞穴地下河中，主要以蝙蝠粪便为食。

分布地区 我国云南建水。

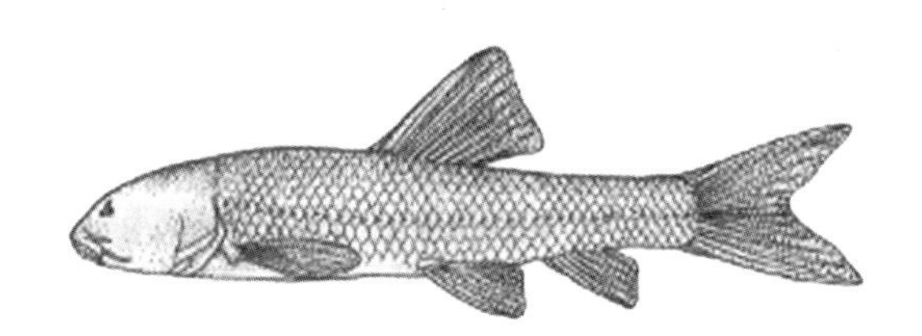

198. 双孔鱼 *Gyrinocheilus aymonieri*

学　名 *Gyrinocheilus aymonieri*（Tirant，1883）

曾用学名 *Psilorhynchus aymonieri*

英 文 名 Algae eater，Biforated carp

别　名 湄公双孔鱼

分类地位 脊索动物门CHORDATA/硬骨鱼纲OSTEICHTHYES/鲤形目CYPRINIFORMES/双孔鱼科Gyrinocheilidae/双孔鱼属*Gyrinocheilus*

保护级别 国家二级（仅野外种群）

识别特征 体细长，前部略呈圆筒状，向后逐渐侧扁。口下位，吻皮与上唇不分离，在口角处与下唇连合，形成完整的漏斗状口吸盘。吸盘内表面具有很多排列整齐的乳突。前后鼻孔相邻。唇后沟不相连。背鳍无硬刺，起点约在胸鳍与腹鳍起点的中点。鳞片较大，侧线近平直，生活时背部灰黑色，腹部白色，背部和体侧分别具8～9个黑斑，体侧黑斑显著或模糊，有时为2行，尾鳍具点状斑构成的条纹，其余各鳍无色斑。

生活习性 栖息于清水石底河段的激流处，吸附在石块表面。

分布地区 我国澜沧江水系的云南勐腊、勐海。国外分布于柬埔寨、老挝、泰国和越南。

199. 无眼岭鳅 *Oreonectes anophthalmus*

学　　名　*Oreonectes anophthalmus* Zheng，1981

曾用学名　无

英 文 名　Blind loach

别　　名　无眼平鳅

分类地位　脊索动物门CHORDATA/
硬骨鱼纲OSTEICHTHYES/
鲤形目CYPRINIFORMES/
条鳅科Nemacheilidae/岭鳅属*Oreonectes*

保护级别　国家二级

识别特征　体延长，前躯圆筒形，后躯略侧扁，前、后鼻孔分开一短距。无眼，口下位，弧形，唇光滑。须3对，外侧吻须最长，皮肤光滑，通体无鳞，无侧线孔，尾鳍后缘圆弧形，具发达鳍褶。活体全身半透明，呈肉红色，内脏和脊柱红色，眼眶内充满脂肪，各鳍透明、无色。

生活习性　属于典型洞穴鱼类，生活于洞穴地下河中。

分布地区　我国广西武鸣等地的地下河流中，属珠江水系西江支流右江的武鸣河。

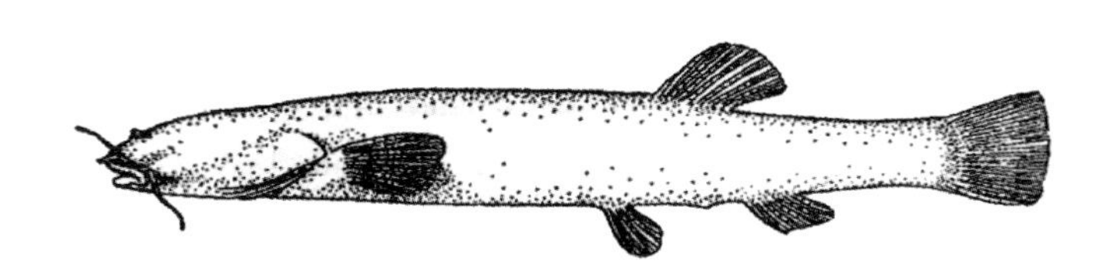

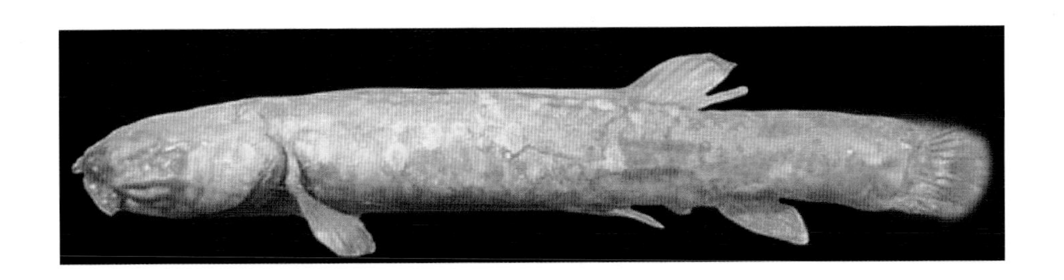

200. 小头高原鳅 *Triplophysa minuta*

学　　名　*Triplophysa minuta*（Li，1966）
曾用学名　无
英 文 名　无
别　　名　无
分类地位　脊索动物门CHORDATA/
硬骨鱼纲OSTEICHTHYES/
鲤形目CYPRINIFORMES/
条鳅科Nemacheilidae/高原鳅属*Triplophysa*
保护级别　国家二级
识别特征　体稍延长，前部粗圆，后部侧扁。头似三角形，平扁，头宽大于头高。吻长小于眼后头长，约与眼间距相等。前后鼻孔稍分开，前鼻孔有一管状皮突。雄性在眼与鼻孔间的下方，有一三角形的隆突。口下位。须3对，前吻须后延超过口角，后吻须后延达眼后缘的下方；角须后延达主鳃盖骨的前缘，其长度基本与后吻须等长。无鳞，体表光滑。侧线仅至胸鳍的末端上方。体为灰褐色，背及两侧上方各有一条小黑点组成的横纹，色较淡。
生活习性　属于小型鱼类，栖息于沙砾底质的河段、沟渠缓流处。
分布地区　我国新疆北部的托克逊、乌鲁木齐、米泉、精河、博乐、温泉和乌尔禾等地的河沟和浅水溪流地区。

201. 拟鲇高原鳅 *Triplophysa siluroides*

学　　名 *Triplophysa siluroides*（Herzenstein，1888）

曾用学名 *Nemachilus siluroides*

英 文 名 Catfish-like loach

别　　名 花舌板头，拟鲶条鳅

分类地位 脊索动物门CHORDATA/
硬骨鱼纲OSTEICHTHYES/
鲤形目CYPRINIFORMES/
条鳅科Nemacheilidae/高原鳅属*Triplophysa*

保护级别 国家二级（仅野外种群）

识别特征 体粗壮，前端宽阔，稍平扁，后端近圆形，尾柄细圆。头大，平扁，背面观察呈三角形。口大，下位，弧形。唇无乳突，下颌匙状。须3对，吻须2对，较短，口角须1对，较长。眼小。体无鳞，体表皮肤散布有短条状和乳突状皮质突起。侧线平直。背鳍位于体中部，与腹鳍相对；尾鳍内凹，上叶稍长。体背侧黄褐色，腹部浅黄色，体背及体侧具黑褐色的圈纹和云斑，各鳍均具斑点。

生活习性 常栖息于干流、大支流等水深湍急的砾石底质的河段，也栖息于冲积淤泥、多水草的缓流和静水水体，营底栖生活。常见个体体长150～480mm，最大个体体长482mm。

分布地区 我国甘肃靖远到青海贵德一带的黄河上游干支流及附属湖泊。

202. 湘西盲高原鳅 *Triplophysa xiangxiensis*

学　名　*Triplophysa xiangxiensis*（Yang，Yuan *et* Liao，1986）

曾用学名　*Noemacheilus xiangxiensis*

英文名　无

别　名　无

分类地位　脊索动物门CHORDATA/硬骨鱼纲OSTEICHTHYES/鲤形目CYPRINIFORMES/条鳅科Nemacheilidae/高原鳅属*Triplophysa*

保护级别　国家二级

识别特征　个体裸露无鳞，在自然光照条件下，身体半透明显粉红色，可清晰观察到其内脏器官。眼窝被疏松的脂肪所充满，无眼，可见眼眶痕迹。全身的侧线孔明显，连续无间断，鼻瓣发达，突出，呈卵圆形。须3对，颌须1对，吻须2对，其中1对较短。口下位，弧形，上下唇发达，边缘光滑，无任何乳状突起。尾鳍浅分叉，两叶末端尖，尾柄上下均无软鳍褶。肛门靠近臀鳍起点。附肢显著延长，胸鳍近体长的1/3。

生活习性　生活周期短，发育成熟期短。

分布地区　我国湖南龙山等地的地下河中。

203. 平鳍裸吻鱼 *Psilorhynchus homaloptera*

学　　名 *Psilorhynchus homaloptera* Hora *et* Mukerji，1935

曾用学名 无

英 文 名 Homaloptera minnow，Naked-snout carp，Torrent stone carp

别　　名 扁吻鱼

分类地位 脊索动物门CHORDATA/硬骨鱼纲OSTEICHTHYES/鲤形目CYPRINIFORMES/裸吻鱼科Psilorhynchidae/裸吻鱼属*Psilorhynchus*

保护级别 国家二级

识别特征 体长，粗壮，背鳍弧形，胸腹部平直，体前部平扁，后部侧扁，尾柄细长。头小，稍扁平。口小，下位。下颌突露于下唇之前，具有较锐利的边缘。吻皮和下唇边缘的狭区具细小的乳突。无吻须，具口角须1对，极短小。侧线鳞43～46枚。背鳍刺弱，光滑；偶鳍平展，胸鳍宽大，具8～9根不分枝鳍条；尾鳍叉形。在体背部中央背鳍前及后各有4～5块长形深褐色的斑块，体侧沿侧线具7～10块深色斑，各鳍灰白色。

生活习性 杂食性，主要以藻类和水生无脊椎动物为食。繁殖期为7～8月，卵较小，乳黄色。

分布地区 我国雅鲁藏布江下游及其支流。国外分布于印度的布拉马普特拉河水系。

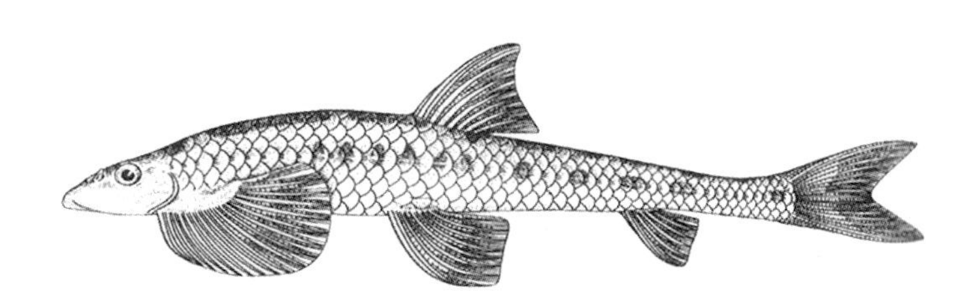

204. 巨巴西骨舌鱼 *Arapaima gigas*

学　　名 *Arapaima gigas*（Schinz，1822）

曾用学名 *Sudis gigas*

英 文 名 Arapaima，Pirarucu

别　　名 巨骨舌鱼，海象，红鱼

分类地位 脊索动物门CHORDATA/硬骨鱼纲OSTEICHTHYES/骨舌鱼目OSTEOGLOSSIFORMES/巨骨舌鱼科Arapaimidae/巨骨舌鱼属*Arapaima*

保护级别 国家二级（核准，仅野外种群）；CITES附录Ⅱ

识别特征 体型大，一般2.0～2.5m长，大者可达4～5m，体重200kg以上。为淡水热带鱼中的“巨无霸”。体灰色，成鱼背鳍后至尾部深红色。体浑圆硕长。无下颌须，舌上有坚固的牙齿。鳃盖条10～11。鳔为蜂窝状，有鳃上器，可呼吸外界空气。背鳍、臀鳍均等大，均为后位，不与尾鳍相连，尾鳍扇形。胸鳍侧下位，腹鳍位腹部。体被大鳞。起源历史悠久，约有1亿多年，被誉为“活化石”。

生活习性 栖息于热带的酸性水域中。食性广泛、食量大，鱼、虾、冷冻饵料均可食用。性凶猛。我国1990年引进，作为观赏鱼养殖。

分布地区 南美洲亚马孙河流域（巴西）、奥里诺科河（委内瑞拉）的淡水内。

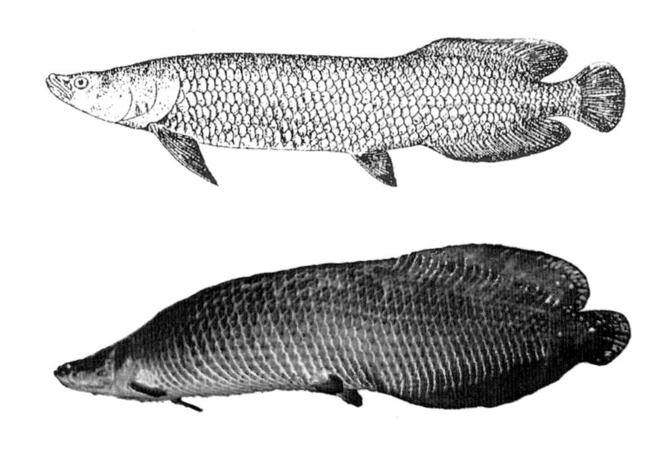

205. 美丽硬骨舌鱼 *Scleropages formosus*

学　　名 *Scleropages formosus*（Müller *et* Schlegel，1840）

曾用学名 *Osteoglossum formosum*

英 文 名 Asian bonytongue, Asian arawana

别　　名 美丽硬仆骨舌鱼，美丽硬尾舌鱼，美丽骨舌鱼，美丽巩鱼，美丽硬尾鱼，金龙

分类地位 脊索动物门CHORDATA/硬骨鱼纲OSTEICHTHYES/骨舌鱼目OSTEOGLOSSIFORMES/骨舌鱼科Osteoglossidae/硬骨舌鱼属*Scleropages*

保护级别 国家二级（核准，仅野外种群）；CITES附录Ⅰ

识别特征 体型大，最大体长3m，重7kg。体色美丽，呈微红、血红、橙红、黄红等色，因各产区鱼体颜色的不同而分出不同的品种，如马来西亚的金龙、青龙，印度尼西亚的红龙、金龙、青龙等。鳞边缘闪闪发光。体延长，侧扁，腹部宽。口上位，吻端有须1对。齿细小密集。背鳍、臀鳍位于体后部，互为相对，后部不与尾鳍相连。胸鳍外侧一鳍条延长。尾鳍扇形。鳞大，侧线鳞21～24枚。

生活习性 以浮游动物、鱼、虾及动物性饲料等为食。性凶猛。生长迅速。鳃大，产卵量不多，每次产卵40～300枚，卵径1.72cm，有口孵卵的习性。我国1990年引进，作为观赏鱼养殖。

分布地区 印度尼西亚的加里曼丹岛、泰国、马来西亚等地。

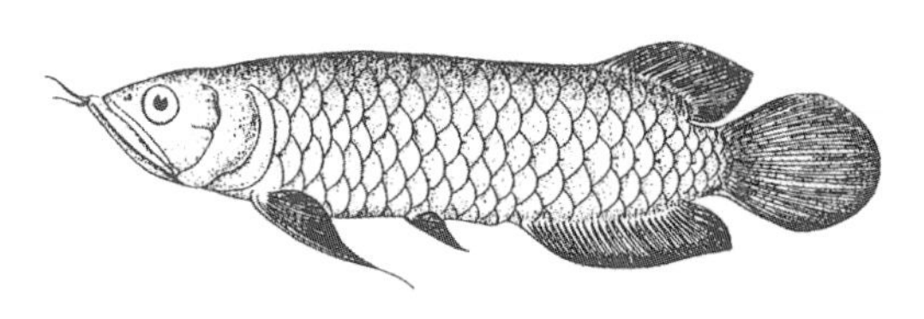

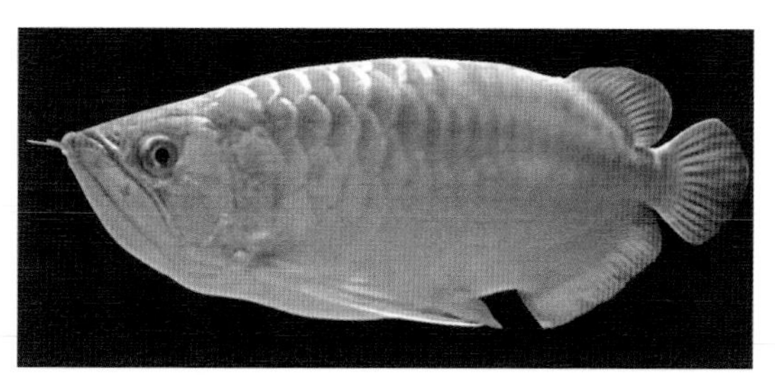

206. 波纹唇鱼 *Cheilinus undulatus*

学　　名 *Cheilinus undulatus* Rüppell，1835

曾用学名 无

英 文 名 Humpheaded wrasse

别　　名 曲纹唇鱼

分类地位 脊索动物门CHORDATA/
硬骨鱼纲OSTEICHTHYES/
鲈形目PERCIFORMES/
隆头鱼科Labridae/唇鱼属*Cheilinus*

保护级别 国家二级（仅野外种群）；CITES附录Ⅱ

识别特征 为隆头鱼科最大者，体长可达2m。成鱼体绿色，体侧每一鳞片上有黄绿色及灰绿色横线；头有橙色与绿色网状纹；奇鳍密布细褐色斜线；尾鳍后缘绿色。体呈椭圆形，侧扁。头大，顶部甚突。吻较长，前端钝圆。眼侧扁而高。鼻孔2个，颇小。唇厚，内侧有纵褶。体被大圆鳞，颊部有鳞2行。侧线中断。背鳍、臀鳍基底鳞鞘较低。背鳍1个，鳍棘部与鳍条部间无缺刻。尾鳍圆形。

生活习性 幼鱼常栖息于礁盘内侧浅水中，成鱼栖息于礁盘外侧较深的海域。主要以软体动物和甲壳动物为食。为我国西沙群岛常见经济鱼类。

分布地区 我国台湾和南海诸岛。国外分布于红海以及印度洋非洲沿岸至太平洋中部海域。

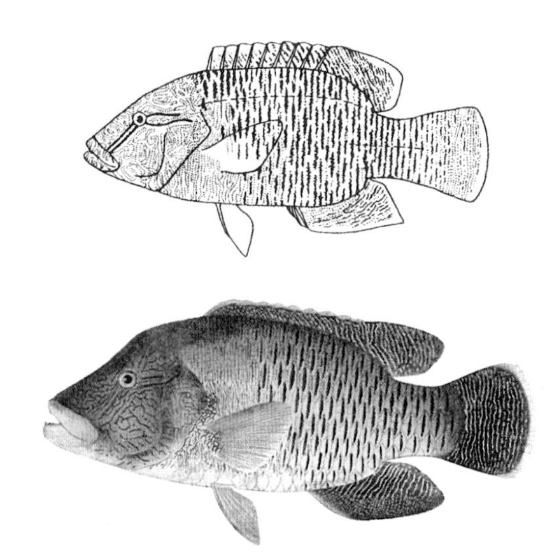

207. 黄唇鱼 *Bahaba taipingensis*

学　　名 *Bahaba taipingensis*（Herre，1932）

曾用学名 *Nibea taipingensis*

英 文 名 Bahaba，Chinese bahaba

别　　名 金钱鲍（闽南），鱎（福建连江）

分类地位 脊索动物门CHORDATA/
硬骨鱼纲OSTEICHTHYES/
鲈形目PERCIFORMES/
石首鱼科Sciaenidae/黄唇鱼属*Bahaba*

保护级别 国家一级

识别特征 体型大，体长1.0 ~ 1.5m，重15 ~ 30kg，大者体长1.7m，重50kg。体背侧棕黄色、橙黄色，腹侧灰白色。胸鳍基部腋下有一黑斑。背鳍鳍棘部和鳍条部边缘黑色，尾鳍灰黑色，腹鳍和臀鳍色浅。体延长，侧扁，尾柄细长。吻突出，口端位。上、下颌齿均扩大，尖锥形。头部被圆鳞，体被栉鳞。背鳍长，鳍棘部和鳍条部间有一深凹刻。臀鳍短。形状特殊，呈圆筒形，前端宽平，向两侧伸出侧管，鳔侧无侧枝。

生活习性 栖息于近海50 ~ 60m暖温带的底层，幼鱼栖息在河口附近。成鱼以小鱼及虾等大型甲壳动物为食，幼鱼以虾类为食。

分布地区 我国特有种，仅分布于我国东海和南海北部。

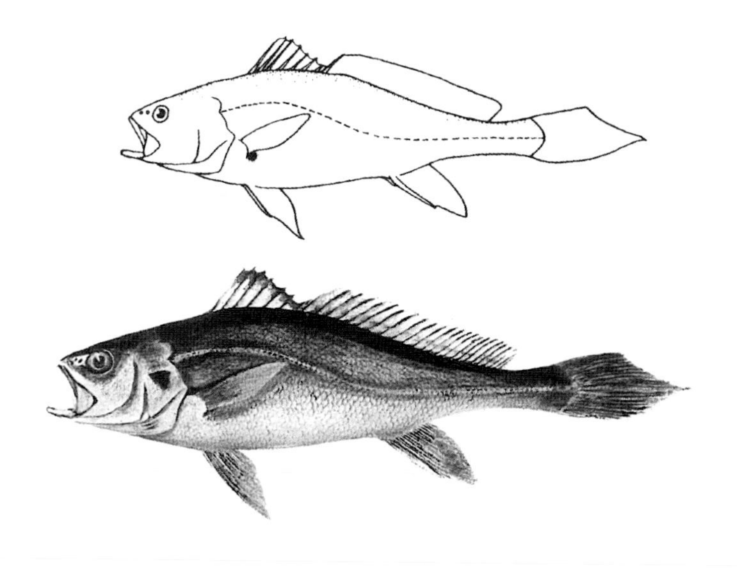

208. 加利福尼亚湾石首鱼 *Totoaba macdonaldi*

学　　名 *Totoaba macdonaldi*（Gilbert, 1890）

曾用学名 *Cynoscion macdonaldi*

英 文 名 Totuava

别　　名 马氏犬牙鰔，麦氏犬牙石首鱼

分类地位 脊索动物门CHORDATA/硬骨鱼纲OSTEICHTHYES/鲈形目PERCIFORMES/石首鱼科Sciaenidae/犬鱼属*Totoaba*

保护级别 国家一级（核准）；CITES附录 I

识别特征 体型大，最大体重达78.1kg。幼鱼暗银白色，体侧有黑斑，背部深黑色，基部也有小黑斑。成鱼灰褐色，腹部银白色，无明显斑。体延长，略侧扁。头圆锥形，较尖。无触须。口大，其长为头长的2/5。上颌有犬齿状齿带。鳃孔大。假鳃发达。体被大栉鳞，侧线鳞85～90枚。侧线前面呈弯弓形，尾后部侧中位。背鳍始于鳃孔上方，鳍棘部与鳍条部间有一凹刻。臀鳍始于背鳍鳍条部的下方。胸鳍侧位而稍低，成鱼胸鳍后端延长。尾鳍双截形。

生活习性 栖息于加利福尼亚湾以南的泥底海域，7～9月游向近岸浅水处产卵繁殖。10月至次年6月在深海处越冬。产卵400万粒左右。以小鱼、虾等为主要食物。

分布地区 墨西哥加利福尼亚湾特产鱼类，分布于加利福尼亚湾及其东侧沿海河口。

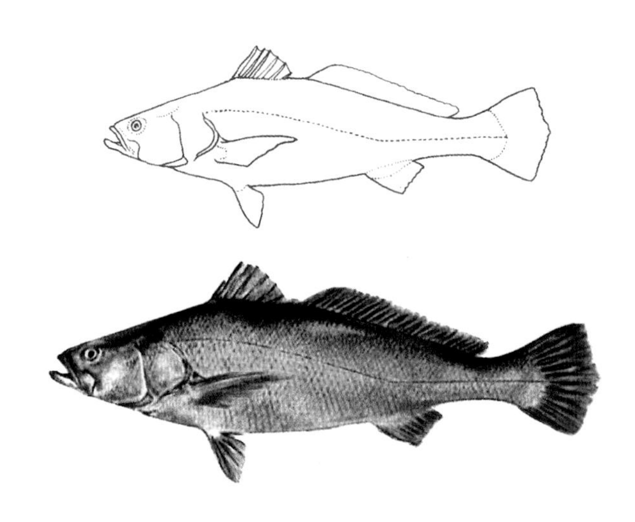

209. 细鳞鲑 *Brachymystax lenok*

学名 *Brachymystax lenok*（Pallas，1773）

曾用学名 *Salmo lenok*

英文名 Lenok，Manchurian trout

别名 闾鱼，金板鱼，花鱼

分类地位 脊索动物门CHORDATA/硬骨鱼纲OSTEICHTHYES/鲑形目SALMONIFORMES/鲑科Salmonidae/细鳞鲑属*Brachymystax*

保护级别 国家二级（仅野外种群）

识别特征 体长梭形，稍侧扁。头稍尖，吻钝。口小，横裂，亚下位，侧线侧中位。眼大。两鼻孔临近，位吻侧中部。脂鳍小，脂背鳍位于臀鳍后段上方。臀鳍短。胸鳍侧下位，尖刀状，不达背鳍。腹鳍始于背鳍基中部下方，不达肛门。鳍基有一长腋鳞。尾鳍叉形。体色因栖息水域不同而异。

生活习性 属于冷水性鱼类，多栖息于水温较低、水质清澈的流水中。属于肉食性鱼类，也是淡水鱼类中贪食的一种，喜食萤火虫、瓢虫、牛虻、蜉蝣、飞蚁、马蜂、蜻蜓幼虫等昆虫，也食小鱼、蛙、螯虾、鼠以及水生昆虫、植物。性成熟时间为3～5冬龄。自然条件下产卵期在4月中旬至6月初春，由河川中游溯河向上游进行产卵洄游。秋季结冰前（8月以后）则从上游溪流顺水向大江或河川迁移。

分布地区 我国黑龙江流域、绥芬河、图们江、鸭绿江、浑河、太子河、潮河、滦河及额尔齐斯河。国外分布于俄罗斯、蒙古和朝鲜。

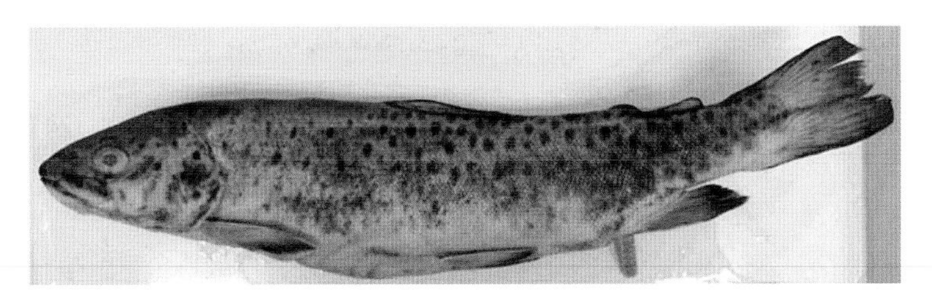

210. 秦岭细鳞鲑 *Brachymystax tsinlingensis*

学　名 *Brachymystax tsinlingensis* Li，1966

曾用学名 *Brachymystax lenok tsinlingensis*

英文名 Qinling lenok

别　名 秦岭细鳞鱼，花鱼，梅花鱼，金板鱼，闾花鱼，五色鱼

分类地位 脊索动物门CHORDATA/硬骨鱼纲OSTEICHTHYES/鲑形目SALMONIFORMES/鲑科Salmonidae/细鳞鲑属*Brachymystax*

保护级别 国家二级（仅野外种群）

识别特征 体形较长，最大可达45cm。体背部暗褐色，体侧至腹部渐呈白色，体背及两侧散布有长椭圆形黑斑，斑缘为淡红色环纹，沿背鳍及脂鳍上各有4～5个圆黑斑。体长纺锤形，稍侧扁。头钝，口端位。上下颌、犁骨和腭骨各有1行尖齿。体被细鳞，头部无鳞。侧线完全。背鳍短，外缘微凹。脂鳍与臀鳍相对。腹鳍始于背鳍基中部下方，后伸不达肛门。尾鳍叉形。

生活习性 属于冷水性山麓鱼类。生活于秦岭地区海拔900～2300m的山涧溪流中。多在水流湍急、水质清澈、大砾石底质的河段活动。2～3月产卵。为肉食性鱼类，幼鱼以水生无脊椎动物为食，成鱼以鱼类、昆虫等为食。

分布地区 我国特有种，仅见于秦岭太白山东麓的黑河、北麓的石头河及南麓的湑水河和太白河。

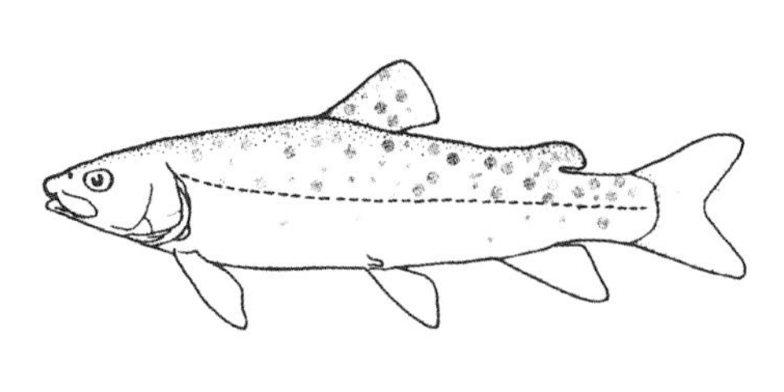

211. 图们江细鳞鲑 *Brachymystax tumensis*

学　　名 *Brachymystax tumensis* Mori，1930

曾用学名 无

英 文 名 无

别　　名 无

分类地位 脊索动物门CHORDATA/硬骨鱼纲OSTEICHTHYES/鲑形目SALMONIFORMES/鲑科Salmonidae/细鳞鲑属*Brachymystax*

保护级别 国家二级（仅野外种群）

识别特征 身体呈纺锤形，稍侧扁。口端位，上、下颌前端几乎平齐，上颌骨后缘伸达眼中央下方。鳃孔大，侧位。鳃盖骨上无斑点。体鳞细小，侧线鳞数目较多，为111～124枚。鳃耙数目较多，为23～25个。幽门盲囊发达，为55～65个。眼径较大，眼间距宽。体背部为黑褐色，两侧呈黄褐色或红褐色，背部及体侧散布较大的黑色斑点。

生活习性 属于冷水性、肉食性鱼类。

分布地区 我国东北部的图们江。国外分布于俄罗斯（包括库页岛）和朝鲜半岛。

212. 川陕哲罗鲑 *Hucho bleekeri*

学　　名 *Hucho bleekeri* Kimura，1934

曾用学名 无

英 文 名 Sichuan taiman

别　　名 虎嘉鲑，虎加鱼，虎鱼，猫鱼，虎嘉哲罗鱼

分类地位 脊索动物门CHORDATA/硬骨鱼纲OSTEICHTHYES/鲑形目SALMONIFORMES/鲑科Salmonidae/哲罗鲑属*Hucho*

保护级别 国家一级

识别特征 个体较大，体长40～50cm。背部深灰色，腹部银白色，体侧和鳃盖上分布有十字形小斑纹。体长椭圆形，略侧扁。头部较宽大。吻尖，口大。眼较大。前上颌骨、上颌骨、犁骨和舌上均有齿。脂鳍与臀鳍相对。鳞小，侧线鳞125～152枚，侧线平直。

生活习性 栖息于砾石或砂石底质、海拔700～1200m的山麓溪流以及两岸多高山遮蔽、河道狭窄、溶氧高、水温较低的水域。性格活泼。为凶猛肉食性鱼类，以鱼类、水生昆虫等为食。有筑窝产卵的习性。

分布地区 我国特有种，主要分布于四川西北岷江上游，沿大渡河中上游达青海境内，秦岭南麓汉江上游支流等水系。

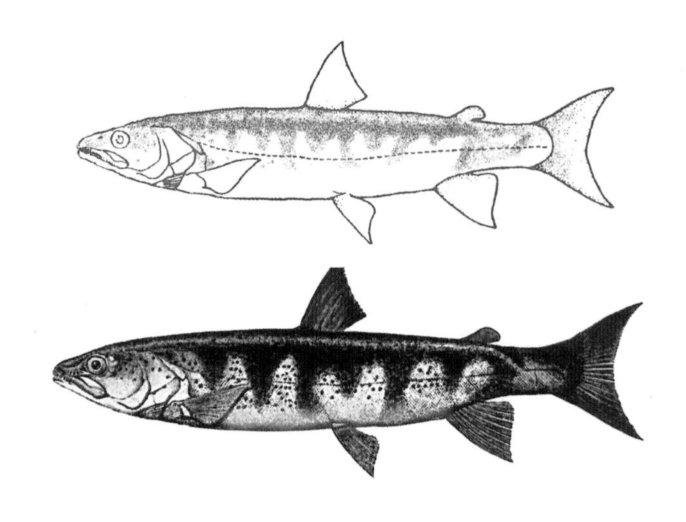

213. 石川氏哲罗鲑 *Hucho ishikawai*

学　　名　*Hucho ishikawai* Mori，1928

曾用学名　无

英 文 名　无

别　　名　无

分类地位　脊索动物门CHORDATA/硬骨鱼纲OSTEICHTHYES/鲑形目SALMONIFORMES/鲑科Salmonidae/哲罗鲑属*Hucho*

保护级别　国家二级

识别特征　体长形，侧扁。口大，端位。上颌骨向后延伸超过缘下方。具脂鳍，犁骨齿和腭骨齿连续排成一列，呈弧形。鳞小，侧线完全，侧线鳞100～242枚，鳃耙10～16个，幽门盲囊65～250个。背鳍青褐色，体侧和腹部银白色，头部和体侧密布黑色小斑点。幼鱼体侧横向有8～9条暗色斑纹。

生活习性　属于冷水性鱼类。洄游习性为产卵前逆水溯游。为凶猛肉食性鱼类，5龄性成熟，繁殖期在每年的5～6月，受精卵呈淡黄色，沉性卵，卵径5.3～7.2mm。繁殖方式属于水底部产卵型。亲鱼将卵产在水底部，受精卵被掩藏在石砾间或沙砾下发育。

分布地区　我国鸭绿江上游。国外分布于朝鲜鸭绿江流域。

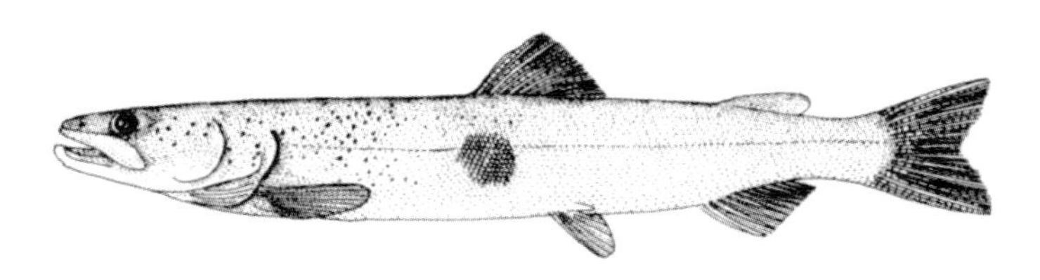

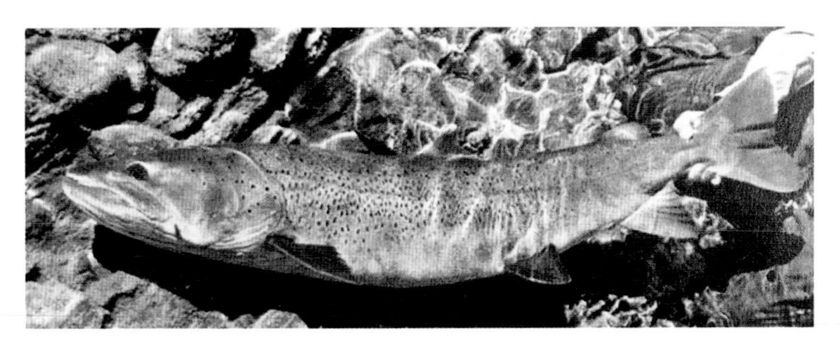

214. 哲罗鲑 *Hucho taimen*

学　　名 *Hucho taimen*（Pallas，1773）

曾用学名 *Salmo taimen*

英 文 名 Taimen

别　　名 哲绿鱼

分类地位 脊索动物门CHORDATA/硬骨鱼纲OSTEICHTHYES/鲑形目SALMONIFORMES/鲑科Salmonidae/哲罗鲑属*Hucho*

保护级别 国家二级（仅野外种群）

识别特征 体型较大，体长形，略侧扁，呈圆筒形。头部略扁平，吻尖，口端位，口裂大。上颌骨明显、游离，其末端延伸达眼后缘之后。具脂鳍，较发达。鳞细小，椭圆形，鳞上环片排列极为清晰，侧线完全。头部、体侧和鳃盖有分散排列的暗黑色小“十”字形斑点。侧线鳞141～211枚，侧线上鳞26～30枚，侧线下鳞26～30枚。体背部苍青色，腹部银白色。生殖期雌、雄鱼体均出现婚姻色，体背部为棕褐色，腹鳍及尾鳍下叶为橙红色，雄鱼更为明显。

生活习性 属于冷水性的纯淡水凶猛肉食性鱼类，捕食其他鱼类和水中活动的蛇、蛙、鼠类和水鸟等。5龄达到性成熟。

分布地区 我国黑龙江、乌苏里江、额尔齐斯河等水系。国外分布于蒙古、俄罗斯等。

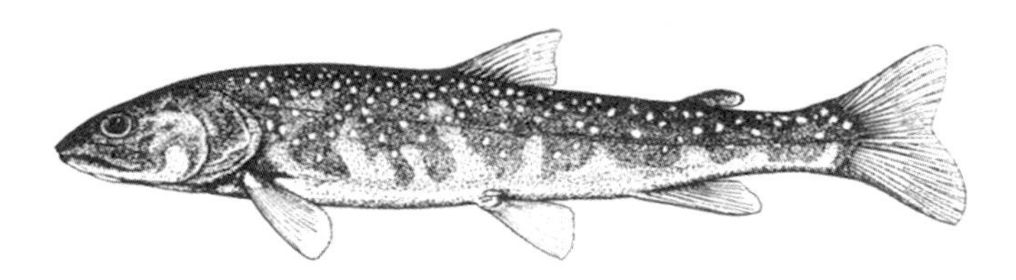

215. 马苏大马哈鱼 *Oncorhynchus masou*

学　　名　*Oncorhynchus masou*（Brevoort, 1856）
曾用学名　*Salmo masou*
英 文 名　Cherry salmon
别　　名　马苏大麻哈鱼
分类地位　脊索动物门CHORDATA/
硬骨鱼纲OSTEICHTHYES/
鲑形目SALMONIFORMES/
鲑科Salmonidae/大马哈鱼属*Oncorhynchus*
保护级别　国家二级
识别特征　身体纺锤形，侧扁。口端位，口裂大，可达眼睛后缘下方。雄鱼口裂更大，上下颌稍具钩形。体鳞细小，圆形。背鳍稍后方有一脂鳍。腹鳍具腋突。背部黑青绿色，腹部银白色，体侧中央有9个椭圆形云纹斑点，侧线上方散布很多小黑点。
生活习性　为陆封型鱼类，多在海拔600m以上的山溪中生活。
分布地区　我国东北部的绥芬河、图们江中上游。国外分布于朝鲜、日本和俄罗斯。

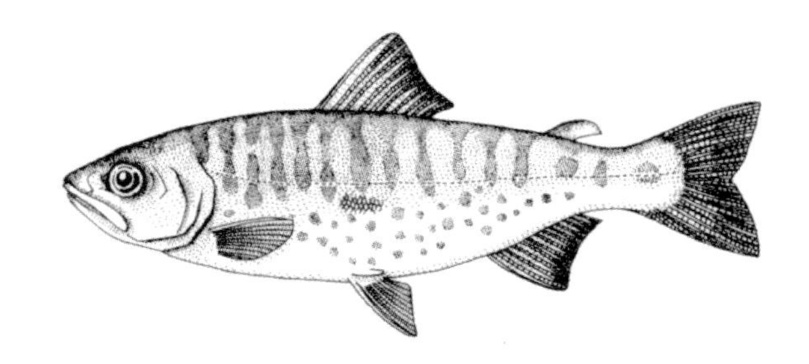

216. 花羔红点鲑 *Salvelinus malma*

学　　名 *Salvelinus malma*（Walbaum，1792）

曾用学名 *Salmo malma*

英 文 名 Bull trout，Dolly varden，Dolly varden char，Pacific brook char

别　　名 花里羔子

分类地位 脊索动物门CHORDATA/硬骨鱼纲OSTEICHTHYES/鲑形目SALMONIFORMES/鲑科Salmonidae/红点鲑属*Salvelinus*

保护级别 国家二级（仅野外种群）

识别特征 体长，侧扁。头后背部较隆起。口端位，口裂大，延至眼后缘。上下颌有绒毛状齿。背鳍位于正中偏前，胸鳍宽大。幼体尾鳍分叉较深，成体分叉较浅，有脂鳍。鳞片细小。背部土黄色或蓝灰色，腹部及体侧下部浅橙色，略有白色。体侧有小的橙色斑点，体背部有散状白色斑点。背鳍、尾鳍呈灰黑色，胸鳍、臀鳍及尾鳍下叶边缘呈橙色，胸鳍及臀鳍前缘呈乳白色。

生活习性 繁殖时间为9～10月。卵为橙红色，沉性。一般2龄以上达到性成熟。栖息水温为0.2～15.0℃，生长适宜水温为5～13℃。食物以双翅目水生昆虫为主。

分布地区 我国鸭绿江、图们江及绥芬河的上游或支流。国外分布于北欧、俄罗斯（远东地区）、日本和朝鲜。

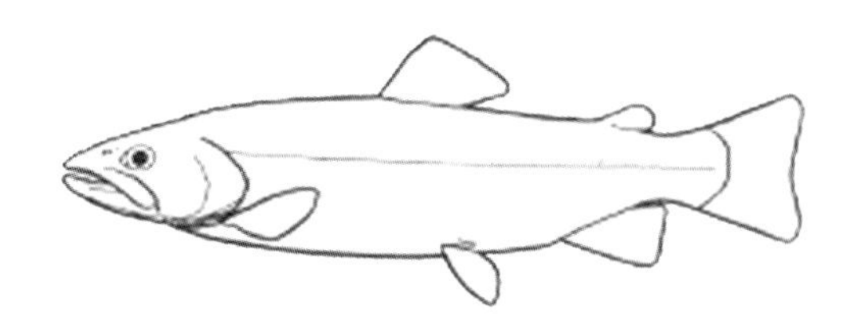

217. 北鲑 *Stenodus leucichthys*

学　　名　*Stenodus leucichthys*（Güldenstädt，1772）

曾用学名　*Salmo leucichthys*

英 文 名　Beloribitsa，Connie，Inconnu，Sheefish

别　　名　大白鱼，长颌白鲑

分类地位　脊索动物门CHORDATA/硬骨鱼纲OSTEICHTHYES/鲑形目SALMONIFORMES/鲑科Salmonidae/北鲑属*Stenodus*

保护级别　国家二级

识别特征　体长形，侧扁。尾柄短小。眼前缘有脂眼睑。下颌略长于上颌。上颌骨后端达瞳孔后缘下方。鼻孔位于眼的前方，距眼近，前鼻孔较大。鳃孔侧位。体被较大圆鳞，胸部鳞较小。侧线侧中位，完全。脂鳍较小。臀鳍基末端与脂鳍末端约相对，下缘微凹，胸鳍侧位很低。腹鳍起点与背鳍起点约相对。尾鳍叉形。背部灰色，体侧较淡，腹部银白色。

生活习性　受地理条件的制约，北鲑形成了在生态特性上有较大差异的两个生态型，即河川型和半洄游型。分布于我国境内新疆额尔齐斯河下游的种群属河川型。终生生活于河川，高龄鱼多生活于上游河段，低龄鱼多聚集于下游河段。而半洄游型（河口型）北鲑在冰封期于河口处越冬，在河水解冻后，进入江河中。

分布地区　我国新疆额尔齐斯河布尔津以下河段。国外分布于西北欧，往东至北美马更些河等邻北冰洋水系。

218. 北极茴鱼 *Thymallus arcticus*

学　　名　*Thymallus arcticus*（Pallas，1776）

曾用学名　*Salmo arcticus*

英 文 名　American grayling，Arctic grayling，Arctic trout，Bluefish

别　　名　花棒鱼，金鲫鱼，黑红鱼，斑鳟子

分类地位　脊索动物门CHORDATA/硬骨鱼纲OSTEICHTHYES/鲑形目SALMONIFORMES/鲑科Salmonidae/茴鱼属*Thymallus*

保护级别　国家二级（仅野外种群）

识别特征　体延长、侧扁。头长小于体高。吻钝，眼大。口端位，上下颌等长。上下颌和舌骨具有绒毛状细齿。侧线完全。背鳍长且高大，上缘圆凸，呈旗状，有几条赤褐色斑点形成的纹带，整个体色鲜艳。具脂鳍，脂鳍起点与臀鳍基部相对。尾鳍分叉。

生活习性　为典型冷水性高耗氧鱼类，常年生活在水质清澈无污染、水流湍急、河底多砾石的山间溪流。每年有短距离的生殖、适温及索饵的春季洄游，以及为躲避干旱和冰冻的秋季洄游。栖息水域多为水流较急的跌水处、旋涡处、底部有卵石的河滩处，以及陡峭河岸。河岸主要为融雪水冲刷后遗留的大石头，河道气温、水温昼夜温差较大。野生北极茴鱼主要摄食苍蝇、蚂蚁、软体动物和昆虫及其幼虫等。

分布地区　我国额尔齐斯河流域。国外分布于俄罗斯鄂毕河和叶尼塞河流域。

219. 下游黑龙江茴鱼 *Thymallus tugarinae*

学　　名 *Thymallus tugarinae* Knizhin，Antonv，Safronov *et* Weiss，2007

曾用学名 无

英 文 名 Lower Amur grayling

别　　名 无

分类地位 脊索动物门CHORDATA/硬骨鱼纲OSTEICHTHYES/鲑形目SALMONIFORMES/鲑科Salmonidae/茴鱼属*Thymallus*

保护级别 国家二级（仅野外种群）

识别特征 体延长，侧扁。背部较高，背鳍起点至吻端明显呈弧形下弯，腹部平坦。头背部无鳞。口端位，吻端圆钝，边缘较薄，吻长略小于眼径。口裂斜，下颌略突出于上颌，后端超过眼前缘。鳞片大而致密，侧线完全。尾部侧扁，尾柄较长。背鳍高大，边缘圆凸，背鳍后部鳍条长于前部。脂鳍小，脂鳍起点与臀鳍基部后端相对。尾鳍深叉形，上下叶略等长。体侧背部无或仅具少数黑色斑点，体侧具多行间断开的鲜艳橙色条纹，背鳍鳍条数为23～26。

生活习性 为冷水性鱼类，以无脊椎动物为主要食物。

分布地区 我国黑龙江下游。国外分布于俄罗斯阿穆尔河下游。

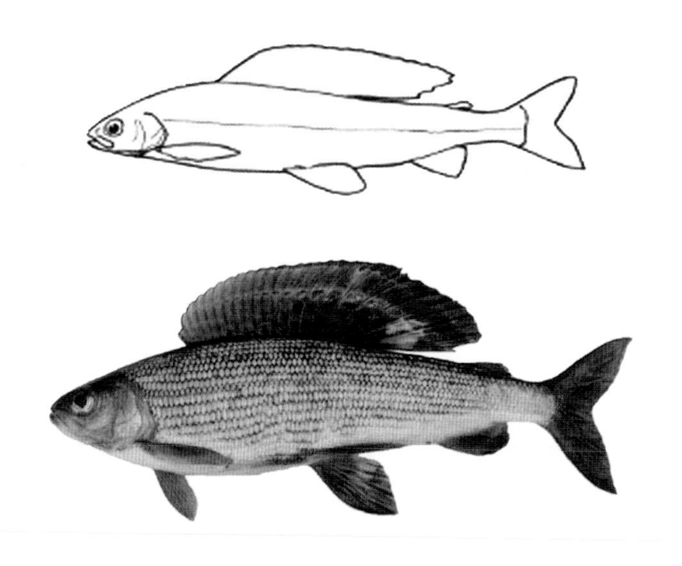

220. 鸭绿江茴鱼 *Thymallus yaluensis*

学　　名　*Thymallus yaluensis* Mori，1928

曾用学名　*Thymallus arctius yaluensis*

英 文 名　无

别　　名　青鳞子，斑鳟，红鳞鱼

分类地位　脊索动物门CHORDATA/硬骨鱼纲OSTEICHTHYES/鲑形目SALMONIFORMES/鲑科Salmonidae/茴鱼属*Thymallus*

保护级别　国家二级（仅野外种群）

识别特征　尾柄较发达。口端位，上下颌等长。口裂倾斜。上颌游离，末端可达到眼正中的垂直线下方。上下颌各有一列细齿，舌上无齿。眼较大。鳞细小，侧线平直。背鳍长且高大，背缘呈圆凸形，旗状。脂鳍较小，位于臀鳍起点之后上方。雌鱼的背鳍、臀鳍较雄鱼大。背部和体侧为紫灰色，体侧散布有许多黑褐色小斑点，生殖时色彩明显，成鱼体侧有许多大的红色斑点，各鳍均为深紫色。背鳍上有2条由赤褐色斑点形成的纹带，幼鱼体侧除斑点外，还有数条暗色横斑，随着生长而逐渐消失。

生活习性　属于中小型淡水定居鱼类，经济价值极高。

分布地区　我国鸭绿江上游。国外分布于朝鲜鸭绿江上游。

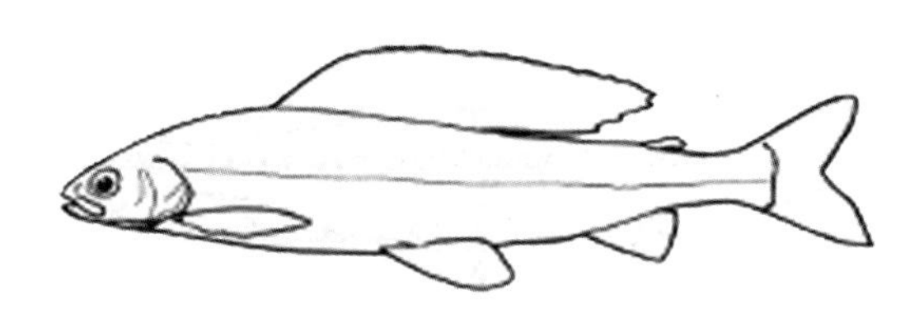

221. 松江鲈 *Trachidermus fasciatus*

学　　名 *Trachidermus fasciatus* Heckel，1837

曾用学名 无

英 文 名 Roughskin sculpin

别　　名 四鳃鲈

分类地位 脊索动物门CHORDATA/硬骨鱼纲OSTEICHTHYES/鲉形目SCORPAENIFORMES/杜父鱼科Cottidae/松江鲈属*Trachidermus*

保护级别 国家二级（仅野外种群）

识别特征 背侧灰褐色，有4横带状斑，腹侧白色。鳃盖膜有2橙红色斑条。鳍灰黄色，前背鳍有一大黑斑，体前部平扁，向后渐细且侧扁。头大，眼小。口大，上颌略突出。齿绒毛状。前鳃盖骨上棘最大，且上弯。鳃孔大。无鳞而有小突起。两背鳍微连，其中鳍棘部短于后部鳍条部，前部始于项背部。臀鳍始于背鳍鳍条部下方。胸鳍侧下位。腹鳍胸位。尾鳍圆截形。

生活习性 为东亚暖温带沿海的降河洄游鱼类。1龄性成熟。2～3月为产卵盛期。雌鱼产卵后离去，由雄鱼守护。繁殖期不索食，繁殖后沿海索食。至5～6月幼鱼长到3.85cm时入河索食。稍大时在河湖内昼伏夜出，开始以虾、小鱼为食，冬末返海。亲鱼产卵后死亡。

分布地区 我国鸭绿江口到福建九龙江口等邻海淡水江河下游地区。国外分布于朝鲜半岛西侧及南侧和日本九州的福冈等地。

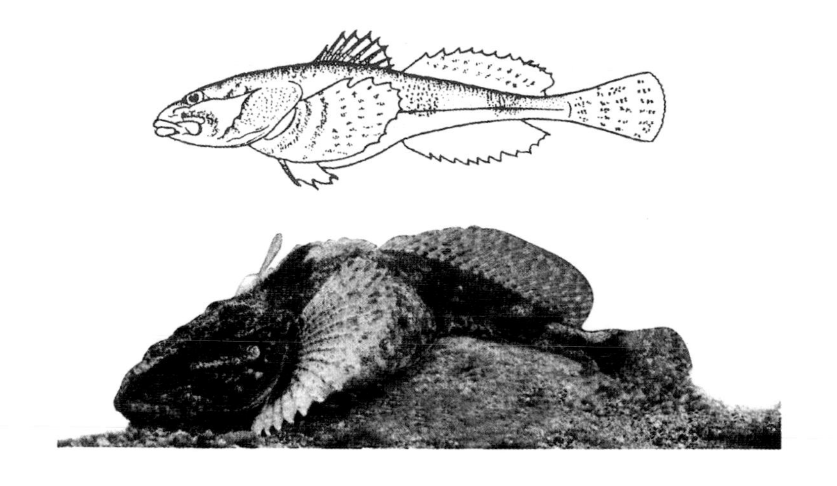

222. 金氏𩷶 *Liobagrus kingi*

学　　名　*Liobagrus kingi* Tchang，1935
曾用学名　无
英 文 名　King’s bullhead
别　　名　无
分类地位　脊索动物门CHORDATA/
硬骨鱼纲OSTEICHTHYES/
鲇形目SILURIFORMES/
钝头𩷶科Amblycipitidae/𩷶属*Liobagrus*
保护级别　国家二级
识别特征　体形较长，上下颌约等长，外颏须最长，向后伸可到达胸鳍起点。颌须等于或略短于外侧颏须，向后伸不达胸鳍起点。内侧颏须与鼻须长度差不多相等。背鳍起点到吻端约等于到脂鳍起点，脂鳍和尾鳍相连，中间有一个缺刻。胸鳍具有硬刺，后缘具锯齿。尾鳍圆形。浸制标本体为淡灰色，有大量棕色的斑点，腹面颜色较淡。
生活习性　生活于多石的流水环境。个体小，经济价值不高。
分布地区　我国长江水系上游。

223. 斑鳠 *Hemibagrus guttatus*

学　　名 *Hemibagrus guttatus*（Lacepède，1803）

曾用学名 *Pimelodus guttatus*

英 文 名 无

别　　名 白须鳅，白鳒

分类地位 脊索动物门CHORDATA/
硬骨鱼纲OSTEICHTHYES/
鲇形目SILURIFORMES/
鲿科Bagridae/鳠属*Hemibagrus*

保护级别 国家二级（仅野外种群）

识别特征 头长，口大，下位，呈弧形。上颌稍突出于下颌。前后鼻孔相距较远，前鼻孔呈短管状，后鼻孔为裂缝。鼻须位于后鼻孔前缘，末端可伸达眼后缘，颌须长，后端超过胸鳍后端，有些会接近腹鳍。颏须2对。身体光滑无鳞。背鳍具硬刺，后缘有锯齿。脂鳍较长。身体灰褐色，腹部色浅，体侧有大小不等的圆形褐色斑点。背鳍、脂鳍和尾鳍有褐色小点并具有黑边，胸鳍、腹鳍和臀鳍色浅，很少有斑点。

生活习性 属于底层肉食性鱼类，以虾、小鱼等为食。春季在沙滩缓流水中产卵。最大个体可达1.5 ~ 2.0kg。

分布地区 我国珠江、元江、九龙江、韩江、钱塘江等水系。国外分布于老挝和越南。

224. 巨无齿𩷶 *Pangasianodon gigas*

学　　名 *Pangasianodon gigas* Chevey，1931

曾用学名 无

英 文 名 Giant catfish，Royal fish（柬埔泰），Huge fish（泰国、老挝）

别　　名 无齿𩷶

分类地位 脊索动物门CHORDATA/硬骨鱼纲OSTEICHTHYES/鲇形目SILURIFORMES/𩷶科Pangasiidae/无齿𩷶属*Pangasianodon*

保护级别 国家二级（核准）；CITES附录Ⅰ

识别特征 体型大，可达2.5～3.0m。体金黄色，腹部色浅。体长形，中等侧扁。头平扁，吻钝。眼小，位于口角下面。口大，成鱼的颌骨、犁骨及腭骨均无齿。上颌有须1对。体无鳞。背鳍位体中部前上方。脂鳍短小。尾鳍深叉形。

生活习性 栖息于湄公河流域的水域中，雨季栖息在湄公河下游，旱季到上游产卵繁殖，并在那里形成渔汛。以河底、河岸石块上的藻类为主要食物。

分布地区 湄公河流域的柬埔寨、泰国、老挝和越南。

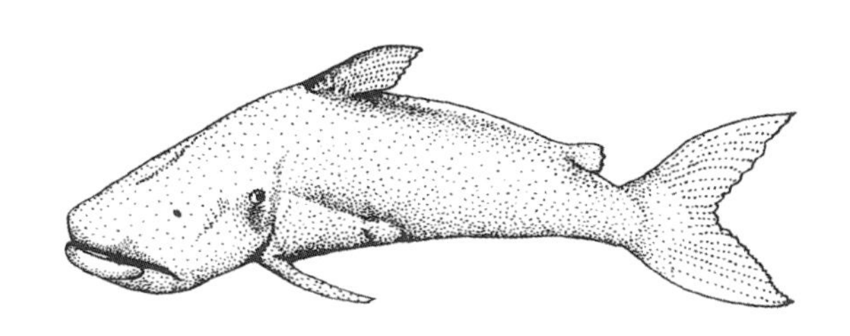

225. 长丝𩷶 *Pangasius sanitwongsei*

学　名　*Pangasius sanitwongsei* Smith，1931

曾用学名　无

英 文 名　Chao Phraya giant catfish，
Dog-eating catfish，
Giant pangasius

别　名　无

分类地位　脊索动物门CHORDATA/
硬骨鱼纲OSTEICHTHYES/鲇形目SILURIFORMES/
𩷶科Pangasiidae/𩷶属*Pangasius*

保护级别　国家一级

识别特征　体延长，背腹缘凸度相似；背鳍始点最高，腹部宽圆。眼位稍低。鼻孔近吻端。口较宽，口裂不达眼下方；上颌略突出。须2对。皮光滑。侧线直线形，前、中部稍高。背鳍尖刀状，位胸腹鳍基中间背侧，硬刺锯齿弱且上部长丝状。臀鳍下缘斜凹形，在所有大小的个体中，最前端的几条臀鳍鳍棘条上都有黑色的尖端。胸鳍很低，硬刺突出呈丝状。腹鳍第1鳍条突出。背侧黄褐色，下侧银白色。鳍灰色。体长最长为300cm，最大体重为300kg。

生活习性　栖息于较大的主河道，幼鱼常发现于支流中。属于大型肉食性鱼类，主要以鱼类和甲壳类动物为食。在雨季来临之前产卵，幼鱼在6月中旬会长到10cm左右。

分布地区　我国澜沧江下游水系。国外分布于湄南河和湄公河。

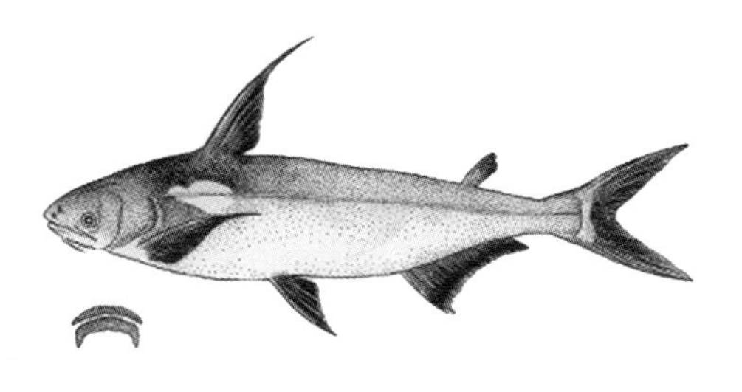

226. 昆明鲇 *Silurus mento*

学　　名 *Silurus mento* Regan，1904

曾用学名 无

英 文 名 Kunming catfish

别　　名 鲇鱼

分类地位 脊索动物门CHORDATA/
硬骨鱼纲OSTEICHTHYES/
鲇形目SILURIFORMES/鲇科Siluridae/
鲇属*Silurus*

保护级别 国家二级

识别特征 口较大，亚上位。口裂小，仅伸达到眼前缘。下颌比上颌突出。前后鼻孔相距较远，前鼻孔短管状，后鼻孔圆形。须2对，颌须后伸可达胸鳍起点，颏须细短。背鳍短小，没有硬刺。胸鳍具硬刺，后缘有锯齿。身体浅黄色，腹部灰白色，体侧有不规则的斑点。

生活习性 栖息于湖岸多水草处，属于肉食性鱼类。

分布地区 我国云南滇池。

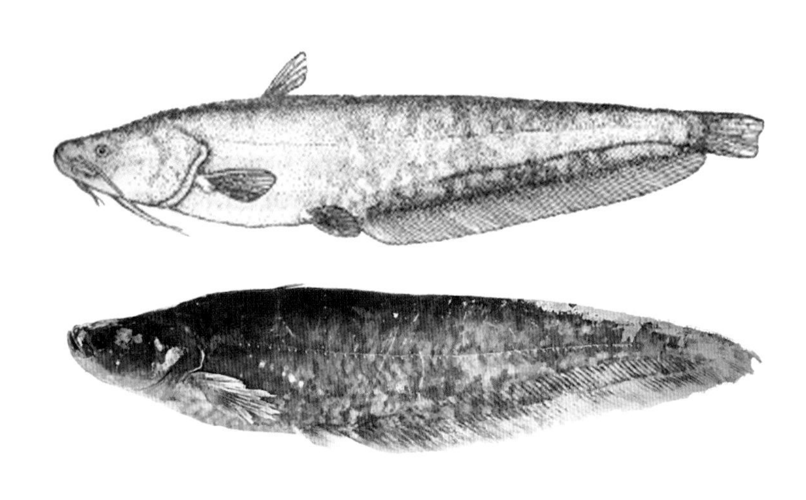

227. 𫚤 *Bagarius bagarius*

学　　名　*Bagarius bagarius*（Hamilton, 1822）

曾用学名　*Pimelodus bagarius*

英 文 名　Bagarid catfish，Dwarf goonch，Freshwater shark

别　　名　面瓜鱼

分类地位　脊索动物门CHORDATA/硬骨鱼纲OSTEICHTHYES/鲇形目SILURIFORMES/𬶏科Sisoridae/𫚤属*Bagarius*

保护级别　国家二级

识别特征　头部背面和体表布满纵向嵴突，胸腹面光滑。鼻孔靠近吻端，后鼻孔呈短管状，与前鼻孔之间有一瓣膜相隔。颌须非常发达，宽扁，后伸可达胸鳍基部后端。颏须2对，纤细，外颏须相对较长。背鳍具硬刺，后缘光滑，末端延长成丝；脂鳍较短；胸鳍有硬刺，后缘有锯齿；尾鳍深分叉，上下叶末端延长成丝。腹鳍起点位于背鳍基后端垂直下方之前。全身灰黄色，在背鳍基下方及尾鳍基前上方各有一大块灰黑色鞍形斑，两侧向下延伸超过侧线。偶鳍背面和尾鳍有黑色斑点。

生活习性　主要栖息于大江河的主河道，为底栖鱼类。属于肉食性鱼类，性凶猛，猎食性，在5～6月繁殖。

分布地区　我国澜沧江。国外分布于恒河、湄公河和湄南河水系。

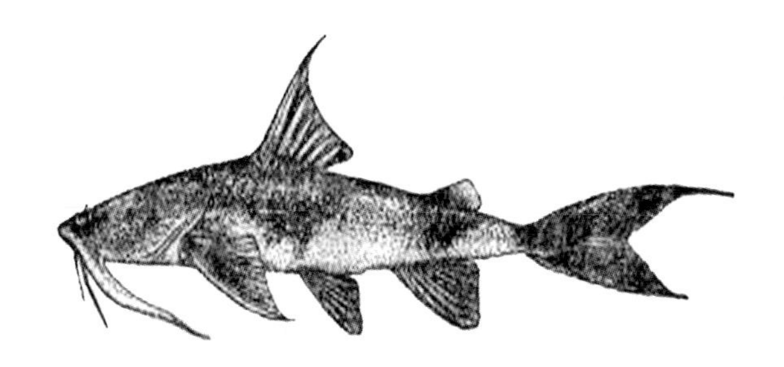

228. 红魾 *Bagarius rutilus*

学　　名　*Bagarius rutilus* Ng *et* Kottelat，2000

曾用学名　无

英 文 名　Goonch

别　　名　无

分类地位　脊索动物门CHORDATA/
硬骨鱼纲OSTEICHTHYES/
鲇形目SILURIFORMES/
鮡科Sisoridae/魾属*Bagarius*

保护级别　国家二级

识别特征　头部和身体宽广，口比较宽。皮肤严重角质化，颅骨和神经间覆盖着许多大而细长的结节。眼睛小，椭圆形，位于背侧。有脂鳍。酒精固定的标本，头和身体的背面和侧面为深黄色，腹侧为淡黄色。头部和身体的背面有3个颜色较深的棕色带或斑点：第1个从背鳍基部向胸鳍延伸，第2个从脂鳍基部向臀鳍延伸，第3个在尾柄的后部。体侧不规则地分布着一些小的褐色斑点。所有鳍淡黄色，同时散布有褐色小斑点。

生活习性　不祥。

分布地区　我国元江、李仙江。国外分布于老挝南马河、越南红河等。

229. 巨𩷶 *Bagarius yarrelli*

学名 *Bagarius yarrelli*（Sykes，1839）

曾用学名 *Bagrus yarrelli*

英文名 Goonch

别名 老鹰坦克

分类地位 脊索动物门CHORDATA/硬骨鱼纲OSTEICHTHYES/鲇形目SILURIFORMES/鮡科Sisoridae/𩷶属*Bagarius*

保护级别 国家二级

识别特征 头部背面和体表布满纵向嵴突，胸腹面光滑。鼻孔靠近吻端，后鼻孔呈短管状，鼻须较短，仅到鼻孔。颌须非常发达，宽扁，后伸可达胸鳍基部后端。颏须2对，纤细，外颏须相对较长。背鳍具硬刺，后缘光滑，末端延长成丝；脂鳍较短；胸鳍有硬刺，后缘有锯齿；尾鳍深分叉，上下叶末端延长成丝。腹鳍起点位于背鳍基后端垂直下方之后。全身灰黄，在背鳍基下方及尾鳍基前上方各有一大块灰黑色鞍形斑，两侧向下延伸超过侧线。颌须背面、偶鳍背面、尾鳍、有时躯体背部和两侧均散有黑色斑点，背鳍和臀鳍中各有一黑带。

生活习性 栖息于主河道。常伏卧流水滩觅食，主要以小鱼为食。

分布地区 我国云南怒江、澜沧江诸水系。国外分布于印度河与恒河水系，西高止山脉以东的印度南部地区，湄公河水系，老挝的色邦非（Xebangfai）水系至印度尼西亚。

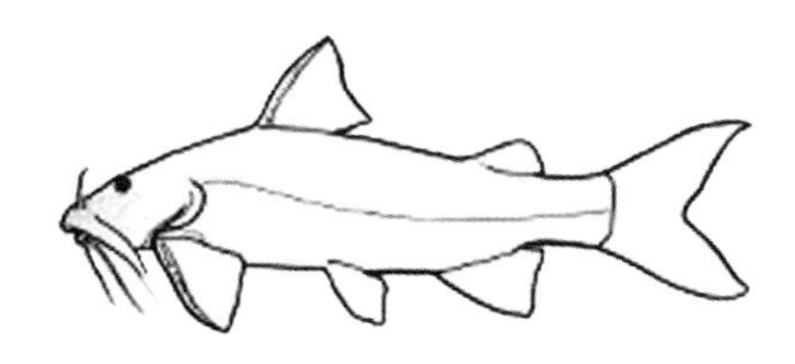

230. 青石爬鮡 *Euchiloglanis davidi*

学　　名 *Euchiloglanis davidi*（Sauvage，1874）

曾用学名 无

英 文 名 Catfish

别　　名 达氏石爬鮡

分类地位 脊索动物门CHORDATA/硬骨鱼纲OSTEICHTHYES/鲇形目SILURIFORMES/鮡科Sisoridae/石爬鮡属*Euchiloglanis*

保护级别 国家二级

识别特征 眼很小，位于头背面。鼻须向后伸可达眼睛，颌须1对，颏须2对。齿为尖形。口周围及颏部有小乳突。胸鳍和腹鳍的第1鳍条较宽厚。腹鳍位置比较靠前，腹鳍起点到臀鳍起点的距离总是大于到鳃孔下角的距离。颌须较短，末端没有超过鳃孔。胸鳍长，后伸达到或者接近腹鳍起点。尾鳍平截形。体青灰色，有明显的黄斑。

生活习性 小型激流底栖鱼类，主要生活在流速较快的支流或小溪。主要以小型鱼、虾、水生昆虫为食。

分布地区 我国长江水系的四川宝兴青衣江。

231. 长丝黑鮡 *Gagata dolichonema*

学　　名　*Gagata dolichonema* He，1996

曾用学名　无

英 文 名　Blackfin sisorid-catfish

别　　名　无

分类地位　脊索动物门CHORDATA/硬骨鱼纲OSTEICHTHYES/鲇形目SILURIFORMES/鮡科Sisoridae/黑鮡属*Gagata*

保护级别　国家二级

识别特征　吻钝，长度比眼径长。眼大。鼻孔间有短须。上颌须可达胸鳍基。颏须2对。鳃孔可达头腹面。口横裂，下位。侧线前段高。体表无鳞。有脂鳍，尾鳍叉形。鳔前室分左右两侧室。体暗黄灰色，尾鳍颜色淡，其他鳍末端黑色。

生活习性　生活在喜马拉雅山南麓和横断山西部山溪底层的小型鱼类。

分布地区　我国云南怒江水系。国外分布于印度、缅甸和泰国。

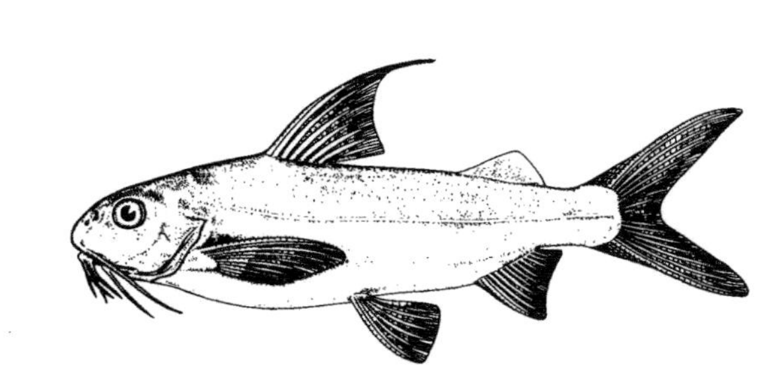

232. 黑斑原鮡 *Glyptosternum maculatum*

学　　名 *Glyptosternum maculatum*（Regan，1905）

曾用学名 *Parexostoma maculatum*

英 文 名 无

别　　名 Palinia（藏语译音）

分类地位 脊索动物门CHORDATA/硬骨鱼纲OSTEICHTHYES/鲇形目SILURIFORMES/鮡科Sisoridae/原鮡属*Glyptosternum*

保护级别 国家二级

识别特征 鼻须后伸可达眼睛或者略微超过眼睛。颌须末端后伸可达胸鳍起点，颏须2对，外颏须后伸可达胸鳍起点或不及胸鳍起点。口唇部和前胸部布满乳突。鳍条均无硬刺。脂鳍后端不与尾鳍相连，臀鳍起点下尾鳍起点有明显的距离。尾鳍近似平截形。背部和体侧为橄榄色，密布不规则的黑色斑点，腹部浅黄色。各鳍有黑色斑点。尾鳍后缘有一道白边。

生活习性 喜欢生活在急流水中的石下和间隙。主要以环节动物和昆虫幼虫为食。3～5月为繁殖期。

分布地区 我国雅鲁藏布江中上游。国外分布于印度的布拉马普特拉河水系。

233. 鲍氏海马 *Hippocampus barbouri*

学　　名 *Hippocampus barbouri* Jordan *et* Richardson，1908

曾用学名 无

英 文 名 Barbour's seahorse

别　　名 高冠海马

分类地位 脊索动物门CHORDATA/硬骨鱼纲OSTEICHTHYES/海龙鱼目SYNGNATHIFORMES/海龙鱼科Syngnathidae/海马属*Hippocampus*

保护级别 国家二级（核准，仅野外种群）；CITES附录Ⅱ

识别特征 体无鳞。体刺发达，尾棘长短不一，但规则变化（长-短-长-短）。躯干部骨环11节，尾部骨环36节。头冠高度中等，具有5个锐利的棘。吻较长，具斑纹，每侧有2个颊棘。眼小，眼部周围有放射状纹路，眼棘突出，每侧各1个。鼻孔每侧2个，鼻棘锐利，每侧各1个。背鳍位于躯干最后3节骨环和尾部第1骨环背方，臀鳍短小，胸鳍扇形，侧位。无腹鳍和尾鳍。体色多样，包括白色、黄色，体表有点状斑纹。

生活习性 栖息地最深可达10m，出现于浅滩海草床或附着于坚硬的珊瑚。

分布地区 印度尼西亚、马来西亚和菲律宾。

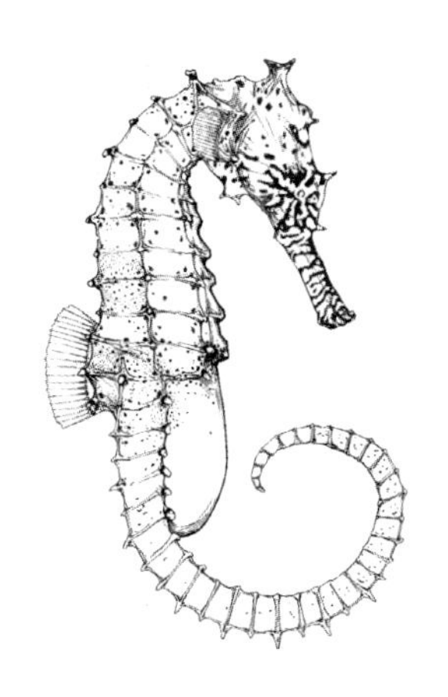

234. 虎尾海马 *Hippocampus comes*

学　　名 *Hippocampus comes* Cantor，1849

曾用学名 无

英 文 名 Tiger tail seahorse

别　　名 无

分类地位 脊索动物门CHORDATA/硬骨鱼纲OSTEICHTHYES/海龙鱼目SYNGNATHIFORMES/海龙鱼科Syngnathidae/海马属*Hippocampus*

保护级别 国家二级（核准，仅野外种群）；CITES附录Ⅱ

识别特征 体无鳞。体棘圆钝到尖锐均有。躯干部骨环11节，尾部骨环36节。头冠小且矮，具有5个明显圆钝的棘。吻较细长，每侧有2个颊棘。眼小，眼部具有放射性白色条纹，眼棘突出，每侧各1个。鼻孔每侧2个，鼻棘短钝，每侧各1个。背鳍位于躯干最后2节骨环和尾部第1骨环背方，臀鳍短小，胸鳍扇形，侧位。无腹鳍和尾鳍。体色通常包括黑色和黄色，尾部具有环状虎斑。

生活习性 通常发现于10m以下浅水区，最深记录可达20m。在珊瑚礁、海绵、大型褐藻和漂浮马尾藻中都有发现；推测幼鱼可能偏爱马尾藻，成体时移动至珊瑚礁与海绵栖息。

分布地区 印度尼西亚、马来西亚、菲律宾、新加坡、泰国和越南。

235. 冠海马 *Hippocampus coronatus*

学　　名 *Hippocampus coronatus* Temminck *et* Schlegel，1850

曾用学名 无

英 文 名 Crowned seahorse

别　　名 无

分类地位 脊索动物门CHORDATA/硬骨鱼纲OSTEICHTHYES/海龙鱼目SYNGNATHIFORMES/海龙鱼科Syngnathidae/海马属*Hippocampus*

保护级别 国家二级（仅野外种群）；CITES附录Ⅱ

识别特征 体无鳞。躯干部骨环10节，尾部骨环38～40节，大多数躯干部骨环处无棘。头冠高大凸起，并向后方突出，顶端有小棘突起。吻管较细，每侧有2个很小的颊棘。眼大，眼棘每侧各1个，短而钝。鼻孔每侧2个。背鳍位于躯干最后3骨环和尾部第1骨环背方，臀鳍短小，位于肛门后方，胸鳍宽短。无腹鳍和尾鳍。体色为黄色，有深褐色大理石花纹，背部表面呈黑色。

生活习性 繁殖期为每年的6～7月，主要栖息于沿岸马尾藻之中。

分布地区 我国渤海。国外分布于日本。

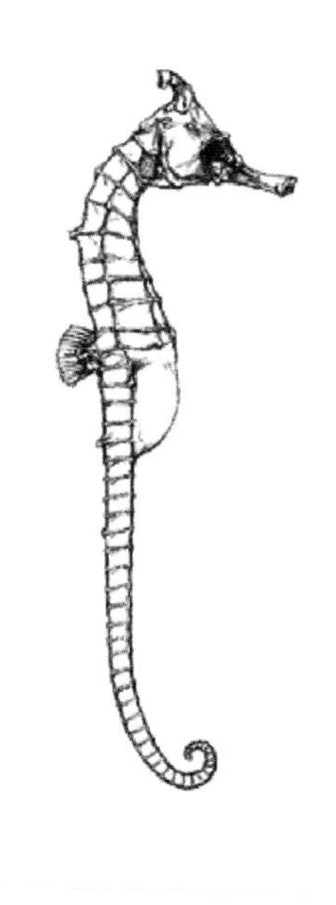

236. 刺海马 *Hippocampus histrix*

学　　名　*Hippocampus histrix* Kaup，1856

曾用学名　无

英 文 名　Thorny seahorse

别　　名　长棘海马

分类地位　脊索动物门CHORDATA/
硬骨鱼纲OSTEICHTHYES/
海龙鱼目SYNGNATHIFORMES/
海龙鱼科Syngnathidae/海马属*Hippocampus*

保护级别　国家二级（仅野外种群）；CITES附录Ⅱ

识别特征　体长19.8～23.5cm。体为黄褐色。体侧扁，腹部凸出。躯干部骨环呈7棱形，尾部骨环呈4棱形，尾端能卷曲。体上各骨环结节处具有特别发达的棘，细长而尖锐。吻细长，呈管状。口小，无齿。体无鳞，无侧线。背鳍较发达，臀鳍短小。无腹鳍和尾鳍。

生活习性　为近海暖水性鱼类，栖息于水清澈、多藻类的海区。以糠虾等浮游甲壳类动物为食。主要靠鳍扇动而进行觅食和繁殖。游泳缓慢，有时平游，有时垂直游。繁殖奇特，雌海马将卵产于雄海马的育儿囊中，在育儿囊中完成受精和孵化。

分布地区　我国南海和台湾海域。国外分布于印度、印度尼西亚、东非、红海、新加坡、日本。

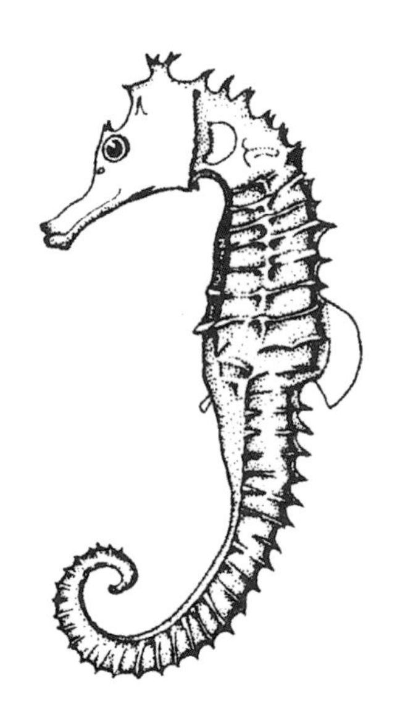

237. 日本海马 *Hippocampus japonicus*

学　　名 *Hippocampus japonicus* Kaup，1856

曾用学名 无

英 文 名 Japanese seahorse

别　　名 海马

分类地位 脊索动物门CHORDATA/
硬骨鱼纲OSTEICHTHYES/
海龙鱼目SYNGNATHIFORMES/
海龙鱼科Syngnathidae/海马属*Hippocampus*

保护级别 国家二级（仅野外种群）；CITES附录Ⅱ

识别特征 体长0.40～9.25cm。体灰褐色。体型很小，侧扁。头部、棘及体环上的棱棘发达。头冠很小。鳃盖骨凸出。体无鳞。背鳍1个，无鳍棘，位于最后2体环及第1尾环上。鳍基长，有鳍条16～17，胸鳍条13。臀鳍极小，紧位肛门后方。无腹鳍和尾鳍。雄鱼腹部有育儿囊。

生活习性 为近海暖水性鱼类，栖息于水清澈、多藻类的海区。活动能力不强，主要靠鳍扇动而进行觅食和繁殖，并将卷曲的尾部缠绕在海藻等物体上。游泳缓慢，有时平游，有时垂直游。以鳃盖和吻的伸张吞吸食物，以糠虾等浮游甲壳类动物为食。繁殖奇特，在性成熟期，雌海马将卵产于雄海马的育儿囊中，并在囊内完成受精和孵化。现已人工养殖。

分布地区 我国各海区。国外分布于朝鲜、韩国和日本。

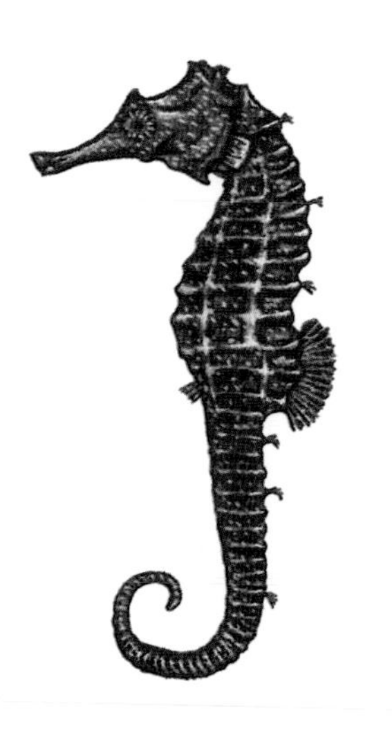

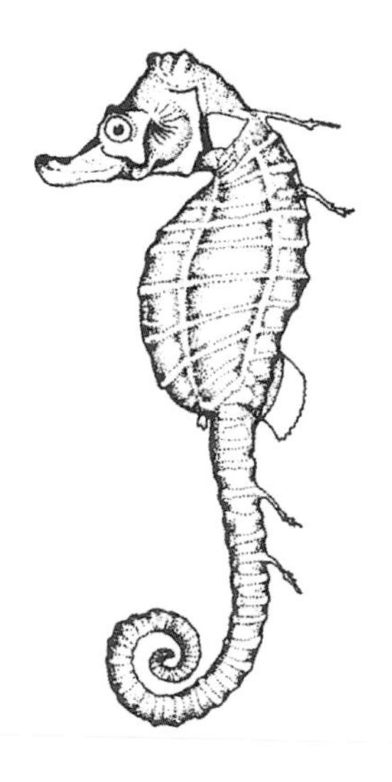

238. 克氏海马 *Hippocampus kelloggi*

学　　名　*Hippocampus kelloggi* Jordan *et* Snyder，1901

曾用学名　无

英 文 名　Kellogg’s seahorse，Sea horse

别　　名　大海马，葛氏海马，琉球海马，海马

分类地位　脊索动物门CHORDATA/硬骨鱼纲OSTEICHTHYES/海龙鱼目SYNGNATHIFORMES/海龙鱼科Syngnathidae/海马属*Hippocampus*

保护级别　国家二级（仅野外种群）；CITES附录Ⅱ

识别特征　为我国现知6种海马中最大的一种，体长12～14cm，最大可达32.9cm。体暗灰色或淡黄色，体侧有不规则的白色线状斑点或斑纹。体侧扁，腹部颇凸。躯干部骨环呈7棱形，尾部骨环呈4棱形，尾端卷曲。头呈马头状，弯曲，与躯干部成直角。口小，前位，无牙。吻细长，管状。背鳍基长。臀鳍较小，紧位肛门后方。胸鳍侧位。无腹鳍和尾鳍。雄鱼尾部腹面有育儿囊。

生活习性　为近海暖水性鱼类，栖息于水清澈、多藻类的海区。主要靠鳍扇动而进行觅食和繁殖，并将卷曲的尾部缠绕在海藻等物体上。游泳缓慢，有时平游，有时垂直游。以鳃盖和吻的伸张吞吸食物，以糠虾等浮游甲壳类动物为食。繁殖奇特，在性成熟期，雌海马将卵产于雄海马的育儿囊中，并在囊内完成受精和孵化。现已人工养殖。

分布地区　我国北起浙江披山，南至海南三亚的东海和南海海域均有分布。国外分布于朝鲜、韩国、日本和菲律宾海域。

239. 管海马 *Hippocampus kuda*

学　名 *Hippocampus kuda* Bleeker，1852

曾用学名 无

英 文 名 Spotted seahorse

别　名 库达海马，大海马鱼，豆莳海马

分类地位 脊索动物门CHORDATA/硬骨鱼纲OSTEICHTHYES/海龙鱼目SYNGNATHIFORMES/海龙鱼科Syngnathidae/海马属*Hippocampus*

保护级别 国家二级（仅野外种群）；CITES附录Ⅱ

识别特征 体灰褐色，有时具浅黑斑。体侧扁，腹部微凸。躯干部骨环呈7棱形，尾部骨环呈4棱形。尾端渐细，能卷曲。口小，端位，无牙。吻长于眼后头长。体无鳞，完全变成骨环。体上棘不发达。背鳍基长，有17个分枝鳍条，位于躯干部后方。胸鳍条16，臀鳍较短。无腹鳍和尾鳍。雄鱼腹部有育儿囊。

生活习性 为近海暖水性鱼类，栖息于水清澈、多藻类的海区。靠鳍扇动而进行觅食和繁殖，并将卷曲的尾部缠绕在海藻等物体上。游泳缓慢，有时平游，有时垂直游。以鳃盖和吻的伸张吞吸食物。以糠虾等浮游甲壳类动物为食。繁殖奇特，在性成熟期，雌海马将卵产于雄海马的育儿囊中，并在囊内完成受精和孵化。现已人工养殖。

分布地区 我国渤海、东海和南海。国外分布于日本、印度洋、新加坡、菲律宾、澳大利亚、夏威夷及非洲东部海域。

240. 棘海马 *Hippocampus spinosissimus*

学　名 *Hippocampus spinosissimus* Weber, 1913

曾用学名 无

英文名 Hedgehog seahorse

别　名 无

分类地位 脊索动物门CHORDATA/硬骨鱼纲OSTEICHTHYES/海龙鱼目SYNGNATHIFORMES/海龙鱼科Syngnathidae/海马属*Hippocampus*

保护级别 国家二级（仅野外种群）；CITES附录Ⅱ

识别特征 体无鳞，体刺发达，顶端钝平。躯干部骨环11节，尾部骨环36～37节。躯干部骨环第1、4、7、11节的棘较长，尾部一系列的棘也较长。头冠具有4～5个棘。眼小，眼棘每侧各一。鼻孔每侧2个，很小或无鼻棘。背鳍位于躯干最后3节骨环和尾部第1骨环背方，臀鳍短小，胸鳍扇形。无腹鳍和尾鳍。体色多样，包括白色、黄褐色和黑褐色，在躯干背侧有较深的鞍状花纹。

生活习性 全年可繁殖，繁殖高峰期为5～10月。栖息于八放珊瑚、大型藻类上，出现在沙质海床上的珊瑚礁附近。

分布地区 我国台湾。国外分布于澳大利亚、柬埔寨、印度尼西亚、马来西亚、缅甸、菲律宾、新加坡、斯里兰卡、泰国和越南。

241. 斑海马 *Hippocampus trimaculatus*

学　名 *Hippocampus trimaculatus* Leach，1814

曾用学名 无

英文名 Three-spot seahorse

别　名 三斑海马，斑海马鱼

分类地位 脊索动物门CHORDATA/硬骨鱼纲OSTEICHTHYES/海龙鱼目SYNGNATHIFORMES/海龙鱼科Syngnathidae/海马属*Hippocampus*

保护级别 国家二级（仅野外种群）；CITES附录Ⅱ

识别特征 体为淡黄褐色或淡白色。体侧背第1、4、7节的小棘基部各有一大黑斑。体侧扁，腹部凸。躯干部骨环呈7棱形，尾部骨环呈四棱形。尾端渐细，能卷曲。头冠短小，有5个突起。口小，端位，无牙。鳃盖突出，无纹。体无鳞，完全变成骨环。背鳍发达，有鳍条20～21，位于躯干部最后2节骨环及尾部最前2节骨环的背方。臀鳍较短。胸鳍侧位，短宽。无腹鳍和尾鳍。雄鱼腹部有育儿囊。

生活习性 为我国常见的人工养殖海马。是近海暖水性鱼类，栖息于水清澈、多藻类的海区。主要靠鳍扇动而进行觅食和繁殖，并将卷曲的尾部缠绕在海藻等物体上。游泳缓慢，有时平游，有时垂直游。以鳃盖和吻的伸张吞吸食物，以糠虾等浮游甲壳类动物为食。繁殖奇特，在性成熟期，雌海马将卵产于雄海马的育儿囊中，并在囊内完成受精和孵化。

分布地区 我国的渤海、东海和南海。国外分布于泰国、新加坡、马来西亚、印度尼西亚等地。

脊索动物门

CHORDATA

两栖纲

AMPHIBIA

242. *霓股异香蛙 *Allobates femoralis*

学　　名 *Allobates femoralis*（Boulenger，1884）

曾用学名 *Prosfherapis*（*Phyllobates*，*Dendrobates*，*Epipedobates*）*femoralis*

英 文 名 Brilliant-thighed poison frog

别　　名 箭毒蛙

分类地位 脊索动物门CHORDATA/两栖纲AMPHIBIA/无尾目ANURA/香蛙科Aromobatidae/异香蛙属*Allobates*

保护级别 CITES附录Ⅱ

识别特征 体呈棕色，背面有密布的浅色小疣粒。吻钝圆，在头体两侧从吻端经吻棱、上眼睑、颞褶上缘到腹股沟中部有一条非常显著的白色宽带纹；从吻端经上颌缘、肩部到腹股沟前部有另一条较窄的白色带纹，并与上面者平行。体侧为褐色或深褐色，四肢背面浅棕色。指、趾端部膨大呈吸盘状。

生活习性 栖息于热带雨林地区，在各种各样的环境中产卵，主要产在树叶上部或下部或被包裹其中，有的将卵产在枯叶上。

分布地区 巴西、哥伦比亚、厄瓜多尔、法属圭亚那、圭亚那、秘鲁、苏里南。

243. *银石疣背毒蛙 *Ameerega silverstonei*

学　　名 *Ameerega silverstonei*（Myers *et* Daly，1979）

曾用学名 *Dendrobates silverstonei*, *Epipedobates silverstonei*, *Phobobates silverstonei*

英 文 名 Silverstone's poison frog, Red splendour poison frog

别　　名 箭毒蛙，银石箭毒蛙

分类地位 脊索动物门CHORDATA/两栖纲AMPHIBIA/无尾目ANURA/箭毒蛙科Dendrobatidae/疣背毒蛙属*Ameerega*

保护级别 CITES附录Ⅱ

识别特征 中型蛙类，体长3.2～4.5cm。头体背面黄色，有黑色斑块或呈网状，体后半部黑斑较密或相连，几乎全黑或呈深银灰色。颞褶下方和体侧有银灰色或深棕色斑块。腹面银灰色。指、趾端膨大呈“T”形。

生活习性 栖息于秘鲁阿祖山脉南部山区海拔1300～1800m的区域。该区为潮湿的雨林，相对比较凉爽，环境温度为22～25℃。

分布地区 秘鲁。

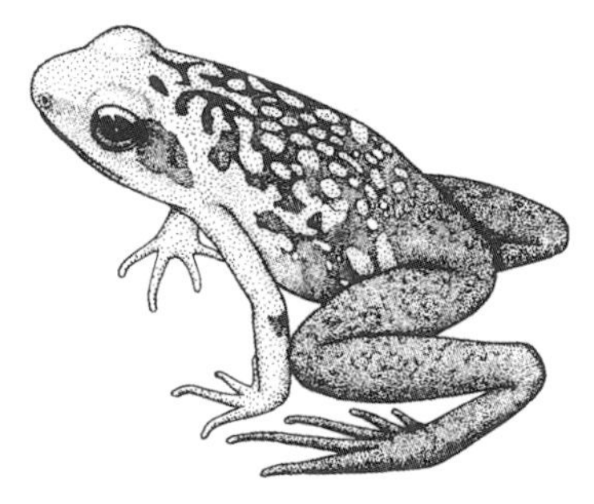

244. *蓝腹安第斯毒蛙 *Andinobates minutus*

学　　名 *Andinobates minutus*（Shreve，1935）

曾用学名 *Dendrobates minutus*，*Minyobates minutus*

英 文 名 Blue-bellied poison frog

别　　名 蓝腹箭毒蛙

分类地位 脊索动物门CHORDATA/两栖纲AMPHIBIA/无尾目ANURA/箭毒蛙科Dendrobatidae/安第斯毒蛙属*Andinobates*

保护级别 CITES附录Ⅱ

识别特征 小型蛙类，体长1.20～1.55cm，头体背面色深，与自吻后缘，经上眼睑，沿背侧褶到胯部有一条宽的黄色带纹，但在吻端不连通，在吻两侧较窄。下颌缘和前臂背面为黄绿色纵行条纹，但边缘不整齐。后肢背面为黄绿色。头体腹面色深，有蓝色大斑块。指、趾端膨大呈“T”形。

生活习性 栖息于巴拿马和哥伦比亚西部的低地森林中。

分布地区 巴拿马、哥伦比亚西部。

245. *花箭毒蛙 *Dendrobates tinctorius*

学　　名　*Dendrobates tinctorius*（Cuvier, 1797）

曾用学名　无

英 文 名　Dying poison arrow frog

别　　名　箭毒蛙，花丛蛙

分类地位　脊索动物门CHORDATA/
两栖纲AMPHIBIA/
无尾目ANURA/
箭毒蛙科Dendrobatidae/箭毒蛙属*Dendrobates*

保护级别　CITES附录Ⅱ

识别特征　生活时颜色变异较大，多数个体体背面黑紫色或黑蓝色；头体背面有浅黄色斑；有的个体体背面与体侧交汇处前半部形成黄色带纹；腹部和体侧浅紫蓝色，有大小不一的褐黑色斑点。四肢背面深紫色或紫蓝色，具黑色斑点，指、趾端膨大呈“T”形，色略浅。

生活习性　栖息于热带森林底层潮湿的落叶间。主要以蚂蚁等为食，曾在一只标本胃内发现50只蚂蚁；此外还捕食甲壳虫和其他昆虫。

分布地区　巴西、法属圭亚那、苏里南。

246. *天蓝微蹼毒蛙 *Hyloxalus azureiventris*

学　名 *Hyloxalus azureiventris*（Kneller *et* Henle，1985）

曾用学名 *Epipedobates azureiventris*, *Dendrobates azureiventris*, *Phyllobates azureiventris*, *Cryptophyllobates azureiventris*

英文名 Sky-blue poison frog

别　名 天蓝箭毒蛙

分类地位 脊索动物门CHORDATA/两栖纲AMPHIBIA/无尾目ANURA/箭毒蛙科Dendrobatidae/微蹼毒蛙属*Hyloxalus*

保护级别 CITES附录Ⅱ

识别特征 体长2.5～2.8cm。头体背面暗蓝褐色，自吻棱经上眼睑沿背侧至体后有一条宽的棕黄色带纹。从眼下方经颌部下方至上臂有一条宽的黄色带纹。体两侧蓝色，后部有一条棕黄色带纹至胯部。前臂、后肢背面蓝色，有不规则黑斑纹。体腹面浅蓝色，具黑色斑块。指、趾端膨大。

生活习性 栖息于秘鲁海拔700m以上的地区。

分布地区 秘鲁。

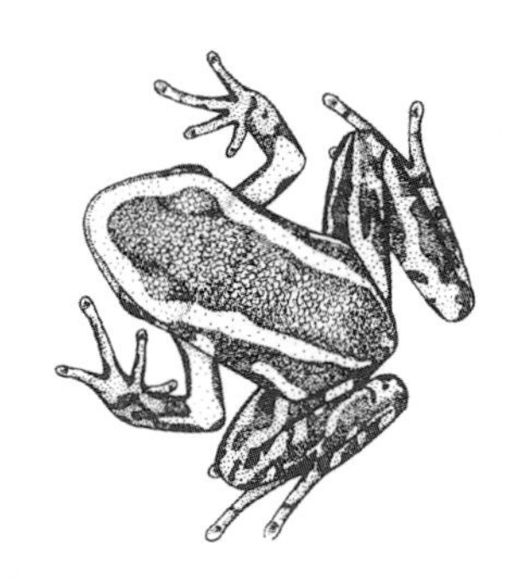

247. *暗叶毒蛙 *Phyllobates lugubris*

学　　名　*Phyllobates lugubris*（Schmidt, 1857）

曾用学名　*Dendrobates lugubris*

英 文 名　Lovely poison frog

别　　名　暗箭毒蛙

分类地位　脊索动物门CHORDATA/两栖纲AMPHIBIA/无尾目ANURA/箭毒蛙科Dendrobatidae/叶毒蛙属*Phyllobates*

保护级别　CITES附录Ⅱ

识别特征　小型蛙类，体长1.85～2.35cm。趾间无蹼；体色深，体背面有2～3条纵行的宽黄色带纹，体侧有大的淡蓝色斑块。下颌缘和上臂背面为淡蓝色，前臂和后肢有深浅相间的细斑纹。

生活习性　主要栖息于大西洋附近的低地。常栖息于森林内的流溪附近，多见于溪岸边缘地带。

分布地区　巴拿马西北部和哥斯达黎加。

248. 六趾蛙 *Euphlyctis hexadactylus*

学　名 *Euphlyctis hexadactylus*（Lesson，1834）

曾用学名 *Dactylethra bengalensis*，*Rana cutipora*（*saparoua*，*robusta*），*Phrynoderma cutiporum*（*hexadactyla*），*Rana*（*Euphlyctis*，*Dicroglossus*，*Occidozyga*）*hexadactyla*

英文名 Indian pond frog，Six-toed green-frog

别　名 印度池蛙

分类地位 脊索动物门CHORDATA/两栖纲AMPHIBIA/无尾目ANURA/叉舌蛙科Dicroglossidae/水栖蛙属*Euphlyctis*

保护级别 国家二级（核准，仅野外种群）；CITES附录Ⅱ

识别特征 体大，成体雄蛙体长5.8～8.6cm，雌蛙体长5.8～12.0cm。咽部腹面多疣，幼体和次成体也是如此。上颌有尖的牙齿。鼓膜明显。背面光滑稍有疣粒，鼓膜后、体两侧及肛周围有大的疣粒。内跖突明显，呈趾状，故有“六趾蛙”之名。

生活习性 纯水生，主要栖息于海拔小于760m的低洼地、静水塘、水库、河流、沼泽地。

分布地区 印度南部、斯里兰卡、尼泊尔。

249. 虎纹蛙 *Hoplobatrachus chinensis*

学　名 *Hoplobatrachus chinensis*（Osbeck, 1765）

曾用学名 *Hoplobatrachus rugulosus*, *Rana rugulosus*

英文名 Tiger frog

别　名 中国牛蛙

分类地位 脊索动物门CHORDATA/两栖纲AMPHIBIA/无尾目ANURA/叉舌蛙科Dicroglossidae/虎纹蛙属*Hoplobatrachus*

保护级别 国家二级（仅野外种群）

识别特征 体大，体长雄蛙80mm、雌蛙100mm左右。吻端钝尖，下颌前缘有两个齿状骨突。背面皮肤粗糙，背面有长短不一，并且断续排列成纵行的肤棱。指趾末端钝尖，趾间全蹼。背面黄色或灰棕色，散有不规则的深色花斑；四肢横纹明显。

生活习性 一般栖息于丘陵地带的稻田、鱼塘、水坑和沟渠内。白天隐匿于水域岸边的洞穴内，夜间外出活动，跳跃能力很强。雄性鸣声如犬吠。繁殖期3～8月，雌性年产卵可达2次以上。

分布地区 我国南部以及台湾和香港等地。国外分布于缅甸、泰国、老挝、越南、柬埔寨。

250. 脆皮大头蛙 *Limnonectes fragilis*

学　　名 *Limnonectes fragilis*（Liu *et* Hu，1973）

曾用学名 *Rana fragilis*，*Limnonectes*（*Limnonectes*）*fragilis*

英 文 名 Fragile large-headed frog，Fragile wart frog

别　　名 无

分类地位 脊索动物门CHORDATA/两栖纲AMPHIBIA/无尾目ANURA/叉舌蛙科Dicroglossidae/大头蛙属*Limnonectes*

保护级别 国家二级

识别特征 体中等大小，雄蛙体长36～69mm，雌蛙体长45～58mm。头长略大于头宽；吻端钝圆，略超出于下唇；枕部隆起。雄蛙头部较大，下颌前端具一对齿状骨突，前肢特别粗壮，无婚垫，背侧有雄性线。从眼后至背侧各有一断续成行的窄长疣，无背侧褶。后肢前伸贴体时胫跗关节达眼后角，左右跟部不相遇；指、趾末端球状而无横沟，趾间全蹼。皮肤极易破裂；体背面多为棕红色，上下唇缘有黑斑，背中部有一个“W”形黑斑；四肢背面有黑横斑3～4条；腹面浅黄色。

生活习性 生活于海拔290～900m山区平缓水浅的流溪内。成蛙白天多在浅水流溪石间或石下活动，行动甚为敏捷，跳跃力强。繁殖期颇长，2～8月均可产卵；蝌蚪底栖于石块下或石间，常潜入水底泥沙或石缝中，数量甚少。

分布地区 我国海南（五指山、吊罗山、白沙、儋州、乐东尖峰岭、三亚、东方、昌江坝王岭）。

251. 叶氏肛刺蛙 *Yerana yei*

学　　名 *Yerana yei*（Chen，Qu *et* Jiang，2002）

曾用学名 *Paa*（*Feirana*）*yei*，*Quasipaa yei*，*Nanorana yei*

英 文 名 Ye's spiny-vented frog

别　　名 无

分类地位 脊索动物门CHORDATA/两栖纲AMPHIBIA/无尾目ANURA/叉舌蛙科Dicroglossidae/肛刺蛙属*Yerana*

保护级别 国家二级

识别特征 体中等大小，雄蛙体长50～64mm，雌蛙体长69～83mm。头宽大于头长，吻圆；颞褶明显。雄蛙肛部皮肤明显隆起，肛孔周围刺疣密集；肛孔下方有两个大的圆形隆起，其上有黑刺，圆形隆起与肛部下壁之间有一囊泡状突起；单咽下内声囊；第1指黑刺稀疏。指、趾末端圆；趾间蹼发达，跖间有蹼。后肢前伸贴体时胫跗关节达眼部。皮肤粗糙，背部疣粒较大；背面颜色多为黄绿色或褐色；四肢腹面橘黄色，有褐色斑；咽喉部多有灰褐斑，体腹面斑纹不显或有碎斑。

生活习性 生活于海拔320～560m林木繁茂的山区。成蛙栖息于水流较急的流溪内及其附近，白天多隐居在石缝内或大石块下，夜晚上岸觅食，食物以昆虫为主。繁殖期为5～8月，卵群产于石下。10月下旬该蛙在溪内岩洞内冬眠，蛰眠期约6个月。

分布地区 我国河南（商城）、安徽（霍山、潜山、金寨、岳西）。

252. *金色曼蛙 *Mantella aurantiaca*

学　　名 *Mantella aurantiaca* Mocquard，1900

曾用学名 无

英 文 名 Golden mantella

别　　名 金色蛙

分类地位 脊索动物门CHORDATA/两栖纲AMPHIBIA/无尾目ANURA/曼蛙科Mantellidae/曼蛙属*Mantella*

保护级别 CITES附录Ⅱ

识别特征 体长2.0～2.6cm，指端略膨大成吸盘状，小于鼓膜直径，末端两个指骨间有一小软骨。体色有几个类型，即橙色、浅橙色、红橙色等。该物种色彩很艳丽。雄蛙体型与雌蛙相比较小、较轻，棱角分明。根据腹面特征，可区分性别。

生活习性 栖息于海拔900m以上的潮湿森林内。白天活动，即使在暴晒的阳光下也能发现它；常在有植物的潮湿环境中鸣叫，连续发出“咔嗒、咔嗒”声。在食物充足的情况下，雌蛙每2个月可以产卵11次。主要捕食白蚁和其他蚁类。该蛙体色鲜艳，其红色或橙色均具警戒作用。

分布地区 马达加斯加东部。

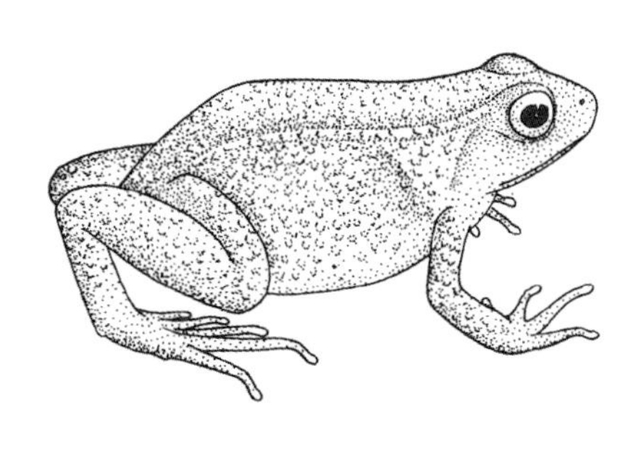

253. *安通吉尔暴蛙 *Dyscophus antongilii*

学　　名　*Dyscophus antongilii* Grandidier，1877

曾用学名　*Discophus antongilii*

英 文 名　Tomato frog

别　　名　安通吉尔湾姬蛙

分类地位　脊索动物门CHORDATA/两栖纲AMPHIBIA/无尾目ANURA/姬蛙科Microhylidae/暴蛙属*Dyscophus*

保护级别　CITIES附录Ⅱ

识别特征　体背橙色到红色，腹面淡黄色，有的个体咽部有黑色斑点。雄蛙体长6.0 ~ 6.5cm，雌蛙8.5 ~ 10.5cm。雌雄个体皮肤均能产生一种白色分泌物用于抵御天敌侵害。同时，这种皮肤分泌物偶尔会使人有过敏反应。

生活习性　常栖息于沼泽地和浅水池。夜行性，以一些无脊椎动物为食，如蟋蟀等。当受到干扰时身体会膨大。雨季在静水或流动缓慢的水域中繁殖。一次产卵1000 ~ 1500枚；卵小，呈黑色或白色，漂浮于水面。产出的卵36小时即可孵化出蝌蚪，45天后变态；幼体的背面黄色，两侧和肛部黑色。

分布地区　马达加斯加的低地。

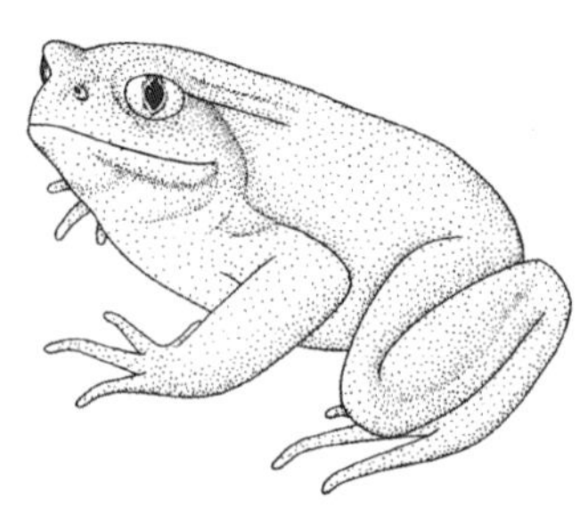

254. 海南湍蛙 *Amolops hainanensis*

学名 *Amolops hainanensis*（Boulenger，1900）

曾用学名 *Staurois hainanensis*，*Staurois planiformis*，*Amolops*（*Amolops*）*hainanensis*，*Odorrana*（*Odorrana*）*hainanensis*

英文名 Hainan torrent frog，Hainan sucker frog

别名 无

分类地位 脊索动物门CHORDATA/两栖纲AMPHIBIA/无尾目ANURA/蛙科Ranidae/湍蛙属*Amolops*

保护级别 国家二级

识别特征 体型偏大，雄蛙体长71～93mm，雌蛙体长68～78mm。头的长宽几乎相等，吻短而高，吻棱明显；鼓膜很小，无犁骨齿。后肢前伸贴体时胫跗关节达眼部或眼后，左右跟部略重叠或仅相遇。指、趾吸盘甚大，后者稍小，均有横沟；趾间全蹼，外侧跖间蹼达跖基部；跗部腹面有厚腺体。体背部满布大小疣粒，无背侧褶；上唇缘有深浅相间的纵纹；背面橄榄色或褐黑色，有不规则黑色或橄榄色斑；四肢背面横斑清晰，股后方有网状黑斑；腹面肉红色。

生活习性 生活于海拔80～850m水流湍急的溪边岩石上或瀑布直泻的岩壁上。成蛙白天常攀爬在瀑布旁的悬崖绝壁上，受惊扰后跳入瀑布内崖缝中，晚上多在溪边石上或灌木枝叶上。4～8月为繁殖期，卵群成团贴附在瀑布内岩缝壁上。

分布地区 我国海南（东方、五指山、昌江、白沙、乐东、琼中、三亚、陵水）。

255. 香港湍蛙 *Amolops hongkongensis*

学　名 *Amolops hongkongensis*（Pope *et* Romer，1951）

曾用学名 *Staurois hongkongensis*，*Amolops*（*Amolops*）*hongkongensis*

英文名 Hong Kong torrent frog，Hong Kong sucker frog，Hong Kong cascade frog

别　名 无

分类地位 脊索动物门CHORDATA/两栖纲AMPHIBIA/无尾目ANURA/蛙科Ranidae/湍蛙属*Amolops*

保护级别 国家二级

识别特征 体型较小，雄蛙体长34～41mm，雌蛙体长31～65mm。头扁平，其长宽相等；吻圆而明显突出，吻棱明显，眼径与吻长相等；无犁骨齿。第2、3指吸盘宽与其指长几乎相等，第4指吸盘更宽；趾吸盘小，指、趾端均具边缘沟。后肢前伸贴体时胫跗关节达眼前角；趾间满蹼，跗褶发达。背面皮肤具许多小疣，腹部皮肤光滑。体和四肢背面为褐色或灰褐色；体背面有黑色斑纹，四肢背面具黑色横纹，股后面斑纹较醒目；体腹面和咽胸部为黄白色，无斑或有褐色斑，腹后和腿腹面肉色。雄蛙第1指内侧具无色颗粒状婚垫，有1对内声囊。

生活习性 生活于海拔150～300m的山溪急流石间，常栖息在小瀑布附近的石上或瀑布里的石壁上。8月中下旬繁殖。

分布地区 我国广东（惠东、深圳）、香港。

256. 小腺蛙 *Glandirana minima*

学名 *Glandirana minima*（Ting *et* T'sai，1979）

曾用学名 *Rana minimus*，
Rana（*Glandirana*）*minima*

英文名 Little gland frog，Fujian frog

别名 无

分类地位 脊索动物门CHORDATA/
两栖纲AMPHIBIA/
无尾目ANURA/蛙科Ranidae/腺蛙属*Glandirana*

保护级别 国家二级

识别特征 体小，雄蛙体长23～32mm，雌蛙体长25～32mm。头长略大于头宽，吻端钝圆，吻棱不显；鼓膜圆，略小于眼径。指、趾略扁，趾腹侧具沟；有内外跗褶，趾间半蹼或1/3蹼。后肢前伸贴体时胫跗关节达眼后缘。体背面皮肤粗糙，满布纵行长肤棱及小白腺粒，多排列成8列左右；腹面皮肤光滑。背面黄褐色或深或浅，体背后部及体侧常有少数黑斑，体腹面浅灰色有深色小点；四肢具横纹，股、胫腹面有深色小斑。雄性第1指婚垫上细刺密集；有1对咽侧下内声囊，背侧有雄性线。

生活习性 生活于海拔110～550m山区或丘陵地区，成蛙多栖于小水坑、沼泽或小溪边的草丛中。繁殖期为6～9月，雄蛙发出“叽!嘎嘎嘎嘎”的鸣声。

分布地区 我国福建（福清、长乐、永泰）。

257. 务川臭蛙 *Odorrana wuchuanensis*

学　名 *Odorrana wuchuanensis*（Xu，1983）

曾用学名 *Rana wuchuanensis*，
Rana（*Hylarana*）*wuchuanensis*

英 文 名 Wuchuan odorous frog，
Wuchuan frog

别　名 无

分类地位 脊索动物门CHORDATA/两栖纲AMPHIBIA/无尾目ANURA/蛙科Ranidae/臭蛙属*Odorrana*

保护级别 国家二级

识别特征 体型较大，雄蛙体长71～77mm，雌蛙体长76～90mm；头顶扁平，头长大于头宽；吻端钝圆；鼓膜约为眼径的4/5。指、趾具吸盘，除第1指外均有腹侧沟；无跗褶，趾间蹼缺刻深，蹼缘凹陷达第4趾第2关节下瘤。后肢前伸贴体时胫跗关节达鼻孔，左右跟部重叠。无背侧褶。雄性第1指婚垫淡橘黄色；无声囊；无雄性线。头体背面皮肤光滑，有较大疣粒；后背部、体侧及股、胫部背面有扁平疣粒；腹面皮肤光滑。背面绿色，疣粒周围有黑斑；四肢有多条深色横纹，股后有碎斑；腹面满布深灰色和黄色相间的网状斑块。

生活习性 生活于海拔700m左右山区的溶洞内。成蛙栖息于距洞口30m左右的水塘周围的岩壁上，洞内接近全黑。繁殖期可能在5～8月，6～8月可见到蝌蚪。

分布地区 我国贵州（务川、德江、荔波）、湖北（建始）、广西（环江）。

258. 钝口螈 *Ambystoma dumerilii*

学　　名　*Ambystoma dumerilii*（Dugès, 1870）

曾用学名　*Sirendon dumerilii*,
Bathysiredon dumerilii

英 文 名　Lake Patzcuaro salamander,
Achoque

别　　名　无

分类地位　脊索动物门CHORDATA/
两栖纲AMPHIBIA/有尾目CAUDATA/
钝口螈科Ambystomatidae/钝口螈属*Ambystoma*

保护级别　国家二级（核准，仅野外种群）；CITES附录Ⅱ

识别特征　体大，成体体长一般为115～120mm，最大可达170mm。头大而较扁平；通身茶褐色或褐色。具有3对发达的外鳃和强的鳃弓，第3鳃弓有较少的鳃耙，一般为16～26个。指趾有发达的蹼；后肢的第4趾有3节趾骨；后肢足后部有显著的跟骨凸起。

生活习性　终身栖息于水体中。

分布地区　仅分布于墨西哥的拉哥至帕茨夸罗湖。现在在国内宠物市场常见，也在一些实验室可见。

259. 墨西哥钝口螈 *Ambystoma mexicanum*

学　　名 *Ambystoma mexicanum*（Shaw *et* Nodder，1798）

曾用学名 *Amblystoma*（*Siredon*）*mexicanum*，*Siredon mexicana*

英 文 名 Axolotl

别　　名 大钝口螈

分类地位 脊索动物门CHORDATA/两栖纲AMPHIBIA/有尾目CAUDATA/钝口螈科Ambystomatidae/钝口螈属*Ambystoma*

保护级别 国家二级（核准，仅野外种群）；CITES附录Ⅱ

识别特征 成体体长达30cm，体重达300g。吻钝，口大，具有3对发达的外鳃。体色暗，间有绿色斑点，部分个体皮肤上有银色斑块。趾直而细。眼黄色，虹膜彩色。

生活习性 属湖泊类型。该物种不完全变态，具幼体型，终生保留羽状外鳃和尾鳍，水生生活。该物种即使保留幼态性状也能繁殖，1～1.5岁性成熟，精子团被雌性纳入泄殖腔，卵在体内受精；雌性产卵200～600枚，胚胎发育2～3周。

分布地区 仅分布于墨西哥的索奇米尔科湖。现在在国内宠物市场常见，也在一些实验室可见。

260. 大鲵 *Andrias davidianus*

学　　名 *Andrias davidianus*（Blanchard，1871）

曾用学名 *Megalobatrachus davidianua*

英 文 名 Chinese giant salamander

别　　名 娃娃鱼，大鲵，孩儿鱼，狗鱼

分类地位 脊索动物门CHORDATA/两栖纲AMPHIBIA/有尾目CAUDATA/隐鳃鲵科Cryptobranchidae/大鲵属*Andrias*

保护级别 国家二级（仅野外种群）；CITES附录 I

识别特征 体型特大，成体全长1m左右，大者可达2m以上，尾长为头体长的52%～57%。头扁平，头长略大于头宽；眼小无眼睑；口大，唇褶明显。躯干粗壮扁平，肋沟12～15条或不明显；尾高、尾基部宽厚，向后逐渐侧扁，尾鳍褶高而厚实，尾末端钝圆或钝尖。头部背、腹面均有成对的疣粒，体侧有厚的皮肤褶；四肢后缘均有皮肤褶；前、后肢贴体相对时，指、趾端相距约6条肋沟；指4、趾5，指、趾有缘膜。体背面浅褐色、棕黑色，有深色花斑或无斑；腹面灰棕色。

生活习性 栖息于海拔100～1200mm（最高达4200m）的山区水流较为平缓的河流、大型溪流的岩洞和深潭中。成鲵多单栖，幼体喜集群于石滩上。夜行性为主。7～9月为繁殖旺季。主要以鱼、虾、蟹、蛙、蛇和水生昆虫为食。

分布地区 我国珠江、长江和黄河水系的大部分区域。

261. 日本大鲵 *Andrias japonicus*

学　名　*Andrias japonicus*（Temminck，1836）

曾用学名　*Triton*（*Megalobatrachus*）*japonicus*，*A. davidianus japonicus*

英 文 名　Japanese giant salamander

别　名　大山椒鱼

分类地位　脊索动物门CHORDATA/两栖纲AMPHIBIA/有尾目CAUDATA/隐鳃鲵科Cryptobranchidae/大鲵属*Andrias*

保护级别　国家二级（核准，仅野外种群）；CITES附录Ⅰ

识别特征　成体全长为100cm左右，头扁平，眼小，体侧有显著的纵行皮肤褶；本种形态上与中国大鲵非常相似，主要差异为：日本大鲵头部背腹面疣粒为单枚，且大而多，尾稍短。

生活习性　栖息于花岗岩或页岩地区水温低、清洁的山区溪流中，垂直分布海拔300～1000m。8月底至9月初产卵，每条卵袋有卵400～600枚。胚胎发育时间为两个月。幼体5年后性成熟，饲养情况下寿命可达130年。该物种为完全的夜行性水生动物，以淡水螃蟹、鱼和小型两栖动物为食。繁殖期间由雄性筑巢，并有攻击和护卵行为。

分布地区　日本。

262. 美洲大鲵 *Cryptobranchus alleganiensis*

学　　名 *Cryptobranchus alleganiensis*（Sonnini de Manoncourt *et* Latreille，1801）

曾用学名 无

英 文 名 Eastern hellbender

别　　名 隐鳃鲵

分类地位 脊索动物门CHORDATA/两栖纲AMPHIBIA/有尾目CAUDATA/隐鳃鲵科Cryptobranchidae/隐鳃鲵属*Cryptobranchus*

保护级别 CITES附录Ⅲ

识别特征 头体宽而扁平；眼小，无眼睑；单循环外鳃开孔于两侧；皱性皮肤沿着体侧和后肢起褶；体长44cm以上个体通常具黑斑和黑点，皮肤起皱，头部和躯干黄棕色或棕黑色。肋沟不显，几乎隐藏在肤褶中；后肢粗短；足5趾。

生活习性 栖息于水流较急的河流和大型溪流，特别在石滩。水底巨石和倒木是重要的筑巢场所和白天的隐蔽所。以小虾、小鱼、蜗牛、昆虫、蚯蚓和蝌蚪为食。于8～10月繁殖。雌性在雄性所筑长巢内产卵250～450枚，雄性在胚胎发育期间有护卵行为。黏性皮肤分泌物有毒，可用于抵御捕食者。

分布地区 美国阿巴拉契亚和奥扎克山区。

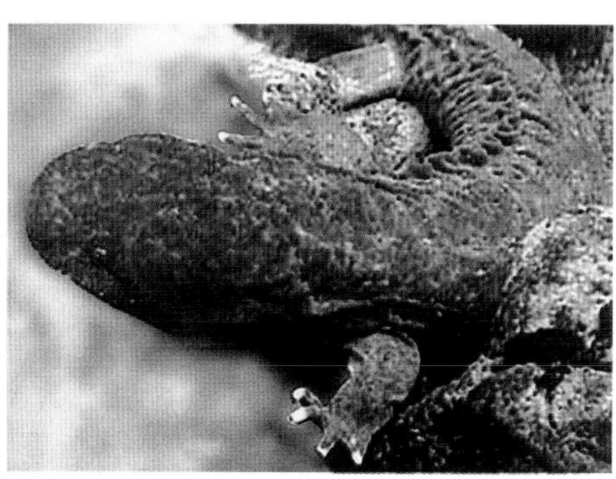

263. 弱唇褶山溪鲵 *Batrachuperus cochranae*

学　　名 *Batrachuperus cochranae* Liu，1950

曾用学名 无

英 文 名 Cochran’s stream salamander

别　　名 羌活鱼

分类地位 脊索动物门CHORDATA/两栖纲AMPHIBIA/有尾目CAUDATA/小鲵科Hynobiidae/山溪鲵属*Batrachuperus*

保护级别 国家二级

识别特征 体型中等偏小，雄鲵全长106.0～126.5mm，雌鲵全长约155mm，尾长为头体长的83%左右。头顶平，吻部高，吻端宽圆，唇褶弱；头长大于头宽，后部较宽扁，腹面无纵褶；颈褶呈弧形，眼后至颈褶有一条浅沟；颈侧部位较隆起。犁骨齿列呈“/\”形。躯干浑圆，尾基部圆柱状，向后逐渐侧扁，尾鳍褶平直而低厚，后部较薄。前后肢贴体相对时，指、趾端仅相遇；掌、跖部无黑色角质层；指4、趾4。皮肤光滑，体尾背面黄褐色，散布有深棕色斑点；体腹面灰黄色。

生活习性 生活于海拔3500～3900m的高山溪流及附近区域，多栖息于植被繁茂、地面极为阴湿的环境中。常见于药用植物羌活根部的潮湿土壤上，当地药农称为“羌活鱼”。

分布地区 我国四川（小金、汶川）。

264. 无斑山溪鲵 *Batrachuperus karlschmidti*

学　名 *Batrachuperus karlschmidti* Liu，1950

曾用学名 *Salamandrella karlschmidti*，
Batrachuperus tibetanus

英 文 名 Schumidt's stream salamander

别　名 杉木鱼，羌活鱼

分类地位 脊索动物门CHORDATA/
两栖纲AMPHIBIA/
有尾目CAUDATA/小鲵科Hynobiidae/山溪鲵属*Batrachuperus*

保护级别 国家二级

识别特征 体型中等，雄鲵全长151～220mm，雌鲵全长145～191mm。吻略呈方形，眼径大于眼前角到鼻孔间距，唇褶发达，舌小而长，两侧游离。尾较强壮，略短于体长，基部略圆，向后逐渐侧扁；尾鳍褶薄，只分布于尾的后侧背部。泄殖腔方形，后侧有凹槽。皮肤无斑点或者花纹，体背面黑褐色或黑灰色，腹面颜色稍浅。

生活习性 生活于海拔1800～4000m的山地小溪中。常栖息于较平整的石头下面；主要以水中的石蝇、钩虾等为食。5～8月为繁殖期。

分布地区 我国四川西部、西藏东北部、云南西北部。

265. 龙洞山溪鲵 *Batrachuperus londongensis*

学　　名 *Batrachuperus londongensis* Liu *et* Tian，1978

曾用学名 *Batrachuperus longdongensis*

英 文 名 Londong stream salamander

别　　名 杉木鱼

分类地位 脊索动物门CHORDATA/两栖纲AMPHIBIA/有尾目CAUDATA/小鲵科Hynobiidae/山溪鲵属*Batrachuperus*

保护级别 国家二级

识别特征 体型中等，雄鲵全长155 ~ 265mm，雌鲵全长163 ~ 232mm，雄鲵、雌鲵尾长分别为头体长的92%左右和86%左右。头较扁平，头长大于头宽；颈褶呈弧形；多数性成熟的个体颈侧有鳃孔或外鳃残迹；犁骨齿列呈“⸝⸜”形。躯干略扁；尾基部圆柱状，向后逐渐侧扁；尾背鳍褶低厚，约起于尾的中部，尾末端钝圆。前后肢贴体相对时，指、趾端相距2 ~ 3条肋沟；掌、跖部腹面有棕黑色角质层；指4、趾4，指趾末端黑色角质层呈爪状。皮肤光滑；体背面多为黑褐色、褐黄色；体腹面浅紫灰色，少数有蓝黑色云斑。

生活习性 生活于海拔1200 ~ 1800m的溪流、泉水洞以及下游河道内，河内石块甚多，水清凉。成鲵主要营水栖生活，在水中捕食虾类和水生昆虫及其幼虫等。

分布地区 我国四川（峨眉山、洪雅、荥经、汉源）。

266. 山溪鲵 *Batrachuperus pinchonii*

学名 *Batrachuperus pinchonii*（David，1872）

曾用学名 *Dermodactylus pinchonii*，*Desmodactylus pinchonii*，*Salamandrella sinensis*，*Batrachuperus sinensis*

英文名 Stream salamander

别名 杉木鱼

分类地位 脊索动物门CHORDATA/两栖纲AMPHIBIA/有尾目CAUDATA/小鲵科Hynobiidae/山溪鲵属*Batrachuperus*

保护级别 国家二级

识别特征 体型中等偏大，雄鲵全长181～204mm，雌鲵全长150～186mm，雄鲵、雌鲵尾长分别为头体长的95%左右和88%左右。头部略扁平，头长大于头宽，吻端圆，唇褶发达；头后部较宽扁，颈褶弧形；犁骨齿列呈“⸝⸜”形。躯干略扁平；尾鳍低厚而平直，起自尾基部后2～5个肌节处，尾末端钝圆。前后肢贴体相对时，指、趾端相距2～3条肋沟；掌、跖部腹面有棕色角质层；指4、趾4。皮肤光滑；体背面青褐色、橄榄绿色，其上有褐黑色斑纹或斑点；腹面灰黄色，麻斑少。

生活习性 生活于海拔1500～3950m的山区流溪内。成鲵多栖于大石下或倒木下，当地称为“杉木鱼”。成鲵捕食虾类、水生昆虫及其幼虫、蚯蚓等。5～7月繁殖，雌鲵产卵袋1对，一端相连成柄并黏附在石块底面。

分布地区 我国四川（马尔康、宝兴、小金、大邑、峨眉山、洪雅、喜德、冕宁、越西、安州、石棉、北川、彭州）。

267. 西藏山溪鲵 *Batrachuperus tibetanus*

学　　名 *Batrachuperus tibetanus* Schmidt，1925

曾用学名 *Batrachuperus karlschmidti*，*Batrachuperus taibaiensis*

英 文 名 Alpine stream salamander，Tibetan stream salamander

别　　名 杉木鱼，羌活鱼

分类地位 脊索动物门CHORDATA/两栖纲AMPHIBIA/有尾目CAUDATA/小鲵科Hynobiidae/山溪鲵属*Batrachuperus*

保护级别 国家二级

识别特征 体型中等偏大，雄鲵全长175～211mm，雌鲵全长170～197mm，雄鲵、雌鲵尾长分别为头体长的104%左右和96%左右。头部较扁平，头长略大于头宽，吻端宽圆，唇褶发达，颈褶弧形；犁骨齿列呈“╱╲”形。躯干圆柱状或略扁；尾基部粗圆，向后逐渐侧扁；尾鳍褶低厚而平直，末端钝圆。前后肢贴体相对时，指、趾端相距2～3条肋沟；掌、跖部无黑色角质层；指4、趾4。皮肤光滑，体尾背面深灰色或橄榄灰色等，其上有酱黑色细小斑点或无斑；腹面较背面颜色略浅。

生活习性 生活于海拔1500～4250m的山区或高原流溪内。多栖息于溪内石下或泉水沟石块下。成鲵白天多隐于溪水底石下或倒木下，当地称“杉木鱼”，主要捕食虾类和水生昆虫及其幼虫。5～7月为繁殖期。

分布地区 我国陕西（周至、佛坪、柞水、凤县）、甘肃（康县、文县、西和、漳县、舟曲）、四川（南江、黑水、若尔盖、平武、九寨沟、米亚罗、小金）。

268. 盐源山溪鲵 *Batrachuperus yenyuanensis*

学　名　*Batrachuperus yenyuanensis* Liu，1950

曾用学名　无

英 文 名　Yenyuan stream salamander

别　名　杉木鱼，羌活鱼

分类地位　脊索动物门CHORDATA/两栖纲AMPHIBIA/有尾目CAUDATA/小鲵科Hynobiidae/山溪鲵属*Batrachuperus*

保护级别　国家二级

识别特征　体型细长，中等大小，雄鲵全长163 ~ 211mm，雌鲵全长135 ~ 175mm，雄鲵、雌鲵尾长分别为头体长的119%左右和107%左右。头甚扁平，头长大于头宽；吻端圆，颈褶弧形；犁骨齿列呈“ˏ ˎ”形，每侧有齿3 ~ 6枚。躯干扁平，肋沟11 ~ 12条；尾鳍褶高而薄，起自尾基部，末端圆。前后肢贴体相对时，指、趾端略重叠或相距2条肋沟；掌、跖部无黑色角质层；指4、趾4。皮肤光滑；体背面黑褐色、黄褐色或蓝灰色，其上有云斑；腹面灰黄色，褐色云斑少。

生活习性　生活于海拔2900 ~ 4400m植被较为丰茂的高山区的山溪内或高山海子边。成鲵多栖于溪内石块下，主要捕食虾类、水生昆虫及其幼虫，偶尔吃种子和藻类等。3 ~ 4月为繁殖盛期。

分布地区　我国四川（德昌、普格、冕宁、盐边、盐源）。

269. 巫山巴鲵 *Liua shihi*

学　　名 *Liua shihi*（Liu，1950）

曾用学名 *Ranodon shihi*

英 文 名 Wushan salamander

别　　名 巫山北鲵

分类地位 脊索动物门CHORDATA/两栖纲AMPHIBIA/有尾目CAUDATA/小鲵科Hynobiidae/巴鲵属*Liua*

保护级别 国家二级

识别特征 成体体型肥壮，雄鲵全长151～200mm，雌鲵全长133～162mm，雄鲵、雌鲵尾长分别为头体长的87%左右和71%左右。头长略大于头宽；唇褶发达，有颈褶；犁骨齿列呈“╱╲”形。躯干略呈圆柱形；尾基部圆，向后逐渐侧扁，背鳍褶起自尾基部，尾末端钝圆。前后肢贴体相对时，指、趾互达对方的掌、跖部。掌、跖部腹面有棕黑色角质层；指4、趾5，指、趾末端角质层似爪状。皮肤光滑；体尾黄褐色、灰褐色或绿褐色，有黑褐色或浅黄色大斑；腹面乳黄色，或有黑褐色细斑点。

生活习性 生活于海拔900～2350m植被茂盛的山区的大小溪流及附近区域。成鲵多栖于小山溪内石下或溪边土穴，主要以毛翅目等水生昆虫及其幼虫和虾类、藻类为食。3～4月为繁殖期。

分布地区 我国四川（万源）、重庆（巫山、巫溪、城口）、湖北（神农架、巴东、宜昌）。

270. 秦巴巴鲵 *Liua tsinpaensis*

学　名 *Liua tsinpaensis*（Liu et Hu，1966）

曾用学名 *Ranodon tsinpaensis*，*Pseudohynobius tsinpaensis*，*Tsinpa tsinpaensis*

英 文 名 Tsinpa salamander

别　名 秦巴北鲵、秦巴拟小鲵

分类地位 脊索动物门CHORDATA/两栖纲AMPHIBIA/有尾目CAUDATA/小鲵科Hynobiidae/巴鲵属*Liua*

保护级别 国家二级

识别特征 体型较小，雄鲵全长119～142mm，头体长62～71mm，雄鲵尾长为头体长的95%。头部扁平呈卵圆形，头长大于头宽；吻端钝圆，无唇褶，颈褶明显；犁骨齿列呈“⌣”形。躯干背腹略扁，肋沟13条；尾长略短于头体长，尾基部较圆，向后逐渐侧扁，尾末端多钝圆。前后肢贴体相对时，指、趾末端仅相遇；掌、跖部无黑色角质层，指4、趾5。皮肤光滑，体尾背面金黄色与棕黑色交织成云斑状；腹面藕荷色，杂以细白点。雄鲵指、趾末端有黑色角质层似爪状。

生活习性 生活于海拔1770～1860m的小山溪及其附近。成鲵营陆栖生活，白天多隐蔽在小溪边或附近的石块下，主要捕食昆虫和虾类。5～6月为繁殖期。

分布地区 我国陕西（周至、宁陕、太白、眉县）、河南（栾川、内乡）、四川（万源、邻水、旺苍、平武）、重庆（城口、北碚）。

271. 安吉小鲵 *Hynobius amjiensis*

学　　名 *Hynobius amjiensis* Gu，1992

曾用学名 无

英 文 名 Anji hynobiid，Zhejiang salamander

别　　名 无

分类地位 脊索动物门CHORDATA/两栖纲AMPHIBIA/有尾目CAUDATA/小鲵科Hynobiidae/小鲵属*Hynobius*

保护级别 国家一级；CITES附录Ⅲ

识别特征 体型中等，雄鲵全长153～166mm，雌鲵全长166mm左右，雄鲵、雌鲵尾长均为头体长的93%左右。头部卵圆形而平扁，头长略大于头宽；吻端钝圆，颈褶明显；犁骨齿列呈“∨”形，齿列向后延伸达眼球后缘。躯干粗壮而略扁，体侧肋沟13条；尾基部近圆形，向后逐渐侧扁，尾背鳍褶低而明显，尾末端钝圆。四肢较细长，前后肢贴体相对时指、趾端重叠或互达掌、跖部；掌突和跖突明显；指4、趾5。皮肤光滑，体背面暗褐色或棕黑色，腹部灰褐色，均无斑纹。

生活习性 生活于海拔1300m左右的山区近山顶沟谷处的沼泽地内，周围植被繁茂，地面有大小水坑，水深50～100cm；以多种昆虫、蚯蚓等小动物为食。12月到次年3月在水坑内繁殖产卵。

分布地区 我国浙江（安吉、淳安）、安徽（绩溪、歙县）。

272. 阿里山小鲵 *Hynobius arisanensis*

学　　名　*Hynobius arisanensis* Maki，1922

曾用学名　*Hynobius*（*Poyarius*）*arisanensis*，*Hynobius*（*Makihynobius*）*arisanensis*

英 文 名　Arisan hynobiid，Arisan salamander

别　　名　山椒鱼

分类地位　脊索动物门CHORDATA/两栖纲AMPHIBIA/有尾目CAUDATA/小鲵科Hynobiidae/小鲵属*Hynobius*

保护级别　国家二级

识别特征　体型较小，雄鲵全长86～115mm，雌鲵全长80～92mm，雄鲵、雌鲵尾长分别为头体长的69%左右和74%左右。头扁平，头长大于头宽；吻端圆，鼻孔靠近吻端；犁骨齿列呈"ϒ"形，内枝后段呈弧形，左右不相连；耳后腺椭圆形，颈褶明显。躯干圆柱形，略扁平，肋沟12～13条；尾末端钝尖。前、后肢贴体相对时，指与趾不相遇，其间距约为2条肋沟；掌跖部无黑色角质层，掌突和跖突不明显或无；指4、趾5。皮肤光滑，背面深褐色、茶褐色或浅褐色，腹面色浅略带乳黄色。

生活习性　生活于海拔1800～3650m植被繁茂的中、高山区。成鲵常栖于林下流溪缓流处、沼泽和苔藓丰富的地方。3～4月可在流溪内发现成鲵，7月中旬可见到幼体；在流溪内繁殖。

分布地区　我国台湾（阿里山、玉山至大武山）。

273. 中国小鲵 *Hynobius chinensis*

学　　名 *Hynobius chinensis* Günther，1889

曾用学名 *Hynobius*（*Hynobius*）*chinensis*

英 文 名 Chinese hynobiid,
Chinese hynobiid salamander

别　　名 无

分类地位 脊索动物门CHORDATA/
两栖纲AMPHIBIA/有尾目CAUDATA/
小鲵科Hynobiidae/小鲵属*Hynobius*

保护级别 国家一级

识别特征 体型中等，全长165～205mm，尾长为头体长的85%左右。头长大于头宽，吻端圆，头顶部有一“V”形脊，颈褶不明显或略显；犁骨齿列呈“V”形，左右内侧后端中线相接或相距近。躯干较短而粗壮，肋沟11～12条，左右肋沟在腹中线相遇；尾基部略圆，向后至尾末端逐渐侧扁，无鳍褶或很弱。前、后肢贴体相对时，指、趾重叠2～3条肋沟；指4、趾5，第5趾短小。皮肤光滑，体尾背面几乎为一致的黑色或褐黑色；腹面浅褐色，有大理石黑褐色斑。

生活习性 生活于海拔1400～1500m的山区。成鲵多栖于山间凹地水塘附近植被繁茂的次生林、杂草和灌丛内，营陆栖生活。11～12月为繁殖期。

分布地区 我国湖北（长阳）。

274. 台湾小鲵 *Hynobius formosanus*

学　　名 *Hynobius formosanus* Maki，1922

曾用学名 *Hynobius sonani*，*Pseudosalamandra sonani*，*Hynobius*（*Poyarius*）*formosanus*，*Hynobius*（*Makihynobius*）*formosanus*

英 文 名 Formosan hynobiid，Taiwan salamander

别　　名 山椒鱼

分类地位 脊索动物门CHORDATA/两栖纲AMPHIBIA/有尾目CAUDATA/小鲵科Hynobiidae/小鲵属*Hynobius*

保护级别 国家二级

识别特征 体型较小，全长58～98mm，尾长为头体长的72%左右。头圆而扁平，头长大于头宽，吻端圆，颈褶明显；犁骨齿列呈“ϒ”形。躯干圆柱形，肋沟12～13条；尾基部较粗，向后逐渐变细而侧扁。前肢略短于后肢，前、后肢贴体相对时，指、趾不相遇；掌、跖部无黑色角质层，掌突和跖突不显；指4、趾5，第5趾短于第1趾或完全退化。皮肤光滑，生活时背面茶褐色或黑色，其上无斑纹或具黄褐色、金黄色斑点；体腹面色略浅，具深色小斑点。

生活习性 生活于海拔2300～2900m的山区溪流及其附近。1月初曾在流溪内石下发现雌、雄鲵，1～3月在野外发现胚胎，繁殖期可能在11月至次年1月。

分布地区 我国台湾（南投合欢山及能高山附近）。

275. 观雾小鲵 *Hynobius fucus*

学　　名 *Hynobius fucus* Lai *et* Lue，2008

曾用学名 *Hynobius*（*Poyarius*）*fucus*，*Hynobius*（*Makihynobius*）*fuca*

英 文 名 Taiwan lesser hynobiid，Taiwan lesser salamander

别　　名 山椒鱼

分类地位 脊索动物门CHORDATA/两栖纲AMPHIBIA/有尾目CAUDATA/小鲵科Hynobiidae/小鲵属*Hynobius*

保护级别 国家二级

识别特征 体型小，雄鲵全长74.1～85.6mm，雄鲵尾长为头体长的56.6%左右；雌鲵全长88.4～116.5mm，雌鲵尾长为头体长的61.2%左右。头圆而扁平，头长大于头宽，吻端圆，颈褶明显；犁骨齿列呈“Y”形。躯干圆柱形，肋沟11～12条；尾基部较粗，向后逐渐变细而侧扁。前肢略短于后肢，前、后肢贴体相对时，指、趾端相距约2条肋沟；掌、跖部无黑色角质层，指、趾无关节下瘤；指4、趾5。皮肤光滑；生活时背面黑褐色，有显著的白斑点；体侧和腹面褐色，具浅黄色斑块。

生活习性 生活在海拔1200～2100m的山区，植被为针叶树混交林。成鲵栖息在阴暗潮湿的石块下或腐烂的树叶下，其种群数量稀少。繁殖期以冬末春初为主，在流水域产卵，有护卵行为。

分布地区 我国台湾（桃园、台北、新竹）。

276. 南湖小鲵 *Hynobius glacialis*

学　　名 *Hynobius glacialis* Lai *et* Lue，2008

曾用学名 *Hynobius*（*Poyarius*）*glacialis*，*Hynobius*（*Makihynobius*）*glacialis*

英 文 名 Glacial hynobiid，Nanhu salamander

别　　名 山椒鱼

分类地位 脊索动物门CHORDATA/两栖纲AMPHIBIA/有尾目CAUDATA/小鲵科Hynobiidae/小鲵属*Hynobius*

保护级别 国家二级

识别特征 体型小，雄鲵全长93.1～123.9mm，雄鲵尾长为头体长的79.1%左右；雌鲵全长88.4～116.5mm，雌鲵尾长为头体长的74.1%左右。头圆而扁平，头长大于头宽；吻端圆，颈褶明显；犁骨齿列呈“Y”形，内枝甚长，外枝很短。躯干圆柱形，肋沟11～13条；尾基部较粗，向后逐渐变细而侧扁。前、后肢贴体相对时，指趾相遇；指4、趾5，第5趾短于第1趾。皮肤光滑；生活时背面浅黄褐色，其上有不规则但均匀分布的黑褐色短条形斑纹；体腹面有浅黄色斑块。

生活习性 生活于海拔3000～3536m的山区。通常栖息在小河支流附近的泉水或浸水处，白天隐蔽在砾石下。该鲵可能旱季在流溪繁殖。

分布地区 我国台湾（中央山脉北部的南湖大山）。

277. 挂榜山小鲵 *Hynobius guabangshanensis*

学　　名 *Hynobius guabangshanensis* Shen，2004

曾用学名 无

英 文 名 Guabangshan hynobiid

别　　名 无

分类地位 脊索动物门CHORDATA/两栖纲AMPHIBIA/有尾目CAUDATA/小鲵科Hynobiidae/小鲵属*Hynobius*

保护级别 国家一级

识别特征 体型较小，雄鲵全长125～151mm，尾长为头体长的71%左右。头部略扁，头长明显大于头宽，头顶有“V”形隆起，吻端圆，颈褶明显；犁骨齿列呈“V”或“V”形，两内枝齿列在后端互相连接。躯干圆柱状，腹面略扁平，肋沟13条；尾基部略圆，尾部有背、腹鳍褶，向后逐渐变薄，尾末端圆。前、后肢贴体相对时，指、趾重叠3条肋沟，内、外掌突和跖突均较圆；指4、趾5。皮肤光滑；体背面为黑色或黄绿色，具蜡光；腹面灰色略显紫红色，有许多白色小斑点。

生活习性 生活于海拔400～720m的山间小水塘、沼泽地及其附近。营陆栖生活，多栖息在落叶层下和土洞内。繁殖期在11月中旬至下旬，雄、雌鲵进入繁殖水域配对产卵。

分布地区 我国湖南（祁阳挂榜山）。

278. 东北小鲵 *Hynobius leechii*

学　名 *Hynobius leechii* Boulenger，1887

曾用学名 *Hynobius mantchuricus*，*Hynobius mantschuriensis*，*Hynobius manchuricus*，*Hynobius kurashigei*，*Hynobius*（*Hynobius*）*leechii*

英文名 Northeast China hynobiid，Leech's salamander

别　名 无

分类地位 脊索动物门CHORDATA/两栖纲AMPHIBIA/有尾目CAUDATA/小鲵科Hynobiidae/小鲵属*Hynobius*

保护级别 国家二级

识别特征 体型小，雄鲵全长85～141mm，雌鲵全长86～142mm，雄鲵、雌鲵尾长分别为头体长的74%左右和64%左右。头部扁平，头长大于头宽；吻端钝圆，颈褶明显；犁骨齿列呈“∨”形。躯干圆柱状而略扁，肋沟11～13条；尾基部近圆形，向后逐渐侧扁，尾背鳍褶明显，尾末端钝圆。前、后肢贴体相对时，指、趾端相距2～3条肋沟；内侧掌突和跖突显著；指4、趾5。皮肤光滑；头体背面呈黄褐色、绿褐色或暗灰色，其上有黑灰色斑点；体腹面灰褐色或污白色。

生活习性 生活于海拔200～850m山区密林中的小溪或浸水水塘附近。10月初入蛰，一般在向阳处土壤中、乱石堆及草垛下越冬；成鲵捕食昆虫及其幼虫，幼体以水蚤和水丝蚓为主要食物。3月末至4月初为繁殖期。

分布地区 我国黑龙江（松花江流域）、吉林（白河、汪清、和龙）和辽宁。国外分布于朝鲜和韩国。

279. 猫儿山小鲵 *Hynobius maoershanensis*

学　　名　*Hynobius maoershanensis* Zhou，Jiang *et* Jiang，2006

曾用学名　无

英 文 名　Maoershan hynobiid，Maoershan salamander

别　　名　无

分类地位　脊索动物门CHORDATA/两栖纲AMPHIBIA/有尾目CAUDATA/小鲵科Hynobiidae/小鲵属*Hynobius*

保护级别　国家一级

识别特征　雄鲵全长152～160mm，雌鲵全长136～155mm，雄鲵、雌鲵尾长分别为头体长的74%左右和64%左右。头部略扁，头长大于头宽；吻端圆，颈褶明显；犁骨齿列呈"V"形。躯干圆柱状，腹面扁平，肋沟12条；尾基部呈圆柱形，向后逐渐侧扁，尾鳍褶不明显，尾末端钝圆。前、后肢贴体相对时，指、趾重叠或相遇；掌和跖均无黑色角质层，无掌突和跖突；指4、趾5。皮肤光滑；体背面一般为黑色、浅紫棕色或黄绿色，无斑纹；体侧和体腹面灰色，散有许多白色小斑点。

生活习性　生活于海拔1978～2015m植被繁茂的山区沼泽地及其周围地带。成鲵营陆栖生活，繁殖期为11月初至次年2月，此期成鲵进入静水塘内交配产卵，雌鲵将卵袋产在水质清澈透明、水底有淤泥的水塘内，水塘水深20～50cm。

分布地区　我国广西（龙胜、兴安）。

280. 楚南小鲵 *Hynobius sonani*

学　　名 *Hynobius sonani*（Maki，1922）

曾用学名 *Salamandrella sonani*,
Hynobius（*Poyarius*）*sonani*,
Hynobius（*Makihynobius*）*sonani*

英 文 名 Sonan’s hynobiid,
Yushan salamander

别　　名 山椒鱼

分类地位 脊索动物门CHORDATA/
两栖纲AMPHIBIA/有尾目CAUDATA/小鲵科Hynobiidae/
小鲵属*Hynobius*

保护级别 国家二级

识别特征 体型小，雄鲵全长98～129mm，雌鲵全长90～105mm，雄鲵、雌鲵尾长分别为头体长的69%左右和74%左右。头前半部较扁平，吻端钝圆，颈褶明显；犁骨齿列呈“∨”形。躯干肥壮，肋沟12～13条；尾较肥厚，尾部近圆柱状，向后部逐渐扁平，末端钝尖。前、后肢贴体相对时，指、趾端相距约3条肋沟；有内掌突，指4、趾5，第5趾退化。皮肤光滑；背面为浅色，其上有深褐色花斑；腹部色较浅，咽喉部黄褐色，杂有暗褐色斑纹；体腹面和尾腹侧有黑褐色小斑点。

生活习性 生活于海拔2600～3500m森林茂密、杂草丛生的山区中。常见于石缝中或山溪边石下及环境阴湿的地方，以昆虫和蜘蛛为食。繁殖期可能在11月至次年1月中旬。

分布地区 我国台湾（能高山、玉山）。

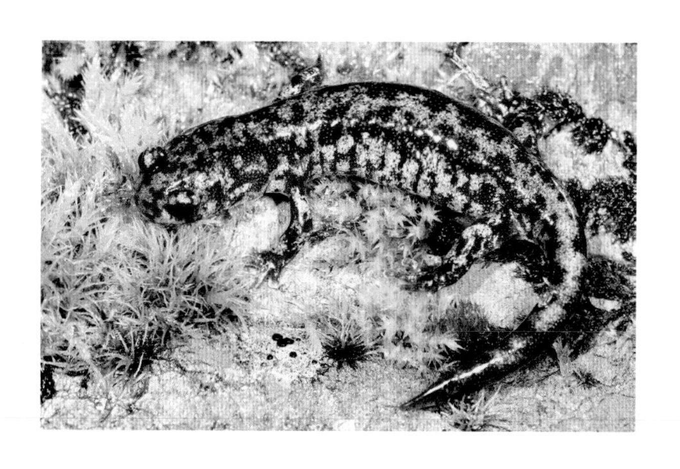

281. 义乌小鲵 *Hynobius yiwuensis*

学　　名 *Hynobius yiwuensis* Cai，1985

曾用学名 *Hynobius*（*Hynobius*）*yiwuensis*

英 文 名 Yiwu hynobiid, Yiwu salamander

别　　名 无

分类地位 脊索动物门CHORDATA/两栖纲AMPHIBIA/有尾目CAUDATA/小鲵科Hynobiidae/小鲵属*Hynobius*

保护级别 国家二级

识别特征 体型小，雄鲵全长83～136mm；雌鲵全长87～117mm，雄鲵、雌鲵尾长分别为头体长的75%左右和60%左右。头长大于头宽，吻端钝圆，颈褶明显；犁骨齿列呈“V”形。躯干圆柱状，背腹略扁，肋沟10～11条；尾基部近圆形，向后逐渐侧扁，尾背鳍褶起于尾基部，直至末端，尾腹鳍褶位于尾后段1/3处，尾末端钝圆。前、后肢贴体相对时，指、趾端多不相遇；掌突和跖突小；指4、趾5。皮肤光滑；体背面一般为黑褐色，体侧通常有灰白色细点；体腹面灰白色，无斑纹。

生活习性 生活于海拔50～200m植被较繁茂的丘陵山区。成鲵常见于潮湿的泥土、石块或腐叶下，以小型动物为食。12月中旬至次年2月为繁殖期，卵产在水池（坑）或小水库边缘。

分布地区 我国浙江（舟山、镇海、萧山、义乌、温岭、江山、北仑）。

282. 吉林爪鲵 *Onychodactylus zhangyapingi*

学　　名 *Onychodactylus zhangyapingi* Che, Poyarkov *et* Yan，2012

曾用学名 *Onychodactylus fischeri*

英 文 名 Jilin clawed salamander

别　　名 无

分类地位 脊索动物门CHORDATA/两栖纲AMPHIBIA/有尾目CAUDATA/小鲵科Hynobiidae/爪鲵属*Onychodactylus*

保护级别 国家二级

识别特征 体型中等，细长。雄性全长138.3～164.0mm，雌鲵全长130.1～179.4mm，雄鲵、雌鲵尾长分别为头体长的136.6%左右和110.9%左右。头较扁平，吻端钝圆，颈褶清晰；犁骨齿列呈“ ”形。躯干圆柱状，肋沟13条左右；尾前段呈圆柱形，向后逐渐侧扁，无尾鳍褶，尾末端钝圆或钝尖。前、后肢贴体相对时，指、趾末端相遇或叠2～3条肋沟；指4、趾5，末端均具黑爪。皮肤光滑；体尾背面浅紫黄色、紫褐色，有网状黑褐色斑，头部背面有黑褐色斑点；腹面灰白色。

生活习性 生活于海拔250～1000m杂草丛生、水质清凉的流溪或泉水沟内及其附近。多营陆栖生活，水域附近；白天隐伏，黄昏或雨后活动频繁；捕食蛞蝓、蜗牛、蜘蛛、蚯蚓、马陆、蝌蚪、昆虫成虫及其幼虫。4月上旬出蛰，5～6月初为繁殖期。

分布地区 我国吉林（浑江、临江、集安、二道白河、延吉）。

283. 辽宁爪鲵 *Onychodactylus zhaoermii*

学　　名 *Onychodactylus zhaoermii* Che，Poyarkov *et* Yan，2012

曾用学名 *Onychodactylus fischeri*

英 文 名 Liaoning clawed salamander

别　　名 无

分类地位 脊索动物门CHORDATA/两栖纲AMPHIBIA/有尾目CAUDATA/小鲵科Hynobiidae/爪鲵属*Onychodactylus*

保护级别 国家一级

识别特征 体型中等，成鲵体形细长。雄性全长145.0～164.4mm，雌鲵全长143.3～176.1mm，雄鲵、雌鲵尾长分别为头体长的136.8%左右和107.5%左右。头较扁平，吻端钝圆，颈褶清晰；犁骨齿明显弯曲呈“⌒⌒”形。躯干圆柱状，肋沟13条左右；尾前段呈圆柱形，向后逐渐侧扁，尾后1/3背鳍褶弱，尾末端钝尖。前、后肢贴体相对时，指、趾末端仅相遇；指4、趾5，内侧指、趾末端均具黑爪。皮肤光滑；背面黄褐色、橘黄色，头背面有细密褐色小斑点，体尾背面有不规则黑褐色网状斑；腹面浅橘黄色。

生活习性 生活于海拔600m左右植被茂密的山区流溪或泉水沟的近源处及其附近。4月上旬出蛰，水域附近出现。白天隐伏于潮湿环境中，黄昏或雨后活动频繁；捕食小虾、昆虫成虫及其幼虫等。5～6月为繁殖期，多在夜间产卵；幼体2年完成变态发育。

分布地区 我国辽宁（岫岩、辽阳、本溪、凤城）。

284. 普雄原鲵 *Protohynobius puxiongensis*

学　　名 *Protohynobius puxiongensis* Fei *et* Ye，2000

曾用学名 *Pseusohynobius puxiongensis*

英 文 名 Puxiong protohynobiid，Puxiong salamander

别　　名 无

分类地位 脊索动物门CHORDATA/两栖纲AMPHIBIA/有尾目CAUDATA/小鲵科Hynobiidae/原鲵属*Protohynobius*

保护级别 国家一级

识别特征 体型较小，雄鲵全长133mm左右，尾长约为头体长的86%。头长大于头宽；吻端宽圆，颈褶明显，头侧从眼后至颈褶有一条细的纵沟，纵沟下方较隆起；犁骨齿很短，呈“⌒⌒”形。躯干圆柱形，略扁，肋沟13条；背脊平，无沟，也无脊棱，腹部中央有一条浅纵沟；尾鳍褶弱，末端钝圆。前肢较细，后肢较粗壮；前、后肢贴体相对时，趾、指相遇；掌突2个，内跖突明显，外跖突不显；指4、趾5。皮肤光滑，背面为一致的暗棕色，腹面深灰色，尾部背面略显棕黄色斑。

生活习性 生活于海拔2900m以上、林木繁茂、夏季雨水甚多、环境潮湿、大小流溪较多的高山区。成体见于溪流及附近区域，能适应较远距离迁移。4～5月为繁殖期。

分布地区 我国四川（越西普雄）。

285. 黄斑拟小鲵 *Pseudohynobius flavomaculatus*

学　　名 *Pseudohynobius flavomaculatus*（Hu *et* Fei，1978）

曾用学名 *Hynobius flavomaculatus*，*Pseudohynobius flavomaculatus*，*Ranodon flavomaculatus*，*Ranodon*（*Pseudohynobius*）*flavomaculatus*，*Pseudohynobius*（*Pseudohynobius*）*flavomaculatus*

英 文 名 Yellow spotted salamander

别　　名 黄斑小鲵

分类地位 脊索动物门CHORDATA/两栖纲AMPHIBIA/有尾目CAUDATA/小鲵科Hynobiidae/拟小鲵属*Pseudohynobius*

保护级别 国家二级

识别特征 体型中等偏大，雄鲵全长158～189mm，雌鲵全长138～180mm，雄鲵、雌鲵尾长分别为头体长的88%左右和79%左右。头长大于头宽，吻端钝圆，颈褶明显，无唇褶；有前颌囟，犁骨齿列呈“◡”形。躯干近圆柱状而背腹略扁，肋沟11～12条；尾鳍褶低平，末端多钝圆。前、后肢贴体相对时，指、趾端相遇或略重叠；指4、趾5。皮肤光滑，背面紫褐色，有不规则的黄色斑或棕黄色斑，尾后段的斑较少或无；体腹面为浅紫褐色。繁殖季节雄性头体及四肢背面有白刺。

生活习性 生活于海拔1158～2165m、灌丛和杂草繁茂、水源丰富的山区。成鲵白天常栖息于箭竹和灌丛根部的苔藓下或土洞中，夜间觅食虾类、昆虫及其幼虫等小动物。繁殖期在4月中旬，卵产在泉水洞内或小溪边有树根的泥窝内。

分布地区 我国湖北（利川、巴东、咸丰）、湖南（桑植）。

286. 贵州拟小鲵 *Pseudohynobius guizhouensis*

学　　名　*Pseudohynobius guizhouensis* Li，Tian *et* Gu，2010

曾用学名　*Pseudohynobius*（*Pseudohynobius*）*guizhouensis*

英 文 名　Guiding salamander，Guizhou salamander

别　　名　无

分类地位　脊索动物门CHORDATA/两栖纲AMPHIBIA/有尾目CAUDATA/小鲵科Hynobiidae/拟小鲵属*Pseudohynobius*

保护级别　国家二级

识别特征　体型较大，雄鲵全长176.0～184.0mm，雌鲵全长157.1～203.4mm，雄鲵、雌鲵尾长分别为头体长的92.5%左右和87.4%左右。头部扁平呈卵圆形，吻端钝圆。犁骨齿列长，呈“﹀”形。躯干圆柱状，背腹略扁，肋沟12～13条；尾部肌节间有浅沟，尾背鳍褶起始于尾基部上方，末端多钝尖。前、后肢贴体相对时，指、趾端重叠；指4、趾5，指、趾略宽扁，无蹼。皮肤较光滑，生活时整个背面紫褐色，有橘红色或土黄色斑。雄鲵背尾鳍褶发达，前后肢及尾基部较粗壮。

生活习性　生活于海拔1400～1700m山区的溪流及附近区域。栖息地箭竹和灌木茂密，溪边水草茂盛。非繁殖期成鲵远离水域，生活在植被繁茂、地表枯枝落叶层厚、阴凉潮湿的环境中。幼体栖息在小溪内回水处。

分布地区　我国贵州（贵定）。

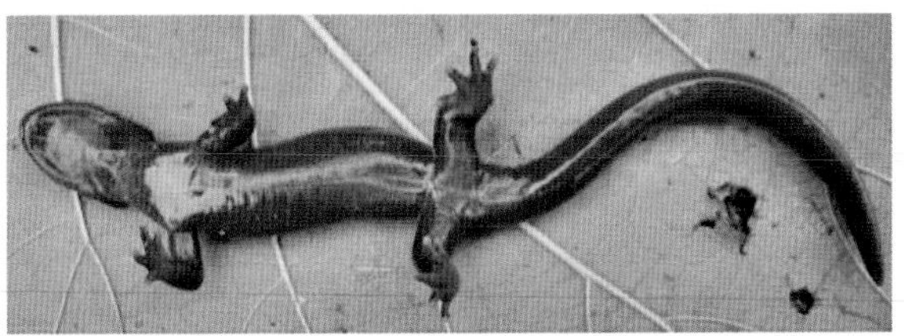

287. 金佛拟小鲵 *Pseudohynobius jinfo*

学　名　*Pseudohynobius jinfo* Wei，Xiong *et* Zeng，2009

曾用学名　*Pseudohynobius* (*Pseudohynobius*) *jinfo*

英 文 名　Jinfo salamander，Mount Jinfo salamander

别　名　无

分类地位　脊索动物门CHORDATA/两栖纲AMPHIBIA/有尾目CAUDATA/小鲵科Hynobiidae/拟小鲵属*Pseudohynobius*

保护级别　国家二级

识别特征　体型较大，雄鲵全长198.7mm左右，雌鲵全长163.3mm左右，雄鲵、雌鲵尾长分别为头体长的130.7%左右和114.6%左右。头部扁平呈卵圆形，头长大于头宽，吻端钝圆，无唇褶，上、下颌有细齿；犁骨齿列长，呈“～”形。躯干圆柱状，背腹略扁，肋沟12条；尾明显长于头体长，尾背鳍褶起始于尾基部上方，末端钝尖。前、后肢贴体相对时，指、趾端略重叠；指4、趾5。皮肤较光滑；生活时整个背面紫褐色，有不规则的土黄色小斑点或斑块。

生活习性　生活于海拔1980～2150m植被繁茂的山区。成鲵白天隐蔽在溪边草丛，晚上在水内活动。非繁殖期成鲵远离水域，生活在灌木杂草茂密、地表枯枝落叶层厚、阴凉潮湿的环境中。

分布地区　我国重庆（南川）。

288. 宽阔水拟小鲵 *Pseudohynobius kuankuoshuiensis*

学　　名 *Pseudohynobius kuankuoshuiensis* Xu *et* Zeng，2007

曾用学名 *Hynobius flavomaculatus*，*Pseudohynobius*（*Pseudohynobius*）*kuankuoshuiensis*

英 文 名 Kuankuoshui salamander

别　　名 无

分类地位 脊索动物门CHORDATA/两栖纲AMPHIBIA/有尾目CAUDATA/小鲵科Hynobiidae/拟小鲵属*Pseudohynobius*

保护级别 国家二级

识别特征 体型中等，雄鲵全长162mm左右，雌鲵全长150～155mm，雄鲵、雌鲵尾长分别为头体长的90%左右和73%左右。头部扁平，头长大于头宽；吻端钝圆，突出于下唇，颈褶明显；头顶中部有一“V”形隆起，中间略凹陷；犁骨齿列呈“⌣”形。躯干近圆柱状，背腹略扁，肋沟11条；尾背鳍褶较弱，末段侧扁渐细窄，末端钝圆。前肢比后肢略细，无蹼；前、后肢贴体相对时，指、趾端仅相遇或略重叠；掌、跖部无黑色角质层，掌、跖突略显；指4、趾5。皮肤光滑；整个背面紫褐色，有近圆形土黄色斑块，尾后段较少；体腹面色较浅。

生活习性 生活于海拔1350～1500m有灌木丛、阔叶乔木林、茶树丛和草丛的山区。该鲵在非繁殖期营陆栖生活，多栖息于阴凉潮湿处。幼体生活在小山溪水凼回水处。

分布地区 我国贵州（绥阳、桐梓、道真、雷公山、梵净山）。

289. 水城拟小鲵 *Pseudohynobius shuichengensis*

学名　*Pseudohynobius shuichengensis* Tian, Gu, Li, Sun *et* Li, 1998

曾用学名　*Pseudohynobius* (*Pseudohynobius*) *shuichengensis*

英文名　Shuicheng salamander

别名　无

分类地位　脊索动物门CHORDATA/两栖纲AMPHIBIA/有尾目CAUDATA/小鲵科Hynobiidae/拟小鲵属*Pseudohynobius*

保护级别　国家二级

识别特征　体型较大，雄鲵全长178～210mm，雌鲵全长186～213mm，雄鲵、雌鲵尾长分别为头体长的94%左右和91%左右。头部扁平，头长远大于头宽；吻端钝圆，颈褶明显；犁骨齿列呈"︶"形。躯干圆柱状，背腹略扁，肋沟12条；尾后段很侧扁，尾末端多呈剑状。前、后肢贴体相对时，掌、跖部重叠1/2；掌、跖部无黑色角质层，一般有内外掌突和跖突；指4、趾5。皮肤光滑；整个背面紫褐色，无异色斑纹；体腹面色较浅。

生活习性　生活于海拔1910～1970m植被繁茂的石灰岩山区。成鲵非繁殖期营陆栖生活，夜间觅食昆虫、螺类等小动物；繁殖期在5月上旬至6月下旬。幼体越冬多隐藏在水凼内叶片和石块下，次年5～7月完成变态，并上岸营陆栖生活。

分布地区　我国贵州（水城）。

290. 新疆北鲵 *Ranodon sibiricus*

学　　名　*Ranodon sibiricus* Kessler，1866

曾用学名　*Triton*（*Ranodon*）*sibiricus*，*Ranidens sibiricus*

英 文 名　Central Asian salamander，Sermirechensk salamander，Xinjiang salmander

别　　名　无

分类地位　脊索动物门CHORDATA/两栖纲AMPHIBIA/有尾目CAUDATA/小鲵科Hynobiidae/北鲵属*Ranodon*

保护级别　国家二级

识别特征　体型中等，雄鲵全长163mm左右，雌鲵全长150～180mm，雄鲵、雌鲵尾长分别为头体长的98%左右和92%左右。头扁平，头长大于头宽；吻端宽圆，有颈褶和唇褶；犁骨齿列呈“/ \”形。躯干圆柱状，呈背腹扁，肋沟11～13条；尾基部圆，向后渐侧扁，尾背鳍褶平直，末端略尖。前、后肢贴体相对时，指、趾重叠；掌、跖部无黑色角质层；指4、趾5，第1指、趾最短。皮肤光滑；体背面黄褐色、灰绿色或深橄榄色，有的个体背面有深色斑点；腹面较背面的色浅。

生活习性　生活于海拔1800～3200m的山地草原地带，多栖息于涌泉形成的小溪或沼泽内，其内多有石块。成鲵白天隐于水底石下，夜间在水中爬行或游泳；主要捕食水生小动物，如毛翅目和双翅目幼虫、小虾等。6月初至7月初为繁殖期，产卵袋1对。

分布地区　我国新疆（温泉、伊宁、霍城、塔城）。国外分布于哈萨克斯坦（阿拉套山脉）。

291. 极北鲵 *Salamandrella keyserlingii*

学　　名 *Salamandrella keyserlingii* Dybowski，1870

曾用学名 *Isodactylium schrenckii*, *Isodactylium wosnessenshyi*, *Hynobius keyserlingii*

英 文 名 Siberian salamander

别　　名 无

分类地位 脊索动物门CHORDATA/两栖纲AMPHIBIA/有尾目CAUDATA/小鲵科Hynobiidae/极北鲵属*Salamandrella*

保护级别 国家二级

识别特征 体型小，雄性全长117～127mm，雌性全长100～112mm，雄鲵、雌鲵尾长分别为头体长的72%左右和64%左右。头部扁平呈椭圆形；吻端圆而高，颈褶明显，眼后角至颈褶有一浅纵沟；犁骨齿列呈"ᐯ"形。躯干部背、腹略扁，肋沟13～14条；尾侧扁而较短；尾末端钝尖。前、后肢贴体相对时，指、趾相距2～3条肋沟；指4、趾5。皮肤光滑；头体背面多为棕黑色或棕黄色，体背面呈现3条深色纵纹，背正中有一条若断若续的深色纵脊纹；腹面浅灰色。

生活习性 生活于海拔200～1800m的丘陵和山地。成鲵营陆栖生活，多在植被较好的静水塘及山沟附近，昼伏夜出，多在黄昏或雨后外出活动，觅食昆虫、软体动物、蚯蚓等。9月中、下旬入蛰，在次年4月上、中旬出蛰，繁殖期在4月上旬至5月。

分布地区 我国黑龙江、吉林、辽宁（康平、昌图）、内蒙古、河南（商城？）。国外分布于俄罗斯、哈萨克斯坦、蒙古、朝鲜、日本。

292. 潮汕蝾螈 *Cynops orphicus*

学　　名 *Cynops orphicus* Risch，1983

曾用学名 *Hypselotriton*（*Pingia*）*orphicus*，*Hypselotriton*（*Cynotriton*）*orphicus*

英 文 名 Dayang newt

别　　名 无

分类地位 脊索动物门CHORDATA/两栖纲AMPHIBIA/有尾目CAUDATA/蝾螈科Salamandridae/蝾螈属*Cynops*

保护级别 国家二级

识别特征 体型小，成螈全长74mm，头体长46mm左右，尾长略长于头体长或等长。头扁平，吻端钝圆；枕部有“V”形隆起，与体背中央脊棱相连；犁骨齿列呈“Λ”形。躯干圆柱状；尾基部较粗，向后侧扁，尾末端钝尖；背腹鳍褶较平直，后段渐窄。前、后肢贴体相对时，指、趾重叠或互达对方掌跖部；指4、趾5。体背、腹面皮肤有痣粒。体背面黑褐色或黄褐色，色浅者体尾可见黑褐色斑点；体腹面中央橘红色多形成纵带；前、后肢基部腹面和掌、跖部各有1个橘红色斑；肛前部橘红色，后部黑色；尾腹面前4/5左右为橘红色。

生活习性 生活于海拔640～1600m的山区。繁殖期成螈多在静水塘和沼泽地内活动，常栖于水深1m左右水草较多、塘底腐殖质厚的水塘内。该螈的繁殖期可能在5月中、下旬。

分布地区 我国广东（潮州、汕头）、福建（德化）。

293. 琉球棘螈 *Echinotriton andersoni*

学　　名 *Echinotriton andersoni*（Boulenger，1892）

曾用学名 *Tylototriton andersoni*

英 文 名 Anderson's newt，Anderson's crocodile newt，Ryukyu spiny newt，Japanese warty newt，Anderson's salamander

别　　名 琉球疣螈

分类地位 脊索动物门CHORDATA/两栖纲AMPHIBIA/有尾目CAUDATA/蝾螈科Salamandridae/棘螈属*Echinotriton*

保护级别 国家二级；CITES 附录Ⅲ

识别特征 体型中等，成螈全长130～190mm，尾长短于头体长。头长宽几相等，口角后方有一个三角形突起；犁骨齿列呈"Λ"形；头侧棱脊不发达，枕部"V"形棱脊明显。体宽扁，背部中央脊棱显著；尾侧扁，末端钝尖。体两侧各有瘰粒2～3纵行，外侧1行有瘰粒13～17枚，肋骨末端可穿过瘰粒到体外。前、后肢贴体相对时，指趾重叠；指4、趾5。体尾背面黑褐色，仅口角处突起、背部脊棱和瘰疣为橘黄色，掌、跖、指、趾腹面和肛周围以及尾下缘均为橘黄色。

生活习性 生活于海拔100～200m的山区森林内的阴湿地带，多隐匿在落叶层中或石块下，阴雨天夜间外出活动。2～6月为繁殖期，繁殖盛期在3月中旬至4月初。卵产在邻近水塘的腐殖质土壤或腐叶上。卵单粒，卵群呈堆状，常被落叶遮盖。

分布地区 我国台湾（观音山）。国外分布于日本。

294. 镇海棘螈 *Echinotriton chinhaiensis*

学名 *Echinotriton chinhaiensis*（Chang，1932）

曾用学名 *Tylototriton chinhaiensis*

英文名 Chinhai salamander，Chinhai spiny newt

别名 镇海疣螈

分类地位 脊索动物门CHORDATA/两栖纲AMPHIBIA/有尾目CAUDATA/蝾螈科Salamandridae/棘螈属*Echinotriton*

保护级别 国家一级；CITES附录Ⅱ

识别特征 体型较小，雄螈全长109～139mm，雌螈全长124～151mm。体扁平，体侧有由疣粒堆积而成的瘰粒，12～15个，并排列成行。体色以黑色或棕色为主，仅在方骨侧突部位、泄殖腔外缘、尾下部和足底部为橙黄色。无明显性二态现象。体背面脊棱与体侧瘰疣间无另一行瘰粒。

生活习性 成体完全陆栖。产卵期为3～4月，卵单粒，产于陆上，胚胎发育和孵化均在陆上进行；孵化时幼体无平衡枝，幼体借助雨水的冲刷从陆地进入水体生活。主要以软体动物、环节动物和昆虫为食。该螈具警戒或反捕行为，其四肢向上抬起，露出橙黄色，同时肋骨尖端刺出体表，以恐吓和抵御敌害。

分布地区 我国浙江（北仑）。

295. 高山棘螈 *Echinotriton maxiquadratus*

学　名　*Echinotriton maxiquadratus* Hou，Wu，Yang，Zheng，Yuan *et* Li，2014

曾用学名　无

英 文 名　Mountain spiny crocodile newt

别　名　无

分类地位　脊索动物门CHORDATA/两栖纲AMPHIBIA/有尾目CAUDATA/蝾螈科Salamandridae/棘螈属*Echinotriton*

保护级别　国家二级；CITES附录Ⅱ

识别特征　体型较小，雄性全长129.47mm。头宽大于头长；吻短，吻端平截；头侧骨质棱明显；头顶后方有“V”形棱脊，与背中央脊棱相接；颈褶明显。躯干扁平，中央脊棱平扁但明显；尾侧扁，尾背较腹部更粗厚，尾背鳍褶沿背中央脊后缘分布，腹鳍褶不明显。体背和侧部富有腺质锥状的不规则疣粒；腹部布满较大的圆形小瘤，并具横缢纹；头侧具腺状气孔。体表大部分为黑色，侧部多数疣粒顶部呈现浅灰黄色；方骨端、指趾端、腕跗骨端，泄殖腔和尾腹部呈现淡橘红色。

生活习性　生活于亚热带靠近山顶退化的次生灌木林，周围具有较高的草丛和杜鹃花，湿地和静水塘散布其中。环境的湿度较大，大部分时间具有雾气。成螈白天隐匿于石块或植物的根部。

分布地区　我国广东（梅州）。

296. 大凉螈 *Liangshantriton taliangensis*

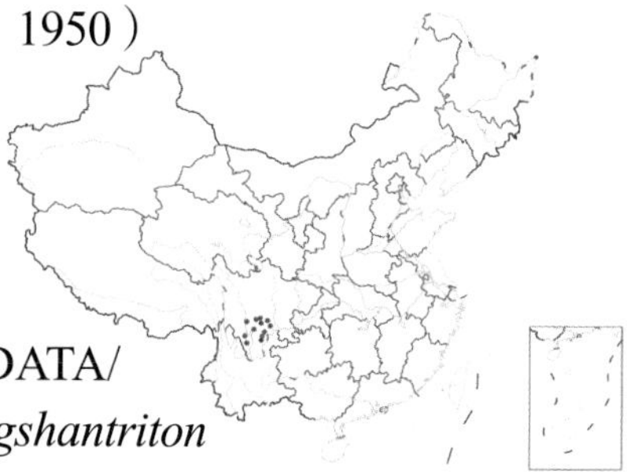

学　　名 *Liangshantriton taliangensis*（Liu，1950）

曾用学名 *Tylototriton taliangensis*

英 文 名 Taliang knobby newt

别　　名 羌活鱼，大凉疣螈

分类地位 脊索动物门CHORDATA/两栖纲AMPHIBIA/有尾目CAUDATA/蝾螈科Salamandridae/凉螈属*Liangshantriton*

保护级别 国家二级

识别特征 雄螈全长186～220mm，雌螈全长194～230mm。头部扁平，头长略大于头宽；吻端平切而较高，近于方形。尾基部较宽，后段基侧扁，尾背鳍褶薄，腹鳍褶厚，尾末端钝尖。体尾褐黑色或黑色，耳后腺部位、指趾、肛裂周缘至尾下缘为橘红色；体腹面颜色较体背面略浅。

生活习性 栖息于海拔1390～3000m植被丰富、环境潮湿的山间凹地。成螈以陆栖为主，5～6月进入静水塘、积水地、洼地、稻田以及缓流溪沟内繁殖。雌螈产卵250～280粒，卵单粒，分散于水生植物间或水底。非繁殖季节为夜行性动物，以昆虫和环节动物为食。

分布地区 我国四川（石棉、汉源、九龙、冕宁、甘洛、越西、美姑、马边、峨边、昭觉、布拖）。

297. 橙脊瘰螈 *Paramesotriton aurantius*

学　名 *Paramesotriton aurantius* Yuan，Wu，Zhou *et* Che，2016

曾用学名 无

英 文 名 Orange colored warty newt

别　名 无

分类地位 脊索动物门CHORDATA/两栖纲AMPHIBIA/有尾目CAUDATA/蝾螈科Salamandridae/瘰螈属*Paramesotriton*

保护级别 国家二级；CITES附录Ⅱ

识别特征 体型较小，雄螈全长109 ~ 152mm，雌螈全长130 ~ 153mm。枕部的“V”形隆起较明显，后角与体背嵴棱相连，橙色脊线向后延伸达尾基部；头腹面皮肤较为光滑，咽喉部皮肤较为粗糙，有扁平小疣；体腹面两侧疣粒较腹面多，腹面及尾侧有横的细沟纹。头体背面及体侧满布大小分散的瘰粒，体背侧瘰粒较大而密，从肩部上方沿体侧至尾基部形成两条纵行。生活时背面和尾侧为黑褐色或棕褐色，腹面色较浅；体背有一条橘红色脊纹；体侧及腹面有不规则橘红色、黄色斑点和斑块；肛后沿尾腹鳍褶至尾前半段有一橘红色条纹，有的被深色斑所中断；指趾基部有黄色斑点，生活时体背棕褐色，腹部具有不规则、明亮的橘红色大斑块，斑块中央无黑色网线。

生活习性 栖息于山间流水较缓的溪流中，溪水较浅，水中常有沙石、落叶等；也可见于路边的沟渠中。当该螈受惊吓或被捕捉时，四肢常会贴于身体并保持静止以扮假死状，同时皮肤会分泌一些白色的分泌物。

分布地区 我国福建（柘荣、罗源、莆田）、浙江（丽水）。

298. 尾斑瘰螈 *Paramesotriton caudopunctatus*

学　　名 *Paramesotriton caudopunctatus*（Liu *et* Hu，1973）

曾用学名 *Trituroides caudopunctatus*，*Allomesotriton caudopunctatus*，*Paramesotriton*（*Allomesotriton*）*caudopunctatus*

英 文 名 Spot-tailed warty newt，Guizhou warty newt

别　　名 无

分类地位 脊索动物门CHORDATA/两栖纲AMPHIBIA/有尾目CAUDATA/蝾螈科Salamandridae/瘰螈属*Paramesotriton*

保护级别 国家二级；CITES附录Ⅱ

识别特征 体型较小，雄螈全长122～146mm，雌螈全长131～154mm，雄螈、雌螈尾长分别为头体长的88%左右和91%左右。头前窄后宽，吻端平截，唇褶发达，颈褶明显，头侧有腺质棱脊；犁骨齿列呈“Λ”形。躯干圆柱状；尾基部粗壮，向后侧扁，尾鳍褶薄而平直，末端钝圆。背中央及两侧有3纵行密集橘黄色瘰疣成纵带纹，其间满布痣粒；腹中部皮肤较光滑。前、后肢贴体相对时，指、趾末端互达掌、跖部；指4、趾5，宽扁而具缘膜。体尾橄榄绿色，尾下部色浅，有黑斑点。

生活习性 生活于海拔800～1800m的山溪及小河边回水凼，有时也到溪边静水塘内活动。成螈常栖于溪底石上或岸边，多以水生昆虫及其幼虫、虾、蛙卵和蝌蚪等为食。受刺激后，其皮肤可分泌出乳白色黏液，似浓硫酸气味。4～6月繁殖。

分布地区 我国贵州（雷山）、湖南（江永、道县）、广西（富川）。

299. 中国瘰螈 *Paramesotriton chinensis*

学　　名 *Paramesotriton chinensis*（Gray，1859）

曾用学名 *Cynops chinensis*，*Triton chinensis*，*Triturus sinensis*，*Triton*（*Cynops*）*chinensis*，*Trituroides chinensis*，*Triturus sinensis boringi*，*Paramesotriton chinensis chinensis*

英 文 名 Chinese warty newt

别　　名 无

分类地位 脊索动物门CHORDATA/两栖纲AMPHIBIA/有尾目CAUDATA/蝾螈科Salamandridae/瘰螈属*Paramesotriton*

保护级别 国家二级；CITES附录Ⅱ

识别特征 体型较小，雄螈全长126～141mm，雌螈全长133～151mm，雄螈、雌螈尾长分别为头体长的85%左右和97%左右。头长大于宽，吻端平截；犁骨齿列呈“Λ”形。躯干圆柱状；尾基较粗，向后侧扁，末端钝圆。头体背面满布大小瘰疣，头侧有腺质棱脊，枕部有“V”形棱脊与体背正中脊棱相连，体背侧疣大而密排成纵行；体腹面有横缢纹。前、后肢贴体相对时，指、趾或掌、跖部相互重叠；指4、趾5，略平扁，无缘膜和蹼。全身褐黑色或黄褐色，背部脊棱和体侧疣粒棕红色，有的体侧和四肢上有黄色圆斑；体腹面有橘黄色斑。

生活习性 生活于海拔200～1200m丘陵山区的流溪中，溪内有小石和泥沙。成螈白天隐蔽在水底石间或腐叶下，阴雨天气常在草丛中捕食昆虫、蚯蚓、螺类以及其他小动物。冬眠期成体潜伏在深水石下。5～6月繁殖。

分布地区 我国安徽（歙县、休宁、黄山、青阳）、浙江东南部、福建（武夷山、闽清）。

300. 越南瘰螈 *Paramesotriton deloustali*

学　　名 *Paramesotriton deloustali*（Bourret, 1934）

曾用学名 *Mesotriton deloustali*，*Pachytriton deloustali*，*Paramesotriton*（*Paramesotriton*）*deloustali*

英 文 名 Vietnam warty newt

别　　名 无

分类地位 脊索动物门CHORDATA/两栖纲AMPHIBIA/有尾目CAUDATA/蝾螈科Salamandridae/瘰螈属*Paramesotriton*

保护级别 国家二级；CITES附录Ⅱ

识别特征 个体大，雄螈全长160 ~ 170mm，雌螈全长180 ~ 200mm，尾长略短于头体长。头大，头长略大于头宽，吻钝而宽；骨质脊自吻端沿头侧到耳后腺。躯干强壮，背中脊起始于头后侧，两列背侧瘰疣达尾前部；尾鳍高，尾端圆或钝圆。雄螈尾略短于雌螈；繁殖季节雄螈泄殖腔隆起，并在尾部具有不规则的亮紫色条带。皮肤粗糙，咽喉部和腹部亮橘红色，具典型的黑色网纹。

生活习性 生活在海拔200 ~ 1300m的低山常绿阔叶林小型或中型溪流中，包括一些小型池塘或人工湿地中。主要为夜行性，繁殖期为11月。

分布地区 我国云南（河口）。国外分布于越南北部。

301. 富钟瘰螈 *Paramesotriton fuzhongensis*

学名 *Paramesotriton fuzhongensis* Wen，1989

曾用学名 无

英文名 Fuzhong warty newt

别名 无

分类地位 脊索动物门CHORDATA/两栖纲AMPHIBIA/有尾目CAUDATA/蝾螈科Salamandridae/瘰螈属*Paramesotriton*

保护级别 国家二级；CITES附录Ⅱ

识别特征 体型中等，雄螈全长133.0 ~ 166.0mm，雌螈全长134.0 ~ 159.0mm，雄螈、雌螈尾长分别为头体长的84.1%左右和99.6%左右。头长大于头宽，头侧有腺质棱脊；犁骨齿列呈“Λ”形。躯干粗壮，背部中央脊棱很明显；尾基部粗壮，向后渐侧扁而薄，末端钝圆。体、尾背面及侧面皮肤粗糙，满布密集瘰疣；体侧疣粒大，排列成纵行且延至尾的前半部；咽喉部有颗粒疣，体腹面光滑。前、后肢贴体相对时，掌、跖部彼此重叠；指4、趾5，较宽扁而无蹼，末端钝圆。体、尾褐色，头体腹面有橘红色斑；尾腹缘为橘红色。

生活习性 生活于海拔400 ~ 500m的阔叶林山区流溪内。成螈多栖于水流平缓处，常见于溪底石块下，有时在岸上活动。

分布地区 我国湖南（道县、江永）、广西（富川、钟山、贺州）。

302. 广西瘰螈 *Paramesotriton guangxiensis*

学　名　*Paramesotriton guangxiensis*（Huang，Tang *et* Tang，1983）

曾用学名　*Trituroides guangxiensis*

英文名　Guangxi warty newt，Guangxi salamander

别　名　无

分类地位　脊索动物门CHORDATA/两栖纲AMPHIBIA/有尾目CAUDATA/蝾螈科Salamandridae/瘰螈属*Paramesotriton*

保护级别　国家二级；CITES附录Ⅱ

识别特征　体型较小，雄螈全长125～140mm，雌螈全长134mm左右，雄螈、雌螈尾长分别为头体长的82%左右和89%左右。头长大于宽，吻端平截，头侧有腺质棱脊；犁骨齿列呈“Λ”形。躯干浑圆粗壮，背部中央脊棱明显，连接枕部“V”形隆起；尾基部粗，向后渐侧扁，尾末端钝圆。身体满布疣粒，体两侧疣粒大而呈纵行延至尾的前半部；咽胸部和腹部有扁平疣。前、后肢贴体相对时，指、趾端彼此相触；指4、趾5，均无缘膜，无蹼。全体黑褐色，腹面有不规则橘红色；尾腹缘后1/4不是橘红色。

生活习性　生活于海拔470～500m的山区流溪内，其间水流平缓、溪底多石块和泥沙、两岸灌木和杂草茂密。白天常伏于溪底石下，或在水内游动。雨后常在溪边腐叶堆、草丛和石缝中活动，偶尔发出“哇、哇”的低声鸣叫。夜间外出觅食水生昆虫等小动物。

分布地区　我国广西（宁明、防城）。国外分布于越南。

303. 香港瘰螈 *Paramesotriton hongkongensis*

学　　名 *Paramesotriton hongkongensis*（Myers *et* Leviton，1962）

曾用学名 *Trituroides hongkongensis*，*Paramesotriton chinensis hongkongensis*，*Paramesotriton*（*Paramesotriton*）*hongkongensis*

英 文 名 Hong Kong warty newt

别　　名 无

分类地位 脊索动物门CHORDATA/两栖纲AMPHIBIA/有尾目CAUDATA/蝾螈科Salamandridae/瘰螈属*Paramesotriton*

保护级别 国家二级；CITES附录Ⅱ

识别特征 体型较小，雄螈全长104～127mm，雌螈全长118～150mm，雄螈、雌螈尾长分别为头体长的73%左右和89%左右。头长大于宽，唇褶明显，头侧有腺质棱脊；犁骨齿列呈“Λ”形。躯干圆柱状，背部脊棱明显，连于枕部“V”形隆起；尾肌弱，尾鳍褶薄，尾末端钝圆。头体背腹面有小疣，体两侧疣粒较大，形成纵棱；咽喉部有扁平疣。前、后肢贴体相对时，指、趾或掌、跖部相重叠；指4、趾5，指、趾细长略扁。全身褐色或褐黑色；体腹面有橘红色圆形斑；尾下缘前2/3左右为橘红色。

生活习性 生活于海拔270～940m的山区流溪中。白天多隐蔽在溪内深潭石下，有时上岸活动；夜行性为主，捕食昆虫、蚯蚓、蝌蚪、虾、鱼和螺类等小动物。繁殖期在9月至次年2月。

分布地区 我国广东（深圳）、香港。

304. 无斑瘰螈 *Paramesotriton labiatus*

学　名 *Paramesotriton labiatus*（Unterstein，1930）

曾用学名 *Molge labiatum*，*Pachytriton labiatus*，*Pachytriton brevipes labiatus*，*Paramesotriton ermizhaoi*，*Paramesotriton*（*Paramesotriton*）*labiatus*

英文名 Spotless smooth warty newt，Unterstein's newt

别　名 无

分类地位 脊索动物门CHORDATA/两栖纲AMPHIBIA/有尾目CAUDATA/蝾螈科Salamandridae/瘰螈属*Paramesotriton*

保护级别 国家二级；CITES附录Ⅱ

识别特征 体型小，雄螈全长92.2～153.0mm，雌螈全长94.0～169.4mm，雄螈、雌螈尾长分别为头体长的89.3%左右和92.9%左右。头长大于头宽，吻端平截，唇褶较明显，头侧无腺质棱脊；犁骨齿列呈"Λ"形。躯干圆柱状，背脊棱细，连于枕部"V"形脊；尾基较粗向后侧扁，后部背鳍褶明显，末端钝圆。头体背面皮肤较光滑。前、后肢贴体相对时，指、趾多不相遇；指4、趾5，略平扁，均无缘膜，指趾间无蹼。体背面橄榄褐色；体腹面浅褐色，有不规则橘红色斑；尾下缘呈橘红色。

生活习性 生活于海拔880～1300m的山区流溪中，两岸植被繁茂，溪流内水凼甚多，溪内多有砾石、泥沙和大小石头。成螈白天隐蔽在水底石下。溪内石块间有小鱼、水生无脊椎动物等小型动物。

分布地区 我国广西（金秀、龙胜）。

305. 龙里瘰螈 *Paramesotriton longliensis*

学　　名 *Paramesotriton longliensis* Li，Tian，Gu *et* Xiong，2008

曾用学名 *Paramesotriton*（*Paramesotriton*）*longliensis*，*Paramesotriton*（*Allomesotriton*）*longliensis*，*Paramesotriton*（*Karstotriton*）*longliensis*

英 文 名 Longli warty newt

别　　名 无

分类地位 脊索动物门CHORDATA/两栖纲AMPHIBIA/有尾目CAUDATA/蝾螈科Salamandridae/瘰螈属*Paramesotriton*

保护级别 国家二级；CITES附录Ⅱ

识别特征 体型小，雄螈全长102～131mm，雌螈全长105～140mm，雄螈、雌螈尾长分别为头体长的70%左右和80%左右。头长明显大于头宽；吻端平截，唇褶甚明显；犁骨齿列呈“Λ”形；成体头部后端两侧各有一个大的突起。躯干圆柱状，背脊棱隆起高；尾基部圆柱状，向后逐渐侧扁；尾鳍褶较薄而平直，尾末端钝尖。体表满布疣粒，两侧疣粒较大而密，腹面疣粒较少。前、后肢贴体相对时，指、趾彼此重叠；指4、趾5，末端均有黑色角质层。体尾淡黑褐色，体背两侧疣呈黄色纵带纹或无；头体腹面有不规则橘红色；尾下橘红色在尾后部逐渐消失。

生活习性 生活于海拔1100～1200m山区水流平缓的水凼或泉水凼内。塘底有石块、泥沙和水草，成螈白天常隐伏其中，很少活动；夜间外出觅食蚯蚓、蝌蚪、虾、鱼和螺类等小动物。繁殖期在4月中旬至6月中旬，卵呈单粒状。

分布地区 我国贵州（龙里）。

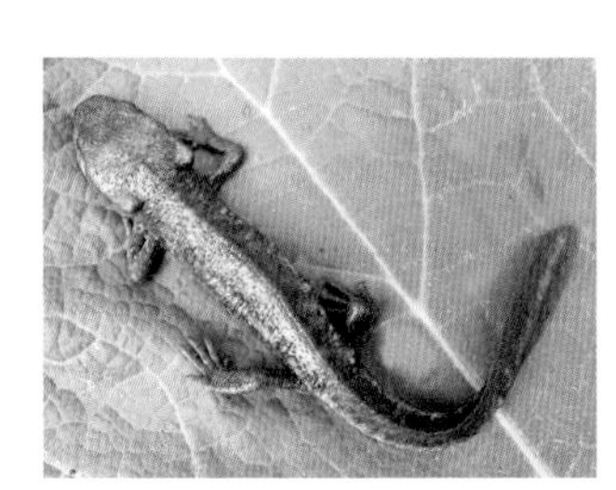

306. 茂兰瘰螈 *Paramesotriton maolanensis*

学　　名 *Paramesotriton maolanensis* Gu，Chen，Tian，Li *et* Ran，2012

曾用学名 *Paramesotriton*（*Karstotriton*）*maolanensis*

英 文 名 Maolan warty newt

别　　名 无

分类地位 脊索动物门CHORDATA/两栖纲AMPHIBIA/有尾目CAUDATA/蝾螈科Salamandridae/瘰螈属*Paramesotriton*

保护级别 国家二级；CITES附录Ⅱ

识别特征 体型大，雄螈全长177.4 ~ 192.0mm，雌螈全长197.4 ~ 207.8mm。头长明显大于头宽；吻短，吻端平截，吻棱明显，唇褶发达；犁骨齿呈"Λ"形。无肋沟；背脊棱明显；前肢贴体前伸时，指端达到吻端；前、后肢贴体相对时，互达掌、跖部；指、趾端具角质膜，无缘膜和蹼。生活时身体呈黑褐色；背脊棱为不连续的黄色纵纹；喉部腹面和体腹色较背部浅，并缀以不规则大型的橘红色斑块和黄色小型斑块；掌、跖部为灰白色。

生活习性 分布于海拔800m左右的低山区，生活于水流平缓的大水塘或有地下水流出的水塘中，水塘周围植被茂盛，水质清澈。平时通常会栖息在洞穴内或水塘底部，较难发现，有洪水时会跳出水面。

分布地区 我国贵州（荔波）。

307. 七溪岭瘰螈 *Paramesotriton qixilingensis*

学　名 *Paramesotriton qixilingensis* Yuan，Zhao，Jiang，Hou，He，Murphy *et* Che，2014

曾用学名 无

英 文 名 Qixiling warty newt

别　名 无

分类地位 脊索动物门CHORDATA/两栖纲AMPHIBIA/有尾目CAUDATA/蝾螈科Salamandridae/瘰螈属*Paramesotriton*

保护级别 国家二级；CITES附录Ⅱ

识别特征 体型中等，雄螈全长139.86～140.76mm，雌螈全长138.90～155.10mm。头侧无腺质棱脊，枕部有“V”形脊，与隆起的细背脊棱相连；躯干圆柱状，尾基较粗向后侧扁，末端钝圆。前、后肢贴体相对时，指、趾掌部可叠；指4、趾5，略平扁，均无缘膜，指趾间无蹼。头体背面及体侧皮肤、尾前1/3部、前肢背面明显粗糙，散布大小瘰疣。全身褐色。

生活习性 成螈生活于深山海拔194m处较为宽阔、平缓的小溪中，溪水清澈见底，山区覆盖阔叶林，小溪边多为灌木林。小溪3～5m宽，溪底覆盖小沙粒或小石粒，溪中鱼、虾、螺类等无脊椎动物较为丰富。成螈白天可见于溪底。繁殖期可能为7～9月。

分布地区 我国江西（永新）。

308. 武陵瘰螈 *Paramesotriton wulingensis*

学名 *Paramesotriton wulingensis* Wang, Tian *et* Gu，2013

曾用学名 *Paramesotriton caudopunctatus*, *Paramesotriton*（*Paramesotriton*）*wulingensis*

英文名 Wuling warty newt

别名 无

分类地位 脊索动物门CHORDATA/两栖纲AMPHIBIA/有尾目CAUDATA/蝾螈科Salamandridae/瘰螈属*Paramesotriton*

保护级别 国家二级；CITES附录Ⅱ

识别特征 体型较小，雄螈全长124～139mm，雌螈全长113～137mm。头长大于头宽，体背脊棱隆起明显；体背到尾部和四肢背面均散有大小不一的疣粒。生活时，体背面呈淡黑褐色，体背脊两侧疣粒呈橘色或黑褐色；咽喉部和身体腹面黑色，并缀以不规则的橘红色或橘黄色的点状斑或条形斑；腹中线有一橘黄色纵带；前、后肢基部均有橘红色圆形斑点。

生活习性 生活于海拔800～1200m的低山阔叶林小型流溪，喜爱水流平缓的回水塘或溪边静水域。白天常隐伏在溪底，有时摆动尾部游泳至水面呼吸空气。在夜间活动觅食。

分布地区 我国重庆（酉阳）、贵州（江口、梵净山）。

309. 云雾瘰螈 *Paramesotriton yunwuensis*

学　　名 *Paramesotriton yunwuensis* Wu, Jiang *et* Hanken, 2010

曾用学名 *Paramesotriton*（*Paramesotriton*）*yunwuensis*

英 文 名 Yunwu warty newt

别　　名 无

分类地位 脊索动物门CHORDATA/两栖纲AMPHIBIA/有尾目CAUDATA/蝾螈科Salamandridae/瘰螈属*Paramesotriton*

保护级别 国家二级；CITES附录Ⅱ

识别特征 体型大而肥壮，雄螈全长165.1～186.0mm，雌螈全长145.0～161.0mm，雄螈、雌螈尾长分别为头体长的83.4%左右和87.3%左右。头部大而宽，头长大于头宽；吻端平截，唇褶甚发达；头侧有腺质棱脊略隆起，枕部“V”形隆起不明显。犁骨齿列呈“Λ”形。躯干浑圆而粗壮，背部中央脊棱较低平；尾基部粗，向后渐侧扁，后半段鳍褶明显，尾末端钝圆。皮肤较粗糙，满布瘰疣，体侧者较大，呈纵行延至尾前部。前、后肢贴体相对时，指、趾端彼此仅相触；指4、趾5。背面红褐色；腹面有橘红色大斑块，其边缘具褐黑色边；尾腹缘为橘红色。

生活习性 生活于海拔525m左右的山区。成螈栖息在山溪的大小水凼内，水凼内有大、小石头和粗砾。溪水缓慢流动，水温低。溪内有鱼类与本种瘰螈共生。中午可以看见成螈在深水凼底部爬行，晚上可以在浅水池边找到成螈。据当地群众介绍，在附近的山溪内也可找到该螈。

分布地区 我国广东（罗定）。

310. 织金瘰螈 *Paramesotriton zhijinensis*

学　名 *Paramesotriton zhijinensis* Li，Tian *et* Gu，2008

曾用学名 *Paramesotriton*（*Paramesotriton*）*zhijinensis*，*Paramesotriton*（*Allomesotriton*）*zhijinensis*，*Paramesotriton*（*Karstotriton*）*zhijinensis*

英文名 Zhijin warty newt

别　名 无

分类地位 脊索动物门CHORDATA/两栖纲AMPHIBIA/有尾目CAUDATA/蝾螈科Salamandridae/瘰螈属*Paramesotriton*

保护级别 国家二级；CITES附录Ⅱ

识别特征 体型小，雄螈全长103～127mm，雌螈全长102～125mm，雄螈、雌螈尾长分别为头体长的82%左右和87%左右。头长明显大于头宽；吻端平截，唇褶很明显；头部后端两侧各有3条鳃迹；犁骨齿列呈“Λ”形。躯干圆柱状或略扁，背中央脊棱明显；尾基部圆柱状，向后逐渐侧扁，鳍褶薄而几乎平直，尾末端钝圆。皮肤较粗糙，满布疣粒和痣粒，体腹面疣较少。前、后肢贴体相对时，指、趾彼此重叠；指4、趾5，无缘膜、无蹼。全身为褐色，体尾两侧各有一条明显的棕黄色纵纹，体腹面有橘红色斑，前后肢基部各有一个橘红色小圆斑。

生活习性 生活于海拔1300～1400m的山区，多栖于平缓的山溪里或泉水凼内，水底有石块、泥沙和水草。白天常隐伏其中，夜间外出觅食蚯蚓、虾和螺类等。繁殖期在4月中旬至6月中旬。

分布地区 我国贵州（织金）。

311. 贵州疣螈 *Tylototriton kweichowensis*

学　　名 *Tylototriton kweichowensis* Fang *et* Chang，1932

曾用学名 无

英 文 名 Red-tailed knobby newt，
Kweichow crocodile newt

别　　名 无

分类地位 脊索动物门CHORDATA/两栖纲AMPHIBIA/有尾目CAUDATA/蝾螈科Salamandridae/疣螈属*Tylototriton*

保护级别 国家二级；CITES附录Ⅱ

识别特征 雄螈全长155～195mm，雌螈全长177～210mm。头侧棱脊明显，无唇褶。颈褶明显，皮肤粗糙，满布大疣粒；体侧瘰粒密集，连续隆起成纵行，不呈圆形瘰粒。头体黑褐色，背脊棱、体背侧和腹侧形成5条棕红色纵纹，耳后腺、指趾及尾部均为棕红色或土黄色。

生活习性 栖息于海拔1500～2400m长有杂草和矮灌丛的山区。成螈以陆栖为主，5～6月进入静水塘、积水、洼地以及缓流溪沟内繁殖。雌性产卵70粒左右，卵单粒。以昆虫、软体动物、环节动物和蝌蚪等为食。

分布地区 我国贵州和云南。

312. 川南疣螈 *Tylototriton pseudoverrucosus*

学　名　*Tylototriton pseudoverrucosus* Hou，Gu，Zhang，Zeng *et* Lu，2012

曾用学名　无

英 文 名　Chuannan knobby newt，Chuannan crocodile newt

别　名　无

分类地位　脊索动物门CHORDATA/两栖纲AMPHIBIA/有尾目CAUDATA/蝾螈科Salamandridae/疣螈属*Tylototriton*

保护级别　国家二级；CITES附录Ⅱ

识别特征　体型较大，雄螈全长156.2～173.0（164.6）mm，雌螈全长178.2mm左右（最大超过200mm），雄螈、雌螈尾长分别为头体长的128%左右和129%左右。头长大于宽，吻端钝，头顶及两侧骨质棱脊明显；犁骨齿列“Λ”形。躯干均匀或后段较宽；尾侧扁，尾鳍褶发达。皮肤粗糙，体侧至尾基部各有一纵列圆形大瘰粒，15～16枚，彼此不相连；腹面较光滑。前、后肢贴体相对时，掌、跖部重叠；指4、趾5。通体总体呈棕红色，头顶及躯干凹处区域为黑色或棕黑色。

生活习性　生活于海拔2300～2800m的山区次生林带。成螈常活动于静水区域和湿地附近，以陆栖为主，捕食小型水生昆虫和软体动物。繁殖期在6～7月，常聚集于沼泽地水坑和静水塘中交配或产卵。

分布地区　我国四川（宁南）。

313. 丽色疣螈 *Tylototriton pulcherrima*

学　名 *Tylototriton pulcherrima* Hou, Zhang, Li *et* Lu, 2012

曾用学名 *Tylototriton* (*Tylototriton*) *verrucosus pulcherrima*, *Tylototriton* (*Tylototriton*) *pulcherrima*

英 文 名 Huanglianshan knobby newt, Huanglianshan crocodile newt

别　名 无

分类地位 脊索动物门CHORDATA/两栖纲AMPHIBIA/有尾目CAUDATA/蝾螈科Salamandridae/疣螈属*Tylototriton*

保护级别 国家二级；CITES附录Ⅱ

识别特征 体型较小，雄螈全长125.5～144.8mm，雌螈全长133.6～139.4mm，雄螈、雌螈尾长分别为头体长的106%左右和93%左右。头顶部有凹陷，吻端平截；头顶及两侧骨质棱脊发达，耳后腺大，与头侧棱脊末端相连；犁骨齿列呈"Λ"形。躯干粗壮；尾侧扁，尾鳍褶不发达，末端钝尖或尖。皮肤粗糙，体侧各有一列间断的大瘰粒，约16枚；体腹侧有大小疣粒；腹面较光滑，有横缢纹。前、后肢贴体相对时，指、趾重叠；指4、趾5，基部均无蹼。生活时身体和尾部为暗红色，头部骨棱、耳后腺、背脊棱、体侧瘰疣和四肢为鲜黄色或橘黄色。

生活习性 生活于海拔1450～1550m的山间沟谷雨林中。成螈白天隐蔽在林中静水坑或灌丛下的小沟中；在夜间和下雨时活动频繁，捕食小昆虫、软体动物等。栖息地环境湿润，年最高温36℃，最低温1℃。5～6月为繁殖期。

分布地区 我国云南（金平、绿春）。国外分布于越南（莱州、奠边），老挝国境内可能也有分布。

314. 红瘰疣螈 *Tylototriton shanjing*

学　名 *Tylototriton shanjing* Nussbaum, Brodie *et* Yang, 1995

曾用学名 *Tylototriton verrucosus*

英 文 名 Red knobby newt or crocodile newt, Yunnan newt

别　名 无

分类地位 脊索动物门CHORDATA/两栖纲AMPHIBIA/有尾目CAUDATA/蝾螈科Salamandridae/疣螈属*Tylototriton*

保护级别 国家二级；CITES附录Ⅱ

识别特征 体型中等，雄螈全长136～150mm，雌螈全长147～170mm，雄螈、雌螈尾长分别为头体长的90%左右和89%左右。头长大于头宽，吻端钝圆；头背面两侧棱脊明显，中央棱脊细；犁骨齿列呈“Λ”形。躯干圆柱状，体背部脊棱宽平；尾基部宽厚，向后侧扁；鳍褶低，尾末端钝圆。全身满布疣粒，体侧有圆瘰粒14～16枚，呈纵列，腹面有横缢纹。前、后肢贴体相对时，指、趾端相遇或略重叠；指4、趾5。通体以棕黑色为主，头部、背部脊棱、体侧瘰粒、尾部、四肢、肛周围均为棕红色。

生活习性 生活于海拔1000～2000m的山区林间及稻田附近。成螈营陆栖生活，5～6月进入繁殖场内繁殖，卵分散黏附在水塘岸边草间或石上或湿土上，有的连成串或呈片状。幼体在静水内发育生长，一般当年完成变态。

分布地区 我国云南（丽江、大理、保山、景东、景谷、景洪、双柏、新平、建水、漾濞、大姚、巧家）、广西（桂林?）。

315. 棕黑疣螈 *Tylototriton verrucosus*

学　　名 *Tylototriton verrucosus* Anderson，1871

曾用学名 无

英 文 名 Brown-black crocodle newt，
Red knobby newt

别　　名 细瘰疣螈

分类地位 脊索动物门CHORDATA/两栖纲AMPHIBIA/有尾目CAUDATA/蝾螈科Salamandridae/疣螈属*Tylototriton*

保护级别 国家二级；CITES附录Ⅱ

识别特征 体型小，头体长92～122mm，尾长92～114mm，尾长约与头体长相等。头宽大于头长，吻端圆，头两侧棱脊明显；犁骨齿列呈“Λ”形。躯干圆柱状，背脊棱明显；尾基部宽厚，向后逐渐侧扁，背鳍褶起于尾基部、较低，尾末端钝圆。皮肤粗糙，体背面和尾前部满布疣粒，体两侧有圆瘰粒15枚左右，呈纵行；腹面疣粒大小一致，有横缢纹。前、后肢贴体相对时，指、趾端略重叠或掌、跖部重叠。整个身体褐色，有的个体头侧、背部脊棱和瘰粒、四肢和尾部均为浅褐色。

生活习性 生活于海拔1500m左右的亚热带山区。该螈在5～6月繁殖，交配时常摆动尾部，无抱握行为；卵产在水中，也可产在陆地上。

分布地区 我国云南（德宏、陇川、盈江、保山、泸水）。

316. 滇南疣螈 *Tylototriton yangi*

学　名 *Tylototriton yangi* Hou，Zhang，Zhou，Li *et* Lu，2012

曾用学名 *Tylototriton*（*Tylototriton*）*yangi*，*Tylototriton daweishanensis*

英文名 Tiannan knobby newt or crocodile newt

别　名 无

分类地位 脊索动物门CHORDATA/两栖纲AMPHIBIA/有尾目CAUDATA/蝾螈科Salamandridae/疣螈属*Tylototriton*

保护级别 国家二级；CITES附录Ⅱ

识别特征 体型较小，雄螈全长126.5～158.0mm，雌螈全长145.0～171.5mm，雄螈、雌螈尾长分别为头体长的97.0%左右和79.0%左右。头宽厚，头顶及两侧骨质棱脊发达；吻端钝；犁骨齿列呈“Λ”形。躯干粗壮，背脊棱宽；尾侧扁，尾鳍褶不发达。皮肤粗糙，有大小疣粒，体背两侧至尾基部有16～17枚间隔大瘰粒，呈纵列；腹面较光滑。前、后肢贴体相对时，掌、跖部相重叠或仅第3、4指趾重叠；指4、趾5，末端钝圆。耳后腺、体侧瘰粒、背脊、指趾前段、肛部及尾部为鲜橘红色，其他部位为黑色或棕黑色，体侧腋部至胯部、腹面有橘红色斑纹。

生活习性 生活于海拔1200m左右的丘陵地区，栖息地多在农耕地附近。成螈白天隐蔽于静水坑或土壁、灌丛下的泥洞中；在夜间出外活动，捕食小型昆虫、软体动物。繁殖期在5～6月，在林间浸水沟、田间蓄水坑或沼泽地沟渠内繁殖；幼体生活于静水坑内。

分布地区 我国云南（个旧、蒙自、屏边、河口、西畴）。

317. 安徽瑶螈 *Yaotriton anhuiensis*

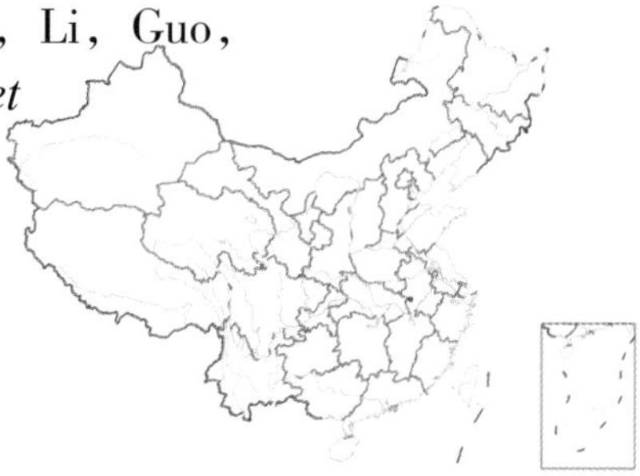

学　　名 *Yaotriton anhuiensis*（Qian，Sun，Li，Guo，Pan，Kang，Wang，Jiang，Wu *et* Zhang，2017）

曾用学名 *Tylototriton asperrimus*，*Tylototriton wenxianensis*，*Tylototriton anhuiensis*

英 文 名 Anhui crocodile newt

别　　名 安徽疣螈

分类地位 脊索动物门CHORDATA/两栖纲AMPHIBIA/有尾目CAUDATA/蝾螈科Salamandridae/瑶螈属*Yaotriton*

保护级别 国家二级；CITES附录Ⅱ

识别特征 体型小，该螈雄性体长为119～146mm，雌性体长为104～165mm。头部扁平，头长大于头宽；吻端平截，头侧脊棱显，自吻端到达枕部；枕部“V”形棱脊比头侧脊棱低平，末端与背正中脊棱相连；犁骨齿列呈“Λ”形。颈褶明显；背脊棱自颈部沿背中线延伸至尾基部，中间较厚。前、后肢贴体相对时，趾、指末端能重叠；指4、趾5，无缘膜和角质鞘。尾侧扁，尾末端钝，背鳍褶厚而高，起始于尾基部；腹鳍褶厚而窄，起始于泄殖腔后缘。皮肤极粗糙，周身布满疣粒和瘰粒；体侧瘰粒较大，紧密排列，在肩部和尾基部间形成2条纵列；腹面疣粒较为扁平。通体黑色或黑褐色，腹部颜色略浅，仅趾指末端、泄殖腔皮肤和尾下缘皮肤为橘红色。

生活习性 生活在海拔1000～1200m的山区。成螈在非繁殖季以陆栖为主。4～5月繁殖，见于池塘中、湿润的石块上、石头间的湿润泥土，以及腐烂的湿玉米秸秆堆和稻田的土壤中。该螈白天很少活动，夜间活跃觅食，以蠕虫、苍蝇及其幼虫等为食。

分布地区 我国安徽（岳西、大别山区南部）。

318. 细痣瑶螈 *Yaotriton asperrimus*

学名 *Yaotriton asperrimus*（Unterstein，1930）

曾用学名 *Tylototriton asperrimus*, *Echinotriton asperrimus*

英文名 Black knobby newt

别名 细痣疣螈，细痣棘螈

分类地位 脊索动物门CHORDATA/两栖纲AMPHIBIA/有尾目CAUDATA/蝾螈科Salamandridae/瑶螈属*Yaotriton*

保护级别 国家二级；CITES附录Ⅱ

识别特征 雄性全长118～138mm，雌性全长149～202mm。头宽略大于头长，头侧棱脊明显向内弯曲；吻端平切近方形，无唇褶，颈褶明显。皮肤粗糙具瘰疣，体两侧各有一纵行圆形瘰粒，13～16枚，腹面有细密横缢纹。尾长短于头体长，鳍褶低弱。头体褐黑色或棕褐色，指、趾端和肛孔外缘及尾下缘为橘红色。

生活习性 栖息于海拔500～1500m有茂密阔叶林和竹林的山区。成螈以陆栖为主，4～5月进入静水塘。雌性产卵于岸边坡地落叶下，30～50粒，呈堆状。以昆虫、软体动物、环节动物和蝌蚪为食。

分布地区 我国广西（那坡？、龙胜、环江、金秀、忻城、北流、玉林）。

319. 宽脊瑶螈 *Yaotriton broadoridgus*

学　名 *Yaotriton broadoridgus*（Shen，Jiang *et* Mo，2012）

曾用学名 *Tylototriton aperrimus*，*Tylototriton wenxianensis*，*Tylototriton broadoridgus*

英文名 Sangzhi knobby newt

别　名 宽脊疣螈

分类地位 脊索动物门CHORDATA/两栖纲AMPHIBIA/有尾目CAUDATA/蝾螈科Salamandridae/瑶螈属*Yaotriton*

保护级别 国家二级；CITES附录Ⅱ

识别特征 体型较小，雄螈全长110 ~ 140mm，雌螈全长138 ~ 163mm，雄螈、雌螈尾长分别为头体长的90%左右和78%左右。头部扁平，吻端平切；头侧棱脊明显，头顶部有一“V”形棱脊；犁骨齿列呈“Λ”形。躯干圆柱状，背脊棱宽；尾弱而侧扁，背鳍褶较高而薄，腹鳍褶窄而厚；尾末端钝尖。皮肤粗糙，周身满布疣粒；体侧大瘰粒呈纵带，瘰粒间隔不清；体腹面疣粒显著，不成横缢纹状。前、后肢贴体相对时，指、趾端相遇或略重叠；内掌突比外掌突突出；指4、趾5。体尾背面为黑褐色，仅指、趾和掌、跖突以及尾部下缘为橘红色。

生活习性 生活于海拔1000 ~ 1600m的山区。成螈以陆栖为主，5月初到静水塘边繁殖，卵群隐蔽在陆地枯叶下。一般雄性先进入繁殖场，雌性略后。雌性产卵后即离开繁殖场，雄性稍迟离开。11月进入冬眠。

分布地区 我国湖北（五峰）、湖南（桑植）。

320. 大别瑶螈 *Yaotriton dabienicus*

学　　名 *Yaotriton dabienicus*（Chen，Wang *et* Tao，2010）

曾用学名 *Tylototriton wenxianensis*，*Tylototriton dabienicus*

英 文 名 Dabie knobby newt

别　　名 大别疣螈

分类地位 脊索动物门CHORDATA/两栖纲AMPHIBIA/有尾目CAUDATA/蝾螈科Salamandridae/瑶螈属*Yaotriton*

保护级别 国家二级；CITES附录Ⅱ

识别特征 体型中等偏小，雌螈全长134.9 ~ 155.5mm，头体长72.6 ~ 82.4mm。头长远大于头宽，吻端平截；头侧棱脊甚明显，头顶部有一“V”形棱脊与背正中脊棱连续至尾基部；犁骨齿列呈“Λ”形。躯干略扁；尾弱而侧扁，背鳍褶较高而薄，腹鳍褶窄而厚，尾末端钝尖。皮肤极粗糙，周身满布疣粒；体侧大疣粒群彼此分界不清，几乎形成纵带；腹面疣粒显著，有横缢纹状。前、后肢贴体相对时，指、趾端仅相遇或不相遇；内掌突比外掌突突出；指4、趾5。通体黑褐色，仅指、趾和掌、跖突以及泄殖腔孔边缘和尾下缘为橘红色。

生活习性 生活于海拔750m左右的山区，栖息环境阴湿、水源丰富、植被茂盛，地面腐殖质丰厚，其上有枯枝落叶和沙石。成螈以陆栖为主，繁殖期为4 ~ 5月，到水塘边陆地上产卵。

分布地区 我国河南（商城）。

321. 海南瑶螈 *Yaotriton hainanensis*

学　　名　*Yaotriton hainanensis*（Fei，Ye *et* Yang，1984）

曾用学名　*Tylototriton asperrimus*，*Tylototriton hainanensis*

英 文 名　Hainan knobby newt

别　　名　海南疣螈

分类地位　脊索动物门CHORDATA/两栖纲AMPHIBIA/有尾目CAUDATA/蝾螈科Salamandridae/瑶螈属*Yaotriton*

保护级别　国家二级；CITES附录Ⅱ

识别特征　体型较小，雄螈全长137～148mm，雌螈全长125～140mm，雄螈、雌螈尾长分别为头体长的87%左右和76%左右。头部宽大而扁平，吻端平截，头侧棱脊明显，头顶“V”形棱脊与背部脊棱相连，颈褶明显；犁骨齿列呈“Λ”形。躯干略扁；尾基部较宽而后侧扁，背鳍褶较高而平直，腹鳍褶低而厚，尾末端钝圆。皮肤粗糙，满布疣粒；体侧有14～16枚分界明显的圆形瘰粒，呈纵行。前、后肢贴体相对时，指、趾端相遇或略重叠；指4、趾5。通体褐色，仅指、趾、肛周缘及尾下缘为橘红色。

生活习性　生活于海拔770～950m山区的热带雨林中。繁殖期在5月左右，卵产在山间凹地水塘岸边的潮湿叶片下，卵粒成堆，每堆有卵58～90粒。幼体孵化后被雨水冲刷或弹跳到水塘中生活。

分布地区　我国海南（琼中、陵水、白沙、乐东）。

322. 浏阳瑶螈 *Yaotriton liuyangensis*

学　　名 *Yaotriton liuyangensis*（Yang，Jiang，Shen *et* Fei，2014）

曾用学名 *Tylototriton liuyangensis*

英 文 名 Liuyang knobby newt

别　　名 浏阳疣螈

分类地位 脊索动物门CHORDATA/两栖纲AMPHIBIA/有尾目CAUDATA/蝾螈科Salamandridae/瑶螈属*Yaotriton*

保护级别 国家二级；CITES附录Ⅱ

识别特征 体型小，雄螈全长110.1～146.5mm，雌螈全长138.6～154.2mm。头扁平，顶部有凹陷，头长约等于头宽；吻短窄而平截；头两侧有明显的骨质棱脊；鼻孔位于近吻端两侧；枕部“V”形棱脊不明显；唇褶光滑，不显；上下颌具细齿；犁骨齿列呈“Λ”形。尾侧扁，尾基部较厚，向后逐渐侧扁；尾鳍褶不发达；雄螈泄殖腔部丘状隆起较低且宽，肛孔纵裂较长，内唇皱前端有一锥状小乳突；雌螈呈丘状隆起，肛裂短或略呈圆形，内壁无乳突。

生活习性 生活于海拔1380m左右的山区沼泽地附近，成螈主要为陆栖，5～6月在沼泽中繁殖。

分布地区 我国湖南（浏阳）。

323. 莽山瑶螈 *Yaotriton lizhenchangi*

学　名 *Yaotriton lizhenchangi*（Hou，Zhang，Jiang，Li *et* Lu，2012）

曾用学名 *Tylototriton lizhengchangi*

英 文 名 Mangshan crocodile newt

别　名 莽山疣螈

分类地位 脊索动物门CHORDATA/两栖纲AMPHIBIA/有尾目CAUDATA/蝾螈科Salamandridae/瑶螈属*Yaotriton*

保护级别 国家二级；CITES附录Ⅱ

识别特征 体型中等，雄螈全长145.6～173.0mm，雌螈全长150.0～156.5mm，雄螈、雌螈尾长分别为头体长的113.0%左右和101.0%左右。头长大于头宽，吻端钝，两侧骨质棱脊明显；犁骨齿列呈“Λ”形。躯干硕壮；尾基部较厚，向后逐渐侧扁，尾中段比前后段略高，尾鳍褶不发达，尾末端钝尖。皮肤较粗糙，满布细小瘰疣；体侧有12～15枚瘰粒，彼此相间或相连呈纵行；腹面较光滑，横缢纹。前、后肢贴体相对时，掌、跖部重叠或指趾重叠；指4、趾5。通体黑色，仅耳后腺后部、指趾前段、肛部及尾下缘呈橘红色，掌、跖部有橘红色斑点。

生活习性 生活于海拔952～1200m植被茂密的喀斯特山区。成螈白天隐匿于地洞（沟）内，夜间见于水坑、水井或流溪缓流中，捕食小型水生昆虫、虾和软体动物。繁殖期在5～6月，在缓流水边、路边或沼泽地浸水坑岸边交配或产卵。

分布地区 我国湖南（宜章莽山）。

324. 文县瑶螈 *Yaotriton wenxianensis*

学　　名 *Yaotriton wenxianensis*（Fei，Ye *et* Yang，1984）

曾用学名 *Tylototriton asperrimus*，*Tylototriton wenxianensis*

英 文 名 Wenxian knobby newt

别　　名 文县疣螈

分类地位 脊索动物门CHORDATA/两栖纲AMPHIBIA/有尾目CAUDATA/蝾螈科Salamandridae/瑶螈属*Yaotriton*

保护级别 国家二级；CITES附录Ⅱ

识别特征 体型较小，雄螈全长126～133mm，雌螈全长105～140mm，雄螈、雌螈尾长分别为头体长的87%左右和76%左右。头部扁平，吻端平截；头侧棱脊甚显著，头顶部有一“V”形棱脊与背正中脊棱相连；犁骨齿列呈“Λ”形。躯干略扁；尾肌弱侧扁，背鳍褶较高而薄，起始于尾基部，腹鳍褶窄而厚，尾末端钝尖。皮肤粗糙，周身满布疣粒；体两侧大瘰粒彼此分界不清，呈纵带；体腹面疣粒显著，横缢纹不显。前、后肢贴体相对时，指、趾端相遇或略重叠；内掌突比外掌突突出；指4、趾5。通体黑褐色，仅指、趾和掌、跖突以及尾部下缘为橘红色。

生活习性 生活于海拔约940m的林木繁茂的山区，以陆栖为主，在陆地上冬眠。5月左右，成螈到静水塘附近活动和繁殖。

分布地区 我国甘肃（文县）、四川（青川、旺苍、剑阁、平武）、重庆（云阳、万州、奉节）、贵州（大方、绥阳、遵义、雷山）。

325. 蔡氏瑶螈 *Yaotriton ziegleri*

学　名 *Yaotriton ziegleri*（Nishikawa, Matsui *et* Nguyen，2013）

曾用学名 *Tylototriton ziegleri*

英文名 Ziegler's knobby newt, Ziegler's crocodile newt

别　名 蔡氏疣螈

分类地位 脊索动物门CHORDATA/两栖纲AMPHIBIA/有尾目CAUDATA/蝾螈科Salamandridae/瑶螈属*Yaotriton*

保护级别 国家二级；CITES附录Ⅱ

识别特征 体型中等，雄螈头体长54.4～68.3mm，雌螈头体长约70.8mm。皮肤粗糙，有微小颗粒；头部有明显的骨质突起；脊椎嵴突起且存在分隔，形成一列结节；肋骨结节显著。手臂瘦长；前、后肢贴体时，端部高度重合；尾部较瘦；背部整体棕黑色或黑色。肋骨结节，指、趾末端和掌、跖以及从肛门一直延伸到腹脊都有明显的亮橙色。

生活习性 生活于海拔1300m左右的区域。成螈以陆栖为主，繁殖期为4～5月。雌性在池塘周围产卵，形成卵团，离池塘边缘50～60cm，没有成螈护卵。幼体刚出壳时在雨季会爬向池塘，在5月后变态。

分布地区 我国云南（文山州麻栗坡）、广东（云开山国家级自然保护区、茂名大雾岭）。国外分布于越南。

脊索动物门

CHORDATA

爬行纲

REPTILIA

326. 密西西比鼍 *Alligator mississippiensis*

学　　名　*Alligator mississippiensis*（Daudin，1801）

曾用学名　无

英 文 名　American alligator, Mississippi alligator

别　　名　密西西比鳄，美国鳄，佛罗里达鳄，路易斯安那鳄

分类地位　脊索动物门CHORDATA/爬行纲REPTILIA/鳄目CROCODYLIA/鼍科Alligatoridae/鼍属*Alligator*

保护级别　国家二级（核准，仅野外种群）；CITES附录Ⅱ

识别特征　雌性一般体长2.5m，雄性一般体长3.5～4.0m；雄性最长达4.0～4.5m，雌性不超过3m。吻部宽，当口闭合时，上颌缘覆盖下颌齿，而鳄属和食鱼鳄属物种的下颌齿则暴露于上颌缘外。幼体背面有嫩黄色横斑，年长的个体逐渐丧失这种黄斑而变成黄褐色和黑色，仅在口周围、颈部和腹部为乳白色。野生种群有两个类型：长而瘦型和短而壮型。齿总数为74～80枚，其中上颌齿数36～40枚，下颌齿数38～40枚。

生活习性　栖息于淡水沼泽、河流、湖泊和小水体。偶尔能发现它们活动于红树林水域中。成体取食所有水生和陆生动物，包括鱼、海龟、哺乳动物。雌体长至1.8m左右性成熟。它们采用听觉、视觉、触觉和嗅觉进行求偶交流。繁殖期为4～6月，每次可以产卵20～50枚，平均40枚。

分布地区　美国东南部。我国海南有少量饲养种群。

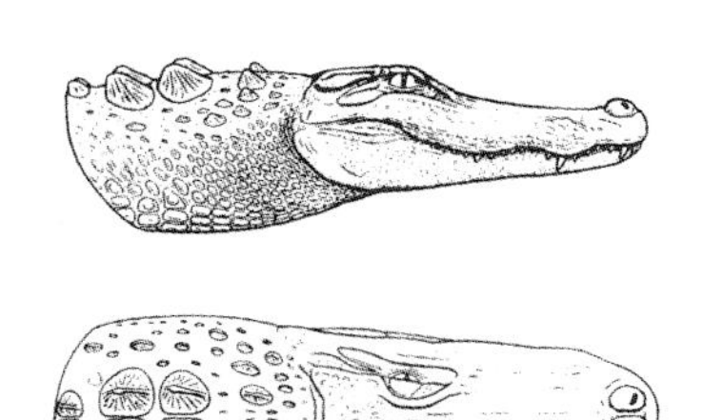

327. 扬子鳄 *Alligator sinensis*

学　　名　*Alligator sinensis* Fauvel，1879

曾用学名　无

英 文 名　Chinese alligator，Yangtze alligator

别　　名　鼍，中国鳄，土龙，鼍龙，猪婆龙

分类地位　脊索动物门CHORDATA/爬行纲REPTILIA/鳄目CROCODYLIA/鼍科Alligatoridae/鼍属*Alligator*

保护级别　国家一级；CITES附录 I

识别特征　是一种小型鳄类，体长一般可达2m左右，成体重40kg左右。幼体黑色带有嫩黄色横斑。密西西比鼍幼体也如此，但横斑数更多。上眼睑有骨质板，而且吻端略向上翘，牙齿咬合度也更好。腹面体鳞骨化。上颌齿数36～38枚，下颌齿数36～38枚，齿总数为72～76枚。

生活习性　栖息于湖泊、水塘、江河溪流和沼泽地。每年有4～5个月冬眠期。4～10月为活动期，夜间活动较活跃。以水生动物蜗牛、蚌类和鱼类为食，也会捕食老鼠、鸭子等。扬子鳄生长较慢，野生雌性10岁左右性成熟。夏季筑巢繁殖，产卵期为6月底至7月中旬，每次产卵10～50枚，饲养鳄每窝产卵数较多。孵化期54～60天。

分布地区　我国安徽南部、浙江长兴局部地区。绝大部分野生个体分布于安徽扬子鳄国家级自然保护区。

328. 中美短吻鼍 *Caiman crocodilus*

学　　名　*Caiman crocodilus*（Linnaeus, 1758）

曾用学名　*Caiman sclerops*, *Perosuchus fusus*

英 文 名　Spectacled caiman, Common caiman

别　　名　中美短吻鳄，巴比勒鳄，眼镜凯门鳄

分类地位　脊索动物门CHORDATA/爬行纲REPTILIA/鳄目CROCODYLIA/鼍科Alligatoridae/短吻鼍属*Caiman*

保护级别　国家二级（核准，仅野外种群）；CITES附录 I

识别特征　吻部特别窄，皮肤颜色更亮丽。属小型或中型鳄类，雄性体长通常为2.0 ~ 2.5m，雌性体长较小，平均最大体长为1.4m。两眼前缘之间有一骨脊。在骨化严重的上眼睑上有三角形脊。幼体黄色，体和尾有黑色斑点和横斑，随着成长，颜色消失，色斑变得不明显。成体暗橄榄绿色。上颌齿数38 ~ 40枚，下颌齿数36 ~ 40枚，齿总数为74 ~ 80枚。

生活习性　主要栖息于哥伦比亚阿帕波里斯河的上游及附近环境中。可能以水生动物为食。从吻部形态特征说明该鼍可能主要以鱼为食。还可能有筑巢习性。

分布地区　哥伦比亚东南部，仅在阿帕波里斯河上游200km河段有分布。

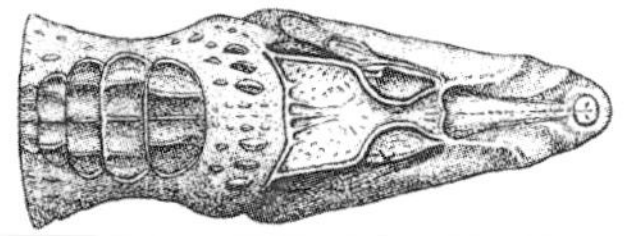

329. 南美短吻鼍 *Caiman latirostris*

学　　名　*Caiman latirostris*（Daudin，1801）

曾用学名　无

英 文 名　Broad-snouted caiman, Brazilian caiman

别　　名　宽吻凯门鳄，巴西凯门鳄

分类地位　脊索动物门CHORDATA/爬行纲REPTILIA/鳄目CROCODYLIA/鼍科Alligatoridae/短吻鼍属*Caiman*

保护级别　国家二级（核准，仅野外种群）；CITES附录Ⅰ；CITES附录Ⅱ（阿根廷种群）

识别特征　属中型鳄类，体长一般不超过2m。吻很宽，与密西西比鼍相比尤为突出。吻部有一典型的峭。背面皮肤骨化程度很高。成体趋向于浅橄榄绿色。上颌齿数34～38枚，下颌齿数34～40枚，齿总数为68～78枚。

生活习性　主要栖于红树林、沼泽、湿地（淡水和咸淡水）。以蜗牛、鱼类、两栖类等小型动物为食，更大的个体可以猎食大的动物。雨季期在孤岛上筑巢，卵在巢中分为2层，由于层间有温差，从而产生性别上的差异。

分布地区　巴西东南部、玻利维亚、阿根廷北部、巴拉圭和乌拉圭。

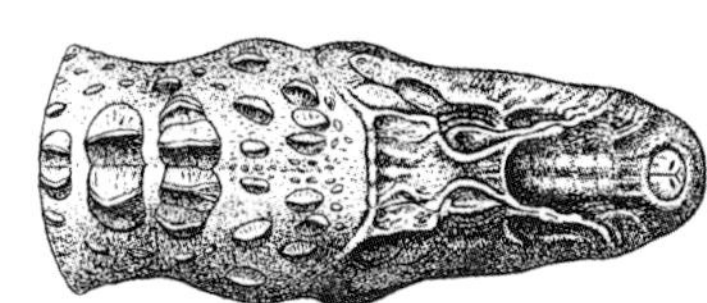

330. 亚马孙鼍 *Melanosuchus niger*

学　　名 *Melanosuchus niger*（Spix，182

曾用学名 无

英 文 名 Black caiman

别　　名 黑凯门鳄，亚马孙鳄，黑鳄

分类地位 脊索动物门CHORDATA/
爬行纲REPTILIA/
鳄目CROCODYLIA/
鼍科Alligatoridae/黑鼍属*Melanosuchus*

保护级别 国家二级（核准，仅野外种群）；CITES附录Ⅰ；CITES附录Ⅱ（巴西、厄瓜多尔种群）

识别特征 是鼍科中体型最大的物种，雌性体长2.5m，雄性体长至少可达4m。外表与密西西比鼍相似，但色深，下颌有灰带纹，体两侧有反黄色或白色带纹。结构上与其他鳄不同，尤其是头盖骨的形状。眼明显较大，而吻较窄。骨质脊从眼上到吻。上颌齿数36～38枚，下颌齿数36～38枚，齿总数为72～76枚。

生活习性 生活于各种淡水生境，如流速缓慢的河流、湖泊和淹没的大草原和湿地。食鱼类如水虎鱼、鲶鱼和其他水生脊椎动物。幼体取食甲壳类，较大的成体会攻击家畜和人类。在旱季筑巢产卵。

分布地区 玻利维亚、巴西、哥伦比亚、厄瓜多尔、法属圭亚那、圭亚那、秘鲁、委内瑞拉。

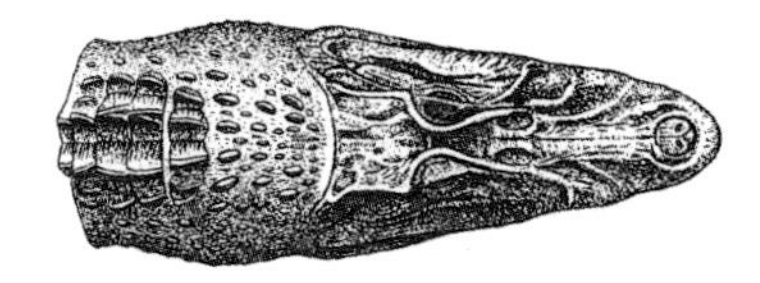

331. 窄吻鳄 *Crocodylus acutus*

学　　名　*Crocodylus acutus*（Cuvier，1807）

曾用学名　*Crocodylus americanus*

英 文 名　American crocodile，Central（South）American aligator

别　　名　美洲鳄，美洲咸水鳄

分类地位　脊索动物门CHORDATA/爬行纲REPTILIA/鳄目CROCODYLIA/鳄科Crocodylidae/鳄属*Crocodylus*

保护级别　国家二级（核准，仅野外种群）；CITES附录Ⅰ（古巴、哥伦比亚种群）；CITES附录Ⅱ（加勒比海种群）

识别特征　属较大型鳄类，雌性体长3m左右，雄性一般体长4m。背甲排列不规则。两眼明显膨大，只有刚孵化出的幼仔没有此特征。幼体颜色比成体浅，而且在体尾有带纹。成体呈黄褐色，巩膜银色。上颌齿数30～40枚，下颌齿数30枚，齿总数为66～70枚。

生活习性　栖息于淡水和海岸边半咸水生境。夜间猎食，主要以鱼类和其他水生动物如海龟、螃蟹等为食，还捕食鸟类。雌性全长2.5m时可能达性成熟，繁殖期可持续2个月，窝卵数为30～60枚。经常可发现两个不同的雌体在同一窝中产卵。

分布地区　美国南部和美洲中部地区。

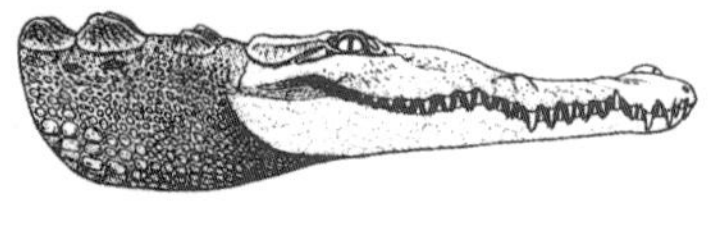

332. 尖吻鳄 *Crocodylus cataphractus*

学　　名 *Crocodylus cataphractus* Cuvier，1825

曾用学名 *Mecistops cataphractus*

英 文 名 African gharial, West African slender-snouted crocodile

别　　名 非洲细吻鳄，西非长吻鳄，非洲狭吻鳄

分类地位 脊索动物门CHORDATA/爬行纲REPTILIA/鳄目CROCODYLIA/鳄科Crocodylidae/鳄属*Crocodylus*

保护级别 国家二级（核准，仅野外种群）；CITES附录Ⅰ

识别特征 属小型或中型鳄类，体长通常为2.5m。吻窄，这与中介鳄类似。颈后护鳞呈3或4排，并与背鳞合并，这与鳄属其他成员不同。体有大的黑斑。上颌齿数34 ~ 38枚，下颌齿数30 ~ 32枚，齿总数为64 ~ 70枚。

生活习性 水生性很强的种类，栖息于河流或河流边有茂密植被的陆地上。有些个体在海岸边或岛边半咸水中出没。主要以鱼类和小的水生无脊椎动物为食。除繁殖季节外，该鳄通常不集群。当雨季开始时，雌性用植物枝叶在河流岸上构筑巢窝。

分布地区 非洲中部和西部。主要分布于中、西非［安哥拉、贝宁湾、布基纳法索、喀麦隆、中非共和国、乍得湖（非洲中北部）、刚果民主共和国、赤道几内亚、加蓬、冈比亚、加纳、几内亚、几内亚比绍共和国、利比里亚、马里、毛里塔尼亚、尼日利亚、塞内加尔、塞拉利昂、坦桑尼亚、多哥联合共和国、赞比亚］。

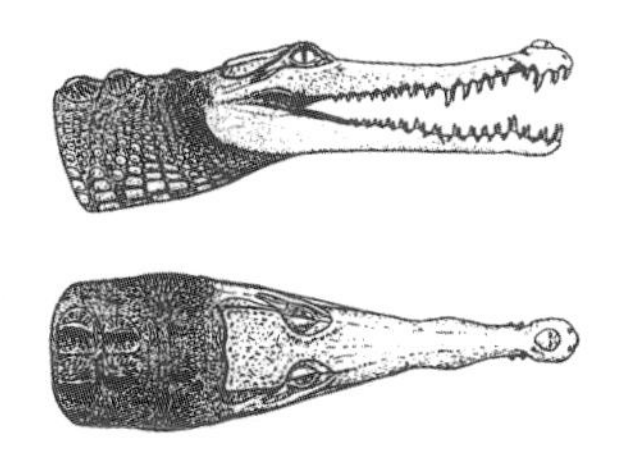

333. 中介鳄 *Crocodylus intermedius*

学　　名 *Crocodylus intermedius*（Graves，1819）

曾用学名 无

英 文 名 Orinoco（Colombian，Venezuelan delta）crocodile

别　　名 哥伦比亚鳄，委内瑞拉鳄，奥里诺科鳄

分类地位 脊索动物门CHORDATA/爬行纲REPTILIA/鳄目CROCODYLIA/鳄科Crocodylidae/鳄属*Crocodylus*

保护级别 国家二级（核准，仅野外种群）；CITES附录Ⅰ

识别特征 属大型鳄类，雌性一般体长3m，雄性体长4m。吻部相对长而窄，与尖吻鳄相似。背鳞呈对称排列，其他外表与窄吻鳄相似。体色存在变异，有3种状态：①体全绿，背部有深黑色斑；②体淡茶色，散布黑斑，这是最普通的色彩；③均为深灰色。上颌齿数38枚，下颌齿数30枚，齿总数为68枚。

生活习性 栖息于湿地环境。它们对高盐度的海水有一定的耐受力。幼体猎食小鱼和无脊椎动物。大的个体猎食水生脊椎动物和陆生脊椎动物。一般1～2月（每年的旱季）在沙洲上挖掘洞穴产卵。

分布地区 哥伦比亚、委内瑞拉。

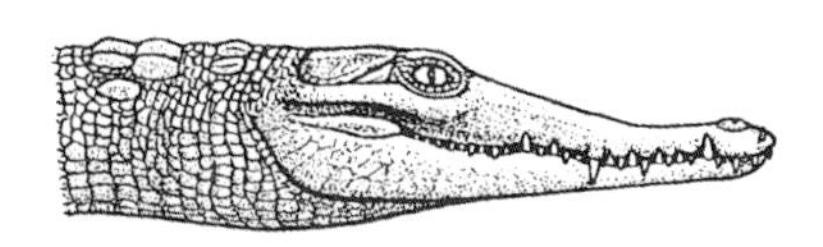

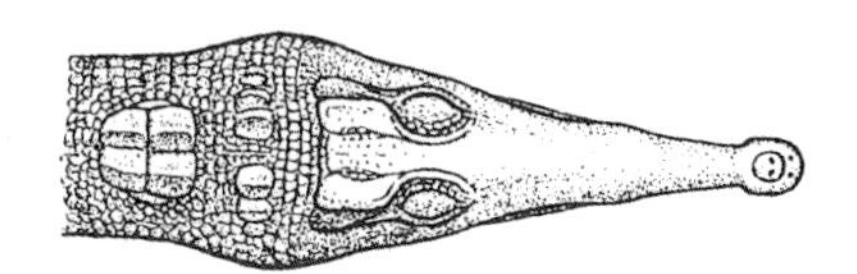

334. 菲律宾鳄 *Crocodylus mindorensis*

学　　名 *Crocodylus mindorensis* Schmidt，1935

曾用学名 *Crocodylus novaeguineae mindorensis*

英 文 名 Philipine crocodile

别　　名 伊里安鳄

分类地位 脊索动物门CHORDATA/爬行纲REPTILIA/鳄目CROCODYLIA/鳄科Crocodylidae/鳄属*Crocodylus*

保护级别 国家二级（核准，仅野外种群）；CITES附录Ⅰ

识别特征 属小型或中型鳄类，雄体最长3.5m，雌体最长2.7m。外表与暹罗鳄相似，尤其是它们的幼体；吻部相对较窄。体尾褐色或灰色，有浅黑带纹，幼体尤为明显。上颌齿数36～38枚，下颌齿数30枚，齿总数为66～68枚。

生活习性 栖息于淡水沼泽和湖泊。旱季可在河流中发现它们，主要在夜晚猎食，以鱼、水鸟、两栖类和爬行动物等为食。雌体长到1.6～2.0m、雄体长到约2.5m时性成熟。旱季交配，约2周后产卵，平均每窝产卵26枚，最多33枚。孵化期约80天。

分布地区 菲律宾。

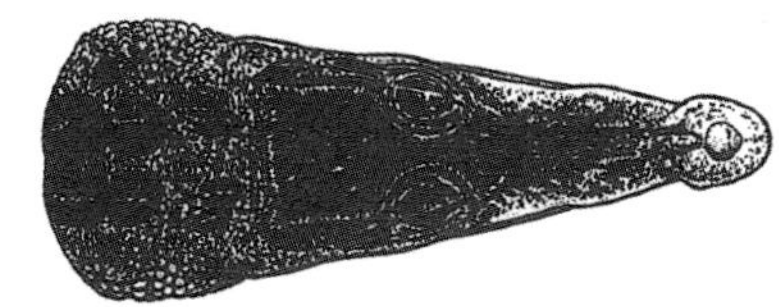

335. 佩滕鳄 *Crocodylus moreletii*

学　　名　*Crocodylus moreletii*（Duméril et Bibron，1851）

曾用学名　无

英 文 名　Morelet's（Belize，Central American）crocodile

别　　名　中美鳄，墨西哥鳄，危地马拉鳄

分类地位　脊索动物门CHORDATA/爬行纲REPTILIA/鳄目CROCODYLIA/鳄科Crocodylidae/鳄属*Crocodylus*

保护级别　国家二级（核准，仅野外种群）；CITES附录Ⅰ；CITES附录Ⅱ（墨西哥、伯利兹种群）

识别特征　个体较小的种类，雌性体长一般2m，雄性体长一般3m。吻部特别宽。体色与窄吻鳄相似，但总体上更深，灰褐色，体和尾有深色带纹和斑点。巩膜银褐色。颈部有大鳞。幼体亮黄色，有黑带纹。上颌齿数36～38枚，下颌齿数30枚，齿总数为66～68枚。

生活习性　栖息于沼泽和湿地。旱季在洞穴中夏眠。幼体猎食水中或附近的无脊椎动物，以及小型鱼类等脊椎动物。随着成长，它们猎食的范围扩大，如水生的蜗牛、鱼、爬行动物、鸟类和哺乳动物以及家畜。

分布地区　伯利兹、危地马拉、墨西哥。

336. 尼罗鳄 *Crocodylus niloticus*

学　　名 *Crocodylus niloticus* Laurenti，1768

曾用学名 *C. n. afrcanus*（*chamses*，*cowiei*，*madagascariensis*，*niloticus*，*pauciscutatus*，*suchus*）

英 文 名 Nile crocodile

别　　名 非洲鳄

分类地位 脊索动物门CHORDATA/爬行纲REPTILIA/鳄目CROCODYLIA/鳄科Crocodylidae/鳄属*Crocodylus*

保护级别 国家二级（核准，仅野外种群）；CITES附录Ⅰ；CITES附录Ⅱ（博茨瓦纳、埃及、埃塞俄比亚、肯尼亚、马达加斯加、马拉维、莫桑比克、纳米比亚、南非、乌干达、坦桑尼亚、赞比亚和津巴布韦种群）

识别特征 属大型鳄类，雌性体长一般为3m，雄性体长一般为4m。该物种存在很多变异。在南非等一些较凉爽的国家，成体较小，体长约4m。在马里和撒哈拉沙漠存在两个侏儒种群，由于条件较差，成体平均体长为2～3m。幼体深黄褐色，且尾和体有横带纹，到成体时该横带纹变得较暗淡。上颌齿数36～38枚，下颌齿数28～30枚，齿总数为64～68枚。

生活习性 生活于湖泊、河流、淡水沼泽和湿地、咸淡水等环境。成体能捕食包括羚羊、水牛、河马幼体等在内的大型脊椎动物。常在离水好几米的沙质岸上挖掘深达50cm的洞穴。雌体长到约2.6m、雄体长到约3.1m时性成熟。产卵40～60枚，孵化期80～90天。

分布地区 在非洲广泛分布。在我国海南和广东等地有大量的人工驯养繁殖种群，约有20万条。

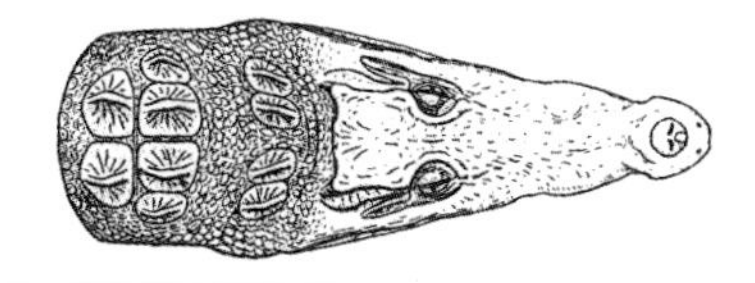

337. 恒河鳄 *Crocodylus palustris*

学　　名 *Crocodylus palustris*（Lesson, 1831）

曾用学名 无

英 文 名 Mugger crocodile，Swamp crocodile

别　　名 泽鳄，印度沼泽鳄，宽吻鳄

分类地位 脊索动物门CHORDATA/爬行纲REPTILIA/鳄目CROCODYLIA/鳄科Crocodylidae/鳄属*Crocodylus*

保护级别 国家二级（核准，仅野外种群）；CITES附录Ⅰ

识别特征 属中型到大型鳄类，雌性体长一般2.5m，雄性体长一般3.5m。成体体色比幼体鲜亮，体尾有黑色横带纹。成体通常灰色到褐色，略参有带纹。吻部特宽，是鳄属中最宽的种。喉部有大的鳞甲，具有保护功能，这与密西西比鼍类似。上颌齿数36～38枚，下颌齿数30枚，齿总数为66～68枚。

生活习性 栖息于淡水河流、湖泊、沼泽地、水库、灌溉渠和其他人工淡水水体中。偶尔进入含盐的礁湖中。幼体通常猎食甲壳类、昆虫、小鱼等。成体猎食更大的鱼类、两栖类、爬行类、鸟和哺乳类等。

分布地区 孟加拉国、印度、伊朗、尼泊尔、巴基斯坦、斯里兰卡。

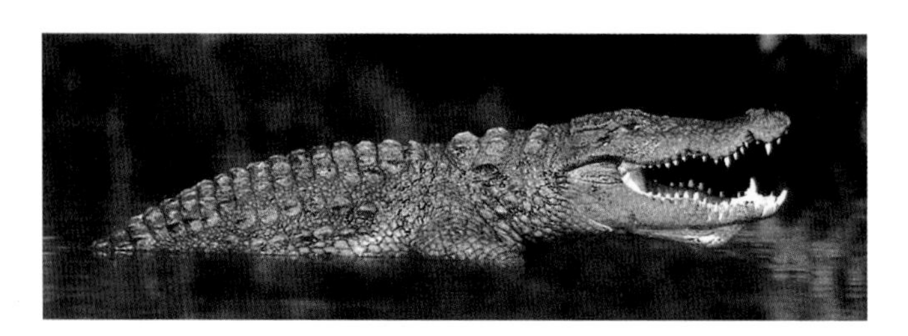

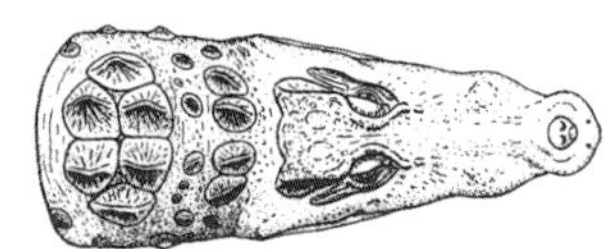

338. 湾鳄 *Crocodylus porosus*

学　　名　*Crocodylus porosus* Schneider，1801

曾用学名　无

英 文 名　saltwater crocodile

别　　名　澳大利亚咸水鳄，河口鳄，咸水鳄，食人鳄

分类地位　脊索动物门CHORDATA/爬行纲REPTILIA/鳄目CROCODYLIA/鳄科Crocodylidae/鳄属*Crocodylus*

保护级别　国家二级（核准，仅野外种群）；CITES附录Ⅰ；CITES附录Ⅱ（澳大利亚、印度尼西亚、马来西亚和巴布亚新几内亚种群）

识别特征　雄性成体体长可达6m，雌体较小，体长3.1～3.4m，雄性体长一般5m。体重最大的超过1000kg。头大，吻钝，有1对脊从眼眶到吻中部，该特征随年龄的增加而变得更加突出。雄性成体上颌表面皮肤皱纹明显，两侧的鳞片比其他鳄的更圆，腹面鳞片则相对较小，呈矩形。体黑色、深橄榄色或棕色，但有浅茶色或灰色区。腹部乳黄色到白色，尾部末端反色，两侧下部有深色带纹。上颌齿数34～38枚，下颌齿数30枚，齿总数为64～68枚。

生活习性　栖息于热带和亚热带地区。海水生活，具有强的耐盐分的能力，也在淡水中生活。猎食昆虫、两栖动物、甲壳类、爬行动物、鱼类和哺乳动物。繁殖地在淡水区域。澳大利亚北部分布的每年10月至次年5月为繁殖期；泰国分布的在7～8月产卵。

分布地区　澳大利亚、孟加拉国、缅甸、柬埔寨、印度、印度尼西亚、马来西亚、巴布亚新几内亚、菲律宾、新加坡、斯里兰卡、所罗门群岛、泰国、越南。曾经在我国华南沿海有分布。我国的海南、广东等地已有一定数量的人工驯养繁殖种群。

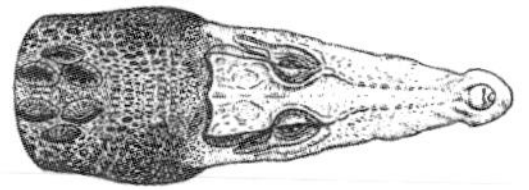

339. 菱斑鳄 *Crocodylus rhombifer*

学名 *Crocodylus rhombifer*（Cuvier, 1807）
曾用学名 无
英文名 Cuban crocodile
别名 古巴鳄，珍珠鳄
分类地位 脊索动物门CHORDATA/
爬行纲REPTILIA/
鳄目CROCODYLIA/
鳄科Crocodylidae/鳄属*Crocodylus*
保护级别 国家二级（核准，仅野外种群）；CITES附录Ⅰ
识别特征 属中型鳄类。雌性体长一般3.5m，雄性体长一般5m。头短而宽，眼后有骨质棱。背部鳞甲构成的背盾扩展到颈部的背面，腿部的鳞甲通常比较大，后腿上有龙骨。幼体巩膜明亮。具有典型的黄色和黑色图案。上颌齿数36～38枚，下颌齿数30枚，齿总数为66～68枚。
生活习性 栖息于淡水沼泽和湿地，能耐受一定的盐度。主要以鱼类为食。野外挖掘洞穴繁殖。通常在5月份产卵，产卵数为30～40枚。
分布地区 古巴。

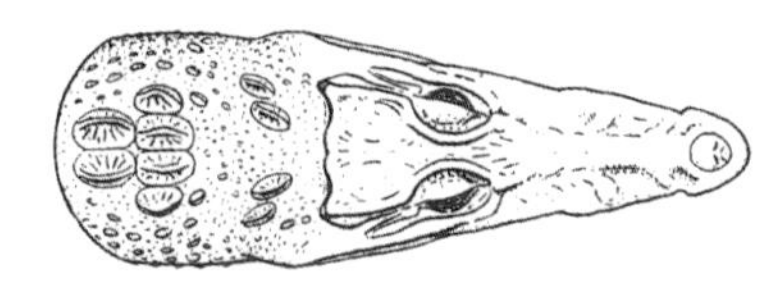

340. 暹罗鳄 *Crocodylus siamensis*

学　名 *Crocodylus siamensis* Schneider, 1801

曾用学名 无

英 文 名 Siamese crocodile

别　名 泰国鳄，暹罗淡水鳄

分类地位 脊索动物门CHORDATA/爬行纲REPTILIA/鳄目CROCODYLIA/鳄科Crocodylidae/鳄属*Crocodylus*

保护级别 国家二级（核准，仅野外种群）；CITES附录Ⅰ

识别特征 雄性最大体长4.5m，但一般不超过4m，雌性体长一般2.5m。幼体金褐色，体尾有黑条纹，成体吻部很宽，喉部鳞甲横排。上颌齿数34～36枚，下颌齿数30枚，齿总数为64～66枚。

生活习性 该物种的生态学资料很少。很可能喜欢淡水如沼泽地、河流保护地段中水流缓慢的区域。在湖泊和咸淡水中也能发现。主要取食鱼类，也食两栖动物、爬行动物，可能还食小型哺乳动物。人工饲养的鳄约10年性成熟。它们在4～5月繁殖；我国海南饲养种群每年3月底至4月繁殖，每巢产卵20～50枚，孵化期约80天。

分布地区 文莱、柬埔寨、印度尼西亚、老挝、马来西亚、缅甸、泰国、越南。野生种群在原分布地已极度濒危，但养殖种群很大。我国各地均有养殖，尤其在海南、广东、广西等地人工驯养繁殖种群数量较大，约有50万条。

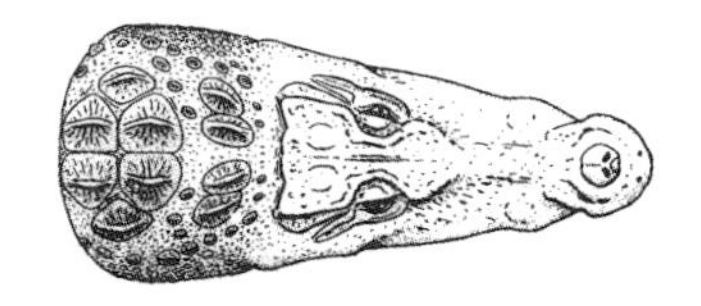

341. 短吻鳄 *Osteolaemus tetraspis*

学　名　*Osteolaemus tetraspis* Cope，1861

曾用学名　*O. t. tetraspis*（*osborni*），*Crocodilus frontatus*

英文名　Dwarf crocodile，Central African dwarf crocodile，Broad-snouted（Black，Rough-backed）crocodile，African caiman

别　名　中非侏儒鳄，宽吻鳄，非洲凯门鳄，侏儒鳄

分类地位　脊索动物门CHORDATA/爬行纲REPTILIA/鳄目CROCODYLIA/鳄科Crocodylidae/短吻鳄属*Osteolaemus*

保护级别　国家二级（核准，仅野外种群）；CITES附录Ⅰ

识别特征　雌性体长一般1.8m，雄性体长一般2m。颈部、背部和尾的鳞甲明显，腹甲明显骨化。颈部鳞甲排列型为3行横排，即第一排有2个大鳞，第二排2个大鳞，第三排2个非常小的鳞。成体背侧和两侧色泽均为深色，幼体体尾有亮的褐色带纹，头部则为黄色。腹部淡黄色并有许多深色斑块。吻短而钝。上颌齿数32～34枚，下颌齿数28～30枚，齿总数60～64枚。

生活习性　主要生活于沼泽地的永久水塘和雨林中流速缓慢的淡水区域。夜行性，多数白天时间待在洞穴中。以鱼、两栖动物、甲壳类和其他陆生动物为食。平常独处，在繁殖期（5～6月）才集群，并筑巢产卵。

分布地区　非洲西部及中西部的安哥拉、贝宁、布基纳法索、喀麦隆、中非、刚果（布）、刚果（金）、赤道几内亚、加蓬、冈比亚、加纳、几内亚、几内亚比绍、利比里亚、马里、尼日利亚、塞内加尔、塞拉利昂和多哥。

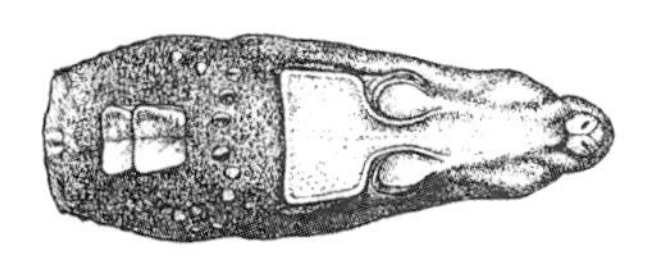

342. 马来鳄 *Tomistoma schlegelii*

学　名 *Tomistoma schlegelii*（Müller，1838）

曾用学名 无

英文名 Tomistoma，False gharial，Sunda，Mala gavial，Malayan fish crocodile

别　名 假食鱼鳄，马来切喙鳄

分类地位 脊索动物门CHORDATA/爬行纲REPTILIA/鳄目CROCODYLIA/鳄科Crocodylidae/马来鳄属*Tomistoma*

保护级别 国家二级（核准，仅野外种群）；CITES附录 I

识别特征 吻部细长，雌性体长一般3.5m，雄性体长一般4.5m，体长最大可达5m。成体背面黄褐色，头部深色斑少，体背面和尾侧面有褐黑色横斑；四肢背面斑纹不明显；幼体黄褐色或褐色，体尾有深色带纹，下颌有深色斑点。上颌齿数38～44枚，下颌齿数38～40枚，齿总数76～84枚。

生活习性 栖息于淡水湖泊、河流和沼泽地。喜藏于植被下、草木漂浮物和缓慢的水流中。以鱼、昆虫、甲壳类和哺乳类（如短尾猴）为食。雌性长到2.5～3.0m时达到性成熟，每年旱季（6～8月）为其繁殖期，用干叶或泥炭筑巢。

分布地区 印度尼西亚、马来西亚、越南、泰国。据历史记载，我国南部沿海曾有分布。

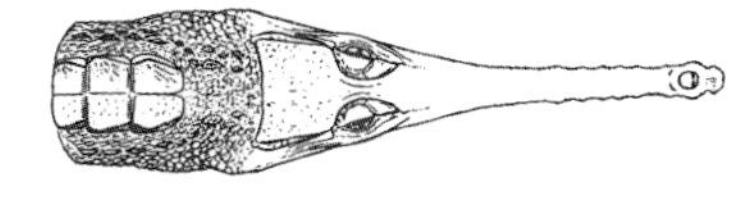

343. 食鱼鳄 *Gavialis gangeticus*

学　　名 *Gavialis gangeticus*（Gmelin，1789）

曾用学名 无

英 文 名 Gharial，Indian gharial，Gavial，Gangetic gavial

别　　名 印度食鱼鳄，印度鳄

分类地位 脊索动物门CHORDATA/爬行纲REPTILIA/鳄目CROCODYLIA/食鱼鳄科Gavialidae/食鱼鳄属*Gavialis*

保护级别 国家二级（核准，仅野外种群）；CITES附录 I

识别特征 雌性体长一般3m，雄性体长一般4m，长者可达5m，甚至6m。典型特征是吻部长而窄，随着年龄的增加，吻部会变得更窄长。成熟雄性吻端部呈球状。口两侧有明显的由牙齿构成的锯子状线纹。其肌肉不能把自己举起离开地面。尾非常发达，侧扁，后脚有大的蹼。上颌齿数56～58枚，下颌齿数50～52枚，齿总数106～110枚。

生活习性 栖息于河流比较平静的深水区。运动能力弱，只有在沙滩晒太阳和筑巢时才离开水体。成体主要猎食鱼类。更大的成体有时猎食哺乳类等较大的动物。雌性长到约3m时达到性成熟。交配期在11月至次年1月，3～5月筑巢，每次产卵30～50枚，平均达40枚。其卵是鳄类中最大的，重约160g。

分布地区 印度次大陆的北部，包括孟加拉国、不丹、印度、缅甸、尼泊尔、巴基斯坦。

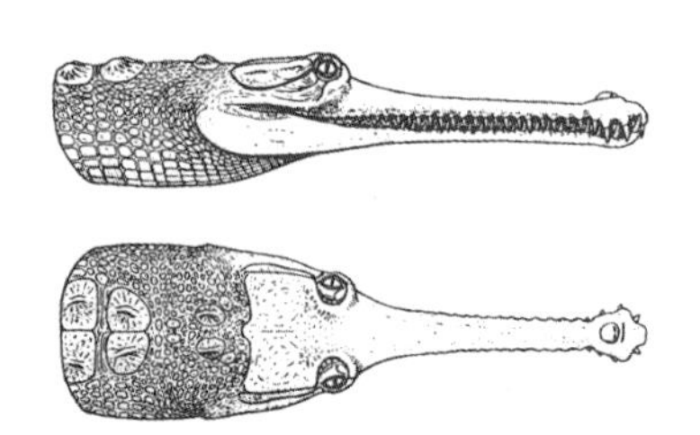

344. 瘰鳞蛇 *Acrochordus granulatus*

学名 *Acrochordus granulatus*（Schneider，1799）

曾用学名 *Hydrus granulatus*

英文名 Granular snake，File snake，Wart snake

别名 黑斑瘰鳞蛇

分类地位 脊索动物门CHORDATA/爬行纲REPTILIA/有鳞目SQUAMATA/瘰鳞蛇科Acrochordidae/瘰鳞蛇属*Acrochordus*

保护级别 国家二级

识别特征 头较小，与颈区分不太分明，头背无对称鳞片，鼻孔位于吻背，孔周有一圈小鳞；眼位于头侧，小而圆，瞳孔直立，两眼间有小鳞10枚。体圆而略侧扁。体鳞略呈圆形（微带多角形）的粒鳞，镶嵌排列，或微呈覆瓦状，环体一周100片左右，具小棘。没有腹鳞。身体皮肤松弛。头具灰斑，通体有黑灰相间的横斑，黑色横斑数53+9个。

生活习性 生活于滨海河口地带。食鱼类。卵胎生。

分布地区 我国仅在海南岛三亚沿海发现过一次。国外分布于南亚及东南亚沿海，新几内亚，澳大利亚北部沿海，所罗门群岛。

345. 南美水蛇 *Cyclagras gigas*

学　　名　*Cyclagras gigas*（Duméril，Bibron *et* Duméril，1854）
曾用学名　*Hydrodynastes gigas*
英 文 名　Southern American water snake，Mussurana
别　　名　拟眼镜蛇，巴西水蛇
分类地位　脊索动物门CHORDATA/爬行纲REPTILIA/有鳞目SQUAMATA/游蛇科Colubridae/南美水蛇属*Cyclagras*
保护级别　CITES附录Ⅱ
识别特征　成体全长通常超过2m。鳞片光滑，背部鳞片长明显大于宽，体侧最外排鳞片更大并向背峭倾斜。雄性个体淡黄色，有不规则的深色斑；雌性个体淡棕色，缺少深色斑。为无毒蛇。
生活习性　水生性极强。
分布地区　阿根廷、玻利维亚、巴西、法属圭亚那、巴拉圭。

346. 龟头海蛇 *Emydocephalus ijimae*

学名 *Emydocephalus ijimae* Stejneger，1898

曾用学名 无

英文名 Turtlehead sea snake

别名 无

分类地位 脊索动物门CHORDATA/爬行纲REPTILIA/有鳞目SQUAMATA/眼镜蛇科Elapidae/龟头海蛇属*Emydocephalus*

保护级别 国家二级

识别特征 头较短，头颈区分不明显；躯体圆柱形，尾侧扁。吻鳞五边形，前端有一锥状突起；鼻孔大，背位，有瓣膜司开闭；没有鼻间鳞。背鳞平滑，覆瓦状排列，脊鳞扩大呈六角形；腹鳞宽大。体尾背面深褐色，具黑褐色环纹。头黑褐色，自前额鳞沿头侧至口角有一浅色纹。眼上鳞外半部及中央到前额鳞呈黄色；吻部及咽部淡褐色。

生活习性 终生生活于海水中。吃鱼类。卵胎生。

分布地区 我国台湾（台湾本岛及兰屿）沿海。国外分布于日本沿海。

347. 青灰海蛇 *Hydrophis caerulescens*

学名 *Hydrophis caerulescens*（Shaw，1802）

曾用学名 *Hydrus caerulescens*

英文名 Blue-grey sea snake，Malacca sea snake

别名 无

分类地位 脊索动物门CHORDATA/爬行纲REPTILIA/有鳞目SQUAMATA/眼镜蛇科Elapidae/海蛇属*Hydrophis*

保护级别 国家二级

识别特征 头较小，体前段不细长，尾侧扁。背鳞强烈起棱，腹鳞窄小。体尾背面青灰色，有40 ~ 60个黑色宽横斑。随年龄增长，横斑逐渐不清晰，背面呈一致的青灰色。头暗灰色（幼蛇头黑色，有浅色马蹄形纹），有的眼后有浅色斑纹。

生活习性 终生生活于海水中。吃鱼类。卵胎生。每次产2 ~ 6条幼蛇。

分布地区 我国广东、山东（青岛）、台湾沿海。国外分布于从印度洋经南中国海至印度尼西亚到澳大利亚北部沿海。

348. 平颏海蛇 *Hydrophis curtus*

学　　名 *Hydrophis curtus*（Shaw，1802）

曾用学名 *Lapemis curtus*

英 文 名 Short sea snake，Malabar sea snake

别　　名 棘海蛇

分类地位 脊索动物门CHORDATA/爬行纲REPTILIA/有鳞目SQUAMATA/眼镜蛇科Elapidae/海蛇属*Hydrophis*

保护级别 国家二级

识别特征 头大，吻端超出下颌。躯体粗壮，躯体前后粗细差别不显著。颈部径粗大于最粗部的一半。成年雄性腹鳞两侧各数行体鳞的棱棘特别发达；尾侧扁如桨。头背黄橄榄色至深橄榄色，背面黄褐色，腹面浅黄白色，有35～45+4～7个宽大的暗褐色斑；背宽腹窄，从侧面看，略呈三角形。

生活习性 终生生活于海水中。以鱼或其他海洋无脊椎动物为食物。卵胎生。每次产3～4条较大的幼蛇。

分布地区 我国福建、广东、广西、海南、山东、台湾、香港沿海曾有记录。国外分布于东印度洋向东经印澳海域到澳大利亚北部沿海及菲律宾沿海。

349. 青环海蛇 *Hydrophis cyanocinctus*

学　　名 *Hydrophis cyanocinctus* Daudin，1803

曾用学名 无

英 文 名 Blue-banded sea snake，Annulated sea snake

别　　名 无

分类地位 脊索动物门CHORDATA/爬行纲REPTILIA/有鳞目SQUAMATA/眼镜蛇科Elapidae/海蛇属*Hydrophis*

保护级别 国家二级

识别特征 头不特别小，体长而不特别细，后部较粗而略侧扁，尾侧扁如桨。背鳞覆瓦状排列，起棱或呈2~3个小结节。头背橄榄褐色，头腹略浅淡。背面灰褐色，腹面黄白色，通身有背宽腹窄的黑褐色环纹50 ~ 76+5 ~ 10个，从体侧看环纹颇似一个个倒三角形；幼蛇斑纹特别清晰，腹鳞呈黑色；年老个体背面环纹渐模糊，但体侧仍可辨认。吻鳞高，从头背可见甚多；鼻鳞较长，在吻背左右相接，其间无鼻间鳞相隔；鼻孔开口于鼻鳞后部，背位；眼背侧位。

生活习性 终生生活于海水中。以蛇鳗为食，其中以尖吻蛇鳗为主。卵胎生。每次产幼蛇3 ~ 15条。

分布地区 我国渤海、黄海、东海、南海、台湾海峡、北部湾等海域。国外分布于由波斯湾经印度半岛沿海至日本和印澳海域。

350. 环纹海蛇 *Hydrophis fasciatus*

学　　名 *Hydrophis fasciatus*（Schneider，1799）

曾用学名 *Hydrus fasciatus*

英 文 名 Blunt-banded sea snake，Banded sea snake

别　　名 无

分类地位 脊索动物门CHORDATA/爬行纲REPTILIA/有鳞目SQUAMATA/眼镜蛇科Elapidae/海蛇属*Hydrophis*

保护级别 国家二级

识别特征 头略小，躯体前部较细，躯体后部较粗而略侧扁；尾侧扁如桨。吻鳞高，从头背可见甚多；鼻鳞较长，在吻背左右相接，其间无鼻间鳞相隔，鼻孔开口于鼻鳞后部，背位；眼背侧位。背鳞多呈六角形，镶嵌排列，起棱或具结节。背面深灰色，腹面黄白色，通身有背宽腹窄的黑色环纹48～60+3～7个，从体侧看环纹颇似一个个倒三角形。头部黑色，体前腹面、所有腹鳞、尾末端均为黑色。

生活习性 终生生活于海水中。吃鳗类或乌贼类。卵胎生。

分布地区 我国广西、海南、广东、福建沿海。国外分布于印度、缅甸、泰国、菲律宾、印度尼西亚、新几内亚沿海。

351. 小头海蛇 *Hydrophis gracilis*

学　名　*Hydrophis gracilis*（Shaw，1802）

曾用学名　*Hydrus gracilis*

英 文 名　Narrow-headed sea snake，Common narrow-headed sea snake

别　名　无

分类地位　脊索动物门CHORDATA/爬行纲REPTILIA/有鳞目SQUAMATA/眼镜蛇科Elapidae/海蛇属*Hydrophis*

保护级别　国家二级

识别特征　头极小，吻端超出下颌甚多。躯体前部特别细长，后部较粗而略侧扁，其最大径粗为颈部径粗的4倍以上；尾侧扁如桨。吻鳞高，从头背可见甚多；鼻鳞较长，在吻背左右相接，其间无鼻间鳞相隔，鼻孔开口于鼻鳞后部，背位；眼背侧位。背鳞呈六角形，镶嵌排列，每片具前后排列的小结节2～3个。头背黄褐色。背面灰黑色，腹面淡灰色，躯体后段及尾部可看出黑褐色菱斑47～62+2～7个，在细长的前部则不呈菱斑。

生活习性　终生生活于海水中。吃体形细长的鳗类等。卵胎生。每次产幼蛇1～7条。

分布地区　我国福建、广东、广西、海南、香港沿海。国外分布于由波斯湾向东经印度半岛、中南半岛沿海，到印澳海域，至巴布亚新几内亚沿海。

352. 截吻海蛇 *Hydrophis jerdonii*

学　　名 *Hydrophis jerdonii*（Gray，1849）

曾用学名 *Kerilia jerdonii*

英 文 名 Saddle-backed sea snake, Jerdon's sea snake.

别　　名 无

分类地位 脊索动物门CHORDATA/爬行纲REPTILIA/有鳞目SQUAMATA/眼镜蛇科Elapidae/海蛇属*Hydrophis*

保护级别 国家二级

识别特征 吻窄而略下斜，体长而粗壮。前额鳞小，不接眶上鳞；体鳞钝三角形，排列较整齐，呈覆瓦状排列，环体一周22 ~ 30枚。体尾灰白色，有深色横斑38+2个，脊背有菱形的黑色小斑点。

生活习性 终生生活于海水中。吃鱼类。卵胎生。

分布地区 我国台湾海峡。国外分布于孟加拉湾到斯里兰卡，向东沿马来半岛沿海到泰国湾、南中国海，南到加里曼丹西部沿海。

353. 黑头海蛇 *Hydrophis melanocephalus*

学　　名 *Hydrophis melanocephalus* Gray, 1849
曾用学名 无
英 文 名 Black-headed sea snake
别　　名 无
分类地位 脊索动物门CHORDATA/爬行纲REPTILIA/有鳞目SQUAMATA/眼镜蛇科Elapidae/海蛇属*Hydrophis*
保护级别 国家二级
识别特征 头较小，体前部细长，后部较粗而极侧扁，尾侧扁。头及体前部黑色。体最粗部径粗为颈部径粗的2～3倍以上。背鳞覆瓦状排列，具棱。腹鳞具二棱。体尾背面橄榄色或灰色，腹面黄白色，具50～62+5～9个黑色横斑，体侧及腹面清晰可见。头黑色，鼻后有一黄色点，眼后有一黄色线纹。
生活习性 终生生活于海水中。吃海鳗等鱼类。卵胎生。
分布地区 我国东海、南海、北部湾和台湾等海域。国外分布于日本西南沿海。

354. 淡灰海蛇 *Hydrophis ornatus*

学　　名　*Hydrophis ornatus*（Gray，1842）
曾用学名　*Aturia ornata*
英 文 名　Ornate sea snake，
Cochin banded sea snake
别　　名　饰纹海蛇，黑点海蛇
分类地位　脊索动物门CHORDATA/
爬行纲REPTILIA/
有鳞目SQUAMATA/眼镜蛇科Elapidae/海蛇属*Hydrophis*
保护级别　国家二级
识别特征　头较大，躯体不特别长而较侧扁；尾侧扁如桨。吻鳞从头背可见其上端；鼻鳞长大于宽，在吻背左右相接，其间无鼻间鳞相隔，鼻孔开口于鼻鳞后外部，背位；眼侧位，从背面可见。背鳞六角形，微覆瓦状排列或镶嵌排列，具短棱或中央结节；背面橄榄褐色，腹面米黄色，成年雌性通身有黑灰色宽横纹59+11个。头背橄榄黄色。
生活习性　终生生活于海水中。吃鳗类。卵胎生。
分布地区　我国黄海、南海、北部湾等沿海。国外分布于从波斯湾经印度半岛沿海到印澳海域。

355. 棘眦海蛇 *Hydrophis peronii*

学　　名　*Hydrophis peronii*（Duméril，1853）

曾用学名　*Acalyptus peronii*，*Acalyptophis peronii*

英 文 名　Peron’s sea snake

别　　名　无

分类地位　脊索动物门CHORDATA/爬行纲REPTILIA/有鳞目SQUAMATA/眼镜蛇科Elapidae/海蛇属*Hydrophis*

保护级别　国家二级

识别特征　头较小，体粗短，尾侧扁。吻鳞宽大于高；额鳞与顶鳞裂为数片；眶上鳞及其相邻鳞片的后缘尖出成棘；背鳞略呈覆瓦状排列，后端宽大于长，具一短棱；腹鳞小而清晰可辨。体尾背面棕灰色或浅褐色，有深色横斑45+8个，向两侧下延逐渐变窄；腹面灰白色，有淡棕色条纹。

生活习性　终生生活于海水中。吃鱼类。卵胎生。

分布地区　我国广东、台湾及香港沿海。国外分布于印度洋、澳大利亚及巴布亚新几内亚热带海域。

356. 长吻海蛇 *Hydrophis platurus*

学　名 *Hydrophis platurus*（Linnaeus，1766）

曾用学名 *Pelamis platurus*

英 文 名 Yellow-bellied sea snake，Yellow and black sea snake

别　名 黑背海蛇，黄腹海蛇

分类地位 脊索动物门CHORDATA/爬行纲REPTILIA/有鳞目SQUAMATA/眼镜蛇科Elapidae/海蛇属*Hydrophis*

保护级别 国家二级

识别特征 背面黑色，腹面鲜黄色，两色在体侧界线鲜明。故又叫“黄腹海蛇”或“黑背海蛇”。头窄长，吻长，躯体短而极侧扁，尾侧扁。吻鳞从头背可见其上缘；鼻鳞1对，较大，在吻背左右相接，其间没有鼻间鳞相隔，鼻孔开口于其后部，背位。体鳞背部平滑，体侧具短棱。躯体上半黑色，下半鲜黄色，两色在体侧界线分明；尾部虽也是背黑腹黄，但两色界线呈波纹状，或还有黑色点斑，变异颇多。

生活习性 终生生活于海水中。食小鱼。卵胎生。每次产幼蛇4～5条。

分布地区 我国福建、广东、广西、海南、山东、台湾、香港、浙江沿海曾有记录。国外分布于印度洋、太平洋及其海岛沿岸，东达中美西海岸，西达非洲东部，北到日本海，南到澳大利亚西部、北部、东部沿海，直至塔斯马尼亚。

357. 棘鳞海蛇 *Hydrophis stokesii*

学　　名　*Hydrophis stokesii*（Gray，1846）

曾用学名　*Astrotia stokesii*，*Hydrus stokesii*

英 文 名　Stokes' sea snake，Large-headed sea snake

别　　名　无

分类地位　脊索动物门CHORDATA/爬行纲REPTILIA/有鳞目SQUAMATA/眼镜蛇科Elapidae/海蛇属*Hydrophis*

保护级别　国家二级

识别特征　头大，躯体粗短，最粗部径粗约为颈部的一倍。背鳞强覆瓦状排列，起棱，后缘突出，棱常断裂成结节。除前部少数腹鳞外，腹鳞均纵分为两较长鳞片，其末端双叉或锯齿状。躯尾浅黄色或灰褐色，有完整的黑褐色宽横斑32 ~ 36个；宽横斑之间常有点斑或短横斑。头部深橄榄色至黄色。

生活习性　终生生活于海水中。吃鱼类、无脊椎动物等。卵胎生。

分布地区　我国台湾海峡（台南、高雄沿海）曾有记录。国外分布于斯里兰卡，印度沿海经泰国湾向东到南海，印度尼西亚到巴布亚新几内亚及澳大利亚东部和北部海域。

358. 海蝰 *Hydrophis viperinus*

学名 *Hydrophis viperinus*（Schmidt，1852）
曾用学名 *Praescutata viperina*
英文名 Viperine sea snake
别名 黑尾海蛇
分类地位 脊索动物门CHORDATA/
爬行纲REPTILIA/
有鳞目SQUAMATA/
眼镜蛇科Elapidae/海蛇属*Hydrophis*
保护级别 国家二级
识别特征 头大，躯体粗细前后几乎一致而略侧扁，尾侧扁。体鳞六角形，镶嵌排列，具棱或结节。腹鳞小，其典型特征是躯体前部腹鳞宽大明显，后部则渐窄小。背面暗绿色到黑色，有几十个略呈菱形的深色斑，年老个体逐渐变模糊不显；腹面浅灰白色，背腹两种颜色在体侧过渡。
生活习性 终生生活于海水中。食鱼类。卵胎生。
分布地区 我国福建、广东、广西、海南、台湾和香港沿海曾有记录。国外分布于从波斯湾、孟加拉湾到泰国湾，经马来半岛沿海到印度尼西亚海域。

359. 蓝灰扁尾海蛇 *Laticauda colubrina*

学名 *Laticauda colubrina*（Schneider，1799）

曾用学名 *Hydrus colubrinus*

英文名 Yellow-lipped sea krait，Colubrine amphous sea snake

别名 灰海蛇

分类地位 脊索动物门CHORDATA/爬行纲REPTILIA/有鳞目SQUAMATA/眼镜蛇科Elapidae/扁尾海蛇属*Laticauda*

保护级别 国家二级

识别特征 头型正常，卵圆形，与颈区分不明显；躯体圆柱形，尾侧扁。吻鳞正常，不横分为二。有鼻间鳞1对，鼻孔位于头侧，有瓣膜司开闭；颌片2对。背鳞平滑，呈覆瓦状排列；腹鳞宽大。躯尾背面蓝灰色，有蓝黑色环纹38～43+3～6个；腹面灰褐色。头背暗褐色，有一块宽的蓝黑色斑，头侧有一条宽的蓝黑色带；颞部有一条黄色带。在上唇下部沿口角亦有一条黄色带。

生活习性 海水生活。夜晚在沿岸沙滩、岩礁间活动。吃小型鱼类。卵生，7月产卵5～6枚于沿岸岩礁间或珊瑚礁缝隙中。

分布地区 我国台湾沿海。国外分布于孟加拉湾到马来群岛沿海，以及澳大利亚、新几内亚、菲律宾、斐济、汤加、日本西南沿海。

360. 扁尾海蛇 *Laticauda laticaudata*

学　　名　*Laticauda laticaudata*（Linnaeus，1758）

曾用学名　*Coluber laticaudatus*

英 文 名　Black-lipped sea krait，Common amphous sea snake

别　　名　无

分类地位　脊索动物门CHORDATA/爬行纲REPTILIA/有鳞目SQUAMATA/眼镜蛇科Elapidae/扁尾海蛇属*Laticauda*

保护级别　国家二级

识别特征　头型正常，卵圆形，与颈区分不明显；躯体圆柱形，尾侧扁。有鼻间鳞1对，鼻孔位于头侧，有瓣膜司开闭；颌片2对。背鳞平滑，体后部脊鳞扩大；腹鳞宽大。躯尾背面蓝灰色，有黑色环纹39～50个，环纹宽占3～6枚鳞，前后环纹相距约2枚背鳞；腹面黄色。头色黑，吻鳞、唇鳞及咽部、颈部均为暗褐色，喉部有一黄色中线；头背前部有一略呈马蹄形的黄色纹。

生活习性　海水生活。常活动于沿岸近海。吃小型鱼类。卵生。产卵于沿岸岩礁间或珊瑚礁缝隙中。

分布地区　我国福建、台湾沿海。国外分布于孟加拉湾到马来群岛沿海，以及澳大利亚、新几内亚、印度尼西亚、菲律宾、斐济、汤加、日本西南沿海。

361. 半环扁尾海蛇 *Laticauda semifasciata*

学　　名 *Laticauda semifasciata*（Reinwardt，1837）

曾用学名 *Platurus semifasciatus*

英 文 名 Wide-striped sea krait

别　　名 无

分类地位 脊索动物门CHORDATA/爬行纲REPTILIA/有鳞目SQUAMATA/眼镜蛇科Elapidae/扁尾海蛇属*Laticauda*

保护级别 国家二级

识别特征 头型正常，卵圆形，与颈区分不明显；躯体圆柱形，尾侧扁。吻鳞横裂为二；有鼻间鳞1对，鼻孔位于头侧，有瓣膜可开闭；左右前额鳞间嵌有1枚五角形鳞片。背鳞平滑，覆瓦状排列；腹鳞宽大。躯尾背面暗褐色，有青褐色环纹35～39+6～7个；腹面浅褐色。吻部及头部暗褐色，有一蓝色马蹄形斑。

生活习性 海水生活。常活动于沿岸近海。吃小型鱼类。卵生，10～12月产卵于沿岸岩礁间或珊瑚礁缝隙中。

分布地区 我国黄海、东海、台湾海峡等地。国外分布于印度尼西亚、巴布亚新几内亚、菲律宾、斐济、日本西南沿海。

362. 短颈龟 *Pseudemydura umbrina*

学　　名 *Pseudemydura umbrina* Siebenrock，1901

曾用学名 *Emydura inspectata*

英 文 名 Western swamp turtle，Western short-necked turtle

别　　名 无

分类地位 脊索动物门CHORDATA/爬行纲REPTILIA/龟鳖目TESTUDINES/蛇颈龟科Chelidae/拟澳龟属*Pseudemydura*

保护级别 国家二级（核准，仅野外种群）；CITES附录Ⅰ

识别特征 背甲长15cm，下颌有两条须。背脊灰色，明显隆起。颈明显短。头和背甲颜色变化大，由暗黄棕色至黄褐色；背甲边缘棕色，颈部和四肢深灰褐色，有浅黄斑纹；腹甲白色至乳白色。背、腹甲几乎等大。颈部十分粗糙，疣多。

生活习性 生活于沼泽地区，但其主要栖息在临时水域或季节性沼泽地；该生境区域冬季潮湿，夏季干旱炎热，该物种有夏眠习性。有筑洞行为；以甲壳动物、蝌蚪和水生无脊椎动物为食。10～11月繁殖，产卵5枚以上，孵化需190天左右。

分布地区 澳大利亚西南部。

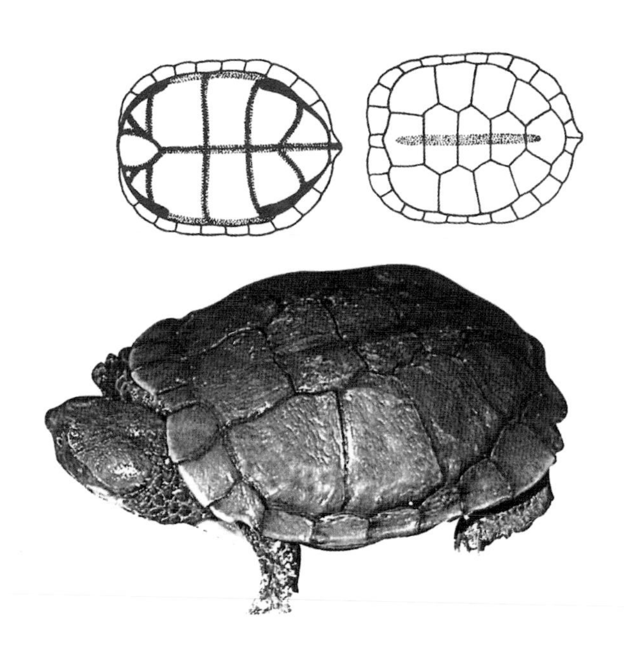

363. 红海龟 *Caretta caretta*

学　　名 *Caretta caretta*（Linnaeus，1758）

曾用学名 *Tsetudo caretta*，*Thalassochelys caretta*

英 文 名 Loggerhead turtle，Loggerhead

别　　名 红头龟，红海龟，赤蠵龟，灵龟，蠵龟

分类地位 脊索动物门CHORDATA/爬行纲REPTILIA/龟鳖目TESTUDINES/海龟科Cheloniidae/蠵龟属*Caretta*

保护级别 国家一级；CITES附录Ⅰ

识别特征 成熟的蠵龟背甲长可达120cm，体重200kg左右。体型为长椭圆形，背甲有5对肋盾，第1对肋盾与颈盾相接，椎盾5枚或6枚。头与身体的比例要比其他海龟大（即头部较大），粗大的头部及强而有力的喙，使其能捕食底栖性的甲壳类及其他带壳的软体动物。体色赤红，有时会带橄榄色。

生活习性 幼龟以浮游生物为食，幼龟要12～30年才会性成熟。亚成龟及成龟居住在岩石海岸地区，主要以贝类、螃蟹、鱼及其他底栖性无脊椎动物为食，营底栖性生活。

分布地区 我国渤海、黄海、东海、南海等海域。国外分布于太平洋、印度洋、大西洋温暖水域，是海产龟类中分布最北和最南的种类，也是唯一能在温带沙滩上产卵的海龟。

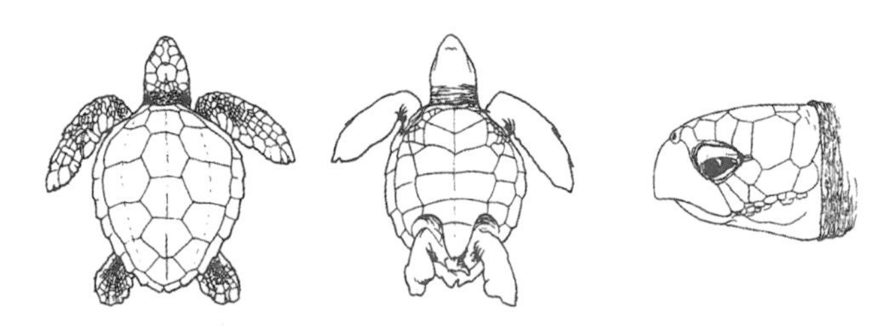

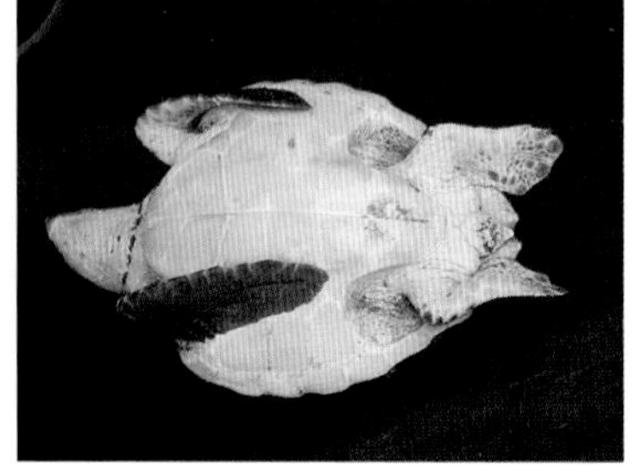

364. 绿海龟 *Chelonia mydas*

学　　名 *Chelonia mydas*（Linnaeus，1758）

曾用学名 *Cheloniamydas agassizii*

英 文 名 Green turtle

别　　名 石龟，黑龟，菜龟

分类地位 脊索动物门CHORDATA/爬行纲REPTILIA/龟鳖目TESTUDINES/海龟科Cheloniidae/绿海龟属*Chelonia*

保护级别 国家一级；CITES附录Ⅰ

识别特征 成龟背甲长可达100cm以上，体重100kg以上。体型为长椭圆形，背甲有4对肋盾，椎盾5枚，呈镶嵌排列，不互相覆盖。前额鳞1对。具4对下缘盾。四肢外侧具1爪。背甲深橄榄色或棕褐色，腹甲淡黄色。

生活习性 是所有海龟中数量最多的一种。幼龟以浮游生物为食，要长到20～30年才会性成熟。亚成龟及成龟则会居住在沿岸的珊瑚礁及海草床区，过着主要以海草及大型藻类为食的底栖性生活。

分布地区 我国渤海、黄海、东海、南海等海域。国外从非洲埃塞俄比亚绕过好望角到西非，向东穿过印度洋和太平洋到美国和智利之间的海岸。

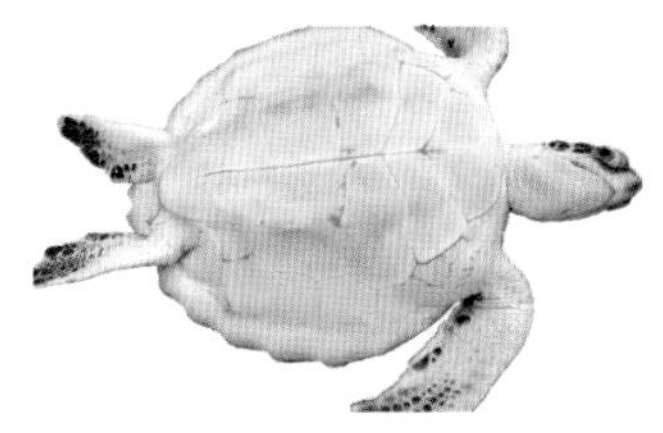

365. 玳瑁 *Eretmochelys imbricata*

学名 *Eretmochelys imbricata*（Linnaeus，1766）

曾用学名 *Testudo imbricata*，*Chelone imbricata*

英文名 Hawksbill turtle

别名 十三鳞，文甲，海龟

分类地位 脊索动物门CHORDATA/爬行纲REPTILIA/龟鳖目TESTUDINES/海龟科Cheloniidae/玳瑁属*Eretmochelys*

保护级别 国家一级；CITES附录Ⅰ

识别特征 背甲长可达75～85cm，体重80kg以上。体型为长椭圆形，背甲有4对肋盾，椎盾5枚，呈覆瓦片状排列，后盾尖锐，且后半部的缘盾较尖，呈锯齿状。头形较小，上喙前端钩曲，呈鹰嘴状，头顶具前额鳞2对。下缘盾4对。前肢具2爪。背甲棕红色或棕褐色，盾片上具放射状黄色斑，腹甲为黄色。

生活习性 幼龟会在海洋中的漂流性马尾藻下，以浮游生物为食。亚成龟及成龟则会居住在珊瑚礁区，以珊瑚礁中的海绵等无脊椎动物为食，营底栖性生活。玳瑁性喜独居，很少群聚在一起。

分布地区 我国黄海、东海、南海等海域。国外主要分布于热带到亚热带海域的珊瑚礁区中。

366. 肯氏海龟 *Lepidochelys kempii*

学　　名 *Lepidochelys kempii*（Garman，1880）

曾用学名 *Thalassochelys*（*Colpochelys*）*kempii*，*Lepidochelys olivacea kempii*

英 文 名 Kemp's ridley turtle, Atlantic（Gulf，Mexican）ridley, Bastard turtle

别　　名 大西洋海龟

分类地位 脊索动物门CHORDATA/爬行纲REPTILIA/龟鳖目TESTUDINES/海龟科Cheloniidae/丽龟属*Lepidochelys*

保护级别 国家一级（核准）；CITES附录Ⅰ

识别特征 成龟个体可达59～73cm长，体重达25～54kg。背甲接近圆形，体色为橄榄绿色，眼前之额前鳞片2对，背甲具5对侧盾，中央盾5片，在最后4对缘盾上各具一小圆孔，其功能不详。体型比太平洋丽龟小。

生活习性 虽然可在大西洋多处沿海发现，但多在墨西哥湾内活动，95%的雌龟会在墨西哥东北部的新兰乔产卵，剩下的5%则会在邻近的韦拉克鲁斯州的沙滩上产卵。幼龟会居住在海洋中的漂流物下，亚成龟及成龟则会居住在沿近海地区。和太平洋丽龟一样，成熟的雌龟会在白天集体上岸产卵。肯氏海龟主要以近海的螃蟹为食，也吃有壳的软体动物如贝类及蜗牛。

分布地区 繁殖地点仅局限于墨西哥塔毛利帕斯州的新兰乔附近，但其活动范围很广，在北纬8°～60°、西经10°～97°的海域均可发现。

367. 太平洋丽龟 *Lepidochelys olivacea*

学　名　*Lepidochelys olivacea* （Eschscholtz，1829）
曾用学名　*Chelonia olivacea*
英文名　Olive ridley turtle，Pacific ridley（turtle）
别　名　丽龟，榄蠵龟，姬赖利海龟
分类地位　脊索动物门CHORDATA/爬行纲REPTILIA/龟鳖目TESTUDINES/海龟科Cheloniidae/丽龟属*Lepidochelys*
保护级别　国家一级；CITES附录Ⅰ
识别特征　成龟背甲长可达62～72cm，体重100kg左右。背甲略为椭圆，呈心形，橄榄色；背甲具6对以上的肋侧盾。椎盾5～7枚，缘盾13对，后部边缘呈锯齿状。下缘盾4枚，每枚盾片后缘有一小孔。四肢扁平，呈浆状，有大的鳞片，指（趾）各具2爪。头背、背甲、四肢背面橄榄绿色。腹甲黄色。
生活习性　幼龟会居住在大洋中的漂流物下，亚成龟及成龟则会居住在沿近海地区。幼龟要长12～30年才会性成熟。太平洋丽龟为肉食性动物，食物包括各种鱼类、软体动物及甲壳类等，是所有海龟中最凶猛的一种。虽然有大洋分布的特性，但只会在热带的沙滩上白天集体上岸产卵，每次产卵30～168枚。
分布地区　我国东海、黄海、南海等海域。国外分布于印度洋、太平洋、大西洋的温暖水域。

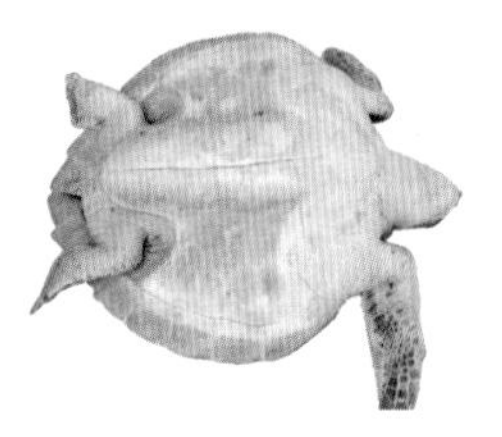

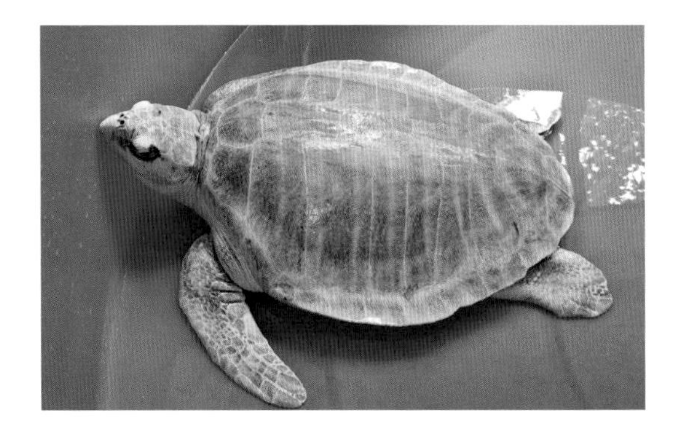

368. 平背海龟 *Natator depressus*

学　　名　*Natator depressus*（Garman，1880）

曾用学名　*Chelonia depressa*

英 文 名　Flatback turtle

别　　名　无

分类地位　脊索动物门CHORDATA/
爬行纲REPTILIA/
龟鳖目TESTUDINES/
海龟科Cheloniidae/平背海龟属*Natator*

保护级别　国家一级（核准）；CITES附录Ⅰ

识别特征　成龟背甲长可达76～96cm，重达70kg。体型为椭圆形，背甲较扁平，边缘上扬，因而得“平背海龟”之名。眼前额前鳞片仅1对，每眼后鳞片3片。背甲有4对侧盾，中央盾5片，呈瓦片状排列，不互相覆盖。背甲十分薄。头部及背甲为灰橄榄色，腹甲为乳白色。

生活习性　幼龟在澳大利亚北部的红树林区附近生活，成龟喜欢生活在混浊的近海水域中，以海参、水母、虾、软体动物、水螅等无脊椎动物为食。

分布地区　澳大利亚。分布于南纬8°～25°，东经112°～155°的海域。

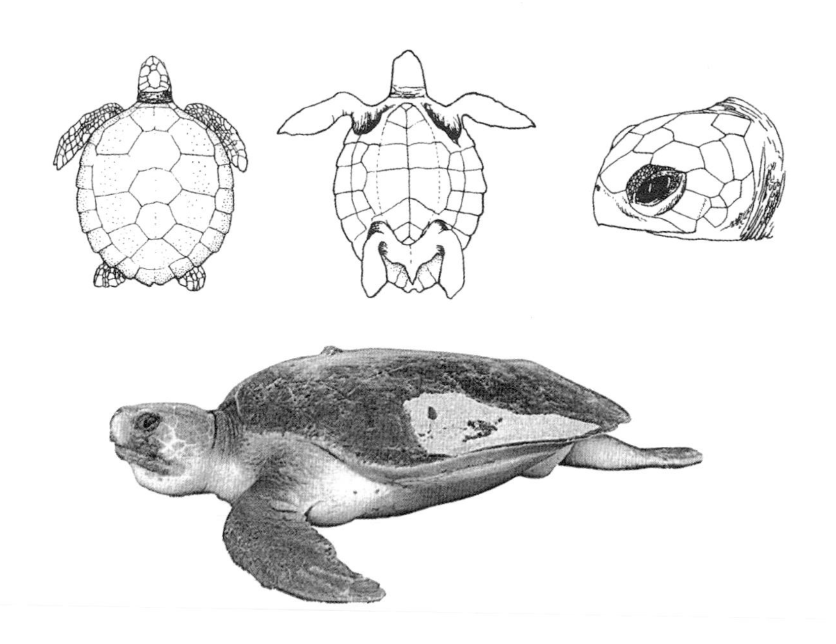

369. 泥龟 *Dermatemys mawii*

学　　名 *Dermatemys mawii* Gray，1847

曾用学名 *Dermatemys mawi*，*Dermatemys maiori*，*Emys mawii*

英 文 名 Central American river turtle，Tabasco turtle

别　　名 无

分类地位 脊索动物门CHORDATA/爬行纲REPTILIA/龟鳖目TESTUDINES/泥龟科Dermatemydidae/泥龟属*Dermatemys*

保护级别 国家二级（核准，仅野外种群）；CITES附录Ⅱ

识别特征 大型淡水龟，最大背甲长65cm，头较小，吻上翻，鼻孔周围具疣。成龟背甲扁平而光滑，背脊轻微隆起。背甲边缘光滑，无锯齿。指趾蹼发达，3～6片腹缘盾；腹甲大，喉盾单枚，甲桥处有一列间缘板。头部灰黄色，自鼻孔经眼上方至颈部有1条浅色线纹。前肢外侧及蹼缘也有1条纵线纹。腹甲奶黄色。

生活习性 栖息于淡水湖和缓流的河中，部分见于半咸水域内；是高度适应水栖的龟类，可在水中待很长的时间。属夜行性物种；食性以水果、叶子和其他植物为主。产卵于雨季后的河和水体的岸边，该龟在陆地上活动较为困难。9～11月产卵，每次产约20枚。

分布地区 墨西哥的韦拉克鲁斯和奥克斯卡北部，到洪都拉斯的伯利兹（但北尤卡坦半岛缺乏），危地马拉水域。

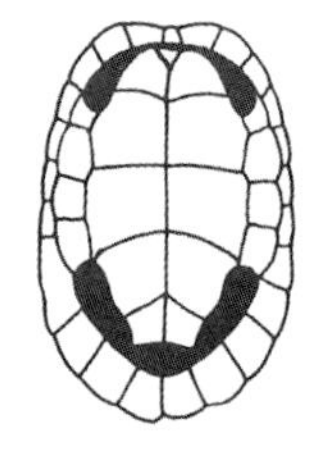
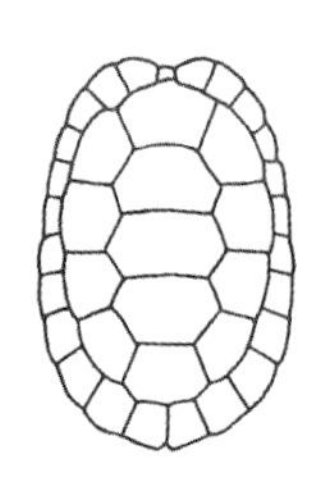

370. 棱皮龟 *Dermochelys coriacea*

学　　名 *Dermochelys coriacea*（Vandelli，1761）

曾用学名 *Testudo coriacea*，*Sphargis coriacea*

英 文 名 Leatherback turtle

别　　名 木瓜龟，杨桃龟，革背龟，舰板龟，燕子龟

分类地位 脊索动物门CHORDATA/爬行纲REPTILIA/龟鳖目TESTUDINES/棱皮龟科Dermochelyidae/棱皮龟属*Dermochelys*

保护级别 国家一级；CITES附录Ⅰ

识别特征 是所有海龟中唯一不具有硬壳或大盾甲的种类，背甲长可达200cm，体重可达950kg。通体被革质皮肤，具7行纵棱。头颈和背甲蓝黑色至黑色，密布白色斑点。腹甲褐色或黄褐色，密布黑色斑点，斑点缀连成宽纹。四肢桨状，无爪。

生活习性 是所有海龟中唯一在大洋中生活的种类，幼龟要长30年才会性成熟。成龟可做数千海里以上的洄游。主要以海洋中的水藻为食，但也吃虾、蟹、软体动物及小鱼等。不喜欢在岛屿附近活动，但会在热带区域大陆性的海滩上产卵。

分布地区 我国渤海、黄海、东海、南海等海域。国外分布于太平洋、大西洋和印度洋的热带海域。

371. 马来闭壳龟 *Cuora amboinensis*

学　　名　*Cuora amboinensis*（Daudin，1802）

曾用学名　无

英 文 名　Malaysian box turtle，
Southeast Asian box turtle

别　　名　马来箱龟，安布闭壳龟

分类地位　脊索动物门CHORDATA/
爬行纲REPTILIA/
龟鳖目TESTUDINES/地龟科Geoemydidae/闭壳龟属*Cuora*

保护级别　国家二级（核准，仅野外种群）；CITES附录Ⅱ

识别特征　背甲长20cm左右，黑褐色，成体背甲隆起，有较明显的脊棱。腹部为黄色，每枚盾片的后外边缘都有一块近于圆形的暗棕色斑。头部有鲜明的黄色纵纹。前甲与后甲韧带相连，可以完全与背甲闭合。指（趾）间为全蹼。尾中等长。

生活习性　常年生活在平原地区的池塘、沼泽、河流、湿地。胆小，性格温顺。每年4～6月底繁殖，每次产卵2枚，每年产3～4次。

分布地区　东南亚及附近区域。

372. 金头闭壳龟 *Cuora aurocapitata*

学　　名　*Cuora aurocapitata* Luo *et* Zong，1988

曾用学名　无

英 文 名　Golden-headed box turtle

别　　名　金龟，黄板龟，夹板龟

分类地位　脊索动物门CHORDATA/
爬行纲REPTILIA/
龟鳖目TESTUDINES/
地龟科Geoemydidae/闭壳龟属*Cuora*

保护级别　国家二级（仅野外种群）；CITES附录Ⅱ

识别特征　雄龟背甲长7.8 ~ 12.7cm，雌龟背甲长10.9 ~ 15.2cm。背甲棕黑色或红褐色，脊棱明显。腹甲黄色，左右盾片有基本对称的大黑斑。前甲与后甲韧带相连，可以完全与背甲闭合。头部为金黄色，头侧略有黄褐色，有3条黑线纹。

生活习性　栖息于丘陵地区的山沟或水质较清澈的池塘里。以动物性食物为主，也食少量植物。每年7月底至8月初产卵，分两次产出，每次产2枚。

分布地区　我国安徽、浙江、湖北、河南。

373. 越南三线闭壳龟 *Cuora cyclornata*

学　　名 *Cuora cyclornata* Blanck，McCord *et* Le，2006

曾用学名 无

英 文 名 Vietnamese three-striped box turtle

别　　名 无

分类地位 脊索动物门CHORDATA/爬行纲REPTILIA/龟鳖目TESTUDINES/地龟科Geoemydidae/闭壳龟属*Cuora*

保护级别 国家二级（仅野外种群）；CITES附录Ⅱ

识别特征 背甲棕色，近圆形，有3条棕黑色或黑色纵线，中间纵线为突出的脊棱，两侧棱不明显。成体椎盾通常较平坦，有时中心略凹，幼体椎盾略凸。头背橄榄绿色，喙缘灰色或黑白色。头侧橄榄绿色。腹甲与背甲接近等长，黑褐色，边缘呈黄色，后缘凹陷。背甲与腹甲之间有韧带连接，腹甲前后两叶可动，并能完全与背甲闭合，头、尾、四肢可缩入甲内。四肢较扁。

生活习性 栖息于海拔200～800m的山溪中，半水生。以螺、鱼、虾等为食。卵生。

分布地区 我国广西。国外分布于越南、老挝。

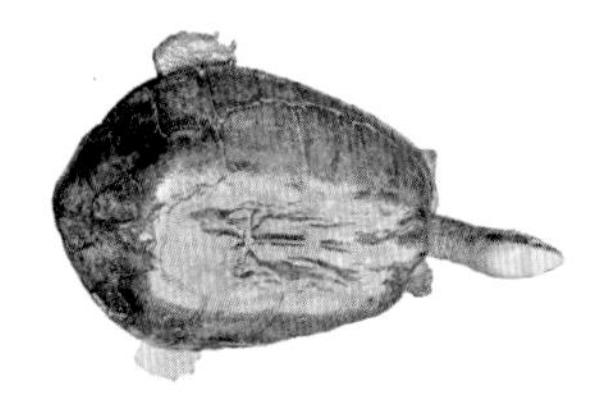

374. 黄缘闭壳龟 *Cuora flavomarginata*

学 名 *Cuora flavomarginata*（Gray, 1863）

曾用学名 *Cistoclemmys flavomarginata*

英文名 Black-bellied box turtle, Yellow-margined box turtle

别 名 黄缘箱龟，中国盒龟，夹板龟，断板龟，克蛇龟，食蛇龟

分类地位 脊索动物门CHORDATA/爬行纲REPTILIA/龟鳖目TESTUDINES/地龟科Geoemydidae/闭壳龟属*Cuora*

保护级别 国家二级（仅野外种群）；CITES附录Ⅱ

识别特征 成龟背甲长约13cm，棕红色；背甲高隆，脊棱明显，淡黄色。腹甲平，前后两叶有韧带相连，向上可与背甲闭合。头背橄榄绿色，额顶两侧自眼后各有一亮黄色纵纹，左右条纹在头顶部相遇后几乎形成“U”形条纹。腹甲株黑色。背甲侧缘、缘盾腹面及腹甲外缘均为黄色，尾短。四肢略扁，指（趾）间蹼小。

生活习性 栖息于森林边缘、湖泊、河流及有流水的溪谷附近潮湿地带。夏季以夜间活动为主，杂食性。有冬眠习性。5月下旬至9月产卵，每次产卵2枚，共产4～8枚。

分布地区 我国重庆、湖南、湖北、河南、安徽、江苏、浙江、上海、江西、广西、广东、福建、台湾。国外分布于日本。

375. 黄额闭壳龟 *Cuora galbinifrons*

学　　名　*Cuora galbinifrons* Bourret，1939

曾用学名　*Cistoclemmys galbinifrons*

英 文 名　Indo-Chinese box turtle

别　　名　海南闭壳龟，黄额盒龟

分类地位　脊索动物门CHORDATA/爬行纲REPTILIA/龟鳖目TESTUDINES/地龟科Geoemydidae/闭壳龟属*Cuora*

保护级别　国家二级（仅野外种群）；CITES附录Ⅱ

识别特征　成龟背甲长10 ~ 18cm，有明显的脊棱，背甲高隆，中央具宽的深色纵带，外侧肋盾色浅，缘盾色深。腹甲大而平，棕褐色，有少量不规则浅黄色斑。腹甲前后两叶有韧带相连，与背甲闭合。头背淡黄色或金黄色，具不规则黑色斑点。尾短。指（趾）间有半蹼。

生活习性　栖息于山区溪流中。卵为白色。

分布地区　我国海南和广西。国外分布于越南和老挝。

376. 百色闭壳龟 *Cuora mccordi*

学　　名　*Cuora mccordi* Ernst，1988

曾用学名　无

英 文 名　McCord's box turtle

别　　名　圆背箱龟

分类地位　脊索动物门CHORDATA/爬行纲REPTILIA/龟鳖目TESTUDINES/地龟科Geoemydidae/闭壳龟属*Cuora*

保护级别　国家二级（仅野外种群）；CITES附录Ⅱ

识别特征　成龟背甲长13cm左右，中线有一低脊棱，背甲红棕色，较隆起。腹甲边缘呈黄色，有一块明显黑斑几乎覆盖大部股甲，腹甲前后两半以韧带相连，可完全闭合于背甲。头部黄色，头侧有一条镶黑边的橘黄色眶后纹。前肢被大鳞，后肢被小鳞，指（趾）间有蹼。

生活习性　生境无记载，标本少，研究少。

分布地区　我国广西百色和云南交界的区域。

377. 锯缘闭壳龟 *Cuora mouhotii*

学　　名 *Cuora mouhotii*（Gray，1862）

曾用学名 *Cyclemys mouhotii*，*Pyxidea mouhotii*

英 文 名 Keeled box turtle

别　　名 锯缘摄龟，平顶闭壳龟

分类地位 脊索动物门CHORDATA/爬行纲REPTILIA/龟鳖目TESTUDINES/地龟科Geoemydidae/闭壳龟属*Cuora*

保护级别 国家二级（仅野外种群）；CITES附录Ⅱ

识别特征 整体棕色。背甲高，顶部平坦，三棱显著，侧棱与脊棱几乎在同一平面；背甲后缘呈现强烈的锯齿状；腹甲前后叶之间有韧带连接，前叶可闭合到背甲，后叶不能与背甲完全闭合；腹甲边缘深棕色。四肢稍扁，前肢5指，后肢4趾，末端具爪，指（趾）间有半蹼。

生活习性 为陆栖性较强的半水栖龟类。栖息于丘陵山区森林小溪附近，杂食性。卵生，每年6～7月产卵，每次产卵1～3枚。

分布地区 我国云南、广东、广西、海南。国外分布于越南、老挝、印度、不丹和缅甸。

378. 潘氏闭壳龟 *Cuora pani*

学　　名　*Cuora pani* Song，1984

曾用学名　无

英 文 名　Pan’s box turtle

别　　名　潘氏箱龟

分类地位　脊索动物门CHORDATA/爬行纲REPTILIA/龟鳖目TESTUDINES/地龟科Geoemydidae/闭壳龟属*Cuora*

保护级别　国家二级（仅野外种群）；CITES附录Ⅱ

识别特征　雄龟背甲长11～14cm，雌龟背甲长11～19cm，较低平，淡褐色。腹甲黄色，沿盾沟有大块连续而规则的黑斑，老年个体腹甲几乎全部黑色。腹甲前后两部分有韧带相连，能完全与背甲闭合。头背黄绿色，头侧可见约3条浅黑色细纵纹。前肢5爪，后肢4爪，指（趾）间蹼发达。

生活习性　栖息于海拔400m左右稻田旁边的水沟内。

分布地区　我国陕西、湖北、四川、重庆、河南。

379. 三线闭壳龟 *Cuora trifasciata*

学　　名 *Cuora trifasciata*（Bell，1825）

曾用学名 *Sternothaerus trifasciatus*, *Sacalia pseudoocellata*, *Cyclemys trifasciata*

英 文 名 Chinese three-striped box turtle, Three-banded box turtle

别　　名 金钱龟，金头龟，红肚龟

分类地位 脊索动物门CHORDATA/爬行纲REPTILIA/龟鳖目TESTUDINES/地龟科Geoemydidae/闭壳龟属*Cuora*

保护级别 国家二级（仅野外种群）；CITES附录Ⅱ

识别特征 背甲淡棕色，有3条棕黑色突出的脊棱。头背鲜黄色或橄榄黄色，喙缘及鼓膜黄色，并连成一条线，向后延伸。头侧栗色或黄橄榄色。腹甲与背甲接近等长，黑褐色，边缘呈黄色，后缘凹陷。背甲与腹甲之间有韧带连接，腹甲前后两叶可动，并能完全与背甲闭合，头、尾、四肢可缩入甲内。四肢较扁，指（趾）间全蹼。

生活习性 栖息于海拔50～400m的山溪中，半水生。以螺、鱼、虾为食，喜食蚯蚓。每次产卵5～7枚，卵白色、椭圆形。

分布地区 我国福建、广东、广西、海南、香港。

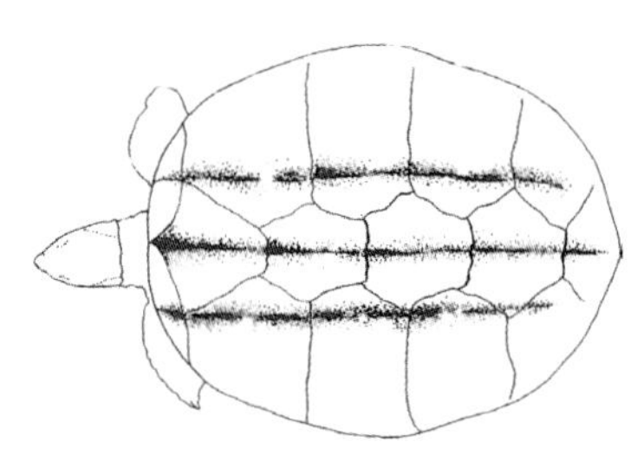
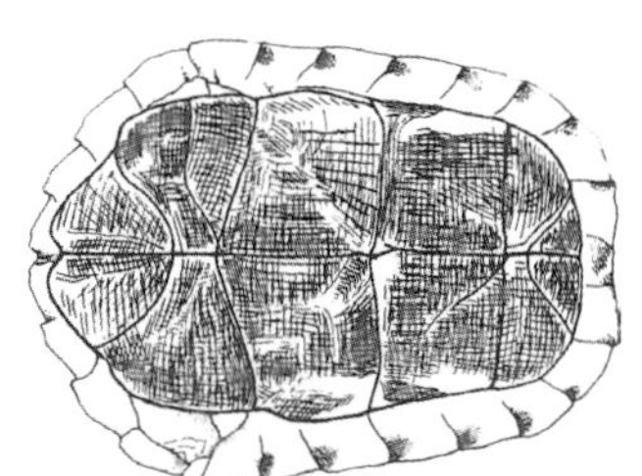

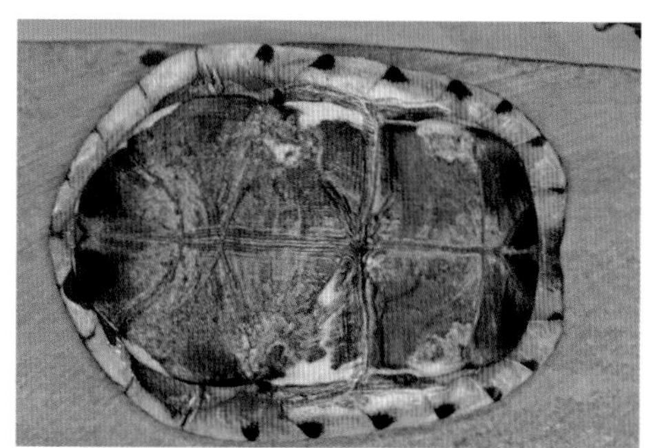

380. 云南闭壳龟 *Cuora yunnanensis*

学　　名　*Cuora yunnanensis*（Boulenger，1906）

曾用学名　无

英 文 名　Yunnan box turtle

别　　名　无

分类地位　脊索动物门CHORDATA/爬行纲REPTILIA/龟鳖目TESTUDINES/地龟科Geoemydidae/闭壳龟属*Cuora*

保护级别　国家二级（仅野外种群）；CITES附录Ⅱ

识别特征　背甲长14cm左右，有3条脊棱，全身淡棕橄榄色。背甲较低，腹甲大。前缘圆，后缘凹入。肛盾2枚。背腹甲有韧带相连，胸、腹盾间也有韧带，腹甲前叶可动，不能完全与背甲闭合。咽及颊部两侧有对称的黄色斑纹。四肢较扁，指（趾）间全蹼。

生活习性　栖息于海拔2000～2260m的高原山地。

分布地区　我国云南昆明及东川。

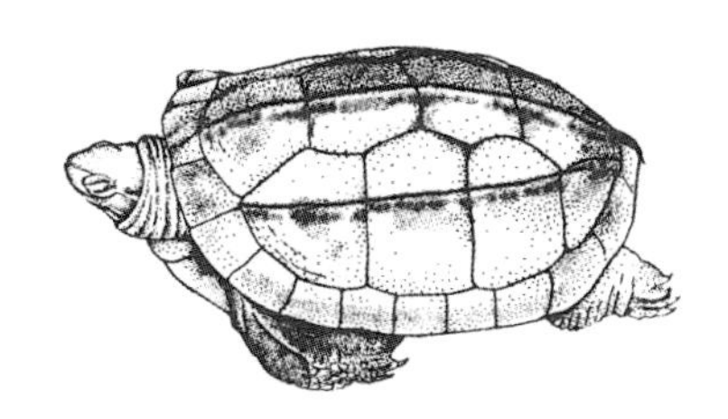

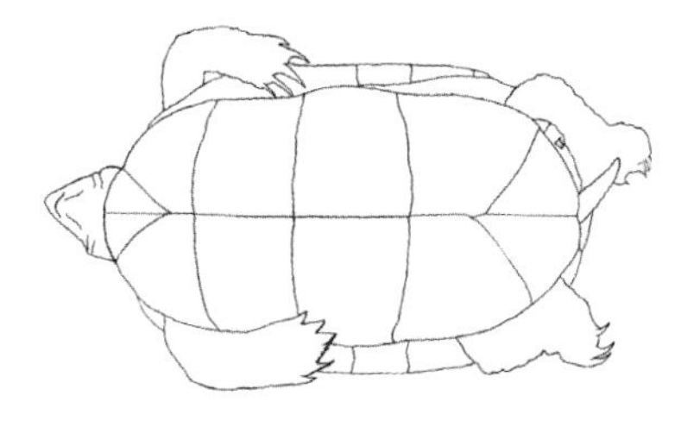

381. 周氏闭壳龟 *Cuora zhoui*

学　　名　*Cuora zhoui* Zhao，Zhou *et* Ye, 1990

曾用学名　无

英 文 名　Zhou's box turtle

别　　名　黑龟

分类地位　脊索动物门CHORDATA/
爬行纲REPTILIA/
龟鳖目TESTUDINES/
地龟科Geoemydidae/闭壳龟属*Cuora*

保护级别　国家二级（仅野外种群）；CITES附录Ⅱ

识别特征　成龟背甲长16.0 ~ 16.5cm，暗褐色，背甲较低，无侧棱，仅有局部脊棱。腹甲棕黑色，中间有几处较大污黄色斑，边缘也有少量污黄色斑。腹甲前后两半有韧带相连，可以闭合于背甲，腹甲后缘有缺凹。头背及头侧为均一的暗橄榄绿色，吻端至眼前有一浅黄色窄纵纹，其上下缘镶以橄榄绿线纹。四肢强壮，略扁，指（趾）间有蹼。

生活习性　在人工饲养条件下，可长期生活在淡水中。野生种群为肉食性。

分布地区　我国广西、云南。国外分布于越南。

382. 欧氏摄龟 *Cyclemys oldhamii*

学　　名　*Cyclemys oldhamii* Gray，1863

曾用学名　*Cyclemys tiannanensis*，*Cyclemys shanensis*

英 文 名　Oldham's leaf turtle，Dark-throated leaf turtle，Southeast Asian leaf turtle

别　　名　齿缘龟，滇南摄龟，版纳摄龟，棕黑摄龟

分类地位　脊索动物门CHORDATA/爬行纲REPTILIA/龟鳖目TESTUDINES/地龟科Geoemydidae/摄龟属*Cyclemys*

保护级别　国家二级；CITES附录Ⅱ

识别特征　背甲卵圆形，棕黑色，微隆起；脊棱明显，侧棱不明显；背甲后缘锯齿状，盾片有放射形图案；腹甲满布黑色放射状纹。头顶部皮肤光滑无鳞，头颈黑褐色无纹。背甲与腹甲有韧带相连，但不能完全向上与背甲闭合。前肢5指，后肢4趾，末端具爪；指（趾）间具满蹼。

生活习性　主要分布在海拔280～1300m的山区溪流和池塘中，更常见于低海拔地区。杂食性。雌性繁殖期可产卵4～6次，每次产卵2～4枚。

分布地区　我国云南西南区域。国外分布于缅甸、越南、老挝、泰国等东南亚地区的国家。

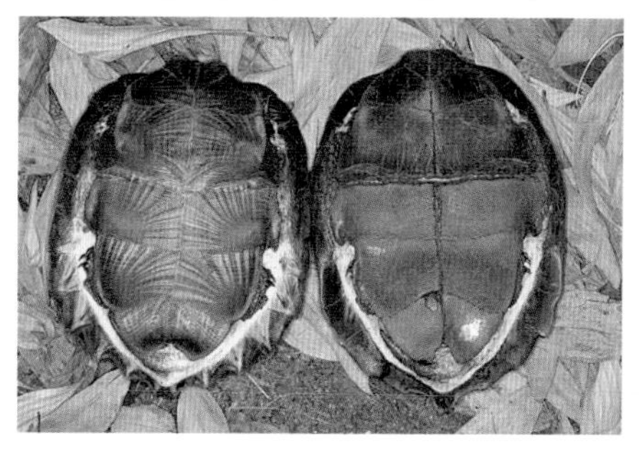

383. 地龟 *Geoemyda spengleri*

学名 *Geoemyda spengleri*（Gmelin，1789）

曾用学名 无

英文名 Black-breasted leaf turtle，Spiny turtle

别名 泥龟，金龟，枫叶龟，黑胸叶龟

分类地位 脊索动物门CHORDATA/爬行纲REPTILIA/龟鳖目TESTUDINES/地龟科Geoemydidae/地龟属*Geoemyda*

保护级别 国家二级；CITES附录Ⅱ

识别特征 体型较小，卵圆形而扁平，背甲前后缘呈现强烈的锯齿状，且后缘锯齿微上翘；背部黄褐色或红褐色，有3条背棱，脊棱宽而明显。头较小，头背平滑。腹甲棕褐色至黑褐色，外侧缘黄褐色。四肢及尾暗褐色，有明显红、黑色斑点，有鳞片。指（趾）间无蹼或极少蹼。

生活习性 主要栖息于海拔700m左右的沟谷雨林中，以陆栖为主。杂食性，食昆虫及植物的叶、果。6～8月产卵，每次产卵2～6枚。

分布地区 我国云南、广东、广西、海南。澳门为历史分布，江西南部有疑似分布。国外分布于老挝、越南等地。

384. 黄喉拟水龟 *Mauremys mutica*

学　　名　*Mauremys mutica*（Cantor，1842）

曾用学名　无

英 文 名　Asian yellow pond turtle, Yellow pond turtle

别　　名　石龟，黄龟

分类地位　脊索动物门CHORDATA/爬行纲REPTILIA/龟鳖目TESTUDINES/地龟科Geoemydidae/拟水龟属*Mauremys*

保护级别　国家二级（仅野外种群）；CITES附录Ⅱ

识别特征　成龟背甲长11.8～13.8cm，深灰棕色或棕黄色。背甲扁平，有3条纵纹。眼后沿鼓膜上、下各有一条黄色纵纹，喉部黄色。腹甲黄色，每块盾片后缘中间都有一方形大黑斑。四肢黑褐色。尾细短，尾侧有黄色纵纹。指（趾）间有全蹼。

生活习性　栖息于丘陵、半山间的盆地或河谷。杂食性。每年5～9月产卵。该龟可用于培养绿毛龟。

分布地区　我国安徽、江苏、浙江、湖南、湖北、云南、福建、台湾、广东、广西、海南、江西、香港等地。国外分布于日本和越南。

385. 黑颈乌龟 *Mauremys nigricans*

学　　名 *Mauremys nigricans*（Gray，1834）

曾用学名 *Emys nigriscan*，*Chinemys nigricans*，*Clemmys kwangtungensis*

英 文 名 Red-necked pond turtle，Kwangtung River turtle，Black-necked pond turtle，Chinese red-necked turtle

别　　名 广东乌龟

分类地位 脊索动物门CHORDATA/爬行纲REPTILIA/龟鳖目TESTUDINES/地龟科Geoemydidae/拟水龟属*Mauremys*

保护级别 国家二级（仅野外种群）；CITES附录Ⅱ

识别特征 体型较大，吻略突出于上喙，向内下侧斜切。甲桥宽，棕褐色或黑褐色，与腹甲颜色截然不同。背甲具脊棱，无侧棱。背甲有一条脊棱，几乎无侧棱。雄性个体上下喙、颈侧均为橙色或红色。

生活习性 为半水栖龟类。生活于丘陵、山区的溪流中，杂食性。卵生，每次产卵仅2枚。卵壳坚硬，白色。

分布地区 我国广东、广西。我国福建、海南及越南北部的分布存疑。

386. 乌龟 *Mauremys reevesii*

学　　名 *Mauremys reevesii*（Gray，1831）

曾用学名 *Emys reevesii*，*Chinemys reevesii*，*Geoclemys reevesii*，*Chinemys megalocephala*，*Mauremys pritchardi*

英 文 名 Reeves' turtle，Chinese three-keeled pond turtle

别　　名 草龟，大头乌龟

分类地位 脊索动物门CHORDATA/爬行纲REPTILIA/龟鳖目TESTUDINES/地龟科Geoemydidae/拟水龟属*Mauremys*

保护级别 国家二级（仅野外种群）；CITES附录Ⅲ

识别特征 头中等大，个别个体因食用螺类头偏大；吻端向内侧下斜切；喙缘的角质鞘较薄弱；下颌左右齿骨间的交角小于90°。头部橄榄色或黑褐色，头侧及咽喉部有暗色镶边的黄纹及黄斑，并延伸至颈部。背甲具3条明显的纵棱，雄性背甲近黑色，雌性棕褐色或黄褐色。四肢灰褐色。

生活习性 为半水栖龟类。常栖息于江河、湖泊或池塘中。食蠕虫、螺类、虾、鱼及昆虫，也食植物茎叶和果实。4月下旬繁殖，5～8月产卵。

分布地区 我国河北、天津、山东、河南、陕西、甘肃、安徽、江苏、浙江、江西、湖南、湖北、四川、重庆、贵州、云南、福建、台湾、广东、广西、香港等地。国外分布于日本、朝鲜和韩国。

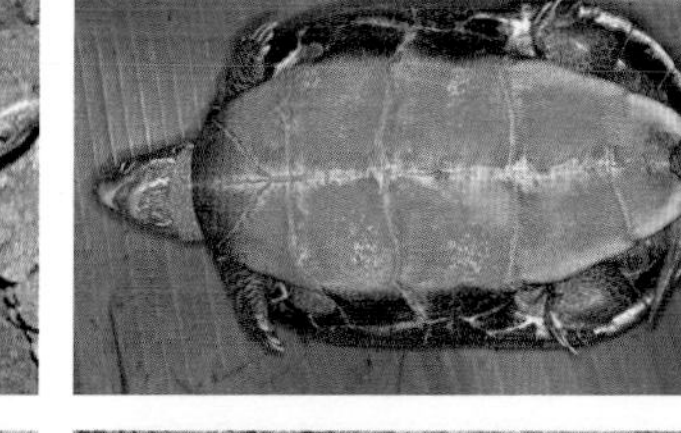

387. 花龟 *Mauremys sinensis*

学　名 *Mauremys sinensis*（Gray，1834）

曾用学名 *Emys sinensis*，*Ocadia sinensis*

英 文 名 Chinese stripe-necked turtle

别　名 中华花龟，中华条颈龟

分类地位 脊索动物门CHORDATA/爬行纲REPTILIA/龟鳖目TESTUDINES/地龟科Geoemydidae/拟水龟属*Mauremys*

保护级别 国家二级（仅野外种群）；CITES附录Ⅲ

识别特征 头较小，头背皮肤光滑。背甲与腹甲以骨缝相连，甲桥相连，有鲜明的黄色细线纹从吻端经过眼和头侧，至少8条向颈部延伸。四肢及尾部也布满黄色细线纹。

生活习性 为半水栖龟类。栖息于低海拔水域，如池塘、河流等地。杂食性，食植物茎叶和果实，也食蠕虫、螺类、虾、鱼及昆虫等。4月产卵。卵壳硬，白色。

分布地区 我国江苏、浙江、江西、台湾、广东、广西、海南、上海、福建、香港等地。国外分布于越南。

388. 眼斑水龟 *Sacalia bealei*

学　　名　*Sacalia bealei*（Gray，1831）

曾用学名　无

英 文 名　Eye-spotted turtle, Beal's eyed turtle

别　　名　眼斑龟

分类地位　脊索动物门CHORDATA/爬行纲REPTILIA/龟鳖目TESTUDINES/地龟科Geoemydidae/眼斑龟属*Sacalia*

保护级别　国家二级（仅野外种群）；CITES附录Ⅱ

识别特征　背甲略扁，棕色、灰褐色，中央有一脊棱。头背皮肤平滑无鳞，棕褐色，前端满布黑色细点，后端具2对色彩不同的眼斑，其中第1对眼斑较暗，轮廓模糊，后1对眼斑较醒目，轮廓清晰，眼斑中央有1～3个黑点。腹甲平坦，浅灰棕黄色，有云斑。尾纤细。四肢扁平，爪尖细而扁，指（趾）间有满蹼。

生活习性　为水栖龟类。栖息于低山、丘陵山涧流溪、沟渠中。3～4月交配频繁，4月中旬至7月中旬产卵，每次产卵1～3枚。12月至次年2月在洞穴中冬眠。杂食性。

分布地区　我国广东、福建、香港、安徽、江西、湖南、贵州等地。

389. 海南四眼斑水龟 *Sacalia insulensis*

学　　名 *Sacalia insulensis* Adler，1962

曾用学名 无

英 文 名 Hainan Four eyed turtle

别　　名 四眼斑龟

分类地位 脊索动物门CHORDATA/爬行纲REPTILIA/龟鳖目TESTUDINES/地龟科Geoemydidae/眼斑龟属*Sacalia*

保护级别 无（该物种从四眼斑水龟分出，应等同于四眼斑水龟的保护要求）

识别特征 背甲略扁，红褐色或黄褐色，中央有一脊棱。头背棕橄榄色，无黑色细点；头背后侧具2对色彩相同的眼斑，眼斑中间各具1个黑色斑点，其中第2对眼斑内侧边缘相距较宽，呈倒“几”字形。下颌有多块红色或黄白色的小斑块。腹甲平坦，腹甲分布的斑点或斑纹较四眼斑水龟更密集。四肢扁平，爪尖细而扁，指（趾）间有全蹼。

生活习性 为水栖龟类。栖息于丛林、山区、山溪中。杂食性，植物性食物主要为水绵和藻类、榕树植物的果和花；动物性食物主要为鞘翅目和直翅目昆虫及螺、虾、螃蟹等。卵生。

分布地区 我国海南。

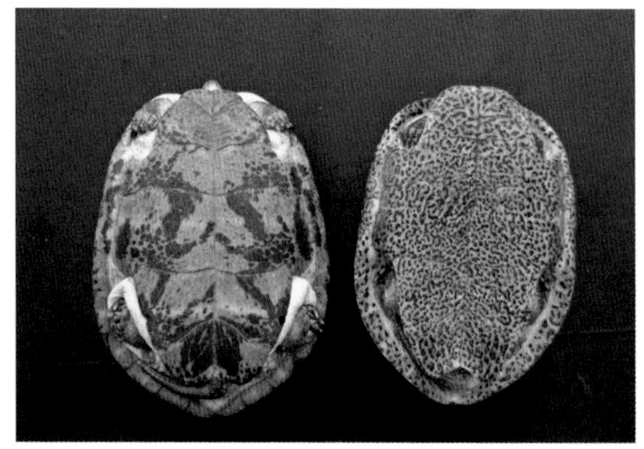

390. 四眼斑水龟 *Sacalia quadriocellata*

学　　名 *Sacalia quadriocellata* （Siebenrock，1903）

曾用学名 *Sacalia insulensis*

英 文 名 Four eyed turtle

别　　名 四眼斑龟

分类地位 脊索动物门CHORDATA/爬行纲REPTILIA/龟鳖目TESTUDINES/地龟科Geoemydidae/眼斑龟属*Sacalia*

保护级别 国家二级（仅野外种群）；CITES附录Ⅱ

识别特征 背甲略扁，红褐色或黄褐色，中央有一脊棱。头背棕橄榄色，无黑色细点；头背后侧具2对色彩相同的眼斑，眼斑中间各具1个黑色斑点。下颌有两块明显的红色或黄白色小斑块。腹甲平坦，雄性腹甲密布黑色小斑点或斑纹，雌性多为大块黑斑。四肢扁平，爪尖细而扁，指（趾）间有全蹼。

生活习性 为水栖龟类。栖息于丛林、山区、山溪中。杂食性，植物性食物主要为水绵和藻类、榕树植物的果和花，动物性食物主要为鞘翅目和直翅目昆虫及螺、虾、螃蟹等。卵生。

分布地区 我国广东、广西。国外分布于越南、老挝。

391. 平胸龟 *Platysternon megacephalum*

学　　名 *Platysternon megacephalum* Gray, 1831

曾用学名 无

英 文 名 Big-headed turtle

别　　名 鹰嘴龟

分类地位 脊索动物门CHORDATA/爬行纲REPTILIA/龟鳖目TESTUDINES/平胸龟科Platysternidae/平胸龟属*Platysternon*

保护级别 国家二级（仅野外种群）；CITES附录Ⅰ

识别特征 甲壳扁平，头大而不能缩入壳内。头背覆盖整块完整的盾片。上下颚弯曲，呈现强烈的鸟喙状，似鹰嘴。尾长几乎与体长相等，覆有矩形鳞片，环绕尾纵轴排列。

生活习性 生活在海拔250～1700m山区多石的浅溪中，半水生。以鱼类、螺类、虾、蠕虫、蚯蚓、蛙类等为食。5～7月产卵4～8枚。

分布地区 我国安徽、江苏、浙江、江西、湖南、重庆、贵州、云南、福建、广东、广西、海南、香港、湖北等地。国外分布于老挝、越南、泰国和缅甸等地。

392. 马达加斯加大头侧颈龟 *Erymnochelys madagascariensis*

学　　名 *Erymnochelys madagascariensis*（Grandidier，1867）

曾用学名 *Podocnemis*（*Dumerilia*）*madagascariensis*

英 文 名 Madagascan（big-headed）sideneck turtle

别　　名 无

分类地位 脊索动物门CHORDATA/爬行纲REPTILIA/龟鳖目TESTUDINES/南美侧颈龟科Podocnemididae/马达加斯加大头侧颈龟属*Erymnochelys*

保护级别 国家二级（核准，仅野外种群）；CITES附录Ⅱ

识别特征 上颚前缘具小钩；下颌有1对须；背甲长30～50cm，呈椭圆形较扁平，后缘膨大。有6枚椎盾。头大，颌下仅有1个疣，腹甲前方有1枚特殊的三角形盾片，位于2枚喉盾之间；足外缘有3个扩大的鳞片。背面褐色，背甲盾片具放射状斑纹；腹甲黄色，有的个体具褐色斑；而幼体腹甲上有色斑。头后侧下方有1个镶黑边的浅黄斑。

生活习性 生活于开阔水域，缓流江河以及回水凼和湖泊中。旱季期间常将身体埋在泥土中。产卵环境在上述生境岸上，背甲长40cm左右的雌龟每季可产卵3次，共计60余枚；背甲长32cm左右的雌龟产卵数较少。

分布地区 马达加斯加西部河流。

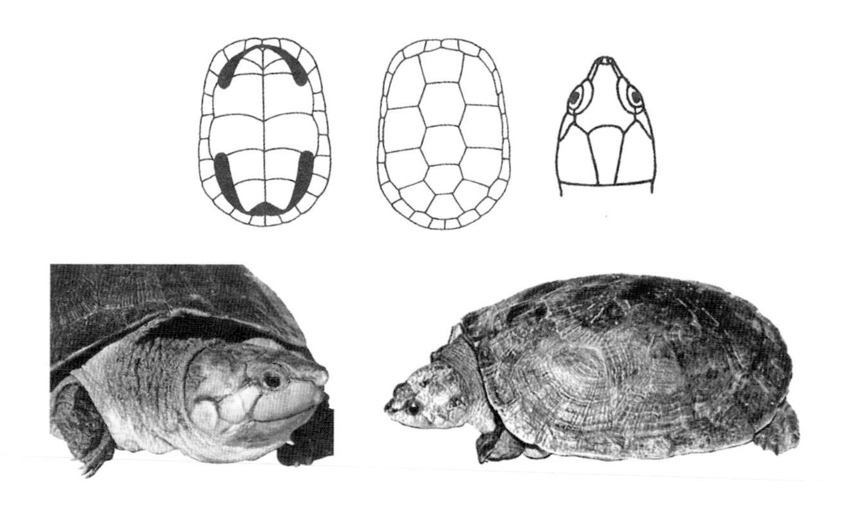

393. 亚马孙大头侧颈龟 *Peltocephalus dumerilianus*

学　名 *Peltocephalus dumerilianus*（Schweigger，1812）

曾用学名 *Emys*（*Podocnemis*）*dumeriliana*，*Peltocephalus tracaxa*

英 文 名 Big-headed sideneck turtle，Big-headed Amazon river turtle，Cabezon

别　名 无

分类地位 脊索动物门CHORDATA/爬行纲REPTILIA/龟鳖目TESTUDINES/南美侧颈龟科Podocnemididae/南美大头侧颈龟属*Peltocephalus*

保护级别 国家二级（核准，仅野外种群）；CITES附录Ⅱ

识别特征 背甲长约30.5cm，呈卵圆形，略扁平，其背脊具棱迹；背甲后缘略向外侧膨大。头部较大，深灰褐色或浅红褐色，具黑色云斑，上颚前缘具钩，下颌有1对须；眼后下方有浅黑纹，前后还有模糊的斑纹；颈部、四肢和尾部浅灰色。背甲深灰褐色，缘盾边缘浅黄色或断或续。腹甲黄褐色，具许多灰色云斑，边缘黄色。幼体头部浅黑色，具有不明显的黄色斑和线纹。

生活习性 生活于江河流域，常栖息在缓流河段及附近的水塘内。在水中多底栖，以水生生物为食。

分布地区 南美洲北部的奥里诺科河和亚马孙河流域。

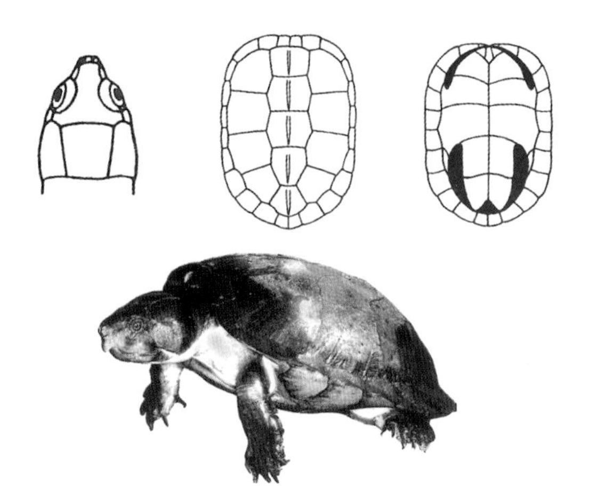

394. 红头侧颈龟 *Podocnemis erythrocephala*

学　　名 *Podocnemis erythrocephala*（Spix，1824）

曾用学名 *Emys erythrocephala*，*Podocnemis cayennensis*，*Podocnemis coutinhi*，*Hydraspis expansa*

英 文 名 Red-headed sideneck turtle，Red-headed Amazon river turtle

别　　名 无

分类地位 脊索动物门CHORDATA/爬行纲REPTILIA/龟鳖目TESTUDINES/南美侧颈龟科Podocnemididae/南美侧颈龟属*Podocnemis*

保护级别 国家二级（核准，仅野外种群）；CITES附录Ⅱ

识别特征 头部红色，仅眼部和眼后有黑斑，在下颌腹面中线有条红色条纹，有2条须。背甲深红褐色或棕红色，缘盾光滑，边缘浅黄色。腹甲颜色变化大，米色、灰色至褐色，周边有红色。颈、四肢和尾部棕褐色或浅黑色。幼龟吻背面有鲜艳的红色斑，另一条红色带纹横贯头的背面，其他特征与成龟相同。

生活习性 生活于溪流，栖息的河段中水的泥沙含量或含腐殖质较多，使水变得不透明或呈淡茶色。其种群数量在茶色河水环境中较为丰富。

分布地区 哥伦比亚东部的亚马孙河和奥里诺科河上游流域地区，委内瑞拉南部和巴西北部。

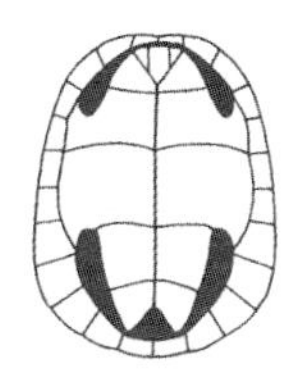
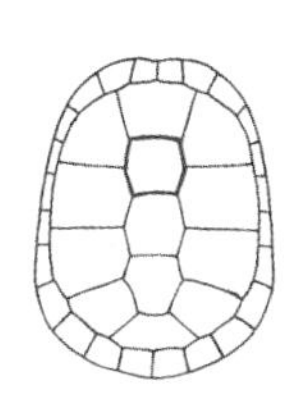
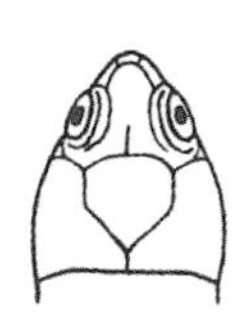

395. 南美侧颈龟 *Podocnemis expansa*

学　　名 *Podocnemis expansa*（Schweigger，1812）

曾用学名 *Emys gansa*（*amazonica*，*arrau*），*Hydraspis expansa*

英 文 名 Arrau sideneck turtle，Arrau（giant South American South American）river turtle

别　　名 南美宽侧颈龟

分类地位 脊索动物门CHORDATA/爬行纲REPTILIA/龟鳖目TESTUDINES/南美侧颈龟科Podocnemididae/南美侧颈龟属*Podocnemis*

保护级别 国家二级（核准，仅野外种群）；CITES附录Ⅱ

识别特征 背甲长64～71cm，最长可达89cm左右，为拉丁美洲最大的河龟。背甲扁平，头部浅灰棕色，顶部有一个大的浅色斑，鼓膜后缘上方有1个小的乳黄色斑点，在眼和鼓膜之间有1个大的黑斑块。颈、四肢和尾灰黄色或灰褐色。背甲灰黄色或深绿灰色，有的个体缘盾为奶油色；腹甲浅灰色，喉盾边缘浅黄色。

生活习性 栖息于水位季节性变化明显的大河边静水区内，水位上涨时，可出现在洪水冲刷过的森林、沼泽和淤坑内。成龟以种子和水果等植物为食。旱季在河边筑巢，集群繁殖。雌龟产卵50～180枚，孵化期45～65天。

分布地区 奥里诺科河、埃斯圭波河和亚马孙河流域，从哥伦比亚到巴西和玻利维亚，包括特立尼达和多巴哥。

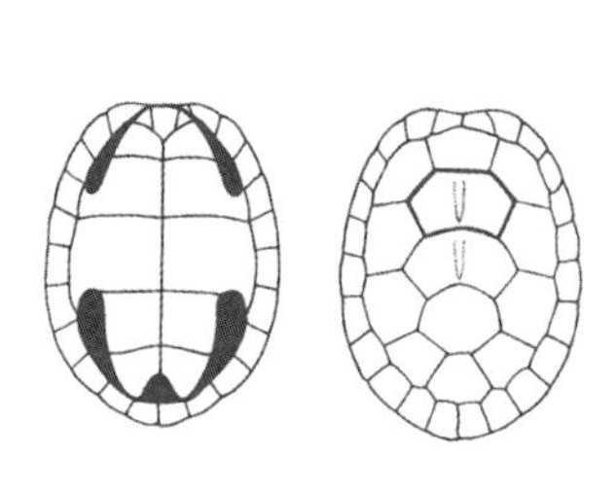

396. 哥伦比亚侧颈龟 *Podocnemis lewyana*

学　名 *Podocnemis lewyana* Duméril，1852

曾用学名 无

英文名 Roi Magdalena river turtle

别　名 南美宽侧颈龟

分类地位 脊索动物门CHORDATA/
爬行纲REPTILIA/
龟鳖目TESTUDINES/
南美侧颈龟科Podocnemididae/南美侧颈龟属*Podocnemis*

保护级别 国家二级（核准，仅野外种群）；CITES附录Ⅱ

识别特征 背甲长约25.4cm，呈卵圆形，较为扁平，而不明显隆起，背中脊无脊棱，椎盾宽大于长。足外侧有3枚扩大的鳞。背甲橄榄绿色，具有黑斑纹。下颌有2对须。

生活习性 生活于热带雨林地区，常栖息在河流附近的水塘中，以水栖为主。

分布地区 南美洲哥伦比亚的马格达莱纳河与锡努河中，以及委内瑞拉。

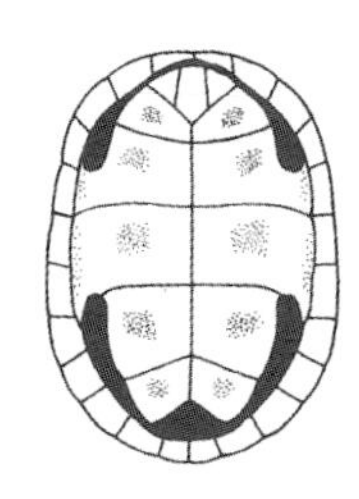
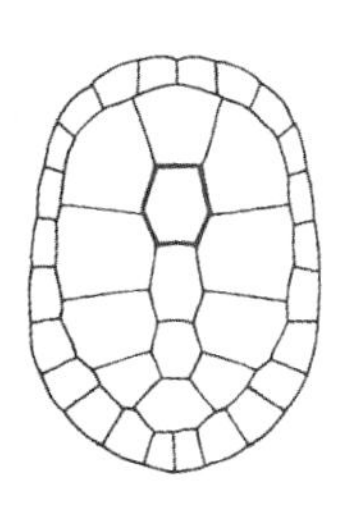
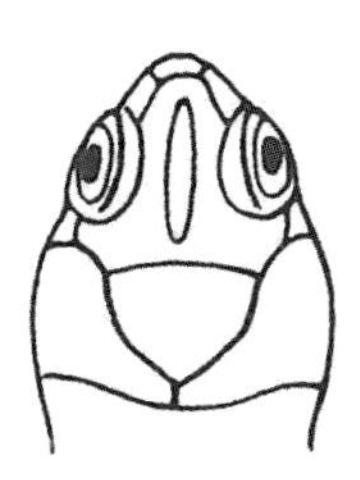

397. 六疣亚马孙侧颈龟 *Podocnemis sextuberculata*

学　　名 *Podocnemis sextuberculata* Comalia，1849

曾用学名 *Podocnemis expansa sextuberculata*，*Bartlettia pitipiti*

英 文 名 Six-tubercled Amazon river turtle

别　　名 无

分类地位 脊索动物门CHORDATA/爬行纲REPTILIA/龟鳖目TESTUDINES/南美侧颈龟科Podocnemididae/南美侧颈龟属*Podocnemis*

保护级别 国家二级（核准，仅野外种群）；CITES附录Ⅱ

识别特征 背甲明显隆起；头部浅黄色，背面有黄色斑，在鼓膜处有1个纵卵圆形大斑，眼后有另1个浅色斑。上唇部色浅，在眼后下方有一黑斑。颈、四肢和尾部浅灰色。背甲黑色，缘盾具黄色边；腹甲色浅，无斑纹。胸、腹、股部每侧各具1个疣，又生活在亚马孙河流域一带，故名“六疣亚马孙侧颈龟”。幼龟头部扁平，具纵沟，口裂大；腹甲具疣是本种特有性状。

生活习性 生活于以河流为主的水域，繁殖期为7～9月；雌龟在河岸或岛岸的沙滩上产卵，每次产卵11～21枚；孵化期在11月左右。

分布地区 巴西、哥伦比亚和秘鲁的亚马孙河流域。

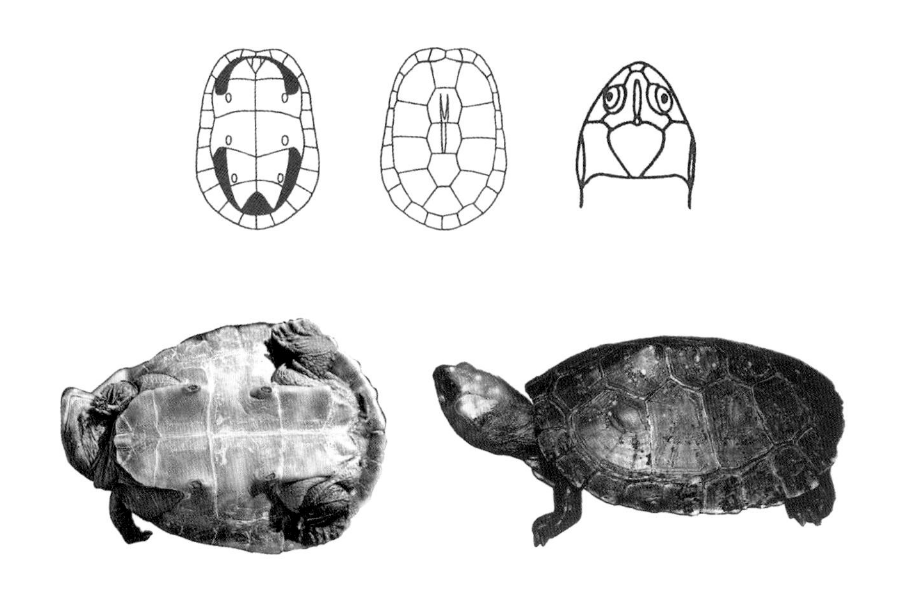

398. 黄头侧颈龟 *Podocnemis unifilis*

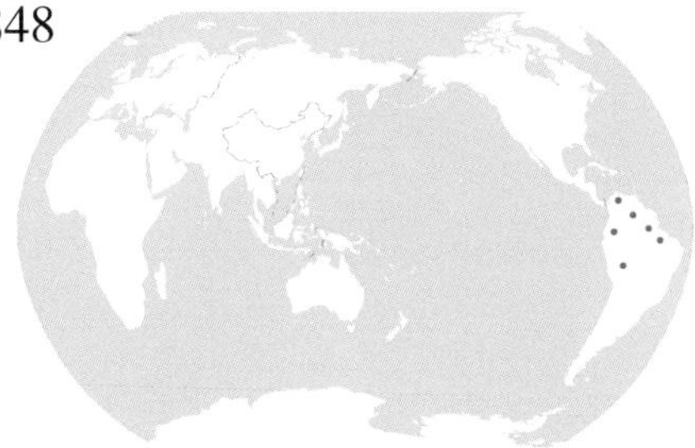

学名 *Podocnemis unifilis* Troschel，1848

曾用学名 *Emys terekay*，*Chelonemys dumeriliana*

英文名 Yellow-spotted Amazon river turtle，Yellow-headed sideneck turtle，Terecay，Tracaja

别名 无

分类地位 脊索动物门CHORDATA/爬行纲REPTILIA/龟鳖目TESTUDINES/南美侧颈龟科Podocnemididae/南美侧颈龟属*Podocnemis*

保护级别 国家二级（核准，仅野外种群）；CITES附录Ⅱ

识别特征 背甲长68cm左右，橄榄绿色、蓝灰色至棕色，有的个体缘盾黑色，边缘橘黄色；背甲微微隆起，较光滑。四肢和头部颜色比背甲颜色较深。头和吻部有几个黄斑，下颌中部有1条橘黄色条纹。腹甲淡黄色或浅蓝灰色，边缘橘红色；连接部位和喉盾黑灰色。雄龟比雌龟小一半。

生活习性 栖息于水位季节性变化明显的大河边的静水区内，旱季集中在主要的河流内。常选择河上游，多栖于小型河域。成龟以种子和水果等植物为食。旱季在河边筑巢，繁殖期为12月到次年2月。雌性产卵7～12枚，孵化期51～70天。

分布地区 从奥里诺科河到亚马孙河流域的南美北部地区，以及其间的沿海河流，哥伦比亚到巴西和玻利维亚。

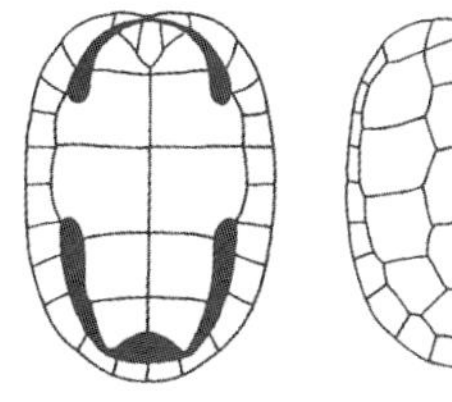
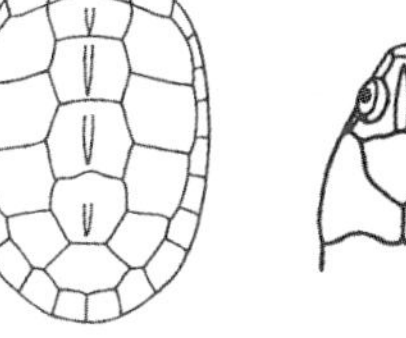

399. 刺鳖深色亚种 *Apalone spinifera atra*

学　　名 *Apalone spinifera atra* Webb *et* Legler，1960

曾用学名 *Trionyx ater*，*Apalone spinifera*

英 文 名 Spiny softshell turtle，Cuatro Cienegas soft-shell，Mexican black soft-shell

别　　名 猛鳖

分类地位 脊索动物门CHORDATA/爬行纲REPTILIA/龟鳖目TESTUDINES/鳖科Trionychidae/美洲鳖属*Apalone*

保护级别 国家二级（核准，仅野外种群）；CITES附录Ⅰ

识别特征 背盘近圆形，其前沿覆有小刺或疣粒；下颚尖，隐于唇下。体长38cm以上的雄性和幼体背盘上具有黑色圆圈和圆点；在雌性中斑点更大且不规则。从吻到眼有1对外围黑边的浅色线；另有1对相似的条纹从眼延伸到颈的背侧；第3对浅色条纹延伸回下颚；足部不规则的深色斑显著。雄性背盘像砂纸一样粗糙，与雌性相比雄性尾显著较长和粗壮。

生活习性 栖息于河流、静水、湖泊和池塘。常见该鳖在倒木上晒太阳。摄食水生昆虫、甲壳类和鱼类。5月大量捕食或躲在沙或泥中等待攻击路过的动物。雌性5月中旬到7月在沙或泥中筑巢，平均每次产卵18枚，卵直径2.8cm，圆而易碎。每年能产卵4次。攻击性强。

分布地区 墨西哥的夸特罗谢内加斯。

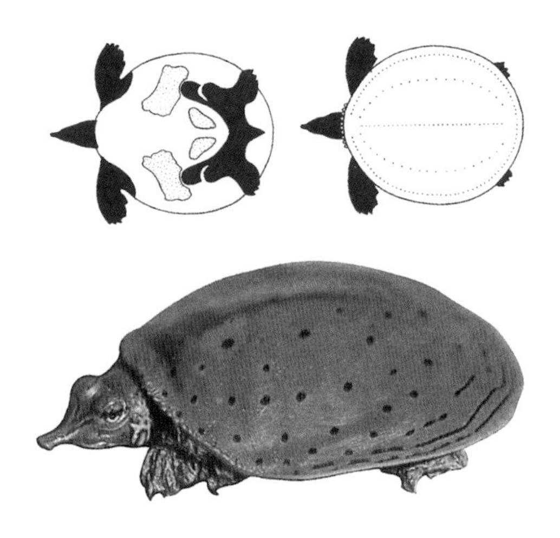

400. 缘板鳖 *Lissemys punctata*

学名 *Lissemys punctata*（Bonnaterre，1789）
曾用学名 *Testudo punctata*
英文名 Indian flapshell turtle
别名 印度鳖
分类地位 脊索动物门CHORDATA/
爬行纲REPTILIA/
龟鳖目TESTUDINES/
鳖科Trionychidae/缘板鳖属*Lissemys*
保护级别 国家二级（核准，仅野外种群）；CITES附录Ⅱ
识别特征 成龟体长约37cm，雌鳖稍大，背甲褐色。头小，吻部短而软。四肢内侧3爪，后肢可缩藏于腹甲左右两旁的甲壳内。分布于尼泊尔、缅甸、巴基斯坦、孟加拉国以及印度北部的缘板鳖，背甲与头部具有黄色斑点；分布于印度半岛中部及斯里兰卡的缘板鳖，背甲暗褐色，无任何斑点。
生活习性 栖息于淡水的沼泽、河川或水田中。以水草、鱼类、甲壳类、青蛙、蝌蚪等为食。
分布地区 缅甸、印度、尼泊尔、巴基斯坦、孟加拉国、斯里兰卡。

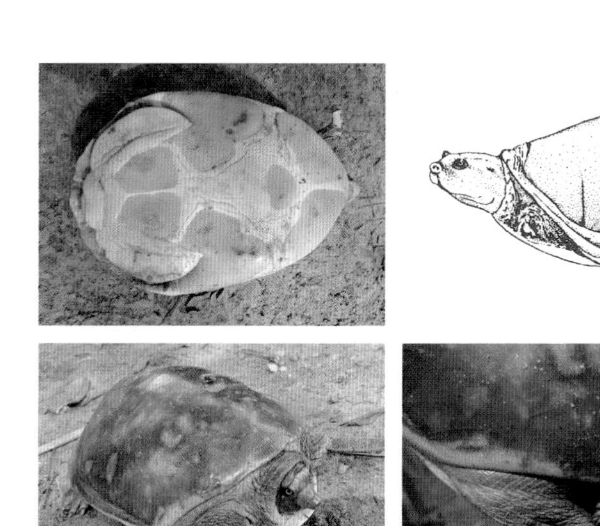

401. 恒河鳖 *Nilssonia gangetica*

学　名 *Nilssonia gangetica*（Cuvier，1825）

曾用学名 *Aspideretes gangeticus*，*Trionyx gangeticus*，*Gymnopus duvaucelii*

英文名 Indian softshell turtle，Ganges softshell turtle

别　名 印度鳖

分类地位 脊索动物门CHORDATA/爬行纲REPTILIA/龟鳖目TESTUDINES/鳖科Trionychidae/盾鳖属*Nilssonia*

保护级别 国家二级（核准，仅野外种群）；CITES附录Ⅰ

识别特征 背盘长70cm左右；下颚齿槽表面内缘隆起，在边缘汇合并形成一个突起，在成体中其长度小于眼径；上颌沟清晰。背面橄榄绿色或黄色，具细的黑色网纹，有的成鳖有蠕虫状斑纹。头部颈侧具有4对黑色条纹，其纵条纹可能间断仅部分可见，老龄个体可能完全消失。背盘上4个眼斑或有或无。

生活习性 栖息于江河中。

分布地区 巴基斯坦、阿富汗东部，穿过尼泊尔南部和印度北部到孟加拉国。

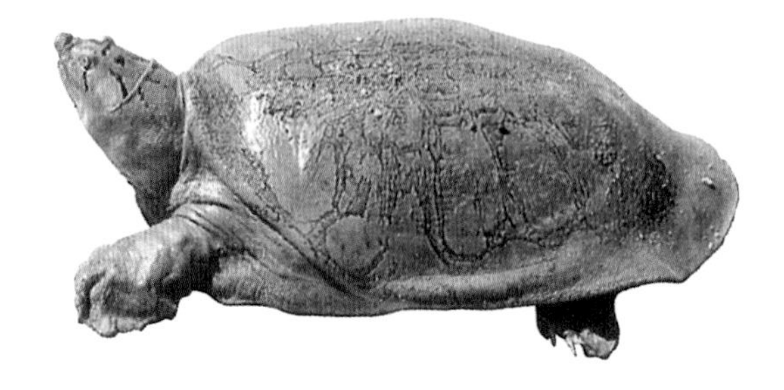

402. 宏鳖 *Nilssonia hurum*

学 名 *Nilssonia hurum*（Gray，1831）

曾用学名 *Aspideretes hurum*，
Trionyx buchanani

英 文 名 Indian peacock softshell turtle

别 名 印度古鳖，孔雀鳖，
印度孔雀鳖

分类地位 脊索动物门CHORDATA/
爬行纲REPTILIA/龟鳖目TESTUDINES/
鳖科Trionychidae/盾鳖属*Nilssonia*

保护级别 国家二级（核准，仅野外种群）；CITES附录Ⅰ

识别特征 成鳖背甲长最大可达60cm，绿褐色，有黑色斑块。幼鳖背甲有疣状突起，有4个排列整齐、明显的眼状斑。成年鳖颜色变深。呈墨绿色，腹甲浅蓝色，边缘近于白色。

生活习性 栖息于湖沼地带及河川，以鱼类及小型软体动物为食。

分布地区 印度东部以及孟加拉国。

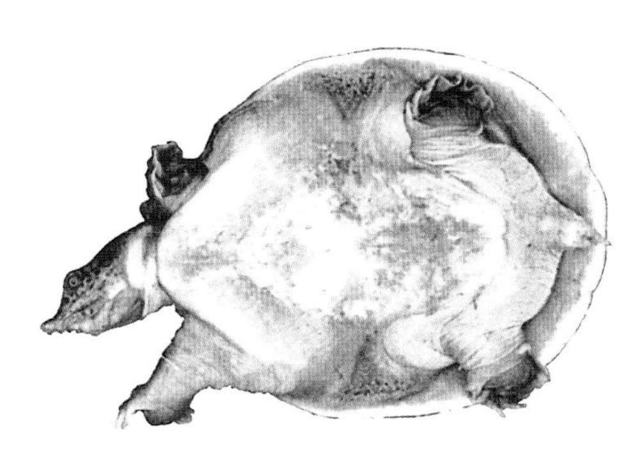

403. 黑鳖 *Nilssonia nigricans*

学　　名　*Nilssonia nigricans*（Anderson，1875）

曾用学名　*Trionyx nigricans*，*Aspideretes nigricans*

英 文 名　Black（Bostami，Chittagong，Dark）shoftshell turtle

别　　名　无

分类地位　脊索动物门CHORDATA/爬行纲REPTILIA/龟鳖目TESTUDINES/鳖科Trionychidae/盾鳖属*Nilssonia*

保护级别　国家二级（核准，仅野外种群）；CITES附录Ⅰ

识别特征　背盘长80cm左右；吻稍短于眼径；上颈齿槽表面平坦，其间有一清晰的中沟；下颚的内缘不隆起。上下颚汇合处有两纵行脊；在成体中其长度约等于眼径。体背深铅色并带有橄榄绿色彩，其上显现黑色和锈红色斑点。头、颈、四肢背面几乎为黑色；上唇后2/3部位为白色，眶前下方带纹清晰，眼上方也有1条带纹，头背面具网状斑；头、颈腹黑色，腹甲和尾部具密集的黑紫色点；爪黄色。

生活习性　为水栖型鳖类。性情温和，大个体更为明显；能发出嘶嘶的声音。休闲时或受惊吓后常将身体半藏于淤泥中。晚上有上岸在土堆上睡觉的习性。雨季期间在岸上土堆中产卵。

分布地区　孟加拉国、印度东北。

404. 山瑞鳖 *Palea steindachneri*

学　名　*Palea steindachneri*（Siebenrock，1906）

曾用学名　*Trionyx steindachneri*

英 文 名　Wattle-necked softshell turtle

别　名　山瑞，瑞鱼，团鱼

分类地位　脊索动物门CHORDATA/爬行纲REPTILIA/龟鳖目TESTUDINES/鳖科Trionychidae/山瑞鳖属*Palea*

保护级别　国家二级（仅野外种群）；CITES附录Ⅱ

识别特征　成体背面橄榄色，有时有黑斑，腹面色浅，有横贯腹甲的深色纹，其余部分有分散的麻斑。体大，通体被柔软革质皮肤。背盘长10～30cm，背盘前缘平，后缘圆。头较大，吻突出，形成吻突，鼻孔位于吻突端。头背皮肤光滑，颈基两侧各有一团大瘰粒，背甲前缘至少有一排明显的粗大瘰粒。腹甲平坦光滑。四肢较扁，有3爪；指、趾间全蹼。尾短，雄性尾端超出裙边。幼体头背部有土黄色横斑。

生活习性　栖息于淡水江河、山涧、溪流、湖泊中。以软体动物及鱼、虾为食。每年5～10月产卵1次，每次产卵3～18枚。

分布地区　我国贵州、云南、广东、广西、海南、香港等地区。国外分布于越南。

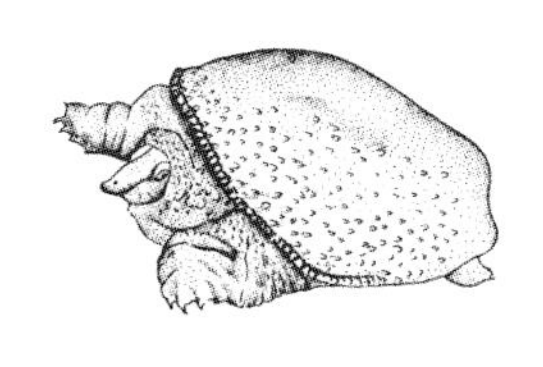

405. 鼋 *Pelochelys cantorii*

学　名 *Pelochelys cantorii* Gray，1864

曾用学名 *Pelochelys bibroni*

英 文 名 Asian giant softshell turtle，Cantor's giant softshell turtle

别　名 癞头鼋，沙鳖，绿团鱼，亚洲圆鳖

分类地位 脊索动物门CHORDATA/爬行纲REPTILIA/龟鳖目TESTUDINES/鳖科Trionychidae/鼋属*Pelochelys*

保护级别 国家一级；CITES附录Ⅱ

识别特征 是鳖科动物中最大的一种。背盘宽圆形，长50～80cm，灰黑色并略带橄榄绿色，有小的暗色斑点。柔软的革制皮肤，无盾片。腹面黄白色。头背较平宽，吻圆，吻突极短，鼻孔位于吻端。四肢形扁，蹼发达，有3爪。雄性尾长，雌性尾较短而稍露出裙边。体背灰黑色，带有橄榄绿色。

生活习性 栖息于缓流的河流、湖泊中，善于钻泥沙。食性为水生动物。

分布地区 我国浙江、云南、福建、广东、广西、海南。安徽和江苏历史记载有分布。国外分布于缅甸、泰国、老挝、印度、马来西亚、印度尼西亚、菲律宾、新加坡、巴布亚新几内亚。

406. 砂鳖 *Pelodiscus axenaria*

学　　名 *Pelodiscus axenaria*（Zhou，Zhang *et* Fang，1991）

曾用学名 *Trionyx axenaria*

英 文 名 Hunan softshell turtle

别　　名 无

分类地位 脊索动物门CHORDATA/爬行纲REPTILIA/龟鳖目TESTUDINES/鳖科Trionychidae/鳖属*Pelodiscus*

保护级别 国家二级（核准，仅野外种群）；CITES附录Ⅱ

识别特征 体型较小，背甲长约10cm，全身皮肤光滑。革质而柔软，一般没有凸起的疣粒或脊棱，可见多条横凹纹。头型较小，吻发达，眼径和眼间距较小。背甲长宽相近，裙边较宽扁。腹面中央有一醒目的黑色斑块，幼鳖腹面灰黑色。

生活习性 为水栖型鳖类。生活在具有流水、沙砾石底的水域中。喜群居，多晚上活动，以小型螺类、鱼、虾、蚯蚓等为食。每年6～8月为繁殖期，每次产卵2～11枚。

分布地区 我国广东、广西、湖南。

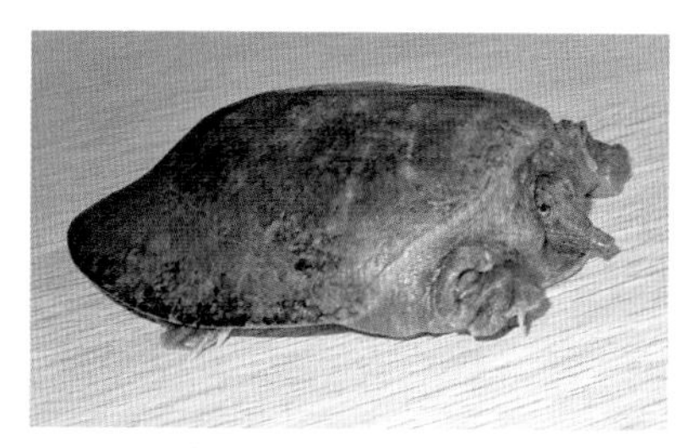

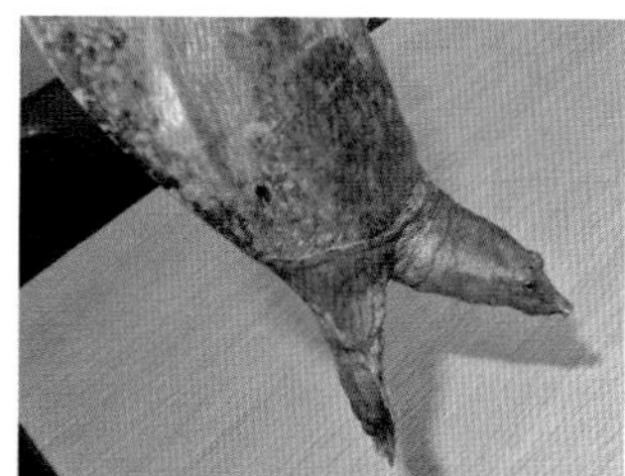

407. 东北鳖 *Pelodiscus maackii*

学　　名　*Pelodiscus maackii*（Brandt，1857）
曾用学名　*Trionyx maackii*，*Amyda maacki*
英 文 名　Northern Chinese softshell turtle
别　　名　无
分类地位　脊索动物门CHORDATA/爬行纲REPTILIA/龟鳖目TESTUDINES/鳖科Trionychidae/鳖属*Pelodiscus*
保护级别　国家二级（核准，仅野外种群）；CITES附录Ⅱ
识别特征　体型较大。成体背甲呈橄榄棕色或深棕色，边缘有深色细边包围的淡黄色至橙色斑点。成体腹甲黄白色，幼体腹甲为橘红色。成体头骨形状扁平，上表面和矢状顶几乎为直线。
生活习性　生活在河流或湖泊中。卵生。
分布地区　我国内蒙古、辽宁、吉林和黑龙江。国外分布于俄罗斯、朝鲜和韩国。

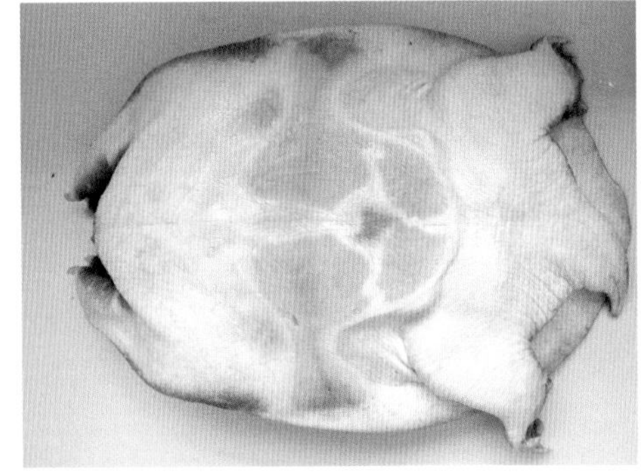

408. 小鳖 *Pelodiscus parviformis*

学　　名 *Pelodiscus parviformis* Tang，1997

曾用学名 无

英 文 名 Miniaturized softshell turtle，Vietnamese softshell turtle

别　　名 红肚鳖

分类地位 脊索动物门CHORDATA/爬行纲REPTILIA/龟鳖目TESTUDINES/鳖科Trionychidae/鳖属*Pelodiscus*

保护级别 国家二级（核准，仅野外种群）；CITES附录Ⅱ

识别特征 体型较小，背甲长约11cm，躯体近似圆盘状。背甲暗绿色或暗褐色，皮肤较薄，能显露背甲骨板印，体背具凸起疣粒，体背中央具有纵向脊棱。腹甲白色或淡黄色，遇到敌害变成淡红色。

生活习性 为水栖型鳖类。栖息于江河溪流之中，底质多为沙砾。主食江虫、螺和虾等。3月出蛰，在麦黄季节产卵，10月冬眠。

分布地区 我国广西、湖南。国外分布于越南。

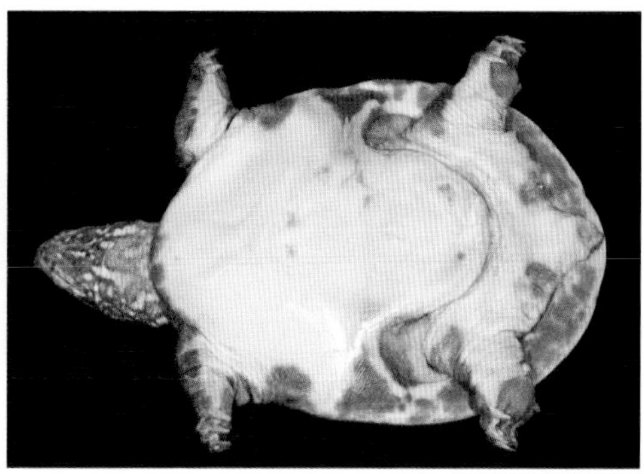

409. 斑鳖 *Rafetus swinhoei*

学　　名 *Rafetus swinhoei*（Gray，1873）

曾用学名 *Oscaria swinhoei*，*Trionyx swinhonis*，*Yuen maculatus*，*Pelochelys taihuensis*，*Rafetus vietnamensis*

英 文 名 Red River giant softshell turtle，Yangtze giant softshell turtle，Swinhoe's softshell turtle

别　　名 斑鼋，斯氏鳖，癞头鼋，黄斑巨鳖

分类地位 脊索动物门CHORDATA/爬行纲REPTILIA/龟鳖目TESTUDINES/鳖科Trionychidae/斑鳖属*Rafetus*

保护级别 国家一级；CITES附录Ⅱ

识别特征 背盘长椭圆形。背部平扁而略微隆起，表面光滑并带有光泽，暗橄榄绿色。头背、头侧及体背布满黄色斑点或斑纹，其中以背甲周缘的黄斑最大。上下颚缘有肉质吻突。腹部灰黄色，有2个不发达的胼胝体在舌腹板和下腹板联体上。

生活习性 为水栖型鳖类，生活于大型湖泊和河流中。

分布地区 我国曾分布于安徽、江苏、上海、浙江和云南，目前国内仅存1只，云南是否残留尚待确定。国外分布于越南，仅发现3只。

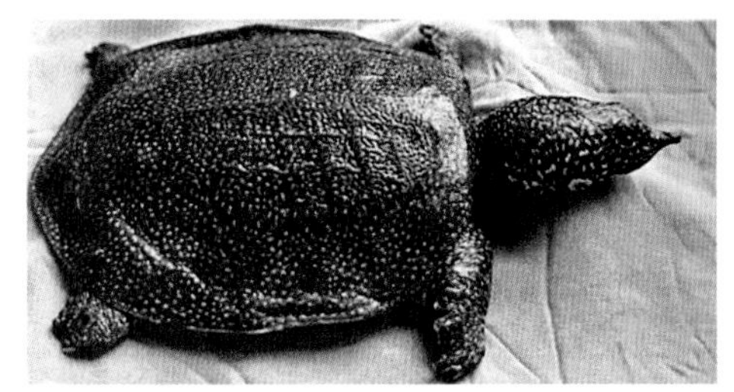

410. 非洲鳖 *Trionyx triunguis*

学　　名 *Trionyx triunguis*（Forskål，1775）

曾用学名 *Testudo triunguis*

英 文 名 African softshell turtle, Nile softshell turtle

别　　名 无

分类地位 脊索动物门CHORDATA/爬行纲REPTILIA/龟鳖目TESTUDINES/鳖科Trionychidae/非洲鳖属*Trionyx*

保护级别 国家二级（核准，仅野外种群）；CITES附录Ⅱ

识别特征 背盘椭圆形，盘长40～60cm，体重可达40kg，头长而扁平，吻呈球形；前肢有3条乳白色的肤褶。背甲暗棕色或橄榄色，幼体多具白色或黄色小斑点，随着年龄增长至成体，上述斑点逐渐消失。腹甲白色，头和四肢颜色较背盘略深，具有较多白色小斑点。

生活习性 生活于较深的湖泊、河流和河口地区。杂食性，以软体动物、昆虫、蛙类、鱼以及植物种子和果实为食。水中运动速度迅速；性凶残，有攻击性；可在海水中生活；寿命长。雌性在河边筑巢产卵，巢深30～40cm，窝卵数为25～60枚，胚胎发育期为76～78天。

分布地区 非洲，从毛里塔尼亚和纳米比亚北部到索马里和埃及，并沿地中海到土耳其。

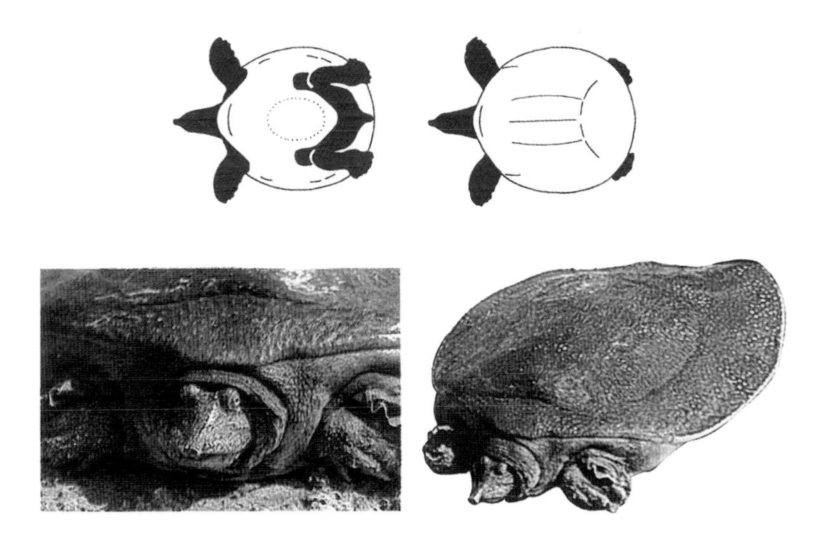

脊索动物门

CHORDATA

哺乳纲

MAMMALIA

411. *倭河马 *Hexaprotodon liberiensis*

学名 *Hexaprotodon liberiensis*（Morton，1849）

曾用学名 *Choeropsis liberiensis*

英文名 Pygmy hippopotamus

别名 小河马，矮河马

分类地位 脊索动物门CHORDATA/哺乳纲MAMMALIA/偶蹄目ARTIODACTYLA/河马科Hippopotamidae/倭河马属*Hexaprotodon*

保护级别 CITES附录Ⅱ

识别特征 体型小，体长1.50～1.75m，肩高0.75～1.00m，体重可达160～275kg。形似河马而小，但它们还有不同之处，倭河马在比例上四肢较细、较长；头部较短、圆，不像河马头那样宽扁；眼睛在头两侧，并且不像河马那样突出；尾很短，仅0.2m，基部宽，末端细，有硬的短毛。前后肢的4趾分开。仅1对上门齿（比河马少1对）。皮肤与河马相同，黑灰色，但比较薄。在水下可以关闭耳朵和鼻子的肌肉瓣膜。

生活习性 栖息于西非的溪流、潮湿的森林和沼泽地带。倭河马对水的依赖性不如河马，大多在陆地活动。不像河马那样成群，通常单独或成对生活，白天睡觉，晚上在树林间游荡，觅食。主要食物为各种植物。3～5年内达到性成熟。每产1仔，孕期201～210天。繁殖间隔7～9个月。

分布地区 西非科特迪瓦、利比里亚、几内亚、塞拉利昂及其邻近地区。在20世纪初才被发现。

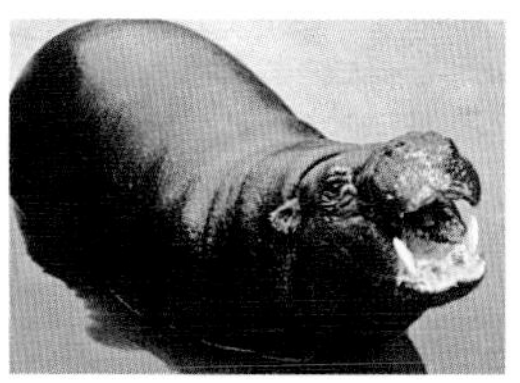

412. *河马 *Hippopotamus amphibius*

学　　名 *Hippopotamus amphibius* Linnaeus，1758

曾用学名 无

英 文 名 Hippopotamus，Hippo

别　　名 无

分类地位 脊索动物门CHORDATA/哺乳纲MAMMALIA/偶蹄目ARTIODACTYLA/河马科Hippopotamidae/河马属*Hippopotamus*

保护级别 CITES附录Ⅱ

识别特征 体型庞大，比象稍小，但四肢特短，肩高只有1.4～1.5m，体长有3.6～4.2m；体重为1.3～4.5t。头、嘴特别大，下颚可以张开150°；上门齿弯曲向下；下门齿巨大，平行向前；犬齿特大，曲向后。前后肢皆4趾，略有蹼。眼小，耳小。眼、耳和鼻孔皆生长在面部上端，几乎为平面。全身黑褐色兼古铜色，几乎光滑无毛。皮厚，尾小。身体红棕色或红褐色，皮肤光润。

生活习性 栖息于非洲赤道南北水草极为丰盛的河流与湖沼。每天大部分时间生活在水中。吃草、哺乳和交配均于水中进行，仅睡觉时上岸；群居，每群常有20～30头；喜日晒，怕冷；性情较温和；食量大。繁殖期不固定，全年均繁殖，但怀孕通常发生在2～8月的旱季，分娩通常发生在10月至次年4月的雨季。每年产1仔，孕期210～255天。3～5岁性成熟。野生河马平均寿命50年。

分布地区 非洲北纬17°以南大部分地区。

413. 扎伊尔小爪水獭 *Aonyx capensis microdon*

学　名　*Aonyx capensis microdon* Pohle，1920

曾用学名　*Aonyx microdon*，*Paraonyx microdon*

英文名　Cameroon clawless otter，Swamp otter

别　名　无

分类地位　脊索动物门CHORDATA/哺乳纲MAMMALIA/食肉目CARNIVORA/鼬科Mustelidae/小爪水獭属*Aonyx*

保护级别　国家二级（核准）；CITES附录Ⅰ（喀麦隆、尼日利亚种群）；CITES附录Ⅱ

识别特征　体型中等，体长72～97cm，尾长40～71cm，体重12～34kg。体棕褐色，四肢及尾部毛色较深，面部、喉部和胸部略显白色，腹部毛色较淡。与水獭和大水獭不同的是，其爪的基部有不明显的蹼，蹼不延伸到爪的末端，爪显得较小。与我国的小爪水獭相比，身体较小，毛色较深。

生活习性　善于游泳，生活在森林附近的河流、沼泽、湖泊、湿地。主要捕食鱼类、蛙类、蚯蚓、螃蟹、软体动物以及其他脊椎动物和无脊椎动物。

分布地区　非洲喀麦隆和尼日利亚。

414. 小爪水獭 *Aonyx cinerea*

学　　名 *Aonyx cinerea*（Illiger，1815）

曾用学名 *Amblonyx cinerea*

英 文 名 Asian small-clawed otter

别　　名 油獭，东方小爪水獭，亚洲小爪獭

分类地位 脊索动物门CHORDATA/哺乳纲MAMMALIA/食肉目CARNIVORA/鼬科Mustelidae/小爪水獭属*Aonyx*

保护级别 国家二级；CITES附录Ⅰ

识别特征 体长41～63cm，尾长23～35cm，体重2.7～5.4kg。鼻垫后上缘被毛整齐，呈一横线。脸部触须在下颌正前方和两侧，尚有短而稀疏的刚毛。趾间具蹼，趾爪极小。身体灰褐色。喉部为浅黄白色。体毛较短，绒毛疏，腹毛较淡，四肢、尾与体同色。尾端毛短而少，几乎裸露。

生活习性 栖息于河流、小溪及河口沿岸浅水域。常10余头生活在一起，其主要食物为甲壳动物、软体动物和小鱼。妊娠期60～64天，每年1～2胎，每胎1～2仔，多可达6仔。

分布地区 我国广东、广西、海南、云南、西藏、台湾和福建的部分地区。国外分布于东南亚各国、印度东北部和南部。

415. 海獭南方亚种 *Enhydra lutris nereis*

学　　名 *Enhydra lutris nereis*（Merriam，1904）

曾用学名 无

英 文 名 California sea otter，Southern sea Otter

别　　名 加州海獭

分类地位 脊索动物门CHORDATA/哺乳纲MAMMALIA/食肉目CARNIVORA/鼬科Mustelidae/海獭属*Enhydra*

保护级别 国家二级（核准）；CITES附录 I

识别特征 是唯一生活在海洋中的鼬类，也是最小的海洋哺乳动物。成体雄性体长可达1.47m，平均重约29kg，最重可达45kg；雌性体长可达1.39m，平均重约20kg，最重可达33kg。毛色深褐色或黑褐色，只是头颈部呈浅褐色。头小，耳壳也小。吻端裸出，上唇有须。躯干肥圆，后部细，形似髓鼠。前肢小而裸，后肢宽而扁，呈鳍状，四肢的趾都短粗，爪短小而弯曲。体被刚毛和绒毛。

生活习性 善于游泳与潜水，喜冷水域。栖息在海岸边的岩缝、礁石之间，晨昏活动。喜食软体动物、棘皮动物、各种甲壳类动物，也食部分底栖鱼类。繁殖季节不明显，在水里交配，陆地分娩，1胎1仔。属于群居动物。可抓住海胆在岩石上不断敲击取食。

分布地区 美国加利福尼亚州中部到南部海域。

416. 秘鲁水獭 *Lontra felina*

学　　名 *Lontra felina*（Molina，1782）

曾用学名 *Lutra felina*

英 文 名 Marine otter，Chungungo

别　　名 猫獭，洋獭

分类地位 脊索动物门CHORDATA/
哺乳纲MAMMALIA/
食肉目CARNIVORA/
鼬科Mustelidae/美洲獭属*Lontra*

保护级别 国家二级（核准）；CITES附录Ⅰ

识别特征 体型小至中等，体长90cm左右，体重3.0～5.0kg。体粗糙，深棕褐色，腹面浅黄褐色。爪中等大小，强壮，其间具全蹼。触须长而硬。尾较短。皮毛粗糙，针毛长达20mm，绒毛12mm。

生活习性 生活在多岩石和海浪汹涌的海域。与其他水獭一样，喜食甲壳类、鱼类、贝类等海洋动物，偶食鸟类和小型哺乳动物。

分布地区 阿根廷、秘鲁、智利。

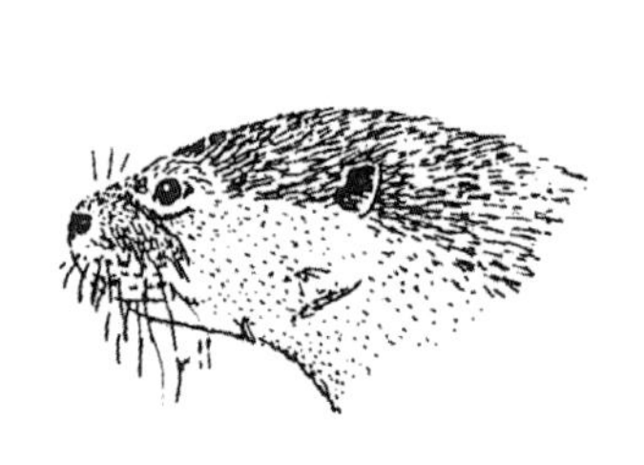

417. 长尾水獭 *Lontra longicaudis*

学　　名 *Lontra longicaudis*（Olfers，1818）

曾用学名 *Lontra annectens*，*Lontra enudris*，*Lutra longicaudis*（*annectens*，*platensis*，*incarum*，*enudris*，*insularis*，*repanda*，*laidens*）

英 文 名 La plata otter，Neotropical（river）otter

别　　名 长尾獭

分类地位 脊索动物门CHORDATA/哺乳纲MAMMALIA/食肉目CARNIVORA/鼬科Mustelidae/美洲獭属*Lontra*

保护级别 国家二级（核准）；CITES附录Ⅰ

识别特征 体型中等，头部和身体长度为36 ~ 66cm，尾长37 ~ 84cm，体重5 ~ 15kg。皮毛较长，针毛长12 ~ 14mm，绒毛长7 ~ 9mm。身体光滑，肉桂棕色至浅灰棕色，腹面浅灰色，有的个体有斑点。眼小，耳短而圆。腿短，足小，爪强壮，有蹼。尾长，在基部毛厚。上唇和下颌显白色。本种有3个亚种，每个亚种鼻形均不同。

生活习性 栖息于森林中的河流小溪、湖泊、沼泽、海岸边。独居，白天和夜间都活动。喜食各种甲壳类、两栖类、鱼类和蟹类，以及其他水生动物。

分布地区 从墨西哥西北部到阿根廷的拉丁美洲国家。

418. 智利水獭 *Lontra provocax*

学　　名　*Lontra provocax*（Thomas，1908）

曾用学名　*Lutra provocax*

英 文 名　Huillin，Southern river otter

别　　名　智利獭，南美獭，怒獭

分类地位　脊索动物门CHORDATA/哺乳纲MAMMALIA/食肉目CARNIVORA/鼬科Mustelidae/美洲獭属*Lontra*

保护级别　国家二级（核准）；CITES附录Ⅰ

识别特征　体型中等，体长57～70cm，尾长35～46cm。爪锋利，趾间具全蹼。毛皮质地厚密柔软，外层针毛长15～17mm，下层绒毛长7～8mm。身体棕褐色到黑色，并略有肉桂色，腹面颜色较浅，浅黄褐色。其鼻部形态较为特殊，酷似底部被切角且压缩的钻石，鼻孔位于切角处，约占鼻部的1/4。

生活习性　栖息于植被茂密的淡水水域。喜食甲壳类和双壳类动物，也捕食鱼和小鸟。

分布地区　阿根廷西南部，在秘鲁也有极少量分布。在智利的很多地区已灭绝。

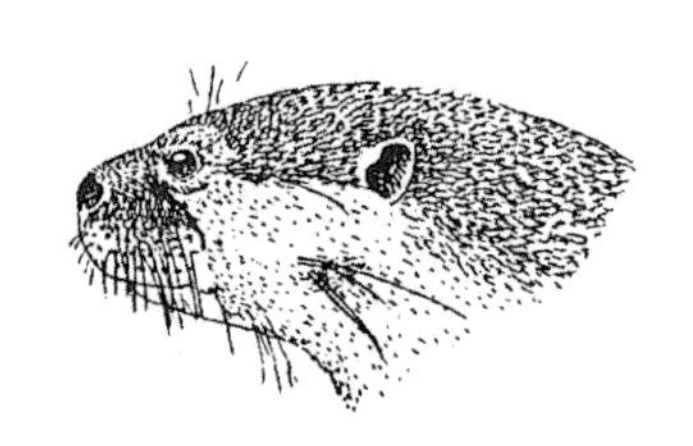
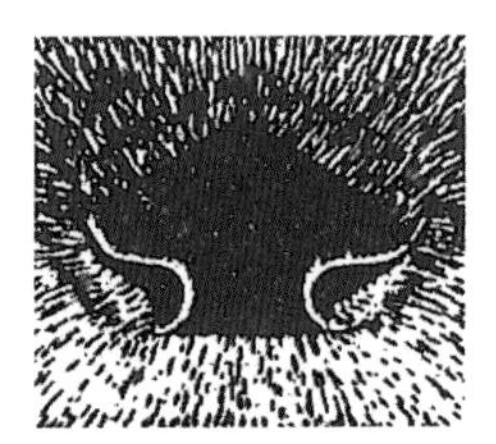

419. 水獭 *Lutra lutra*

学名 *Lutra lutra*（Linnaeus，1758）

曾用学名 *Viverra lutra*

英文名 Common otter，European (river) otter，Eurasian otter

别名 獭，獭猫，鱼猫，水狗，欧亚水獭

分类地位 脊索动物门CHORDATA/哺乳纲MAMMALIA/食肉目CARNIVORA/鼬科Mustelidae/水獭属*Lutra*

保护级别 国家二级；CITES附录Ⅰ

识别特征 半水栖的中型食肉兽。体长55～70cm，尾长30～50cm，体重3.0～7.5kg。头宽扁，吻不突出，眼耳都小。体筒状细长，尾中等长，基部粗，尖端细，柔韧有力。四肢短，趾间有蹼，爪短而尖。嘴角触须长而粗硬，前肢腕垫后也有数根短刚毛。体毛短而密致，咖啡色背毛光泽油亮，腹毛色较浅。

生活习性 多栖息于河流、湖泊、水库和山溪中。常独居，不成群。主要以鱼类为食，也捕食甲壳类、蛤类、蟹、蛙、蛇以及各种小型哺乳动物。没有明显的繁殖季节，全年均可繁殖。通常1胎2仔。妊娠期8周。哺乳期约为50天。

分布地区 我国新疆北部、西北局部地区、东北、中南部地区、海南、台湾等地。国外广泛分布于欧亚大陆。

420. 日本水獭 *Lutra nippon*

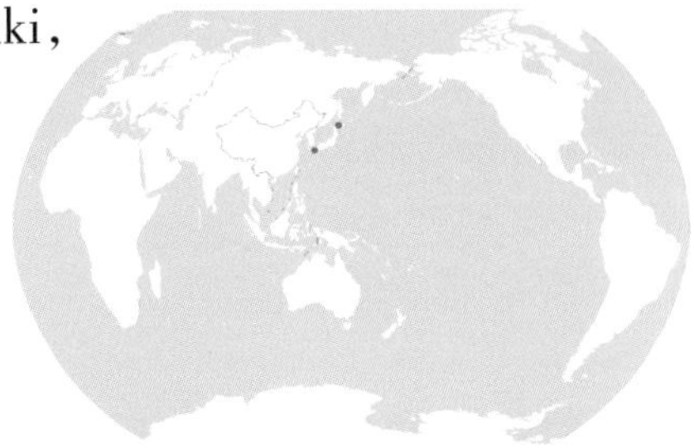

学　　名　*Lutra nippon* Imaizumi *et* Yoshiyuki，1989

曾用学名　*Viverra lutra*

英 文 名　Common otter，European (river) otter

别　　名　獭，欧亚水獭，水狗，鱼猫，獭猫

分类地位　脊索动物门CHORDATA/哺乳纲MAMMALIA/食肉目CARNIVORA/鼬科Mustelidae/水獭属*Lutra*

保护级别　国家二级（核准）；CITES附录 I

识别特征　身体呈流线型，头部宽圆，脖子很短，四肢较短，耳朵几乎完全隐藏在毛发中，以避免水进入。眼睛小且圆。尾肌肉发达，长度超过头尾长度的一半，逐渐向尖变细。前肢比后肢长；前爪由5个短指组成，由一无毛膜连接，延伸至远节指骨基部。

生活习性　除了鱼之外，还以水生昆虫、爬行动物、两栖动物、鸟类、小型哺乳动物和甲壳类动物等为食。有连续的繁殖周期，交配可以在水中或陆地上进行。主要的交配期是2～3月和7月。妊娠持续60～70天，幼仔与母亲一起生活14个月，2～3年后达到性成熟。

分布地区　曾分布于日本，现灭绝。

421. 江獭 *Lutrogale perspicillata*

学　　名 *Lutrogale perspicillata*
（I. Geoffroy Saint-Hilaire，1826）

曾用学名 *Lutra perspicillata*

英 文 名 Indian smooth-coated otter，Smooth-coated otter

别　　名 印度水獭，咸水獭，滑毛獭，滑獭，短毛獭

分类地位 脊索动物门CHORDATA/哺乳纲MAMMALIA/食肉目CARNIVORA/鼬科Mustelidae/江獭属*Lutrogale*

保护级别 国家二级；CITES附录Ⅰ

识别特征 外貌似普通水獭，但较大，体重7～11kg，最大可达15kg，体长60～85cm，最长可达1.3m。尾较水獭短，30～45cm。鼻垫上缘被毛为波浪状凹凸；四肢趾爪全蹼，很小，介于普通水獭和小爪水獭之间。背部皮毛为浅至深棕色，腹部为浅棕色甚至几乎灰色，针毛甚短，6～8mm。尾较短而扁阔，后半段被稀疏的短毛。

生活习性 栖息于江河和海岸带僻静的水域。常在江河两岸的灌木丛中活动，或者在海岸或近海岛屿边缘、沿海红树林活动，喜欢在晨昏时集群活动。喜欢躲在浅洞穴和成堆石块或浮木中。主要食物为甲壳动物、软体动物和小鱼，也偶食雁鸭类、鸥类、鹤类等。每年1胎，每胎1～4仔，大多为2仔。妊娠期约63天。幼仔3年达到性成熟。

分布地区 我国云南、贵州和广东珠江附近的局部地区。国外分布在印度、尼泊尔、马来西亚和印度尼西亚等地。

422. 大水獭 *Pteronura brasiliensis*

学　名 *Pteronura brasiliensis*（Gmelin，1788）

曾用学名 *Mustela braslliensis*，*Pteronura sambachii*

英文名 Giant（Brazilian，Brazilian giant，South American，Flat-tailed）otter

别　名 巨水獭，巨獭，南美巨獭，巴西巨獭

分类地位 脊索动物门CHORDATA/哺乳纲MAMMALIA/食肉目CARNIVORA/鼬科Mustelidae/巨獭属*Pteronura*

保护级别 国家二级（核准）；CITES附录Ⅰ

识别特征 体型巨大，长96～140cm，尾长45～65cm。体重24～34kg。皮毛短而密，柔软，上部棕褐色，湿润时几乎为黑色。唇、下颚、喉部、胸部为乳白色或浅黄色斑点。腿粗短，足较大，趾间具全蹼。尾巴粗大，从中部至末端明显变平，宽度逐渐缩小止于尾尖。

生活习性 栖息于流速缓慢的河流、小溪，以及森林、沼泽等地，喜欢坡度平缓的河岸和有植被的隐蔽区域。偶尔出现在水渠和水库中。白天通常以家庭为单元活动，一般为5～9只，很少单独活动。一般以较大鱼类为食，也捕食蛇或小型鳄。孕期65～70天，幼仔在8月底至10月初出生。寿命十余年。

分布地区 阿根廷、苏里南、玻利维亚、巴西、哥伦比亚、委内瑞拉、圭亚那、厄瓜多尔、秘鲁、巴拉圭、乌拉圭。

423. 南海狮 *Arctocephalus australis*

学　　名 *Arctocephalus australis*（Zimmermann，1783）

曾用学名 *Phoca faklandica*，*Zalophus wollebacki*，*Arctophoca australis*

英 文 名 South American fur seal

别　　名 南美毛皮海狮，黑海狮，南美海狗

分类地位 脊索动物门CHORDATA/哺乳纲MAMMALIA/食肉目CARNIVORA/海狮科Otariidae/毛皮海狮属*Arctocephalus*

保护级别 国家二级（核准）；CITES附录Ⅱ

识别特征 雌雄体之间大小差异悬殊，雄性体长约1.9m，重150～200kg；雌性体长约1.4m，重约50kg。雄性深灰色，雌性的颈和背部灰色，但内有白毛，使其略显银灰色，腹面淡黄色。与其他毛皮海狮相比，有一个较长的鼻子。前后肢呈鳍状，后肢能转向前方以支持身体。有耳壳，尾甚短，体被粗毛。身体及四肢均呈黑褐色。

生活习性 大部分时间生活在海洋中，在陆地喜生活于岩石上。主要以鱼、甲壳类动物和头足类为食。每年11月，3～5头雌性和1头雄性组成一个多雌群。4岁性成熟，妊娠期11个月。每年产1胎，每胎1～2仔。繁殖期在秘鲁、阿根廷、乌拉圭和马尔维纳斯群岛（英称福克兰群岛）的海岸度过。当不在繁殖期时，它们通常在海洋中。在陆地上，喜欢待在岩石区域，以保护它们免受太阳的照射。

分布地区 南美洲的南大西洋西部海岸和南太平洋东部海岸，从秘鲁首都利马到乌拉圭的南美沿岸及岛屿都有分布，还包括马尔维纳斯群岛、加拉帕戈斯群岛。

424. 新西兰海狮 *Arctocephalus forsteri*

学　　名 *Arctocephalus forsteri*（Lesson, 1828）

曾用学名 *Otaria forsteri*, *Gypsophoca forsteri*, *Arctocephalus australis forsteri*

英 文 名 New Zealand fur seal, Long-nosed fur seal

别　　名 新澳毛皮海狮，新澳海狗

分类地位 脊索动物门CHORDATA/哺乳纲MAMMALIA/食肉目CARNIVORA/海狮科Otariidae/毛皮海狮属*Arctocephalus*

保护级别 国家二级（核准）；CITES附录Ⅱ

识别特征 雄性体长1.5～2.5m，重120～180kg，头骨长约20cm；雌性体长1.0～1.5m，重约100kg。吻鼻较长，分开较宽。有尖鼻子、长胡须和耳瓣，眶间额平或略凸。腭宽而呈弓形。鼻骨很长，约45mm，前端向外扩展。左右齿列平行，齿小，单尖。体色深灰色，腹面浅棕色，仔兽长约50cm，体色黑色或银灰色。

生活习性 主要以乌贼、甲壳类和部分鱼类为食，也捕食鸬鹚和企鹅。幼仔的捕食目标是夜间迁徙的水面洄游鱼类等。繁殖期在10月下旬至2月初结束，幼仔在11月至1月出生，其中12月出生的最多，哺乳期9～10个月。幼仔9个月达到独立时，离开岩礁地带到海洋中觅食。

分布地区 新西兰的亚南极岛屿及许多近海岛屿，包括新西兰南部，以及澳大利亚南岸与西岸及附近岛屿。

425. 加拉帕戈斯海狮 *Arctocephalus galapagoensis*

学　　名 *Arctocephalus galapagoensis* Heller，1904

曾用学名 *Arctocephalus australis galapagoensis*

英 文 名 Galápagos fur seal

别　　名 赤道毛皮海狮，加岛海狗

分类地位 脊索动物门CHORDATA/哺乳纲MAMMALIA/食肉目CARNIVORA/海狮科Otariidae/毛皮海狮属*Arctocephalus*

保护级别 国家二级（核准）；CITES附录Ⅱ

识别特征 为毛皮海狮属中最小的一种，雄性体长约1.5m，重约64kg；雌性体长约1.2m，重约27kg。体被粗毛和密厚绒毛，仅唇尖、耳尖和鳍肢的掌部表面裸露。背部暗灰褐色，腹面略淡，唇部、耳朵周围为浅褐色。雄性具阴囊。吻甚短，鼻短。眶间额平。腭宽，齿小，单尖，齿列向后分离。

生活习性 以鱼和头足类为食，几乎只在夜间觅食。繁殖为一雄多雌制。繁殖期8～11月，1胎1仔，在幼仔出生5～10天后或恢复觅食旅行后恢复发情，幼仔直到2～3岁才断奶。平均寿命约为22年。

分布地区 南美洲以西赤道附近的加拉帕戈斯群岛上。

426. 岛海狮 *Arctocephalus gazella*

学　　名 *Arctocephalus gazella*（Peters，1876）

曾用学名 *Arctocephalus tropicalis*，*Arctophoca gazella*

英 文 名 Kerguelen fur seal，Antarctic fur seal

别　　名 南极毛皮海狮，海狼，南极海狗

分类地位 脊索动物门CHORDATA/哺乳纲MAMMALIA/食肉目CARNIVORA/海狮科Otariidae/毛皮海狮属*Arctocephalus*

保护级别 国家二级（核准）；CITES附录Ⅱ

识别特征 雄性体长1.5～1.8m，重约150kg；雌性体长约1.3m，重19～52kg。雄性额凸，雌性额平。体被粗毛和密厚绒毛，颈部粗毛平均长21.8mm，腹部12.7mm。背部深灰褐色，腹面稍淡。吻宽而短。鼻短，前部宽喇叭形。齿甚小，单尖，由前而后，齿冠渐小。第4、5颊齿，第5、6颊齿之间虚位，齿色乌黑，为本种独有特征。

生活习性 主要以鱼类、头足类和磷虾为食，也捕食企鹅。觅食时，潜水平均深度约30m，持续约两分钟。雄性最多可潜水约350m，雌性最多潜水约210m。哺乳期约4个月。雌性3～4年，雄性8年性成熟。

分布地区 南极辐合区以南的许多岛屿上，包括南设得兰群岛、南奥克尼群岛、南乔治亚岛、南桑威奇群岛、克尔格伦岛。

427. 胡岛海狮 *Arctocephalus philippii*

学　　名　*Arctocephalus philippii*（Peters，1866）
曾用学名　*Arctophoca philippii*
英 文 名　Juan Fernández fur seal
别　　名　智利毛皮海狮，胡岛海狗
分类地位　脊索动物门CHORDATA/哺乳纲MAMMALIA/食肉目CARNIVORA/海狮科Otariidae/毛皮海狮属*Arctocephalus*
保护级别　国家二级（核准）；CITES附录Ⅱ
识别特征　雄性体长一般为1.5 ~ 2.0m，重约140kg；雌性体长约1.4m，重约50kg。体被粗毛和绒毛，体色灰黑色，吻两侧淡棕色，须淡黄色。前肢爪退化，后肢中间3趾爪发达，用以梳理毛皮。头很大，眶间额凸。上齿列在第3颊齿处向内弯曲。腭较窄。齿大，单尖。头前端的鼻软骨和肉质鼻头前突程度很大，鼻孔朝下，使其口形颇似鲨鱼，为本种的显著特征。
生活习性　上岸时喜欢栖息于峭壁基部岩石或礁石上，以及岸边的各种凹陷处或洞穴里。性格温顺，入水时喜欢靠近岩石，并不时抬头张望。
分布地区　智利以西的胡安·费尔南德斯群岛和圣费利克斯岛以及圣安布罗西奥岛。

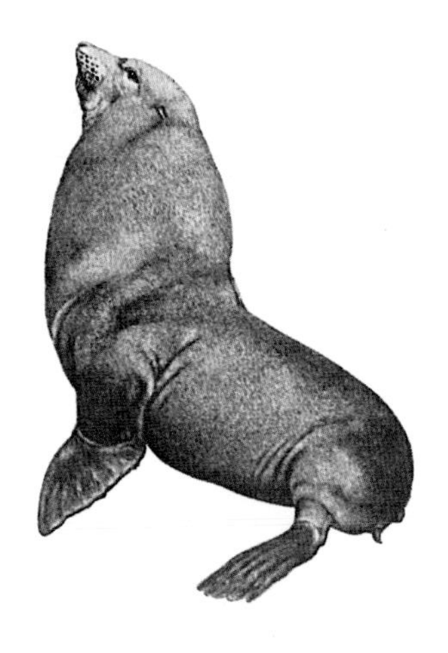

428. 非澳海狮 *Arctocephalus pusillus*

学　　名 *Arctocephalus pusillus*（Schreber，1775）

曾用学名 *Phoca puslus*，*Phoca antactica*

英 文 名 Fro-Australian（South African）fur seal，Cape fur seal，Brown fur seal

别　　名 非洲毛皮海狮，南非海狗，南非海狮

分类地位 脊索动物门CHORDATA/哺乳纲MAMMALIA/食肉目CARNIVORA/海狮科Otariidae/毛皮海狮属*Arctocephalus*

保护级别 国家二级（核准）；CITES附录Ⅱ

识别特征 澳大利亚海狮亚种，雄性体长2.0～2.2m，重218～360kg；皮毛灰棕色，脖子区域有浓密的鬃毛，鬃毛略浅；雌性体型与雄性差异很大，重36～110kg，体长1.2～1.8m，皮毛银灰色，喉咙黄色，腹部棕色。非洲海狮亚种的雄性平均体长2.3m，重200～350kg，皮毛颜色灰色或黑色，腹部较浅；而雌性体型更小，平均体重120kg，平均身长1.8m，皮毛棕色，底面有较浅的阴影。吻长。眶间额凸。左右上齿列平行。后颊齿粗大，具明显的前后副齿尖，上额颧突短，下颌冠状突基部宽。雄性体被深灰色粗毛皮，雌性背部棕灰色，腹面淡褐色。

生活习性 属多配偶动物。非洲海狮亚种11月底到12月初产仔，4～5个月大仔兽开始以小甲壳类和鱼类作补充食物。澳大利亚海狮亚种，12月初至中旬产仔，8个月大起补充固体营养品作食物。

分布地区 非洲南部和西南海岸、澳大利亚南部和东南部海岸。

429. 北美毛皮海狮 *Arctocephalus townsendi*

学　　名 *Arctocephalus townsendi* Merriam，1897

曾用学名 无

英 文 名 Guadalupe fur seal

别　　名 瓜达卢佩海狮，瓜岛海豹

分类地位 脊索动物门CHORDATA/哺乳纲MAMMALIA/食肉目CARNIVORA/海狮科Otariidae/毛皮海狮属*Arctocephalus*

保护级别 国家二级（核准）；CITES附录 I

识别特征 成年雄性体长可达1.9m，重124～160kg；雌性体长可达1.4m，重40～50kg。毛皮很厚，两性皆为棕褐色。头很大，眶间额平，吻短。鼻骨中等长。腭较窄，齿大，单尖，第4、5颊齿间虚位。上齿列在第3颊齿位，向内弯曲。肉质鼻头很长，鼻中隔球形。

生活习性 栖息于海岛附近，多占据洞穴或岩石的裂缝。以鱼类等为食。一雄多雌，组织比较松散，6月产仔。

分布地区 墨西哥的太平洋沿岸和加利福尼亚南部。

430. 热带海狮 *Arctocephalus tropicalis*

学　名 *Arctocephalus tropicalis*（Gray, 1872）

曾用学名 *Arctocephalus elegans*, *Arctophoca tropicalis*, *Gypsophoca tropicalis*

英文名 Amsterdam Island fur seal, Subantarctic fur seal

别　名 幅北毛皮海狮，安岛海狗

分类地位 脊索动物门CHORDATA/哺乳纲MAMMALIA/食肉目CARNIVORA/海狮科Otariidae/毛皮海狮属*Arctocephalus*

保护级别 国家二级（核准）；CITES附录Ⅱ

识别特征 成体雄性体长1.2～2.0m，重70～165kg；雌性体长1.19～1.52m，重25～67kg。雄性头顶部具有冠状长毛。被粗毛和绒毛，胸额部毛呈明显的簇状。体背面毛色深灰，面、喉、胸部鲜黄色。颌面部直到耳后为鲜艳的烟黄色或淡奶油色。吻短而狭。腭狭。左右齿列平行，齿小，单尖，第5、6颊齿间虚位。

生活习性 主要以磷虾、鱼和头足类为食。常遭到虎鲸和繁殖地附近的鲨鱼袭击。9月至11月底，形成多雌群。11月底到12月中旬母兽产仔（南部10月到次年1月）。

分布地区 南极辐合区以北，从南大西洋的特里斯坦·达库尼亚群岛和果夫岛，向东到印度洋的阿姆斯特丹岛，少数可达南非、新西兰和麦夸里岛。

431. 北海狗 *Callorhinus ursinus*

学　　名 *Callorhinus ursinus*（Linnaeus, 1758）

曾用学名 *Phoca ursine*

英 文 名 Northern fur seal

别　　名 北海熊，膃肭兽，海狗，北海豹，海熊

分类地位 脊索动物门CHORDATA/哺乳纲MAMMALIA/食肉目CARNIVORA/海狮科Otariidae/北海狗属*Callorhinus*

保护级别 国家二级

识别特征 成年雄性最大体长2.13m，体重180～275kg；雌性最大体长1.42m，体重40～50kg。头圆形，吻短而尖，上唇两侧生有粗而硬的白色触须，外耳壳较小。前肢较大而厚，无爪，以第2趾最长。后肢各趾几乎等长，均具爪，爪的前方有长而坚韧的皮膜。前后肢均裸露无毛。后肢可屈向前方，能在陆上行走。尾短小。皮毛的颜色反映了其年龄、性别和活动。

生活习性 肉食性，以鱼类和头足类为食，如鲑鱼、太平洋鲱等。通常单独游动，生殖期大群聚集，一雄多雌。繁殖期为6月末到8月初，哺乳期约4个月。

分布地区 我国黄海、东海、南海、台湾偶有发现。国外广泛分布于北太平洋、白令海、日本海以及鄂霍次克海。

432. 北海狮 *Eumetopias jubatus*

学　　名 *Eumetopias jubatus*（Schreber，1776）

曾用学名 *Phoca jubata*，*P. leonine*，*Otaria steleri*

英 文 名 Steller sea lion，Northern sea lion

别　　名 海驴，斯氏海狮，北太平洋海狮

分类地位 脊索动物门CHORDATA/哺乳纲MAMMALIA/食肉目CARNIVORA/海狮科Otariidae/北海狮属*Eumetopias*

保护级别 国家二级

识别特征 为海狮科最大的一种，雄性体长约3.0～3.4m，体重约1120kg；雌性最大体长2.3～2.9m，平均体重350kg。面部短宽，吻部钝，眼和外耳壳相对较小，触须很长。前肢较后肢长且宽，前肢第1趾最长，爪退化。后肢的外侧趾较中间3趾长而宽，中间3趾具爪。全身被短毛，仅鳍肢末端裸露。雄性成体颈部周围及肩部生有较长而粗的鬃毛，体毛为黄褐色，背部毛色较浅，胸及腹部色深。

生活习性 在海岸线和中上层水域附近觅食，主要食物包括大眼鳕鱼、花鲫鱼、太平洋鲑鱼和太平洋鳕鱼。多集群活动。在5～7月的繁殖期，雄性先到达繁殖场占领地盘，与随后到来的雌性组成繁殖群，每只雄性周围的雌性可达到20头以上甚至30头。每次产1仔。

分布地区 我国渤海和黄海。国外自中加利福尼亚向北至白令海，向西沿阿留申群岛至堪察加半岛，再向南至日本北部。

433. 髯海豹 *Erignathus barbatus*

学　　名 *Erignathus barbatus*（Erxleben，1777）

曾用学名 *Phoca barbata*，*Phoca lepechenii*，*Phoca parsonsii*

英 文 名 Bearded seal，Square flippers

别　　名 海兔，须海豹，胡子海豹，髭海豹

分类地位 脊索动物门CHORDATA/哺乳纲MAMMALIA/食肉目CARNIVORA/海豹科Phocidae/髯海豹属*Erignathus*

保护级别 国家二级

识别特征 体长2.2～2.5m，体重200～430kg。体形较长，头及前肢显得短小。头圆略狭，两眼小而近。吻较短，额部突出，眼睑部宽肥。上唇触须粗硬而光滑，长可达15cm，每侧约120根。无外耳壳，颈部短。前肢近方形可前伸；各趾均具爪，各趾等长或2～4趾稍长。后肢向后伸而不能前屈。尾短小。成体全身被棕黄色或棕灰色皮毛，背部色深，体侧及腹部色淡。雌性有时具不明显的斑纹。

生活习性 喜食底栖鱼类，还包括多种小型底栖无脊椎动物。在开阔的浮冰上产仔，繁殖期3月中旬至5月上旬。不集群，通常独处在单一冰块上。性机警。

分布地区 我国东海偶有发现。在北极呈环极分布，一般在北纬85° 以南。在白令海、鄂霍次克海、西北大西洋，直到圣劳伦斯湾也有分布。

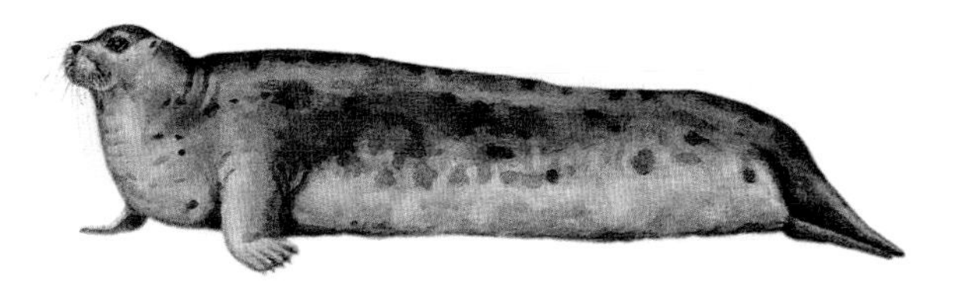

434. 南象海豹 *Mirounga leonina*

学　　名 *Mirounga leonina*（Linnaeus，1758）

曾用学名 *Phoca leonine*，*Macrorhinus leoninus*

英 文 名 Southern elephant seal

别　　名 南象形海豹，象海豹，海象，海伽耶

分类地位 脊索动物门CHORDATA/哺乳纲MAMMALIA/食肉目CARNIVORA/海豹科Phocidae/象鼻海豹属*Mirounga*

保护级别 国家二级（核准）；CITES附录Ⅱ

识别特征 是食肉目中体型最大的动物。雄性体长可达6.5m，重3600kg以上；雌性体型较小，体长约2.8m，重400～900kg。体呈纺锤形，甚粗胖。身体柔软，可向背后弯曲成"U"形，甚至"V"形。雄性鼻子呈长鸡冠形。体银灰色，老兽淡褐色或淡黄色，呈污秽色调，背侧深于腹侧。齿数30枚。门齿小，雄性犬齿大，大颌犬齿至少为外侧门齿的5倍大。

生活习性 主食鱿鱼和其他鱼类。繁殖属一雄多雌型。9～10月产仔。孕期7个月。雌性在3～6岁达性成熟，雄性5～8年性成熟。雄性可以活14年，雌性能活20年。11月到次年2月为换毛期，雌、雄性先后出水脱毛，老的皮也随毛一起脱落，历时18天脱完，脱毛期间它们都不下水，不进食。在浮冰附近过冬。

分布地区 南半球，主要在亚南极和南极岛屿上，在阿根廷南部、智利、南美洲北部海岸、非洲南部、澳大利亚和新西兰的海岸也有分布。

435. 僧海豹 *Monachus monachus*

学　　名 *Monachus monachus*（Hermann，1779）

曾用学名 *Phoca monachus*，*Haliophoca atlantica*

英 文 名 Mediterranean monk seal，Monk seal

别　　名 地中海僧海豹

分类地位 脊索动物门CHORDATA/哺乳纲MAMMALIA/食肉目CARNIVORA/海豹科Phocidae/僧海豹属*Monachus*

保护级别 国家二级（核准）；CITES附录Ⅰ

识别特征 成年雄性体长可达2.4m，雌性长度略短。体重240～400kg。通常体色从棕褐色到黑色，腹部浅灰色，有的腹面具白斑。头部很圆，且密被短毛，看似“和尚”而得名。吻端很宽，口周围有稀疏笔直而柔软的感觉毛。左右外鼻孔间隔较宽，中间有一条沟。前肢的爪很发达，后肢的爪退化。后肢的第1、5趾最长。

生活习性 喜在水深35m以内的水域觅食，以羊鱼、竹荚鱼、鲷、鳐和章鱼等为食。一雄多雌制，4～6年性成熟，在9～11月交配，交配通常发生在水中，洞中产仔。它们从4岁开始繁殖，但繁殖速度缓慢。分娩之间的时间是13个月，妊娠期是11个月。新生仔黑色，具白斑，4～6周脱毛。

分布地区 地中海、非洲西北岸到布朗角南、马德拉和加那利群岛。

436. 夏威夷僧海豹 *Monachus schauinslandi*

学　名　*Monachus schauinslandi*（Matschie，1905）

曾用学名　*Neomonachus schauinslandi*

英文名　Hawaiian monk seal

别　名　僧海豹

分类地位　脊索动物门CHORDATA/哺乳纲MAMMALIA/食肉目CARNIVORA/海豹科Phocidae/僧海豹属*Monachus*

保护级别　国家二级（核准）；CITES附录 I

识别特征　雌性体型大于雄性。雌性平均体长为2.25m，平均体重为203kg。雄性平均体长为2.1m，平均体重为169kg。头部很圆，且被细密的短毛，看起来很像“和尚头”。吻端很宽，口周围有稀疏笔直而柔软的感觉毛。左右外鼻孔间隔较宽，中间有一条沟。体黑棕色，腹面稍淡，无斑纹。绒毛稀疏或缺如。胎儿及初生仔的毛黑色。前肢的爪很发达，后肢的爪退化。后肢的外侧趾最长。

生活习性　不做大范围洄游，以甲壳类、鱼类和头足类等为食。能潜水5～14分钟。5～10年性成熟，一雄多雌制，水中交配。繁殖期很长，可持续8个月，从12月下旬到次年8月中旬，3～5月为高峰期。哺乳期5～6周。

分布地区　夏威夷群岛海域。

437. 西印度僧海豹 *Monachus tropicalis*

学　　名　*Monachus tropicalis*（Gray，1850）

曾用学名　*Phoca tropicalis*，
Neomonachus tropicalis

英 文 名　Carribbean monk seal，
West Indian monk seal

别　　名　加勒比僧海豹

分类地位　脊索动物门CHORDATA/
哺乳纲MAMMALIA/食肉目CARNIVORA/
海豹科Phocidae/僧海豹属*Monachus*

保护级别　国家二级（核准）；CITES附录Ⅰ

识别特征　体长为2.2～2.4m。头部很圆，且被细密的短毛，看起来像"和尚头"，吻端很宽，口周围有稀疏笔直而柔软的感觉毛。左右外鼻孔间隔较宽，中间有一条沟。体黑棕色到黑色，腹面为淡黄色，无斑纹。绒毛稀疏或缺如。前肢的爪很发达，后肢的爪退化。后肢的外侧趾最长。

生活习性　资料比较少，可能以鱼类和无脊椎动物为食。可能在12月初产仔。比较喜欢松软黑色的沙滩。

分布地区　西印度群岛、加勒比海西部沿岸和岛屿、大小安的列斯群岛、尤卡坦半岛、巴哈马群岛及佛罗里达群岛的热带水域。

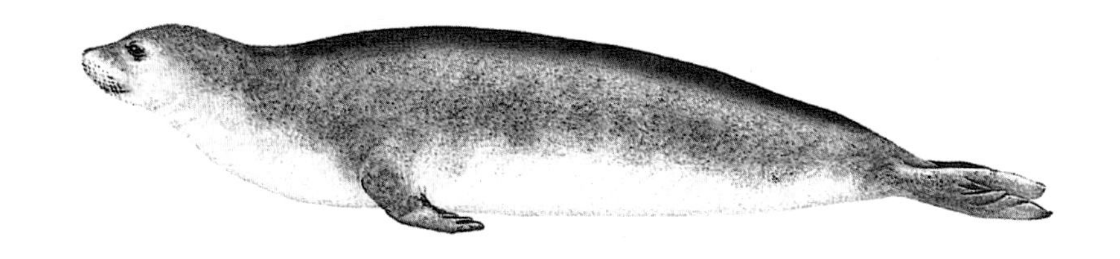

438. 西太平洋斑海豹 *Phoca largha*

学　　名 *Phoca largha* Pallas，1811

曾用学名 *Phoca chorisii*，*Phoca nummularis*，*Phoca ochotensis*，*Phoca stejnegeri*

英 文 名 Spotted seal，Largha（hair）seal，Okhosk（Pacific）harbour seal，Pallas（Long-toothed）

别　　名 斑海豹，海豹，海狗，服腑兽，大齿巷海豹

分类地位 脊索动物门CHORDATA/哺乳纲MAMMALIA/食肉目CARNIVORA/海豹科Phocidae/海豹属*Phoca*

保护级别 国家一级

识别特征 成年雌性体重65～115kg，体长151～169cm，而成年雄性通常体重85～110kg，体长161～176cm。体肥壮，呈纺锤形；头圆，眼大，吻短而宽，缺少外耳。四肢蹼上被毛，前肢内趾长而外趾短；后肢第1、5趾长于其余3趾；尾短小。

生活习性 主要以鱼类为食，也食软体动物和甲壳类。一雌一雄制，雌性在3～4岁时达到性成熟。雄性通常4～5岁才能性成熟。

分布地区 我国渤海、黄海，偶尔见于南海。国外主要分布于北冰洋的楚科奇海及北太平洋的白令海、鄂霍次克海、日本海。

439. 环海豹 *Pusa hispida*

学　名 *Pusa hispida*（Schreber，1775）

曾用学名 *Phoca hispida*

英 文 名 Ringed seal

别　名 环斑小头海豹，环斑海豹

分类地位 脊索动物门CHORDATA/
哺乳纲MAMMALIA/
食肉目CARNIVORA/
海豹科Phocidae/环斑海豹属*Pusa*

保护级别 国家二级

识别特征 是最小的鳍足类动物，头较小，像猫。黑色的皮毛，背部和两侧有银环，腹部银色。有强壮、厚实的爪子，前爪带蹼。

生活习性 常见的猎物包括北极鳕鱼、番红花鳕鱼、红鱼、鲱鱼和毛鳞鱼，也吃大型两栖动物、磷虾、虾类和头足类动物。一雄多雌制，4 ~ 5月为繁殖期，哺乳期5 ~ 7周，雌性通常在6 ~ 8岁时产幼仔。雄性通常到8 ~ 10岁才参与繁殖。

分布地区 我国黄海偶有发现。国外在北极地区广泛分布，在白令海、楚科奇海、加拿大北极群岛、戴维斯海峡和格陵兰岛、巴伦支海和东西伯利亚海的邻近海域也有分布。它们偶尔进入加拿大北部的一些湖泊和河流系统。

440. *北极熊 *Ursus maritimus*

学　名 *Ursus maritimus* Phipps，1774

曾用学名 *Thalarctos maritimus*

英文名 Polar bear

别　名 白熊

分类地位 脊索动物门CHORDATA/哺乳纲MAMMALIA/食肉目CARNIVORA/熊科Ursidae/熊属*Ursus*

保护级别 CITES附录Ⅱ

识别特征 现今体型最大的陆上食肉动物，成年北极熊直立起来高达2.8m，肩高1.6m。雄性体重300～800kg，雌性体重150～400kg。熊掌宽25cm，熊爪超过10cm。耳小而圆，颈细长，足宽大，肢掌多毛，皮肤呈黑色，毛是无色透明的中空小管子，外观上通常为白色，但在夏季由于氧化可能会变成淡黄色、褐色或灰色。

生活习性 肉食性，主要捕食海豹，特别是环斑海豹，以及髯海豹、鞍纹海豹、冠海豹。除此之外，也捕捉海象、白鲸、海鸟、鱼类及小型哺乳动物，有时也会吃腐肉。冬天会进入局部冬眠。为一雄多雌制，每年3～5月交配，一胎通常2只。

分布地区 加拿大（拉布拉多、马尼托巴、纽芬兰、努勒维特、安大略、魁北克、育空）、格陵兰、挪威、俄罗斯（雅库特、克拉斯诺亚尔斯克、西西伯利亚、俄罗斯北部）、斯瓦尔巴和扬马延及美国（阿拉斯加）。

441. 北极露脊鲸 *Balaena mysticetus*

学　　名　*Balaena mysticetus* Linnaeus，1758

曾用学名　无

英 文 名　Bowhead whale，Greenland（Arctic）right whale，Great polar whale

别　　名　北极鲸，真鲸，格陵兰真鲸，弓头鲸，北露脊鲸

分类地位　脊索动物门CHORDATA/哺乳纲MAMMALIA/鲸目CETACEA/露脊鲸科Balaenidae/露脊鲸属*Balaena*

保护级别　国家二级（核准）；CITES附录Ⅰ

识别特征　最大体长14～18m。体肥胖，重75～100t，头大，约占体长的1/3。上颌弓形，并被宽阔的下颌所包，前面观呈三角形。喷气孔长15～20cm，位距吻端4.8m的头顶，排列呈"V"形。鲸须狭长，褐黑色或蓝黑色，须板长3.0～4.5m，宽33～40cm，每侧237～346枚。腋下处身体最粗，由此向尾部渐细。无背鳍，无褶沟。鳍肢桨状或匙形，宽大，宽度为体长的2/5。尾鳍大，宽6～8m，前后宽2m。全身蓝灰色，须和下颌前端白色。多数个体全身具淡色斑。

生活习性　主食小型浮游生物。20年达到性成熟。冬末春初交配，孕期12～16个月，4～6月产仔，多数分娩于5月，每胎1仔。产仔间隔3～4年。寿命可达200岁。

分布地区　北冰洋中较近北极的海域，随着北冰洋结冰，可向南做小的移动，但从不远离覆冰区。

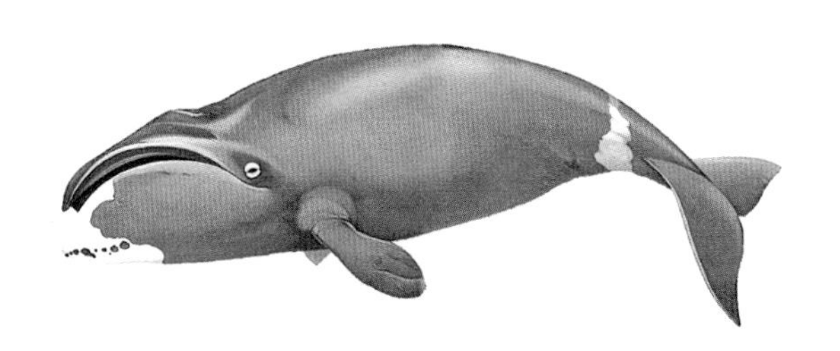

442. 南露脊鲸 *Eubalaena australis*

学　　名　*Eubalaena australis*（Desmoulins，1822）

曾用学名　*Balaena australis*

英 文 名　Southern right whale

别　　名　北极鲸，真鲸，格陵兰真鲸，弓头鲸，北露脊鲸

分类地位　脊索动物门CHORDATA/哺乳纲MAMMALIA/鲸目CETACEA/露脊鲸科Balaenidae/真露脊鲸属*Eubalaena*

保护级别　国家二级（核准）；CITES附录Ⅰ

识别特征　成体体长平均15m，最大达17.7m。体型短粗，头略超过体长的1/4～1/3，吻拱形，上颌细长，向下弯曲呈拱状，下颌两侧向上突出。头部具很多疣，最大的位于背面。喷气孔2个，分开很宽。无背鳍。鳍肢短宽。尾鳍幅宽几乎达体长的1/3。体腹面平滑无褶沟。背部黑色，腹部色淡，在脐前后有不规则白斑。鳍肢和尾鳍上下方皆黑色。须狭长而柔软，每侧有225～250枚须板，须板与须毛皆黑色。

生活习性　选择性地以桡足类动物和磷虾为食。通常单独或2～3头一起慢速游泳。10岁达到性成熟。孕期通常持续1年。每隔2～3年产仔1次，幼仔冬季出生，每次产1胎。哺乳期持续4～6个月。圈养的平均寿命为70年。

分布地区　南半球南纬20°～50°，横跨南极、南美洲南部、澳大利亚、新西兰、南非和印度洋高纬度地区。

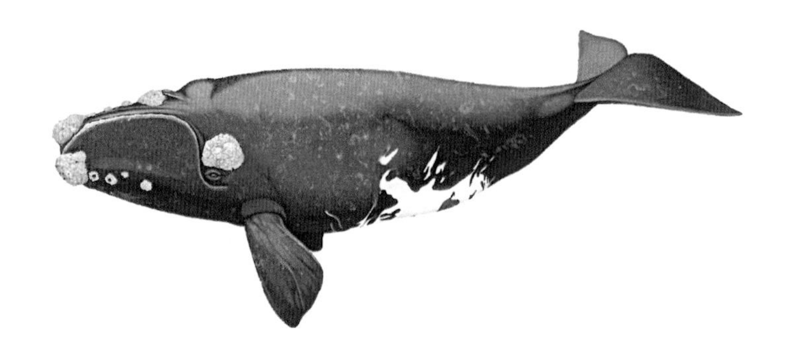

443. 北大西洋露脊鲸 *Eubalaena glacialis*

学　　名　*Eubalaena glacialis*（Müller, 1776）

曾用学名　Balaena glacialis, *Eubalaena japonica*

英 文 名　North Atlantic right whale,（Black，Atlantic，Northern，Pacifc）right whale, Biscayan right whale

别　　名　北露脊鲸，脊美鲸，北真鲸，直背鲸，比斯开鲸，黑真鲸

分类地位　脊索动物门CHORDATA/哺乳纲MAMMALIA/鲸目CETACEA/露脊鲸科Balaenidae/真露脊鲸属*Eubalaena*

保护级别　国家二级（核准）；CITES附录Ⅰ

识别特征　成体体长约17m，雌性比雄性大，体重40～80t。体型肥大短粗，头略超过体长的1/4～1/3，吻拱形，上颌细长向下弯曲呈拱状，下颌两侧向上突出。头部具很多疣，最大的位于背面。喷气孔2个，分开很宽。无背鳍。鳍肢短宽。尾鳍幅宽几达体长的1/3。体腹面平滑无褶沟。背部黑色，腹部色淡，在脐前后有不规则白斑。鳍肢和尾鳍上下方皆黑色。须狭长而柔软，每侧有250～270枚须板，须板与须毛皆黑色。

生活习性　食物主要为浮游性小甲壳类磷虾等。通常单独或2～3头一起慢速游泳。深潜水时把尾鳍举出水面以上。5～10年达到性成熟。每隔3～4年产仔1次，每次产1仔。平均妊娠期1年。

分布地区　广泛分布于北大西洋北纬30°～75°的温带和亚极地海域。

444. 北太平洋露脊鲸 *Eubalaena japonica*

学　　名 *Eubalaena japonica*（Lacépède, 1818）

曾用学名 *Balaena sieboldii*，*B. glacialis*，*Eubalaena glacialis japonica*

英 文 名 North Pacific right whale

别　　名 黑露脊鲸，露脊鲸，黑真鲸，脊美鲸，北真鲸，直背鲸，北露脊鲸

分类地位 脊索动物门CHORDATA/哺乳纲MAMMALIA/鲸目CETACEA/露脊鲸科Balaenidae/真露脊鲸属*Eubalaena*

保护级别 国家一级；CITES附录Ⅰ

识别特征 成体体长13～20m，体重最大达100t，生命至少70年。体型肥大短粗，头略超过体长的1/4～1/3，吻拱形，上颌细长向下弯曲呈拱状，下颌两侧向上突出。头部具很多疣。喷气孔2个。无背鳍。鳍肢短宽。体腹面平滑无褶沟。背部黑色，腹部色淡，在脐前后有不规则白斑。鳍肢和尾鳍上下方皆黑色。

生活习性 对其栖息地和食物知之甚少，根据推测可能主要以桡足类动物和磷虾等为食。北太平洋露脊鲸是世界上最稀少的鲸，可能在100头以下，目击记录很少，大多为单头独自活动。繁殖地可能在近海，夏季明显有向北的迁移，冬季有向南的迁移，但越冬地的位置尚不清楚。

分布地区 我国偶见于黄海海洋岛，东海、南海及台湾以东海域。国外分布于北太平洋的温带和亚热带水域，包括白令海峡、鄂霍次克海、阿拉斯加湾、千岛群岛和阿留申群岛。

445. 小须鲸 *Balaenoptera acutorostrata*

学　名　*Balaenoptera acutorostrata* Lacépède，1804

曾用学名　*Rorqualus minor*，*Pterobalaena minor*

英文名　Common minke whale，Lesser rorqual，Little piked whale

别　名　小鳁鲸，明克鲸，尖嘴鲸，尖头鲸，缟鳁鲸

分类地位　脊索动物门CHORDATA/哺乳纲MAMMALIA/鲸目CETACEA/须鲸科Balaenopteridae/须鲸属*Balaenoptera*

保护级别　国家一级；CITES附录Ⅰ；CITES附录Ⅱ（西格陵兰种群）

识别特征　雌性最大体长为10.7m，雌性体型大于雄性，偶尔会长到10t；雄性最大体长9.2m，体重4.8t。头极窄而尖，仅1条峭。吻窄而尖，三角形。体为细长的流线型。具50～70条腹沟，它们位于脐之前鳍肢之后。背鳍高，镰刀形，向后弯曲，位于体后1/3处。鳍肢细，末端尖。尾叶宽，后缘平滑，具缺刻。背面黑色或黑灰色，腹面和鳍肢的上面白色。鲸须的前面黄白色，后面则为灰色或黑褐色。鲸须板231～285枚，淡黄色，有时存在不对称图案。

生活习性　以磷虾、桡足类、鲱及小型鱼为食。喜活动于近岸和内海，通常单独或聚成2～3头的群游泳，在索饵场有时形成大群。通常还会进入河口、海湾、峡湾和潟湖。妊娠期约10个月，每次产1仔。

分布地区　我国渤海、黄海、东海、南海。在全世界的海洋直至冰缘都有分布，涵盖几乎所有纬度，从近南纬70°到北纬80°。

446. 南极须鲸 *Balaenoptera bonaerensis*

学　　名 *Balaenoptera bonaerensis* Burmeister，1867

曾用学名 无

英 文 名 Antarctic minke whale，Southern minke whale

别　　名 鳁鲸

分类地位 脊索动物门CHORDATA/哺乳纲MAMMALIA/鲸目CETACEA/须鲸科Balaenopteridae/须鲸属*Balaenoptera*

保护级别 国家二级（核准）；CITES附录Ⅰ

识别特征 最大体长雌性为11.9m，雄性为9.75m，体重6～9t。头极窄而尖，仅1条嵴。吻窄而尖，三角形。体为细长的流线型。具50～70条腹沟，它们终止于脐之前、鳍肢之后。背鳍高，镰刀形，位于体后1/3处。鳍肢细，末端尖。尾鳍宽，后缘平滑，凹形，具缺刻。背面黑色或黑灰色，腹面和鳍肢的上面白色。鲸须的前面黄白色，后面则为灰色或黑褐色。尾鳍下面的有些部位为蓝灰色。其鳍状肢没有白色斑块。背鳍钩形，位于距前身约2/3的位置。鲸须板在左侧为黑色，在右侧的后部2/3处为黑色，而其余的为白色。其头骨也比较大。

生活习性 喜活动于近岸和内海，通常单独或聚成2～3头的群游泳，在索饵场有时形成大群。主要以磷虾为食。妊娠期约10个月，每次产1仔，偶有2仔。

分布地区 夏季，它们在南纬60°以南的整个南极地区大量存在。冬季，向北扩散，仍有一些留在南极水域。

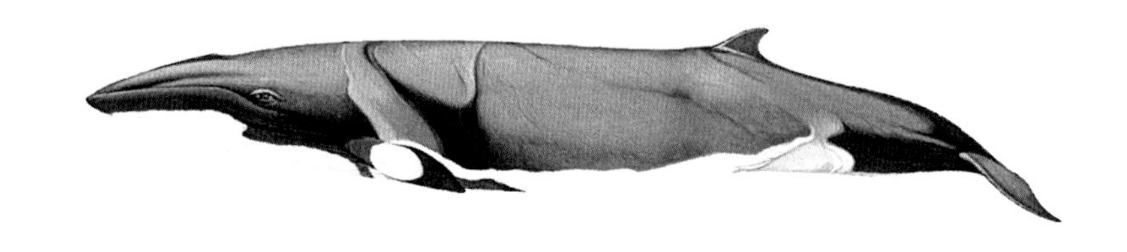

447. 塞鲸 *Balaenoptera borealis*

学　　名　*Balaenoptera borealis* Lesson，1828

曾用学名　*Balaenoptera arctica*，*Balaenoptera iwasi*，*Balaenoptera laticeps*

英 文 名　Sei whale，Rudolph’s rorqual

别　　名　鰛鲸，鳕鲸，北须鲸

分类地位　脊索动物门CHORDATA/哺乳纲MAMMALIA/鲸目CETACEA/须鲸科Balaenopteridae/须鲸属*Balaenoptera*

保护级别　国家一级；CITES附录Ⅰ

识别特征　雌性最大体长21m，雄性最大体长17.7m。头不甚尖，头长为体长的1/5 ~ 1/4，侧面观略呈拱形。体细长，胸鳍短。背鳍呈镰刀状，高度为25 ~ 61cm。腹面有不规则的白色斑纹，腹褶38 ~ 56条。上颚每侧包含300 ~ 380枚灰黑色的鲸须板，须板的细毛内部发白。背面、体侧及腹面的后部为深灰色，体上具浅灰或近乎白色的卵形疤痕。尾鳍较小，后缘近直线形，中央有缺刻。

生活习性　食性广，主食磷虾、桡足类，也摄食鲱等小型结群性鱼类以及头足类等。多单独或成对活动。

分布地区　除极地和热带地区外的所有海洋都可以发现。夏季在温带和亚极地区，冬季迁移到亚热带水域。国内分布于黄海、东海、南海及台湾海域。

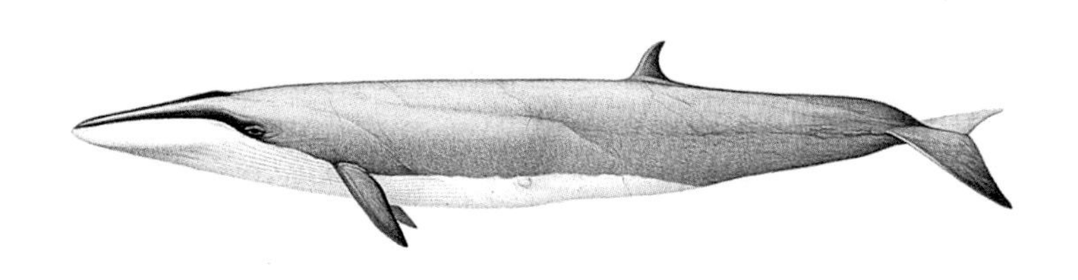

448. 布氏鲸 *Balaenoptera edeni*

学　　名 *Balaenoptera edeni* Anderson，1879

曾用学名 *Balaenoptera brydei*

英 文 名 Bryde's whale

别　　名 拟鳁鲸，鳁鲸，拟大须鲸，长褶须鲸，布鲸，南须鲸，白氏须鲸

分类地位 脊索动物门CHORDATA/哺乳纲MAMMALIA/鲸目CETACEA/须鲸科Balaenopteridae/须鲸属*Balaenoptera*

保护级别 国家一级；CITES附录Ⅰ

识别特征 包括两个亚种，体型差异大，大型布氏鲸体长可达15.5m，小型布氏鲸体长一般14m以下。身体细长，呈流线型，体前部较粗，头长而宽。头从喷水孔至吻部通常具3列平行的嵴，中央的主嵴线延伸到吻端。鲸须板灰色，具粗的深色须。体色蓝黑色，腹白色或淡黄色，背鳍尖，高达46cm，镰形，末端常尖，位于尾鳍缺刻前体长1/3处。鳍肢长，方形，末端尖。背鳍稍弯曲或钩状，而其他鳍短，窄且尖。尾鳍宽阔，外缘直，具浅的中央缺刻。褶沟40～70条，后达于或越过脐。

生活习性 杂食性，以鳀科鱼类、鳁鱼、鲐鱼、鲱鱼等鱼类及浮游性小甲壳类磷虾为食。多单独或两头一起游泳。潜水时间短。每隔2～3年产仔1次，妊娠期12个月，每次产1仔。在野外可以活50～70年，有记录的最老个体是72岁。

分布地区 我国黄海、东海、南海有记录。在太平洋、印度洋和大西洋中有发现，但最常见于热带和亚热带地区，冬天向赤道方向迁移。2018年在北海涠洲岛发现一个小型布氏鲸稳定种群。

449. 蓝鲸 *Balaenoptera musculus*

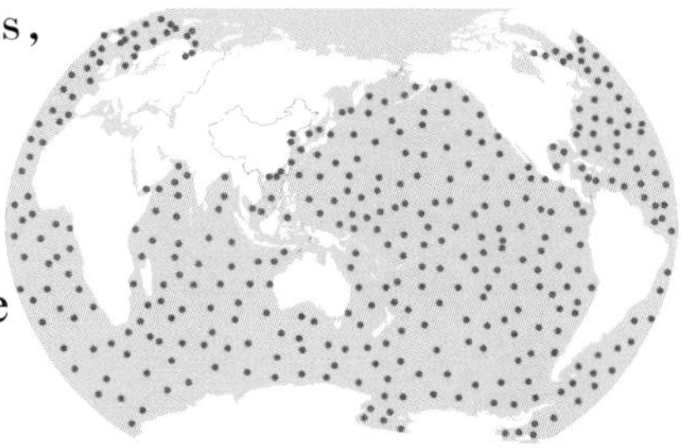

学　　名 *Balaenoptera musculus*（Linnaeus，1758）

曾用学名 *Balaena musculus*，*Balaenoptera jubartes*，*Balaena borealis*

英 文 名 Blue whale, Sulphurbottom whale

别　　名 蓝鳁鲸，剃刀鲸，白长须鲸，蓝须鲸

分类地位 脊索动物门CHORDATA/哺乳纲MAMMALIA/鲸目CETACEA/须鲸科Balaenopteridae/须鲸属*Balaenoptera*

保护级别 国家一级；CITES附录Ⅰ

识别特征 世界上已知体积最大的动物，雄性平均体长25m，重达120t；雌性平均体长27m，重达150t；最长者可达34m，重190t。身体巨大，头宽而扁平。身体背面十分宽阔。通体淡蓝灰色，杂以灰白色碎斑，腹部呈淡黄色。背鳍极小，靠近尾部，高度小于33cm，其形状变异从近乎三角形到中度镰刀形，位置在尾柄上。鳍肢细长而尖。尾鳍宽三角形，后缘具浅的缺刻或平滑。腹面从喉部到胸部有80～100条沿身体方向的褶沟，向后伸过脐部。每侧须板270～395枚。

生活习性 以浮游生物为食，特别是浮游生物甲壳类中的磷虾。每年有规律地进行南北洄游。其视力和嗅觉有限，但听力敏感。游泳时露出甚小的背鳍，在潜水时尾鳍露出水面以上。每隔2～3年产仔1次，妊娠期约12个月，每次产1仔。寿命为80～90年。

分布地区 我国黄海、南海曾有记录。广泛分布于全世界海域。

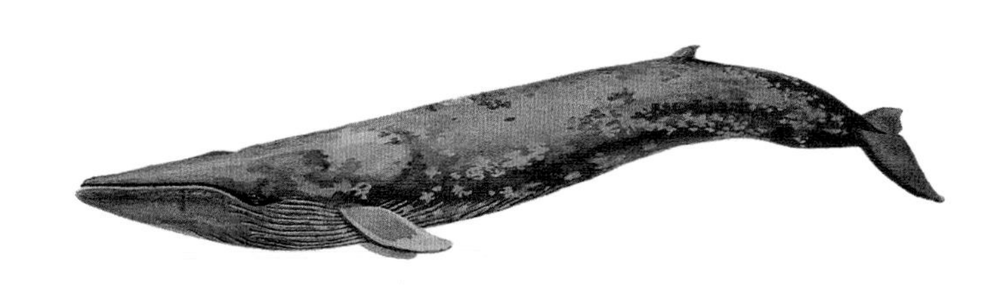

450. 大村鲸 *Balaenoptera omurai*

学　名 *Balaenoptera omurai* Wada，Oishi *et* Yamada，2003

曾用学名 无

英 文 名 Omura's whale，Pygmy Bryde's whale，Bryde's-like whale

别　名 无

分类地位 脊索动物门CHORDATA/哺乳纲MAMMALIA/鲸目CETACEA/须鲸科Balaenopteridae/须鲸属*Balaenoptera*

保护级别 国家一级；CITES附录 I

识别特征 背鳍小而坚硬，头部的表面并不完全光滑，但没有侧向脊。右下颌和腹沟为白色，左下颌为深色，而胸鳍背面为白色。2003年识别的新物种，以往与塞鲸混淆。

生活习性 有记录胃容物有甲壳类和鱼类，但无更详细记录。

分布地区 我国沿海地区（包括香港和台湾）偶有记录。国外分布于日本、东南亚（泰国、越南、马来西亚、菲律宾和印度尼西亚），以及所罗门群岛、南澳大利亚、西澳大利亚、科科斯群岛、斯里兰卡、波斯湾和红海（埃及）。所有记录均在北纬35°～南纬35°。

451. 长须鲸 *Balaenoptera physalus*

学　　名 *Balaenoptera physalus*（Linnaeus，1758）

曾用学名 *Balaena boops*，*Balaena physalus*，*Balaena mysticetus major*

英 文 名 Herring whale，Fin whale，Common rorqual，Common finback whale

别　　名 鳍鲸，长箕鲸，长皱鲸，长绩鲸

分类地位 脊索动物门CHORDATA/哺乳纲MAMMALIA/鲸目CETACEA/须鲸科Balaenopteridae/须鲸属*Balaenoptera*

保护级别 国家一级；CITES附录Ⅰ

识别特征 最大体长25.9m，体重达120t。眼小，下颌大。背鳍到尾部具明显的嵴。背鳍镰状，位于体后1/3处。鳍肢小而尖。尾鳍后缘直，有中央缺刻。背部黑色或棕灰色，腹部白色，头部后方背中有“V”形浅灰色带。左侧下颌为黑色，右侧下颌、下唇、腭部为白色。鳍肢和尾鳍的上方为黑色，下方为白色。腹面褶沟50～108条，后达于脐。左侧须板为白色，右侧须板前为黄白色，其余深蓝灰色。每侧须板260～480枚。

生活习性 以鲱、鳕幼鱼、秋刀鱼等小鱼和浮游性甲壳类为食，在南极海域喜食磷虾。多成群游动。每隔2～3年产仔1次，每次产1仔。

分布地区 我国渤海、黄海、东海、南海。它们生活在所有温带和极地深度超过200m的沿岸水域，而在热带海洋中较不常见。

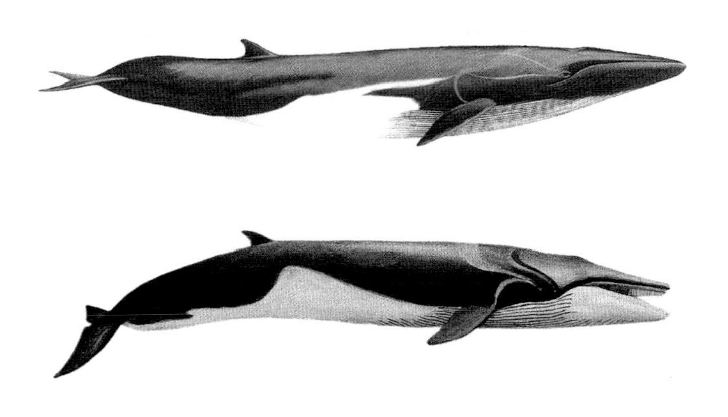

452. 大翅鲸 *Megaptera novaeangliae*

学　　名　*Megaptera novaeangliae*（Borowski，1781）

曾用学名　*Megaptera nodosa*，*Balaena longimana*

英 文 名　Bunch，Humpback whale，hunchbacked whale

别　　名　座头鲸，驼背鲸，锯臂鲸，子持鲸，长翅鲸，弓背鲸

分类地位　脊索动物门CHORDATA/哺乳纲MAMMALIA/鲸目CETACEA/须鲸科Balaenopteridae/座头鲸属*Megaptera*

保护级别　国家一级；CITES附录Ⅰ

识别特征　成体体长11～16m，最大18m，体重25～35t。体粗短，头长占体长的1/3，上颌广阔。由呼吸孔至吻端沿中央线，以及上下颌两侧有瘤状突起。背鳍小，位体后身长的2/3处。鳍肢非常大，约为体长的1/3，为鲸类中最大者，其前缘具有不规则的瘤状突。鳍上有15～20条沟，每条宽约15cm。尾叶较宽，呈扇形。腹面褶沟较少，14～35条，由下颌延伸达脐部。背部黑色，并有黑色斑纹，腹部黑色或白色。鳍肢上方白色部分多于黑色部分，下方白色。鲸须每侧有须板270～400枚，须板和须毛皆黑灰色。

生活习性　主食小甲壳类和群游性小型鱼类。成小群生活，游泳速度较慢。深潜水时露出巨大的尾鳍。有洄游习性。每隔2～3年产仔1次，每次产1仔。

分布地区　我国黄海、东海、南海。广泛分布于全世界海域。

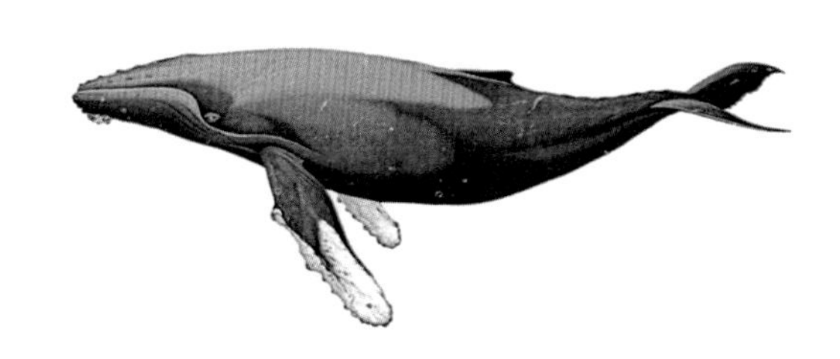

453. 海氏矮海豚 *Cephalorhynchus heavisidii*

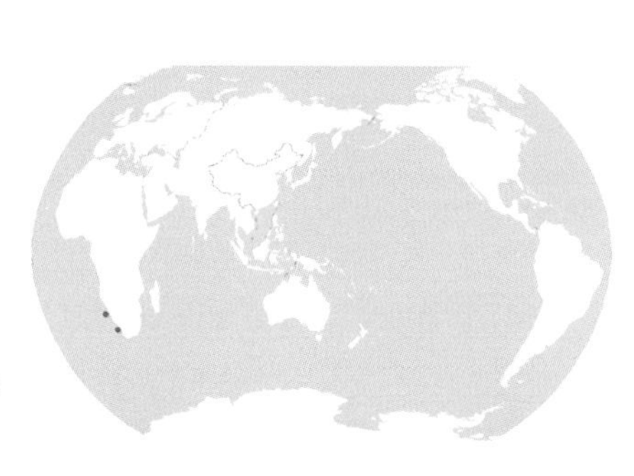

学　　名 *Cephalorhynchus heavisidii*（Gray，1828）

曾用学名 *Delphinus heavisidii*, *Grampus heavisidii*

英 文 名 Heaviside's dolphin，Benguela dolphin，South African dolphin

别　　名 虎鲸纹驼背豚，南非海豚，本格拉海豚

分类地位 脊索动物门CHORDATA/哺乳纲MAMMALIA/鲸目CETACEA/海豚科Delphinidae/黑白海豚属*Cephalorhynchus*

保护级别 国家二级（核准）；CITES附录Ⅱ

识别特征 成体体重通常为60～70kg，平均体长为1.74 m。侧面观，喙不明显，背部急剧隆起，状如伛偻。鳍肢和背鳍之间身体最粗。背鳍三角形，位于体中略后，上端尖，但不呈镰状后屈。鳍肢小，三角形，狭而尖，前缘弧形，尾鳍不太大，后缘中央分叉处有缺刻。鳍状肢的后方则有两个较小的菱形斑块。它们还具有深蓝黑条纹，从气孔延伸到斗篷。背部黑色，腰面胸至肛门间白色，体侧的花纹似虎鲸，唯眼后上方无白斑。下颌略前突于上颌。上、下颌每侧有齿25～30枚，齿小而尖。

生活习性 以乌贼和底栖鱼类为食，成群的可能性很小。性情胆怯，更详细的资料比较少。

分布地区 南半球水域，主要在南非西南沿岸海域。

454. 赫氏矮海豚 *Cephalorhynchus hectori*

学　名 *Cephalorhynchus hectori*（Van Bénéden，1881）

曾用学名 *Cephalorhynchus albifrons*，*Electra clancula*，*Electra hectori*

英 文 名 Hector's dolphin，New Zealand white-front dolphin，White-headed dolphin

别　名 驼背豚，新西兰（白头）海豚

分类地位 脊索动物门CHORDATA/哺乳纲MAMMALIA/鲸目CETACEA/海豚科Delphinidae/黑白海豚属*Cephalorhynchus*

保护级别 国家二级（核准）；CITES附录Ⅱ

识别特征 南岛海岸沿岸的成年雄性平均体长为1.25m，可长到1.44m；成年雌性平均体长为1.366m，可以长到1.53m。北岛的雄性可以长到1.46m，雌性可以长到1.625m。成体体重为50～60kg。头较长，喙比赫氏海豚前伸略长，与额部界限不清。前背部先急剧隆起，后向尾部渐低，状似驼背大麻哈鱼。背鳍小，上端钝，位于体中部。鳍肢前、后缘接近平行，末端圆。尾鳍较小，其宽小于体长的1/5。背黑，腹白。身体的花纹颇与赫氏海豚相似，但鳍肢处黑色区宽，其前方的白色区扩展至下颌。上、下颌每侧有齿30～32枚。

生活习性 以头足类、甲壳类、鲱鱼以及其他小型鱼类为食。常在近海岸区域活动。鲸群通常3～10头，偶有多达几百头。

分布地区 新西兰近海域。

455. 长喙真海豚 *Delphinus capensis*

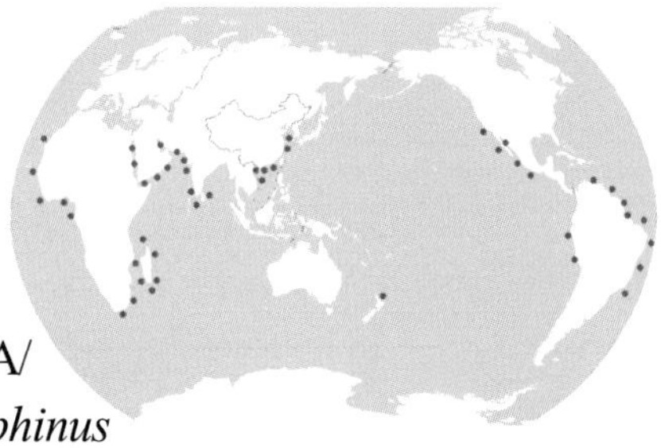

学　名 *Delphinus capensis* Gray，1828

曾用学名 *Delphinus delphis bairdii*

英 文 名 Long-beaked common dolphin

别　名 热带真海豚

分类地位 脊索动物门CHORDATA/哺乳纲MAMMALIA/鲸目CETACEA/海豚科Delphinidae/真海豚属*Delphinus*

保护级别 国家二级；CITES附录Ⅱ

识别特征 个体体长1.8～2.4m。雌性体型比雄性略小。背鳍呈三角形。喙比同属的其他物种都更长且更尖。体背面为黑色或深棕色，腹部为白色或米黄色。黑暗的条纹从下颌延伸达鳍肢。眼睛的黑色条纹延伸至喙。最独有的特征是其身体一侧的交叉图案，该图案划分了其背部和腹部的颜色。

生活习性 以小鱼（鲱鱼、沙丁鱼、凤尾鱼）、鱿鱼和章鱼为食。10年达到性成熟，妊娠通常持续10～12个月。通常1次产仔1只，但是有时会产2仔或3仔。

分布地区 我国黄海、东海和南海海域。国外分布于大西洋和太平洋，同时在墨西哥湾和红海中都大量分布。有时它们会沿着墨西哥湾一直活动到挪威水域。另外，在印度洋和日本附近的水域中发现了零散的种群。

456. 真海豚 *Delphinus delphis*

学　　名 *Delphinus delphis* Linnaeus，1758

曾用学名 *Delphinus capensis*

英 文 名 Common dolphin，
Saddleback dolphin

别　　名 普通海豚，海豚，短吻型真海豚

分类地位 脊索动物门CHORDATA/
哺乳纲MAMMALIA/鲸目CETACEA/
海豚科Delphinidae/真海豚属*Delphinus*

保护级别 国家二级；CITES附录Ⅱ

识别特征 雄性最大体长2.6m，雌性2.5m。体重一般75kg以下。体色复杂，具十字交叉状色斑。体背部黑色或蓝黑灰色，腹部白色，体侧由鳍肢至肛门的上方位有前后两个弧形浅色区，该两弧线在背鳍下方交叉，形成较深的“V”形黑色区，体侧前部黄土色或灰白色，尾侧部灰色。背鳍较高，近三角形或镰刀形，背鳍中央部分有三角形白斑。鳍肢镰状，末端尖。尾鳍宽大，缺刻深。

生活习性 以头足类和群游性鱼类为食。多成数十头至数百头的大群，活动敏捷，游泳时常跳出水面。每隔2～3年产仔1次，妊娠期10～11个月，每次产1仔。

分布地区 我国渤海、黄海、东海、南海。世界所有热带、亚热带和暖温海域，包括地中海和黑海都有分布。

457. 小虎鲸 *Feresa attenuata*

学　　名 *Feresa attenuata* Gray，1874

曾用学名 *Delphinus intermedius*，*Ferasa attenuate*，*Feresa intermedia*，*Grampus intermedius*，*Orca intermedia*

英 文 名 Slender blackfish，Pygmy killer whale，Feresa，Blackfish

别　　名 侏虎鲸，小逆戟鲸，倭圆头鲸

分类地位 脊索动物门CHORDATA/哺乳纲MAMMALIA/鲸目CETACEA/海豚科Delphinidae/小虎鲸属*Feresa*

保护级别 国家二级；CITES附录Ⅱ

识别特征 平均体长2.3m，平均体重150kg。体深灰黑色，有明显的腹部，不带喙的钝头，下颚弯曲。背鳍几乎位于身体的中央，鳍肢的尖端呈圆形，长度适中。下颌有11～13枚圆锥形大牙齿，上颌有8～11对牙齿。

生活习性 以头足类动物、大鱼、章鱼、鱿鱼和较小的鲸类动物为食。通常4～50头成群游泳，有时甚至超过百头。每次产1仔。

分布地区 我国东海的台湾海域沿岸。全球的温带、亚热带和热带深水区中都有发现。在夏威夷群岛附近的太平洋和南大西洋的温带水域中，记录最频繁。

458. 短肢领航鲸 *Globicephala macrorhynchus*

学　名 *Globicephala macrorhynchus* Gray，1846

曾用学名 *Globicephala sieboldii*，*Globicephala brachycephala*，*Globicephala chinensis*，*Globicephala indica*，*Globicephala macrorhyncha*，*Globicephala mela*，*Globicephala scammoni*

英 文 名 Southern blackfish，Short-finned pilot whale，Indian pilot whale，Bubble，North Pacific pilot whale

别　名 短鳍领航鲸

分类地位 脊索动物门CHORDATA/哺乳纲MAMMALIA/鲸目CETACEA/海豚科Delphinidae/领航鲸属*Globicephala*

保护级别 国家二级；CITES附录Ⅱ

识别特征 平均体长4～6 m，雄性比雌性大。喉咙和胸部带有类似灰白色的斑纹，背鳍周围有一个灰白色鞍形斑块，腹部有锚形斑块，有细长的鳍状肢。

生活习性 主要以头足类为食，也食小鱼。通常15～30头一起游泳，有时上百头。每7年产仔1次，妊娠期15个月，每次产1仔。

分布地区 我国东海（台湾附近海域）、南海（海南西沙群岛永乐礁）。国外分布于大西洋、太平洋和印度洋等热带和温带海洋中。

459. 里氏海豚 *Grampus griseus*

学　　名 *Grampus griseus*（G. Cuvier，1812）

曾用学名 *Delphinus aires*，*Delphinus rissoanus*，*Delphinus risso*

英 文 名 Risso's grampus，Grey grampus

别　　名 灰海豚，花纹鲸，纹身海豚，黎氏海豚

分类地位 脊索动物门CHORDATA/哺乳纲MAMMALIA/鲸目CETACEA/海豚科Delphinidae/灰海豚属*Grampus*

保护级别 国家二级；CITES附录Ⅱ

识别特征 雌雄体长相似，最大体长3.6～4.0m，体重近400kg；新生仔的身长为1.1～1.5m，平均体重为20kg。前额钝，具“V”形沟纹，无喙。成体布满卵形疤痕和擦痕。身体背鳍之前粗壮，背鳍之后较细。体色为浅灰色或褐色，幼时几乎全黑色，后随着年龄增长变浅。背鳍高而镰刀形，位于体中央。鳍状肢长而尖且弯曲，尾鳍中央缺刻深，尾鳍宽。上颚没有牙齿，下颚有2～7对尖钉状牙齿。

生活习性 主要以头足类和甲壳类为食，最喜食乌贼，也食鱼类。通常以10头至100头为群，也有数百头的大群，有时同其他种海豚混群，具远洋习性。

分布地区 我国黄海、东海、南海和台湾海域。世界所有温带、热带和亚热带的深水海域都有分布。

460. 弗氏海豚 *Lagenodelphis hosei*

学名 *Lagenodelphis hosei* Fraser，1956

曾用学名 无

英文名 Sarawak dolphin，Fraser's dolphin，Bornean dolphin

别名 沙捞越海豚

分类地位 脊索动物门CHORDATA/哺乳纲MAMMALIA/鲸目CETACEA/海豚科Delphinidae/弗海豚属*Lagenodelphis*

保护级别 国家二级；CITES附录Ⅱ

识别特征 雄性背鳍大于雌性背鳍。除了背鳍的大小和形状外，雌性和雄性之间没有其他的差异。

生活习性 主要以鱼类为食，也食鱿鱼、墨鱼和虾。有证据表明，它们更喜欢在250～500m的深度觅食，很少在水面觅食。几乎全年繁殖，夏季可能会达到顶峰。妊娠期约为11个月。雌性、雄性的性成熟时间约为7年。

分布地区 我国东海、台湾、广东、香港。在印度洋、太平洋、大西洋仅分布于热带和亚热带水域。

461. 太平洋斑纹海豚 *Lagenorhynchus obliquidens*

学　名 *Lagenorhynchus obliquidens* Gill, 1865

曾用学名 *Delphinus longidens*, *Lagenorhynchus longidens*, *Lagenorhynchus ognevi*

英文名 Pacific white-sided dolphin, Gill's dolphin

别　名 太平洋短吻海豚，镰鳍海豚，镰鳍斑纹海豚，短吻海豚

分类地位 脊索动物门CHORDATA/哺乳纲MAMMALIA/鲸目CETACEA/海豚科Delphinidae/斑纹海豚属*Lagenorhynchus*

保护级别 国家二级；CITES附录Ⅱ

识别特征 体长1.7～2.5m，平均2.0m。雄性可达2.5m，而雌性仅为2.3m。成体体重135～180kg，雄性体重可达200kg。幼仔体长为0.90～1.05m，重约15kg。体形粗壮，喙粗短，色深，与头部分界明显。背鳍高，前缘色深、后缘色浅，向后钩曲。尾鳍后缘略凹，中央缺刻较小，末端尖。沿体侧的上部具白色或浅灰色的背带。鳍肢上面有一浅区向前伸延至下颌。背鳍和鳍状肢有明显的浅灰色条纹。体背面黑色，体侧浅灰色，腹面白色，喙、唇和眼均为黑色，脸白色，鳍肢和尾鳍黑色。

生活习性 主要以小型集群性鱼类和乌贼为食。高度群集性，多成数十头至数百头的大群，摄食时分成小群，休息或移动时又汇集成大群。性活泼，游泳速度快，常跃出水面。

分布地区 我国东海和南海有发现。国外主要分布于北太平洋以及相邻的温带水域。

462. 伊洛瓦底江豚 *Orcaella brevirostris*

学　　名 *Orcaella brevirostris*（Owen in Gray，1866）

曾用学名 *Orca*（*Orcaella*）*brevirostris*，*Orcaella brevirostris brevirostris*，*Orcaella brevirostris fluminalis*，*Orcaella fluminalis*

英 文 名 Snubfin dolphin，Larger Indian porpoise，Irrawaddy dolphin，Irawadi dolphin，Dolphin of the Irawadi

别　　名 无

分类地位 脊索动物门CHORDATA/哺乳纲MAMMALIA/鲸目CETACEA/海豚科Delphinidae/伊豚属*Orcaella*

保护级别 国家二级（核准）；CITES附录 I

识别特征 体长1.46～2.75m，体重114～143kg，雄性的体长和体重均大于雌性。缺乏喙，脖子柔软；头部突出，前额延伸到嘴部，宽阔的三角形桨状胸鳍，小的三角形背鳍大约占身体长度的2/3。皮肤的颜色从蓝色到灰色，上颚和下颚都有狭长的尖牙，像钉子一样，大约1cm长。

生活习性 以鱼类、头足类动物和甲壳类动物为食。通常3～6头一起游泳。潜水时间长，可达6分钟。每隔3年产仔1次，妊娠期9个月，每次产1仔。

分布地区 东南亚沿海水域不连续分布。

463. 矮鳍海豚 *Orcaella heinsohni*

学　　名 *Orcaella heinsohni* Beasley，Robertson *et* Arnold，2005

曾用学名 *Orcaella brevirostris*

英 文 名 Australian snubfin dolphin

别　　名 无

分类地位 脊索动物门CHORDATA/哺乳纲MAMMALIA/鲸目CETACEA/海豚科Delphinidae/伊豚属*Orcaella*

保护级别 国家二级（核准）；CITES附录Ⅰ

识别特征 体长2.1～2.3m，体重114～133kg。体灰色、蓝灰色，腹白色。身体呈纺锤形，头部呈圆形，高度灵活，背鳍较小。背鳍呈新月形，高9.59cm。它们的鳍占身体长度的16%，前缘平滑弯曲。矮鳍海豚表现出同形齿，右上角有20枚牙齿，左上角有22枚，右下角有18枚，左下角有19枚。有3块听小骨和鼻骨，颞窝高度为61.2mm，翼状体深度为19.4～31.2mm。

生活习性 以各种鱼类和无脊椎动物为食，包括凤尾鱼、沙丁鱼、鳗鱼、大比目鱼、鲷鱼和其他等足类动物，偶尔食十足类甲壳动物和等足类动物。小团体觅食。妊娠期14个月，每次产1仔。可以存活超过20年，但一般不能活过28岁。

分布地区 北至印度尼西亚的马诺夸里，南至澳大利亚的布里斯班河。

464. 虎鲸 *Orcinus orca*

学　　名　*Orcinus orca*（Linnaeus，1758）

曾用学名　*Orcinus glacialis*, *Delphinus orca*, *Delphinus serra*

英 文 名　Killer whale

别　　名　逆戟鲸，恶鲸，杀人鲸

分类地位　脊索动物门CHORDATA/哺乳纲MAMMALIA/鲸目CETACEA/海豚科Delphinidae/虎鲸属*Orcinus*

保护级别　国家二级；CITES附录Ⅱ

识别特征　雄性最大体长9.5m，体重10.5t；雌性最大体长8.5m，重7t。背鳍极高而宽，雌性为镰刀形，雄性为三角形。鳍肢宽。背面与体侧亮黑色，腹面白色，双眼的后上方具白色卵形眼斑，喉斑向后待续至肛门形成三块白斑。鳍肢下面、颏和喉部白色。喙不明显。具直的口线和圆锥形的吻部。身体向前逐渐变细。

生活习性　主食乌贼和鱼类，也以海豚 、海狗、海狮及海豹类为食，甚至袭击大型鲸类。通常成2 ~ 10头的小群活动，数头排在一起游泳，也有30 ~ 40头的群体出现。游泳的速度很快，有时整个躯体跃出水面。每隔4 ~ 7年产仔1次，妊娠期12 ~ 18个月，每次产1仔。

分布地区　我国渤海、黄海、东海、南海、台湾海域有发现。广泛分布于所有海洋，其中距大陆800km以内的海域分布最为丰富。

465. 瓜头鲸 *Peponocephala electra*

学　　名 *Peponocephala electra*（Gray，1846）

曾用学名 *Delphinus fusiformis*，*Delphinus pectoralis*，*Electra asia*，*Electra electra*，*Electra fusiformis*

英 文 名 Melon-headed whale，Electra dolphin，Melon-headed dolphin，Many-toothed blackfish，Indian broad-beaked dolphin，Hawaiian blackfish

别　　名 无

分类地位 脊索动物门CHORDATA/哺乳纲MAMMALIA/鲸目CETACEA/海豚科Delphinidae/瓜头鲸属*Peponocephala*

保护级别 国家二级；CITES附录Ⅱ

识别特征 体色大多为深灰色，背侧头部的颜色逐渐变暗，呈暗灰色。有明显的黑眼斑，上下嘴唇通常白色，喉部常见白色或浅灰色区域。瓜头鲸的形状像鱼雷，大小类似于侏儒虎鲸。头部呈圆锥形，头部狭窄且逐渐变细，没有明显的喙。鳍肢相对较长，约为体长的1/5。上颌有20 ~ 25枚牙齿，牙齿小而细长。雄性和雌性平均体长2.6m。平均重量为228kg。

生活习性 通常以乌贼和小鱼为食。雌性和雄性都在4岁时达到性成熟，妊娠期约为12个月。

分布地区 我国东海和南海。国外分布于北纬40° ~ 南纬30°的热带和亚热带海洋水域中。

466. 伪虎鲸 *Pseudorca crassidens*

学　　名 *Pseudorca crassidens*（Owen，1846）

曾用学名 *Phocaena crassidens*，*Orca crassidens*，*Globicephalus grayi*

英 文 名 False killer whale

别　　名 拟虎鲸，拟逆戟鲸

分类地位 脊索动物门CHORDATA/哺乳纲MAMMALIA/鲸目CETACEA/海豚科Delphinidae/伪虎鲸属*Pseudorca*

保护级别 国家二级；CITES附录Ⅱ

识别特征 最大体长6.1m，平均体重1.4t；体细长，通体黑色，在鳍肢之间有灰色区。鳍肢窄，其前缘中部具一隆起。背鳍高，镰刀形，位于体中央；尾鳍大，后缘凹，具中央缺刻，鳍板末端尖；头小，向吻端逐渐变细。额圆而突出，无喙。嘴长，具向上弯的口线。下颌短于上颌。雄性略大于雌性。

生活习性 主要以乌贼和鱼类为食，也攻击小型鲸类。通常结成10余头或数十头的群，也有数百头的大群，游泳时常全身跃出水面。具远洋习性。妊娠期11～15.5个月，每次产1仔。

分布地区 我国渤海、黄海、东海和南海。国外分布于暖温带到热带的近海深水域。

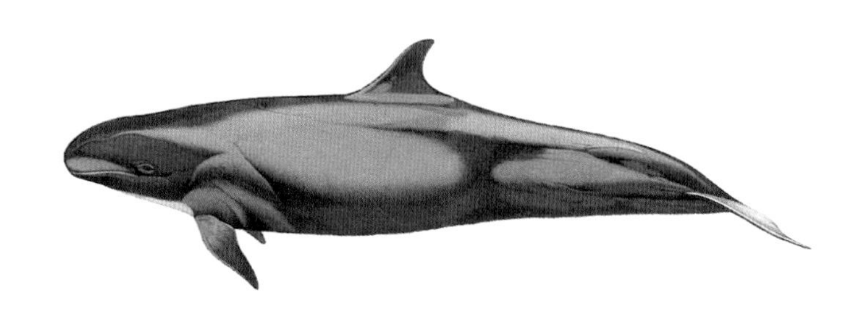

467. 土库驼海豚 *Sotalia fluviatilis*

学　　名 *Sotalia fluviatilis*（Gervais *et* Deville in Gervais，1853）

曾用学名 *Steno brasiliensis*，*Steno fluviatilis*

英 文 名 Tucuxi，River（Estuarine，Amazonian Guiana white）dolphin，Tookashee，Grey dolphin，Estuarine dolphin

别　　名 灰海豚，侏型海豚，河喙豚，河栖吻海豚，亚马孙河灰海豚，圭亚那河灰海豚

分类地位 脊索动物门CHORDATA/哺乳纲MAMMALIA/鲸目CETACEA/海豚科Delphinidae/驼海豚属*Sotalia*

保护级别 国家二级（核准）；CITES附录Ⅰ

识别特征 体长0.86～2.06m，平均体重55kg。体型较小，喙较短。背部蓝色至珍珠灰，腹部白色至淡粉色。背鳍呈明显的三角形，有时勾向尾鳍。成体有28～35枚牙齿。

生活习性 主要捕食小型集群性鱼类，包括鱿鱼和章鱼。通常1～6头集成一群，很少超过9头。妊娠期10～11.6个月，每次产1仔。

分布地区 亚马孙河和奥里诺科盆地。被认为是南美这一地区独有的物种。

468. 圭亚那驼海豚 *Sotalia guianensis*

学　　名 *Sotalia guianensis*（Van Bénéden, 1864）

曾用学名 *Delphinus*（*Sotalia*）*guianensis*, *Delphinus guianensis*, *Sotalia brasiliensis*, *Sotalia fluviatilis guianensis*

英 文 名 Guiana dolphin

别　　名 无

分类地位 脊索动物门CHORDATA/哺乳纲MAMMALIA/鲸目CETACEA/海豚科Delphinidae/驼海豚属*Sotalia*

保护级别 国家二级（核准）；CITES附录Ⅰ

识别特征 雄性在6~7岁时达到性成熟，体长1.70 ~ 1.80m。雌性在5 ~ 7岁时性成熟，体长1.60~1.69m。幼仔出生时体长0.92 ~ 1.06m。生殖间隔可能长达三年零九个月。观察到的最大年龄为雄性29岁，雌性30岁。

生活习性 首选栖息地似乎是河口、海湾和其他浅水或避风的沿海水域。食海洋和河口的鱼类，如底栖和远洋鱼类；也食浅海头足类动物，还捕食对虾和螃蟹。全年繁殖，妊娠期11 ~ 12个月。

分布地区 中美洲、南美洲北岸和东岸海域。

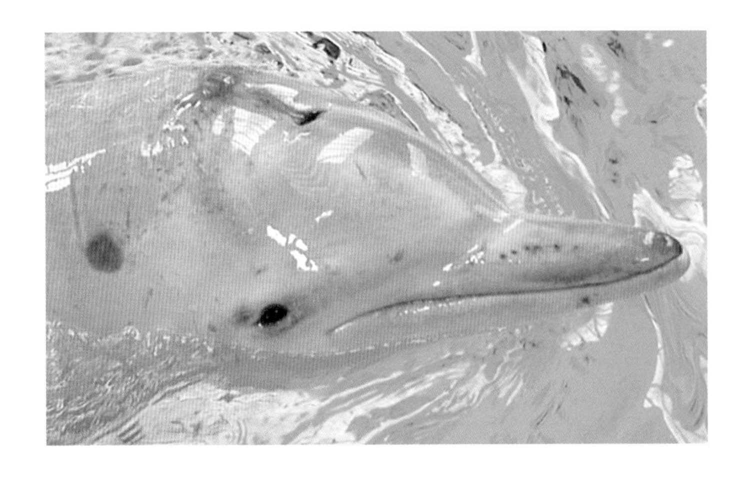

469. 中华白海豚 *Sousa chinensis*

学　　名 *Sousa chinensis*（Osbeck，1765）

曾用学名 *Delphinus chinensis*，*Delphinus sinensis*，*Steno lentiginosus*

英 文 名 Indo-Pacific humpback dolphin，Indo-Pacific hump-backed dolphin，Chinese white dolphin

别　　名 太平洋驼海豚，妈祖鱼，白牛

分类地位 脊索动物门CHORDATA/哺乳纲MAMMALIA/鲸目CETACEA/海豚科Delphinidae/白海豚属*Sousa*

保护级别 国家一级；CITES附录Ⅰ

识别特征 最大体长2.8m，体重285kg。背鳍不高，呈三角形或镰刀形，位于背中央，成体背脊隆起或不隆起。喙长，口线直。头似宽吻海豚，但额部隆起较小。身体粗壮。体色和斑点随发育阶段变化，幼仔深灰色无斑，少年灰色无斑，青年和亚成年灰粉红色多斑，成年及老年粉色少斑。

生活习性 栖息于岸边水较浅的地方，主要以鱼类为食，尤其是鲻科和石首鱼科鱼类，也食虾、乌贼等。一般单独或数头一起游动，偶有聚集几十头的大群。多在3～6月繁殖，每次产1仔。

分布地区 我国福建宁德以南近岸水域，不连续分布。国外分布于东南亚、孟加拉湾、印度东部的奥里萨邦海岸。

470. 印度洋白海豚 *Sousa plumbea*

学　　名　*Sousa plumbea*（G. Cuvier，1829）

曾用学名　*Delphinus*（*Steno*）*lentiginosus*，*Delphinus plumbeus*，*Sotalia fergusoni*，*Sotalia lentiginosa*

英 文 名　Indian ocean humpback dolphin

别　　名　无

分类地位　脊索动物门CHORDATA/哺乳纲MAMMALIA/鲸目CETACEA/海豚科Delphinidae/白海豚属*Sousa*

保护级别　国家二级（核准）；CITES附录Ⅰ

识别特征　体长2.0～2.2m，重达240kg。喙中等长，下颌前端略超出上颌，喙与额隆间没有深的凹痕为界。背鳍基部形成长而厚的驼峰，上有镰刀形的小背鳍。鳍肢宽，梢端圆。尾叶宽，具圆的梢端，后缘中央的缺刻部形成一对相互交叠的弧形瓣。尾柄具发达的背脊和腹脊。体呈铅灰色，腹面色淡。

生活习性　主要食物包括鲻鱼和其他鱼类，以及甲壳类、鱿鱼、章鱼和墨鱼等。雌性在9～10岁时达到性成熟。

分布地区　从南非到印度的印度洋海岸均有分布。

471. 澳大利亚白海豚 *Sousa sahulensis*

学　　名 *Sousa sahulensis* Jefferson *et* Rosenbaum，2014

曾用学名 无

英 文 名 Australian humpback dolphin

别　　名 无

分类地位 脊索动物门CHORDATA/哺乳纲MAMMALIA/鲸目CETACEA/海豚科Delphinidae/白海豚属*Sousa*

保护级别 国家二级（核准）；CITES附录 I

识别特征 背鳍低而呈三角形。体长2.7m左右时，体重可达250kg。体色大多是灰色，腹部较轻，被一个边缘模糊的对角“披肩”隔开。幼体的肤色比成年的要深，喙、前额和背鳍随着年龄的增长而变白。喙长而圆柱形，每排有31 ~ 35枚牙齿。尾巴大，鳍状肢短而圆。

生活习性 主要以沿海和河口水域的鱼类为食，包括底栖鱼类（如石鲈、齿鲷、黄鱼、平头鱼和鳕鱼）以及远洋鱼类（如红鱼、凤尾鱼、假鳀鱼和梭鱼）。

分布地区 澳大利亚、巴布亚新几内亚、印度尼西亚。

472. 大西洋白海豚 *Sousa teuszii*

学　　名 *Sousa teuszii*（Kükenthal，1892）

曾用学名 *Sotalia teuszii*

英 文 名 Atlantic humpback dolphin

别　　名 灰白海豚，大西洋驼海豚，西非海豚

分类地位 脊索动物门CHORDATA/哺乳纲MAMMALIA/鲸目CETACEA/海豚科Delphinidae/白海豚属*Sousa*

保护级别 国家二级（核准）；CITES附录Ⅰ

识别特征 体长2.0～2.8m，成体体重一般100～150kg，最大体重可达284kg。体型粗壮，背鳍位于背部嵴的突出部，该嵴向后降低连到尾鳍，腹面嵴发达。喙长，口线直。喙、额间有“V”形沟。头似宽吻海豚，但额部隆起较小，喙明显较长。具有平斜的额部和细长的喙。眼黑色，体色变异大，但基本上为灰色。体上部深灰色，体下部渐淡。沿腹侧表面有一些较浅的斑点标记。

生活习性 主要栖息于西非海岸的热带海域，常2～10头成群。主要以鱼类为食，包括鲻鱼和沙丁鱼，其他猎物包括乌贼和甲壳类动物。通常游泳较慢，可与其他海豚混泳。

分布地区 西非沿岸，南起安哥拉，北到摩洛哥中部的暖水海域。

473. 热带点斑原海豚 *Stenella attenuata*

学　　名 *Stenella attenuata*（Gray，1846）

曾用学名 *Clymene punctata*，*Clymenia capensis*，*Delphinus albirostratus*，*Delphinus brevimanus*

英 文 名 Pantropical spotted dolphin，Spotter，Spotted porpoise，Spotted dolphin，Slender-beaked dolphin，Slender dolphin，Narrow-snouted dolphin，Kiko（夏威夷），Graffman's dolphin，Cape dolphin

别　　名 无

分类地位 脊索动物门CHORDATA/哺乳纲MAMMALIA/鲸目CETACEA/海豚科Delphinidae/原海豚属*Stenella*

保护级别 国家二级；CITES附录Ⅱ

识别特征 背表面深灰色，覆盖较浅的斑点；腹部较浅，覆盖黑色斑点。明亮的白色鼻子为另一显著特征；上下颚两侧各有29～37枚小而圆的牙齿。雄性身体比雌性长，但雌性具更长的喙，有胸鳍（两侧）、背鳍（背部中央）和尾鳍。用于呼吸和交流的气孔位于头顶。

生活习性 群居动物，以鱼类、等足类和翼足类动物为食。终年繁殖，每胎1仔，性成熟年龄10～11岁。

分布地区 我国东海（福建、广东、台湾东岸海区）、南海（广西钦州、香港）。国外分布于大西洋、印度洋和太平洋的热带、亚热带海域。

474. 条纹原海豚 *Stenella coeruleoalba*

学　　名 *Stenella coeruleoalba*（Meyen，1833）

曾用学名 *Delphinus coeruleoalbus*，*Delphinus styx*

英 文 名 Striped dolphin，Euphrosyne dolphin，Blue-white dolphin

别　　名 条纹海豚，蓝白原海豚

分类地位 脊索动物门CHORDATA/哺乳纲MAMMALIA/鲸目CETACEA/海豚科Delphinidae/原海豚属*Stenella*

保护级别 国家二级；CITES附录Ⅱ

识别特征 最大体长2.7m，体重约150kg。身体细长，呈流线型。黑色条纹从眼穿过体侧到达肛门。“V”形肩斑显著而界线分明，从眼区后转而向上扩展。体色独特，背面浅灰色到深灰色或蓝灰色，体侧浅灰色，腹面白色。背鳍中等大小，镰刀形，位于体中央。鳍肢末端尖，向后屈。尾鳍后缘略凹，中央缺刻浅，末端尖。尾柄具很强的脊。

生活习性 以群游性鱼类如头足类、甲鱼类、硬骨鱼类为食。具远洋生活习性。多成数十头至数百头的集群活动，也有上千头的群。游泳速度快，游泳中常跃出水面，喜跟随船只。雌性通常有4年的产仔间隔，繁殖期有夏季和冬季两个高峰，妊娠期12～13个月，每次产1仔。

分布地区 我国东海和南海。国外广泛分布于包括地中海在内的热带、亚热带和暖温带海域。

475. 大西洋斑海豚 *Stenella frontalis*

学　　名 *Stenella frontalis*（G. Cuvier，1829）

曾用学名 *Stenella plagiodon*，*Stenella pernettensis*

英 文 名 （Atlantic）Spotted dolphin，Bridled dolphin

别　　名 副喙豚，古氏喙豚，辔海豚，斑点原海豚

分类地位 脊索动物门CHORDATA/哺乳纲MAMMALIA/鲸目CETACEA/海豚科Delphinidae/原海豚属*Stenella*

保护级别 国家二级（核准）；CITES附录Ⅱ

识别特征 体长1.66 ~ 2.29m。体呈纺锤形。喙不太长。背鳍三角形，后缘凹入呈镰状，位于体中部。鳍肢较大，三角形，末端尖。尾鳍宽为体长的1/5左右。背黑、腹白，由背向腹体色渐淡，体侧与喉部灰色，喙黑色，下颌略淡。眼周围有黑环。背鳍及尾鳍黑色，鳍肢上面黑色，下面尖端部黑色，向基部渐成灰色。全身颇多不规则的小斑点，背部的黑色区有灰斑，腹面的白色区有黑斑。鳍肢5趾。

生活习性 以中上层鱼类、鱿鱼以及底栖无脊椎动物为食。孕期10 ~ 11个月，出生后9 ~ 12年性成熟。

分布地区 大西洋的热带及温带海域。

476. 飞旋原海豚 *Stenella longirostris*

学　　名 *Stenella longirostris*（Gray，1828）

曾用学名 *Delphinus longirostris*，*Delphinus alope*，*Delphinus microps*

英 文 名 Spinner dolphin，Long-snouted dolphin，Long-beaked dolphin

别　　名 长鼻海豚，长吻原海豚

分类地位 脊索动物门CHORDATA/哺乳纲MAMMALIA/鲸目CETACEA/海豚科Delphinidae/原海豚属*Stenella*

保护级别 国家二级；CITES附录Ⅱ

识别特征 该物种与其他鲸目物种相比，体型较小。身体呈鱼雷形，但不规则。背鳍的形状呈三角形，具有3层皮肤颜色，有深灰色背部、浅灰色侧部和白色腹部，成年雌性体长1.39～2.04m，成年雄性体长1.60～2.08m。体灰色，生殖器和轴线周围有白色斑块。嘴相对较长，成年雌性和雄性在外貌上存在一些差异。在雌性中，身体的后部更长，周长更小。

生活习性 以海洋中上层鱼类，如灯笼鱼、鱿鱼、甲壳类为食。每隔3年产仔1次，妊娠期约为10.6个月，新生仔的平均长度为77.0cm。

分布地区 我国东海（福建、台湾、台湾东岸海区）、南海（广西海区）。国外分布于太平洋、大西洋、印度洋的热带和亚热带海域。

477. 糙齿海豚 *Steno bredanensis*

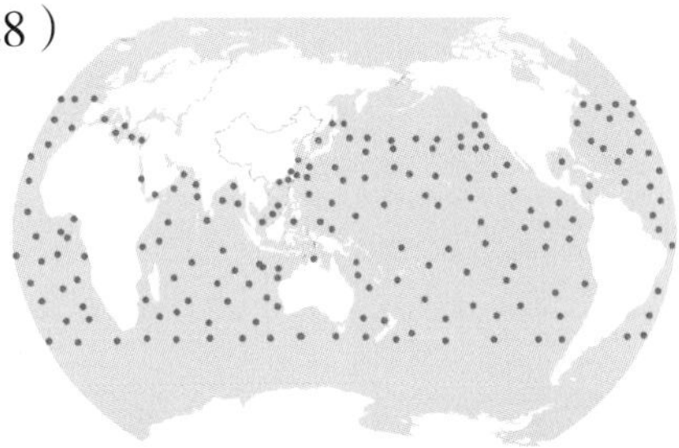

学　　名　*Steno bredanensis*（Lesson，1828）

曾用学名　*Delphinorhynchus bredanensis*，*Delphinus*（*Steno*）*perspicillat*，*Delphinus chamissonis*，*Delphinus compressus*

英 文 名　Rough-toothed dolphin，Steno，Black porpoise

别　　名　糙齿长吻海豚

分类地位　脊索动物门CHORDATA/哺乳纲MAMMALIA/鲸目CETACEA/海豚科Delphinidae/糙齿海豚属*Steno*

保护级别　国家二级；CITES附录Ⅱ

识别特征　成体平均体长2.00～2.65m，重90～160kg；具长喙，喙双色，上颚为蓝色和灰色，下颚为浅粉红色和白色；身体深灰色，侧面有白色或浅色斑点，腹部、嘴唇和下颌部分为白色。

生活习性　食物主要为头足类、鱼类，包括银鱼、锯鳐、针带鱼、鲯鳅和乌贼。常见于温带水域，温暖季节可见于25℃的海面，而在寒冷季节17～24℃海水中也可发现；野外糙齿海豚生殖系统的信息量少，雌性在9～10岁达性成熟，其体长为212～217cm，重101～108kg。雄性在5～10岁时达到性成熟，其体长约为216cm，重92～102kg。

分布地区　我国东海（上海、福建、台湾）、南海。国外广泛分布于热带、亚热带和温带海域。

478. 印太瓶鼻海豚 *Tursiops aduncus*

学　　名 *Tursiops aduncus*（Ehrenberg, 1833）
曾用学名 *Delphinus aduncus*
英 文 名 Indo-Pacific bottlenose dolphin
别　　名 南宽吻海豚，南瓶鼻海豚
分类地位 脊索动物门CHORDATA/哺乳纲MAMMALIA/鲸目CETACEA/海豚科Delphinidae/瓶鼻海豚属*Tursiops*
保护级别 国家二级；CITES附录Ⅱ
识别特征 身体呈纺锤状，有背鳍和喙。背面为石板蓝色或深灰色，脚蹼和四肢颜色较深，下侧颜色较浅，通常为粉红色。样式和腹部斑点随年龄和地埋位置的不同而不同。成年海豚的头和身体的长度为175～400cm，胸鳍的长度约为23cm，尾部可达到60cm。重约230kg。体型较小，头较小，鳍肢也比宽吻海豚大。
生活习性 生活在海岸附近水深小于300m的浅水中，一些印太瓶鼻海豚的栖息地是河口。主要以硬骨鱼为食，包括头足类动物，猎食时每分钟多次浅潜，常发生在上午和下午。每隔3～6年产仔1次，妊娠期12个月，每次产1仔。
分布地区 我国东海和南海。国外分布于非洲东部、印度洋北部、东南亚至澳大利亚海岸，以及朝鲜半岛南部、日本西南海岸。

479. 瓶鼻海豚 *Tursiops truncatus*

学　　名 *Tursiops truncatus*（Montagu，1821）
曾用学名 *Delphinus truncatus*，*Tursiops gillii*
英 文 名 Bottlenose dolphin
别　　名 宽吻海豚，尖嘴海豚
分类地位 脊索动物门CHORDATA/哺乳纲MAMMALIA/鲸目CETACEA/海豚科Delphinidae/瓶鼻海豚属*Tursiops*
保护级别 国家二级；CITES附录Ⅱ
识别特征 平均体长2.9m，最大可达3.9m。具粗短的喙，喙与头之间有一折痕。体色背部深灰色，腹面浅灰色。背鳍中等高度，镰刀形，基部宽，位于身体中央。鳍肢中等长度，末端尖。尾鳍后缘凹形，具深的中央缺刻。
生活习性 主要以群栖性鱼类、鱿鱼和甲壳类动物（如螃蟹和虾）为食。群的大小一般小于20头，但也可多达数百头。性活泼，常跃出水面1～2m高，往往组成小群与伪虎鲸群混游。每3～6年产仔1次，妊娠期12个月，每次产1仔。
分布地区 我国渤海、黄海、东海和南海。国外广泛分布于大西洋、太平洋和印度洋热带、亚热带和暖温带的大部分海域，包括地中海和黑海。

480. 灰鲸 *Eschrichtius robustus*

学　　名 *Eschrichtius robustus*（Lilljeborg，1861）

曾用学名 *Eschrichtius gibbosus*，*Eschrichtius glaucus*，*Rhachianectes glaucus*，*Agaphelus glaucus*

英 文 名 Gray whale，Grey whale，California gray whale，Grey back whale

别　　名 克鲸，腹沟鲸，儿鲸，仔鲸

分类地位 脊索动物门CHORDATA/哺乳纲MAMMALIA/鲸目CETACEA/灰鲸科Eschrichtiidae/灰鲸属*Eschrichtius*

保护级别 国家一级；CITES附录Ⅰ

识别特征 成年雌性体型比雄性稍大，雌性体长11.7～15.2m，雄性体长11.1～14.3m。体重一般20～37t。体较细长，头窄，背面呈三角状，从侧面观上轮廓线为弓形。胸部有2～4条纵沟，无褶沟。无背鳍，但紧接在低矮的背隆起之后，沿着尾柄嵴有6～12个小的峰状突。体色为斑驳的灰色。体背面覆盖着藤壶和鲸虱的斑块。具有较小的桨状鳍状肢，边缘弧形，末端尖。尾鳍中间有一深的缺口，且尾鳍宽，超过3m。上颌每侧须板有140～180枚。

生活习性 是迁徙动物，依赖各种沿海生境。在底部呈泥泞或沙质的浅水域觅食，食物为浮游甲壳类和小型群鱼。通常2～3头一起栖游，深潜时尾鳍露出水面以上。每年进行有规律的南北洄游。每隔2～3年产仔1次，每次产1仔。

分布地区 我国黄海、东海和南海（极少，近年仅在平潭发现一例死亡个体）。国外主要分布于北太平洋的东部和西部。

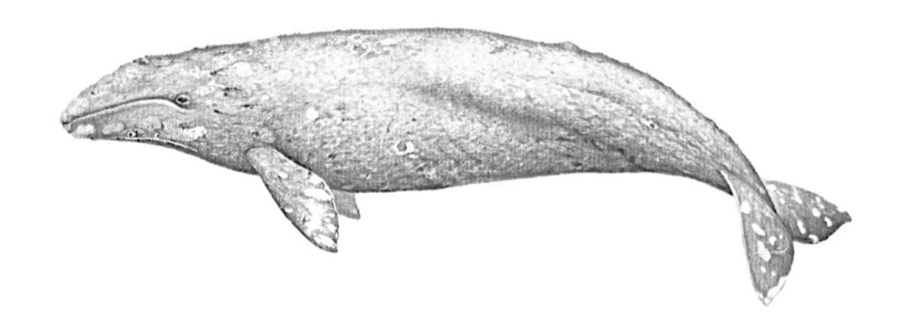

481. 小抹香鲸 *Kogia breviceps*

学　　名 *Kogia breviceps*（Blainville，1838）

曾用学名 *Cogia breviceps*，*Euphisetes pottsi*，*Euphysetes grayii*，*Euphysetes macleayi*

英 文 名 Pygmy sperm whale

别　　名 侏抹香鲸

分类地位 脊索动物门CHORDATA/哺乳纲MAMMALIA/鲸目CETACEA/小抹香鲸科Kogiidae/小抹香鲸属*Kogia*

保护级别 国家二级；CITES附录Ⅱ

识别特征 小型鲸类，平均体长约3m，出生时重约55kg。鼻子和头部大约占身体长度的15%。头部呈圆锥形，下颚突出，鳍状肢短而宽，背鳍小而弯曲。头骨宽阔呈三角形。两侧各有12～16枚牙齿，其气孔向左稍微移位。体色偏灰，带有明显的粉红色。在水里它们通常看起来是紫色的，腹部呈浅灰色。

生活习性 主要以鱿鱼、虾、鱼和蟹为食，更喜欢在深水觅食，平均寿命17年。雌雄交配通常在夏季进行，妊娠期约为9个月，每次产1仔。

分布地区 我国台湾、广东海域。国外分布于印度洋、大西洋、太平洋等海域，主要集中于较温暖的海域。

482. 侏抹香鲸 *Kogia sima*

学　　名 *Kogia sima*（Owen，1866）

曾用学名 *Kogia simus*

英 文 名 Dwarf sperm whale

别　　名 拟小抹香鲸，倭抹香鲸

分类地位 脊索动物门CHORDATA/
哺乳纲MAMMALIA/
鲸目CETACEA/
小抹香鲸科Kogiidae/小抹香鲸属*Kogia*

保护级别 国家二级；CITES附录Ⅱ

识别特征 体长为2.1～2.7m，但很少超过2.5m，体重135～270kg。体背面蓝灰色，侧面为较浅灰色，腹面暗白色或带一些粉红色。镰刀形背鳍位于背中点，可以用来区分个别鲸鱼。头部方形，约为身体长度的1/6，这是所有鲸目动物中最短的比例。气孔位于头部中线的左侧，导致头骨明显不对称。头部两侧在眼睛和鳍肢前可能有一个浅色的新月形标记。这个标记被称为“假鳃”，因为它与鱼的鳃盖相似。下颚有7～13对锋利、弯曲、同源的牙齿，而上颚则有3对锋利、细小、缺乏釉质的残余牙齿。喉部区域有几个短的纵向折痕。

生活习性 主要以头足类动物为食，也食鱼类和甲壳类动物。妊娠期为9个月，繁殖期的持续时间至少5～6个月。

分布地区 我国台湾有记录。国外分布于暖温带和热带海域，包括大西洋、印度洋、太平洋、地中海，在南纬45°～北纬45°。

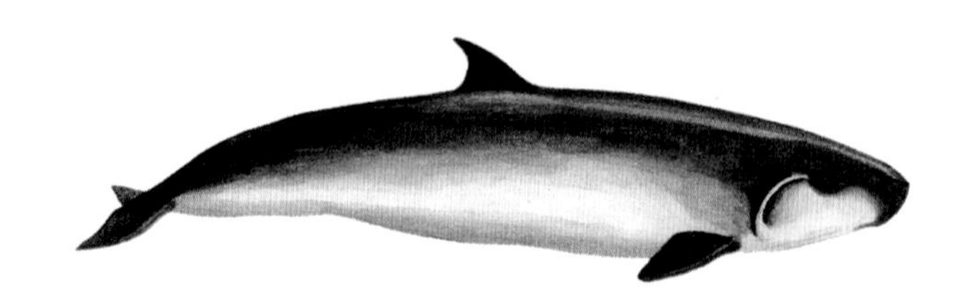

483. 白鱀豚 *Lipotes vexillifer*

学　　名 *Lipotes vexillifer* Miller，1918

曾用学名 无

英 文 名 Baiji，Yangtze river dolphin，White flag dolphin

别　　名 白鳍豚，白江猪，白旗

分类地位 脊索动物门CHORDATA/哺乳纲MAMMALIA/鲸目CETACEA/白鱀豚科Lipotidae/白鱀豚属*Lipotes*

保护级别 国家一级；CITES附录Ⅰ

识别特征 体长1.5～2.5m，体重42～167kg。体呈流线型。眼极小，位于口角后上方。口长而喙状向上翘，耳孔小似针孔，无耳壳。鼻孔1个，偏于头顶左侧。背鳍三角形，鳍肢较宽，末端圆钝。尾鳍凹陷，呈新月形。喙狭长，长约30cm，上下颌每侧有同型齿 30～36枚。雌性生殖孔位于肛门前18～20cm处。呼吸时仅露出头部和背部。背面淡蓝灰色，腹部白色。

生活习性 主要栖息于长江及其支流、湖泊的入口和江心沙洲附近的长江干流中，以家族群生活，通常2～7头成群，有时单独活动或结成更大的群体。晨昏时刻捕食各种鱼类。每年1 胎，妊娠期6个月左右，每胎1仔。4～6岁性成熟。

分布地区 我国长江中下游，以及与之相连通的鄱阳湖和洞庭湖，曾在钱塘江出现。

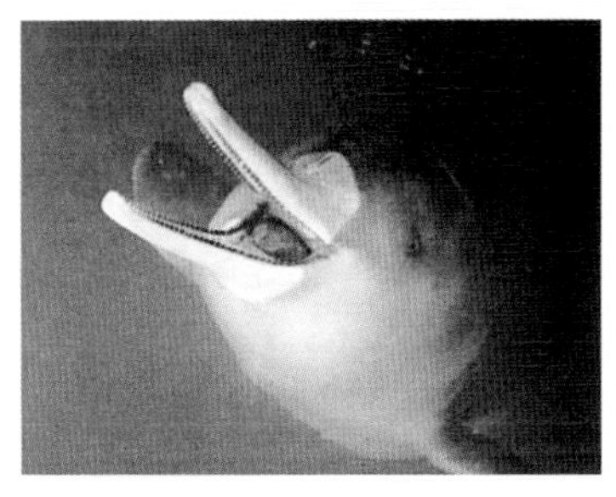

484. 侏露脊鲸 *Caperea marginata*

学　　名 *Caperea marginata*（Gray，1846）

曾用学名 *Neobalaena marginata*

英 文 名 Pygmy right whale

别　　名 小脊美鲸，侏真鲸，矮鲸，小露脊鲸，倭露脊鲸，新露脊鲸

分类地位 脊索动物门CHORDATA/哺乳纲MAMMALIA/鲸目CETACEA/侏露脊鲸科Neobalaenidae/小露脊鲸属*Caperea*

保护级别 国家二级（核准）；CITES附录Ⅰ

识别特征 雌性最大体长6.45m，雄性6.09m。背面略突。上颌前伸呈拱形，前端尖，下颌弯曲，略前突于上颌。口裂向后延伸至眼下。鳍肢窄，末端略圆。背鳍小，三角形，后缘镰形，位于体后不到1/3背部。尾叶宽，后缘中间有缺刻。上面观，头部在眸前突然变窄，吻端渐尖。喷气孔呈“V”形。无褶沟。体背黑色或灰色，体侧淡灰色，腹面白色。鲸须淡黄色。外缘有棕色镶边。眼黑色。须板细长，每侧230枚。喉部腹面有一对纵向浅沟。

生活习性 以小型浮游生物为食。喜栖浅海，潜水时间较长。游速很慢。易和小鲸混淆。所见的最大群超过100头。

分布地区 南半球南纬31°～52°，多见于新西兰南部、澳大利亚东南和西南部、塔斯马尼亚、非洲南部、阿根廷、智利、马尔维纳斯群岛等水温5～20℃的海域内，向北可达南大西洋的亚热带海域。

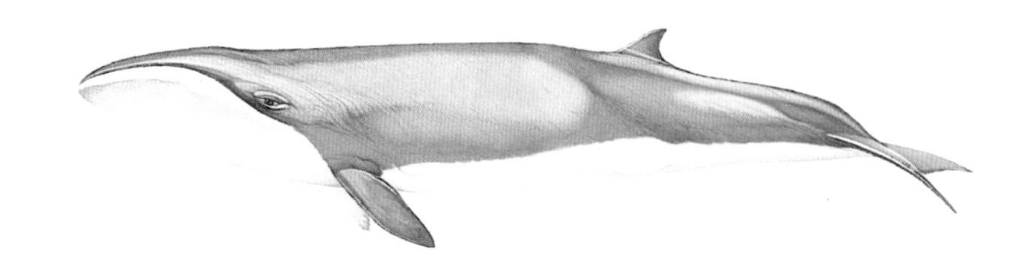

485. 长江江豚 *Neophocaena asiaeorientalis*

学　　名 *Neophocaena asiaeorientalis*（Pilleri *et* Gihr，1972）

曾用学名 *Neophocaena asiaeorientalis asiaeorientalis*，*Neomeris phocaenoides*

英 文 名 Yangtze finless porpoise

别　　名 扬子江江豚，江猪，窄脊江豚，江豚

分类地位 脊索动物门CHORDATA/哺乳纲MAMMALIA/鲸目CETACEA/鼠海豚科Phocoenidae/江豚属*Neophocaena*

保护级别 国家一级；CITES附录Ⅰ

识别特征 成体平均体长1.2～1.7m，体重50～70kg，寿命约20年。头部较短，近似圆形，额部稍微向前凸出，吻部短而阔，上下颌几乎一样长，牙齿短小，左右侧扁呈铲形。前3个颈椎愈合，肋骨通常为14对。身体横剖面近似圆形。无背鳍，鳍肢较大，呈三角形，末端尖，具有5趾。尾鳍较大，分为左右两叶，呈水平状。后背具有矮的背脊。全身为蓝灰色或瓦灰色，腹部颜色浅亮，唇部和喉部为黄灰色，腹部有一些形状不规则的灰色斑。性成熟的年龄大约为6岁，1次产仔1头。妊娠期约1年，哺乳期超过6个月。

生活习性 性情活泼，食物包括青鳞鱼、玉筋鱼、鳗鱼、鲈鱼、鲚鱼、大银鱼等。

分布地区 我国长江流域，鄱阳湖及洞庭湖。首选的生境为河流、支流和湖泊的汇合处，沙洲附近区域，以及靠近主河道河岸的地区。

486. 印太江豚 *Neophocaena phocaenoides*

学　　名 *Neophocaena phocaenoides*（G. Cuvier，1829）

曾用学名 *Neomeris phocaenoides*

英 文 名 Indo-Pacific finless porpoise

别　　名 江猪，海猪，海和尚，露脊鼠海豚

分类地位 脊索动物门CHORDATA/哺乳纲MAMMALIA/鲸目CETACEA/鼠海豚科Phocoenidae/江豚属*Neophocaena*

保护级别 国家二级；CITES附录Ⅰ

识别特征 体长1.4～1.7m，最大达1.9m；体重一般30～45kg。头圆，无喙突，体呈纺锤形。无背鳍，仅在应该有背鳍的地方生有宽3～4cm 的皮肤隆起，高2～4cm。鳍肢较宽大，呈三角形，末端尖；尾鳍宽阔，为体长的1/4，后缘凹入，呈新月形。体色灰黑，腹部较浅。

生活习性 食性很广，主要以鱼类为食，也食虾类和头足类。为热带及温带近岸型豚类，多在近岸区域活动。生活于咸、淡水交汇的水域或支流河口，流速相对缓慢的江湾河口；既能在海水中生活，也能在淡水中生活。一般不集成大群，多单独或2～3头一起游泳。繁殖高峰期在2～8月，每隔2年产1胎。

分布地区 我国东海、南海。国外分布于亚洲沿海水域，西至印度西海岸直至波斯湾，东至整个印度尼西亚群岛，并向北延伸到我国台湾海峡。

487. 东亚江豚 *Neophocaena sunameri*

学　　名 *Neophocaena sunameri* Pilleri *et* Gihr，1975

曾用学名 *Neophocaena asiaeorientalis sunameri*，*Neophocaena phocaenoides*

英 文 名 East Asian finless porpoise

别　　名 无

分类地位 脊索动物门CHORDATA/哺乳纲MAMMALIA/鲸目CETACEA/鼠海豚科Phocoenidae/江豚属*Neophocaena*

保护级别 国家二级；CITES附录Ⅰ

识别特征 体长1.5～2.0m，体重50～60kg，身体细长。雄性体型比雌性大。体灰褐色，身体上有较大的胸鳍，但没有背鳍。没有一般的海豚那样突出的喙，整体都是圆圆的脸。后背有直径1mm左右芝麻粒大小的疣林立，摸起来粒粒坚硬，从脖子到后背笔直排列。

生活习性 海豚会用超声波寻找食物，寻找隐藏在生态位置游泳的鱼和泥浆中的诱饵。食乌贼和章鱼等软体动物，也食竹荚鱼和沙丁鱼等鱼类。每天吃大约5%体重的食物。可见于水深约50m的浅水中。

分布地区 我国台湾海峡以北沿海地区。国外分布于韩国、日本海岸。栖息地是靠近海岸水深50m以内的浅水区。在东海和黄海离海岸150km以外的海域有例外，但这也是一个浅水区。

488. 港湾鼠海豚 *Phocoena phocoena*

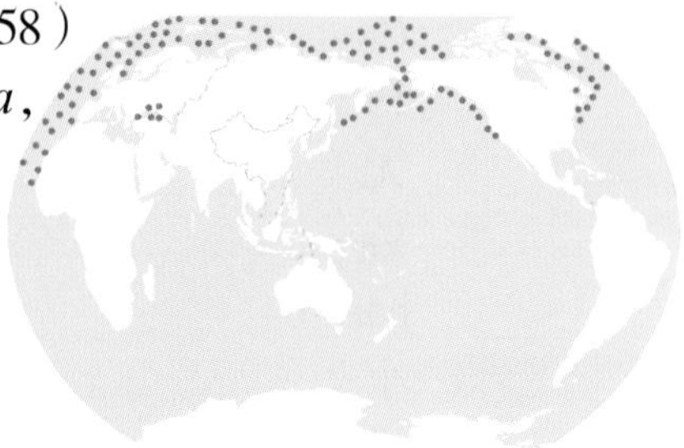

学　　名 *Phocoena phocoena*（Linnaeus，1758）

曾用学名 *Delphinus*（*Phocaena*）*phocaena*，*Delphinus phocaena*，*Delphinus ventricosus*

英 文 名 Harbor porpoise

别　　名 真鼠海豚，胖猪海豚

分类地位 脊索动物门CHORDATA/哺乳纲MAMMALIA/鲸目CETACEA/鼠海豚科Phocoenidae/鼠海豚属*Phocoena*

保护级别 国家二级（核准）；CITES附录Ⅱ

识别特征 小型鲸类，体长1.5～2.0m，体重45～65kg。雌性体型通常比雄性略大。体色在个体之间有很大差异，但最常见的是背部黑色或深灰色，腹部浅色。没有明显的前额或喙，吻很短，使头部有点像锥形，上下颚均有齿。所有这些附肢都很短，背鳍呈三角形，通常高15～20cm。

生活习性 寿命为6～20年，雌雄交配主要发生在6～9月，妊娠持续11个月，每次产1仔。幼仔出生时体重为6～8kg，体长70～100cm。常生活在距海岸10km左右的海域，主要以一些光滑的非多刺的鱼和头足类为食，如鲱鱼、沙丁鱼和鳕鱼。

分布地区 北大西洋、北极和北太平洋的沿海地区。

489. 加湾鼠海豚 *Phocoena sinus*

学　　名 *Phocoena sinus* Norris *et* McFarlang，1958

曾用学名 无

英 文 名 Vaquita，Gulf of California harbor porpoise

别　　名 小头鼠海豚，海湾鼠海豚

分类地位 脊索动物门CHORDATA/哺乳纲MAMMALIA/鲸目CETACEA/鼠海豚科Phocoenidae/鼠海豚属*Phocoena*

保护级别 国家一级（核准）；CITES附录Ⅰ

识别特征 体较小，体长1.2～1.5m，体重30～55kg。体粗壮，头小，眼小，吻短而宽，无喙突。喷气孔较大，位于顶骨左侧。背鳍低，三角形，位于体中部略后。尾鳍后缘凹进，两端钝，缺刻明显。背部蓝黑色，腹部白色，背鳍、鳍肢及尾鳍均黑色，眼睛周围有深色眼圈。齿呈铲形，上颌每侧有20～21枚，下颌每侧有18枚。

生活习性 主要以石首鱼科及鱿鱼为食。生活于海岸沿线的浅水、阴暗潟湖，水深处罕见其踪。通常2头在一起活动。3～6年性成熟，交配期为4月中旬至5月，妊娠期为10.6个月，分娩一般在次年3月初，哺乳期不到1年。

分布地区 墨西哥加利福尼亚湾北端。

490. 抹香鲸 *Physeter macrocephalus*

学　名 *Physeter macrocephalus* Linnaeus，1758

曾用学名 *Physeter catodon*，*Physeter microps*，*Physeter tursio*

英 文 名 Sperm whale，Cachalot

别　名 巨头鲸

分类地位 脊索动物门CHORDATA/哺乳纲MAMMALIA/鲸目CETACEA/抹香鲸科Physeteridae/抹香鲸属*Physeter*

保护级别 国家一级；CITES附录 I

识别特征 雄性体长15 ~ 20m，雌性10 ~ 15m，初生幼鲸体长约4m。成体体重14 ~ 41t，最大者达80t。头巨大，呈箱状，占身体长度的1/4 ~ 1/3。从头前端左侧单一喷水孔出水，斜向前方。背具圆的隆起。吻部钝方形。皮具均纹。体色通常为深棕灰色。背鳍从吻部到身体的2/3处，沿背中线具一系列圆形或三角形的隆突。鳍肢宽叶状。尾叶宽，后缘直，中央缺刻深。

生活习性 主要以大型章鱼、乌贼和底栖鱼类为食，但也食鲨鱼和鳐鱼。喜群居，善潜水，潜水时尾鳍扬出水面以上。其集群系一雄多雌，有争偶现象。雌性8 ~ 11年性成熟，雄性18年性成熟。妊娠期14 ~ 16个月，哺乳期长达2年。每隔3 ~ 5年产仔1次，每次产1胎。南北半球交配季节高峰都在春天。已知最长寿命为77年。

分布地区 我国黄海、东海、南海。国外在热带和温带海域，除黑海外，几乎所有超过1000m深的海域都有分布。

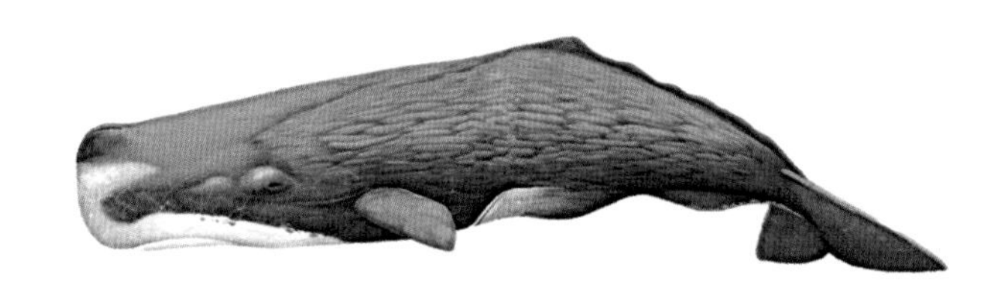

491. 恒河豚 *Platanista gangetica*

学　　名 *Platanista gangetica*（Lebeck, 1801）

曾用学名 *Delphinus gangetica*, *Platanista indi*

英 文 名 Ganges river dolphin, Ganges susu，Gangetic dolphin

别　　名 恒河海豚

分类地位 脊索动物门CHORDATA/哺乳纲MAMMALIA/鲸目CETACEA/恒河豚科Platanistidae/恒河豚属*Platanista*

保护级别 国家一级；CITES附录Ⅰ

识别特征 成体体长2～4m，重51～89kg。喙长，可达30cm。喷气孔呈与体轴平行的纵裂状，与其他鲸类迥然不同。喷气孔前后长5cm，通常略偏于体中线左侧。眼小如盲。颈部略细。背鳍低，位于体中间略后。背腹侧都有棱状皮肤脊。鳍肢宽大，近四角形。尾鳍较宽，后缘凹入，中央有缺刻。上下颌每侧有齿26～39枚，各齿彼此紧靠。体色通常为棕色到灰色，有时出现粉红色腹部和深灰色背部。

生活习性 为淡水鲸类，嗜食底栖或泥里的鱼、虾类，可以用喙从泥中觅食。10岁左右达到性成熟，孕期8～9个月，7月前后产仔，分娩大多发生在10月至次年3月。

分布地区 南亚淡水河流湖泊中，印度东部、尼泊尔和孟加拉国的恒河、卡拉普里河、布拉马普特拉河。

492. 印河豚 *Platanista minor*

学　　名 *Platanista minor* Owen, 1853

曾用学名 *Platanista indi*，*Platanista gangetica minor*

英 文 名 Bhulan，Indus dolphin，Indus susu，Indus river dolphin

别　　名 印度河豚

分类地位 脊索动物门CHORDATA/哺乳纲MAMMALIA/鲸目CETACEA/恒河豚科Platanistidae/恒河豚属*Platanista*

保护级别 国家一级（核准）；CITES附录Ⅰ

识别特征 与恒河豚特征基本一致。体长为2.0～2.5m，体重达84kg，雌性体型大于雄性。体短而壮实。头较小，具一细长的喙。眼睛极小，颈柔软。背部灰白色，腹部颜色较淡。无背鳍，但有一显著的隆起；胸鳍极宽，呈铲状；尾鳍宽，中间具一缺刻。

生活习性 为淡水鲸类，以底栖鱼类和虾类为食。干旱季节喜欢聚集在河流干道，雨季则会分散至水位高涨的支流中。随着海水水位上升和下降，移动到河口，进入河流。全年繁殖，妊娠期8～11个月，每次产1仔。

分布地区 巴基斯坦的印度河系。

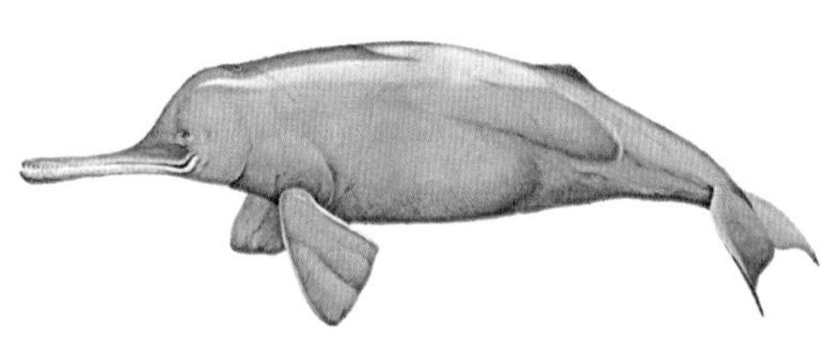

493. 阿氏喙鲸 *Berardius arnuxii*

学名 *Berardius arnuxii* Duvernoy，1851

曾用学名 *Berardiu arnuxi*，*Berardius arnouxi*

英文名 Arnoux's beaked whale，
Four-toothed whale，
Southern four-toothed whale，
New Zealand beaked whale

别名 南方贝喙鲸，南方鼠鲸，南徙鲸

分类地位 脊索动物门CHORDATA/哺乳纲MAMMALIA/鲸目CETACEA/喙鲸科Ziphiidae/贝喙鲸属*Berardius*

保护级别 国家二级（核准）；CITES附录Ⅰ

识别特征 雌性最大体长9.75m，重10t左右。体形与贝氏喙鲸很相似，背鳍小，三角形。头较大，喙较长，前额较不圆。上颌无齿，仅下颌具2对大齿。与贝氏喙鲸相比，阿氏喙鲸较小，尾鳍相对较宽，大于体长的1/4。鳍肢长，大于体长的1/8。背部深蓝色，体侧有许多灰蓝色的斑纹，腹面灰色或淡灰色。

生活习性 以各种海洋鱼类、乌贼等为食。不成大群，在海面缓慢巡游。

分布地区 南半球，即澳大利亚、新西兰、阿根廷、马尔维纳斯群岛、南设得兰群岛附近海域，非洲南部沿海。

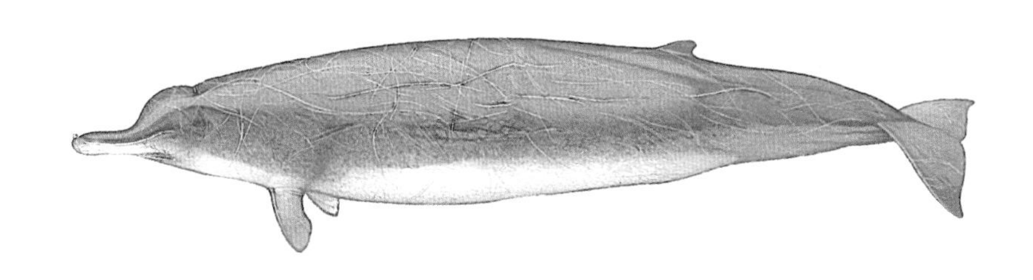

494. 贝氏喙鲸 *Berardius bairdii*

学　　名 *Berardius bairdii* Stejneger，1883

曾用学名 *Berardius vegae*，*Berardius bairdi*

英 文 名 Baird’s beaked whale，
North Pacific bottlenose whale

别　　名 贝喙鲸，槌鲸

分类地位 脊索动物门CHORDATA/
哺乳纲MAMMALIA/
鲸目CETACEA/喙鲸科Ziphiidae/贝喙鲸属*Berardius*

保护级别 国家二级；CITES附录 I

识别特征 雌性最大体长12.9m，雄性12.0m，体形与阿氏喙鲸很相似。头部具长喙，约为体长的1/8。背鳍小，三角形。上颌无齿，仅下颌具2对齿。与阿氏喙鲸相比，其鳍肢较长，为体长的1/9～1/8。尾鳍大，宽为体长的1/4。喉部皮肤上有“V”形沟，沟长约60cm。全身瓦灰色，腹面稍淡，有的胸或腹部具白斑，皮肤上常有许多白伤疤。鳍肢、尾鳍的颜色几乎与背部相同。

生活习性 主要以深海鱼类、乌贼和甲壳类为食，也食一些中上层鱼类，如沙丁鱼和秋刀鱼，以及海鞘、海参、海星、毛贻贝等底栖动物。为深潜水者。喜群游。产仔高峰期在3～4月。

分布地区 北太平洋，东从普里比洛夫群岛、阿拉斯加往南到加利福尼亚；西从堪察加、鄂霍次克海往南到日本。

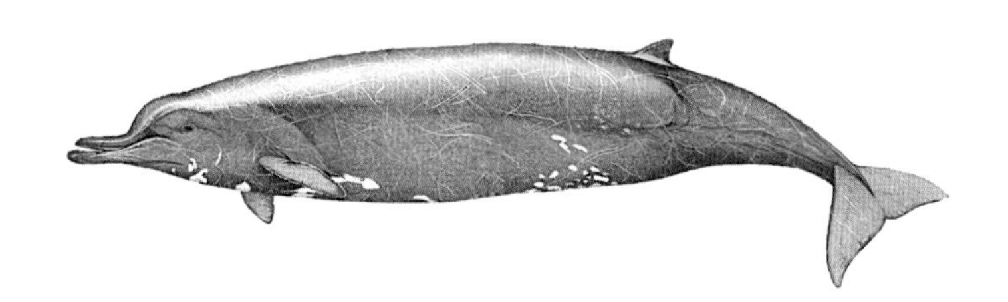

495. 北巨齿鲸 *Hyperoodon ampullatus*

学　　名　*Hyperoodon ampullatus*（Forster，1770）

曾用学名　*Hyperoodon rostratus*，*Balaena ampullata*

英 文 名　Northern bottlenosed whale

别　　名　北胆鼻鲸，巨齿槌鲸，长吻鲸，北瓶鼻鲸

分类地位　脊索动物门CHORDATA/哺乳纲MAMMALIA/鲸目CETACEA/喙鲸科Ziphiidae/巨齿鲸属*Hyperoodon*

保护级别　国家二级（核准）；CITES附录Ⅰ

识别特征　属中型鲸类，雄性体长约9.3m，雌性体长约7.3m，体重5.8～7.5t。喙前伸似瓶。雄鲸额部呈圆形隆起，雌鲸额头不显著。眼较小，位于口角后上方。喷气孔位于眼上方隆起的额基部。咽喉部有“V”形沟。背鳍小，位于体中部以后，后缘镰形。尾鳍宽。鳍肢也较小。下颌前端具齿1对，随着年龄的增长渐外露。背黑色或淡灰色，鳍肢和尾鳍上、下面颜色都较体色深。

生活习性　食性广，特别喜食乌贼，也食大西洋鲱鱼、海参、墨鱼、海星和其他底栖无脊椎动物。妊娠期约12个月。具有洄游习性，常4～20头成群游泳。具有较强的眷恋性。

分布地区　北大西洋的高纬度区域，从加拿大的戴维斯海峡和俄罗斯新地岛往南到美国罗得岛和英吉利海峡都有分布。一般只在水深500～1400m的海域出现。

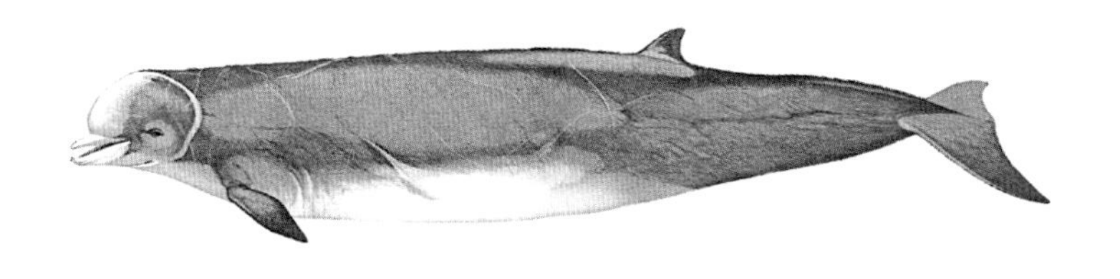

496. 南巨齿鲸 *Hyperoodon planifrons*

学　　名　*Hyperoodon planifrons* Flower，1882

曾用学名　*Hyperoodon rostratus*，*Hyperoodon*（*Frasercetus*）*planifrons*

英 文 名　Southern bottlenosed whale

别　　名　南胆鼻鲸，巨齿鲸，南瓶鼻鲸

分类地位　脊索动物门CHORDATA/哺乳纲MAMMALIA/鲸目CETACEA/喙鲸科Ziphiidae/巨齿鲸属*Hyperoodon*

保护级别　国家二级（核准）；CITES附录Ⅰ

识别特征　雄性体长约7m，重约6t；雌性体长约7m，重约8t。喙前伸似瓶。雄性额部呈圆形隆起，其程度大于北巨齿鲸，雌性额头不显著。雄性有1对短的锥形牙齿，位于下颚的尖端。上颚没有牙齿。雌性的牙齿更小或不出现。眼较小，位于口角后上方。喷气孔前突呈新月形，位于眼上方隆起的额基部。咽喉部有“V”形沟。背鳍小，镰刀形，位于体中以后，与体长之比例比北巨齿鲸更大。尾鳍较大，体长与尾宽之比约为3.5∶1，鳍肢较小。下颌前端具齿1对。腹面略带灰褐色；颈部有深色区，使额部和背部区别开，而颜色会随着年龄的增长而变浅。

生活习性　特别喜食乌贼，也食上层鱼类和其他无脊椎动物。潜水较深，持续时间长。

分布地区　南半球各海域，即阿根廷、马尔维纳斯群岛、智利、澳大利亚、新西兰、非洲南部、斯里兰卡等近海和印度洋，并达南极沿海。

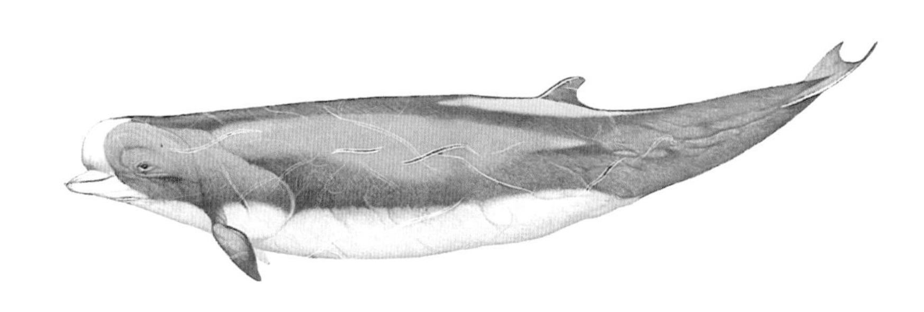

497. 朗氏喙鲸 *Indopacetus pacificus*

学　　名　*Indopacetus pacificus*（Longman, 1926）

曾用学名　*Mesoplodon pacificus*

英 文 名　Tropical bottlenose whale, Longman’s beaked whale, Indo-Pacific beaked whale

别　　名　朗氏中喙鲸

分类地位　脊索动物门CHORDATA/哺乳纲MAMMALIA/鲸目CETACEA/喙鲸科Ziphiidae/印太喙鲸属*Indopacetus*

保护级别　国家二级；CITES附录Ⅱ

识别特征　体长为4～9m，平均体长约为6.5m。具有突出的细长喙。喉头也有两个凹槽，形成“V”字形，尾鳍没有缺口。头的比例比大多数喙鲸都要小，但体型更大。具有朝前凹的气孔。背鳍比大多数喙鲸的鳍更大。下颚仅包含1对不从颚突出的椭圆形牙齿。皮肤颜色在棕色和蓝灰色之间变化，并在侧面和头部周围变浅。雄性体型更大，性成熟更晚。

生活习性　以头足类动物为食。妊娠期为10～12个月。哺乳期可能会持续18～24个月或更长时间。一般每2～3年产仔1次，有些雌性可能在哺乳期间怀孕。成年群体之间可以集群并保持联系。通过回声定位来寻找食物。

分布地区　太平洋和印度洋。

498. 柏氏中喙鲸 *Mesoplodon densirostris*

学　　名 *Mesoplodon densirostris* (Blainville，1817)

曾用学名 *Delphinus densirostris*，*Ziphius sechellensis*，*Nodus densirostris*

英 文 名 Blainville's beaked whale

别　　名 瘤齿喙鲸

分类地位 脊索动物门CHORDATA/哺乳纲MAMMALIA/鲸目CETACEA/喙鲸科Ziphiidae/中喙鲸属*Mosoplodon*

保护级别 国家二级；CITES附录Ⅱ

识别特征 体型长而窄，体重820～1030kg，体长4.5～4.6m。记录最长的雌性体长为4.7m。出生时，体长约2m，体重约60kg。后侧和背侧区域呈深蓝色、灰色，腹侧呈浅灰色。

生活习性 在深水中捕食猎物。通常潜入500～1000m深，并在水下停留20～45分钟。已记录潜水时间超过50分钟，深度约1400m。在超过800m深的潜水中，下降速率快于上升速率。主要食物为头足类动物。性成熟年龄估计为9岁。

分布地区 我国上海、台湾海区。国外广泛分布于热带、亚热带海域。

499. 银杏齿中喙鲸 *Mesoplodon ginkgodens*

学　　名　*Mesoplodon ginkgodens* Nishiwaki *et* Kamiya，1958

曾用学名　*Mesoplodon densirostris*，*Mesoplodon bidens*

英 文 名　Ginko-toothed beaked whale，Japanese beaked whale

别　　名　杏齿喙鲸，日本喙鲸，银杏扇齿鲸

分类地位　脊索动物门CHORDATA/哺乳纲MAMMALIA/鲸目CETACEA/喙鲸科Ziphiidae/中喙鲸属*Mesoplodon*

保护级别　国家二级；CITES附录Ⅱ

识别特征　最大体长5.88m，体重2600kg。下颌齿靠近喙中部，在中喙鲸属中最宽。头具上翘的喙，前额略隆突。身体粗壮，雄性暗灰色，雌性颜色较浅，腹部和体侧具卵圆形白色疤痕，数量较少。背鳍小而弯曲。鳍肢叶状，末端尖。尾鳍大小正常，无缺刻。

生活习性　以头足类和栖于中上水层的鱼类为食，也食甲壳类动物。通过获取标本时的观察，此鲸可能喜欢单独行动。

分布地区　目前尚无确凿的海上目击证据，基于搁浅标本推断，我国的台湾有分布。而日本、菲律宾、太平洋的加利福尼亚南部和加拉帕戈斯群岛以及南半球的澳大利亚和新西兰均有搁浅记录。根据搁浅记录推断，国外主要分布在西太平洋的热带和暖温带水域。

500. 小中喙鲸 *Mesoplodon peruvianus*

学　　名 *Mesoplodon peruvianus* Reyes，Mead *et* Van Waerebeek，1991

曾用学名 无

英 文 名 Pygmy beaked whale，Peruvian beaked whale，Lesser beaked whale，Bandolero beaked whale

别　　名 秘鲁中喙鲸

分类地位 脊索动物门CHORDATA/哺乳纲MAMMALIA/鲸目CETACEA/喙鲸科Ziphiidae/中喙鲸属*Mosoplodon*

保护级别 国家二级；CITES附录Ⅱ

识别特征 出生时体长1.5 ~ 1.6m，成体体长3.4 ~ 3.7m。其上侧到下侧，从深灰色逐渐褪色至浅灰色（肚脐后方为深灰色）。体呈纺锤形。短而深色的喙在狭窄的头部前方，并在气孔处形成凹痕。下颚有2枚小牙齿。三角形的小背鳍基部较宽，位于身体中心的后面。尾鳍没有缺口，其尖端略尖。

生活习性 以中海、深海鱼类和鱿鱼为食。

分布地区 我国福建长乐曾有发现。国外分布于秘鲁沿海以外的中海至深海海域。

501. 鹅喙鲸 *Ziphius cavirostris*

学　　名　*Ziphius cavirostris* G. Cuvier，1823

曾用学名　*Hyperoodon doumetii*，*Ziphius grebnitzkii*

英 文 名　Cuvier's beaked whale，Goose-beaked whale

别　　名　柯氏喙鲸，古氏剑吻鲸，贫齿鲸，剑吻鲸

分类地位　脊索动物门CHORDATA/哺乳纲MAMMALIA/鲸目CETACEA/喙鲸科Ziphiidae/喙鲸属*Ziphius*

保护级别　国家二级；CITES附录Ⅱ

识别特征　最大体长7.5m。仅雄性在下颌端部具2枚圆锥形的牙齿，而雌性不冒出。头相对小。前额逐渐倾斜，喙短而不明显，头顶有一浅凹，随年龄增长而愈加明显。下颌超出上颌。身体壮实。体色变异很大，背面是深的锈褐色，腹面通常较浅。腹面和体侧具有白色的线形疤痕，通常还具有白色或淡黄色的卵圆形斑块。有一个相对高的鳍（约40cm），形状像鱼翅。

生活习性　喜栖息于深海区，主要以乌贼和底栖鱼类为食，也捕食甲壳类。通常单独或成3～5头的小群活动。

分布地区　我国南海和台湾海域。国外分布于极地以外的所有海域。

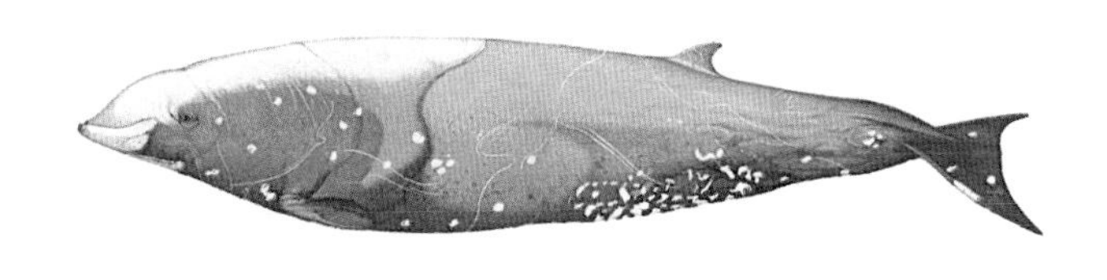

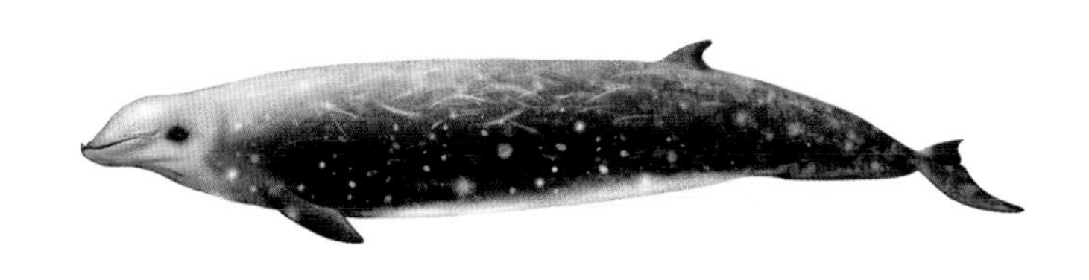

502. 儒艮 *Dugong dugon*

学　名 *Dugong dugon*（Müller，1776）

曾用学名 *Trichechus dugon*，*Halicore tabernaculi*

英文名 Dugong，Sea cow，Indian dugong

别　名 海牛，海马，人鱼，美人鱼，南海牛

分类地位 脊索动物门CHORDATA/哺乳纲MAMMALIA/海牛目SIRENIA/儒艮科Dugongidae/儒艮属*Dugong*

保护级别 国家一级；CITES附录Ⅰ

识别特征 成体体重230～400kg，体长2.4～4.0m。体呈纺锤形，身体肥圆，无明显颈部，头部比例小，口向腹面张开。唇有粗短刚毛，吻上及左右侧有浅纵沟，雄性门齿略外露，眼小，无背鳍。乳房位鳍基外侧。后肢仅存简单的肢带，体末端有扁平的尾鳍，中央凹进，两端尖。皮肤棕灰色，腹部颜色稍淡。全身有稀疏细软短毛。

生活习性 以海藻、水草等多汁水生植物为食。喜欢浅海水域，可进入河口。喜成群活动，常数头在一起。行动缓慢，性情温顺。妊娠期为1年，每胎产1仔。野外最长寿命可达70年。

分布地区 我国广西、广东和台湾南部沿岸海域。国外不连续分布于印度洋、西太平洋热带的大陆沿岸水域和岛屿间，分布范围跨越至少37个国家，约128000km的热带海岸线。

503. 亚马孙海牛 *Trichechus inunguis*

学　　名　*Trichechus inunguis*（Natterer，1883）

曾用学名　无

英 文 名　Amazonian manatee，South American manatee

别　　名　南美海牛，亚马逊海牛

分类地位　脊索动物门CHORDATA/哺乳纲MAMMALIA/海牛目SIRENIA/海牛科Trichechidae/海牛属*Trichechus*

保护级别　国家二级（核准）；CITES附录Ⅰ

识别特征　体长2.5～3.0m，体重350～500kg。身体肥胖，前肢变为桨状鳍肢，无背鳍。尾鳍大，呈铲形。头小，眼睛小，无外耳。前肢短，呈鳍状，末端无趾甲（此为本种特点）。体背钢灰色到黑色，尾鳍和鳍肢上面较深，下面稍淡，胸部有白色斑块，体被细毛。较美洲海牛略小，外形与美洲海牛相似，但美洲海牛头骨宽，而亚马孙海牛头骨狭小。

生活习性　生活在亚马孙河流域，基本以水生维管束植物为食。6～10年性成熟。

分布地区　南美洲亚马孙河流域。

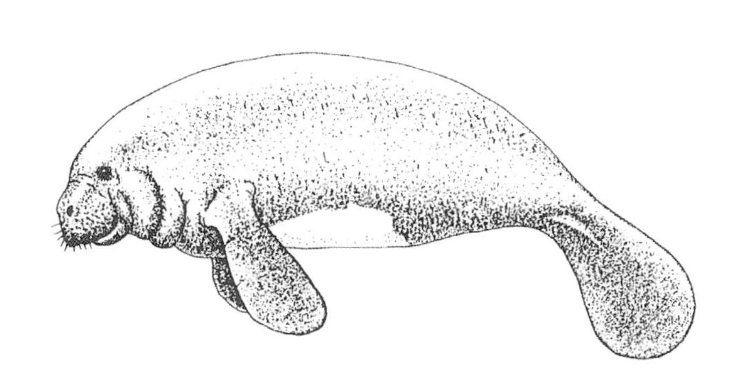

504. 美洲海牛 *Trichechus manatus*

学　名 *Trichechus manatus* Linnaeus，1758

曾用学名 *Manatus manatus*，*Manati trichechus*

英文名 （American，West Indian，Caribean，Florda）manatee

别　名 海牛，北美海牛，西印度海牛，加勒比海牛，佛罗里达海牛

分类地位 脊索动物门CHORDATA/哺乳纲MAMMALIA/海牛目SIRENIA/海牛科Trichechidae/海牛属*Trichechus*

保护级别 国家二级（核准）；CITES附录Ⅰ

识别特征 成体体长约3m，有些可达到4.5m，雌性体长比雄性更长。平均体重400kg。身体肥胖，颈部不明显。上唇半月形，且具鬃毛，吻端状如口套。鼻孔半圆形。前肢变为桨状鳍肢，无背鳍。尾鳍大，呈铲形，头后、前肢基部周围及腰部皮肤多皱。身披稀疏的刚毛，毛长4～5cm。眼小而圆。体背钢灰色到黑色，尾鳍和鳍肢上面较深，下面稍淡。

生活习性 主要以生长在海底的海草为食，但也食小的软体动物。美洲海牛的独特特征之一是其灵活的分裂上唇，用于将食物传递到口腔。无明显的繁殖季节。在浅水处交配。1胎1仔，偶有2仔，小牛依靠母亲生活大约2年。生殖间隔3～5年。性喜群居。野生美洲海牛平均寿命30年。

分布地区 加勒比海，中美洲东部海岸和南美洲北部海岸以及巴西东北部。

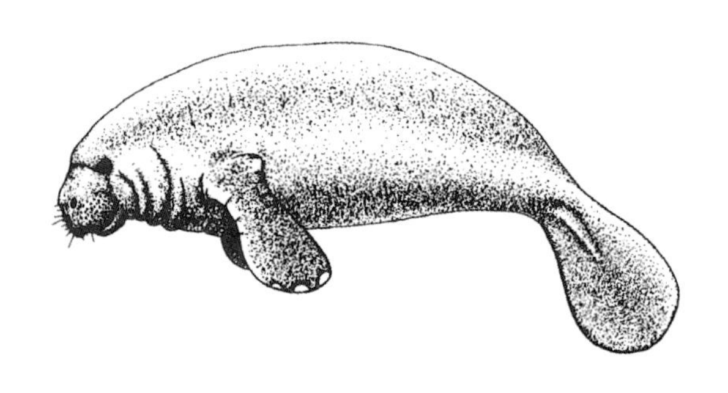

505. 非洲海牛 *Trichechus senegalensis*

学　　名 *Trichechus senegalensis* Link，1795
曾用学名 *Manatus senegalensis*
英 文 名 （West）African manatee，African lamantin
别　　名 西非海牛
分类地位 脊索动物门CHORDATA/哺乳纲MAMMALIA/海牛目SIRENIA/海牛科Trichechidae/海牛属*Trichechus*
保护级别 国家二级（核准）；CITES附录Ⅰ
识别特征 体形和大小与美洲海牛相似。身体肥胖，颈部不明显。上唇半月形，且具鬃毛，吻端截形，状如口套。面部比儒艮大。鼻孔半圆形，无外耳壳。前肢变为桨状鳍肢，无背鳍。尾鳍大，呈铲形，皮肤柔软而有弹性，头后、前肢基部周围及腰部多皱。身披稀疏的刚毛，毛长4～5cm。眼小而圆。体背钢灰色到黑色，尾鳍和鳍肢上面较深，下面稍淡。与美洲海牛相比，其身体粗壮度稍差，吻端更钝，而且眼睛更突出。
生活习性 生活在浅海海域，以水草为食。雌性3岁时已达到性成熟。一年四季都具有繁殖能力，但产仔高峰往往在春末或初夏。1胎1仔，偶有2仔，生殖间隔3～5年。小牛依赖母亲生活约2年。寿命可达30岁。
分布地区 西非近岸海域，以及从塞内加尔到安哥拉的浅水近岸、淡水河流和河口。

REFERENCES

主要参考文献

阿部宗明，1987. 原色鱼类大图鉴[M]. 东京：北隆馆.

白井祥平，1979. 冲绳の自然：贝の世界[M]. 东京：新星图书.

白井祥平，1994. 真珠贝真珠世界图鉴[M]. 东京：海洋企画刊.

蔡如星，黄惟灏，1991. 浙江动物志[M]. 杭州：浙江科学技术出版社.

陈壁辉，华田苗，吴孝兵，等，2003. 扬子鳄研究[M]. 上海：上海出版社.

陈清潮，1997. 南沙群岛至华南沿岸的鱼类[M]. 北京：科学出版社.

陈清潮，蔡永贞，1994. 珊瑚礁鱼类南沙群岛及热带观赏鱼[M]. 北京：科学出版社.

陈天任，游祥平，1993. 原色台湾龙虾图鉴[M]. 台北：南天书局.

陈万青，1978. 海兽检索手册[M]. 北京：科学出版社.

陈宜瑜，1998. 横断山区鱼类[M]. 北京：科学出版社.

陈宜瑜，1998. 中国动物志：硬骨鱼纲鲤形目[M]. 北京：科学出版社.

成庆泰，郑葆珊，1987. 中国鱼类系统检索（上册）[M]. 北京：科学出版社.

成庆泰，郑葆珊，1987. 中国鱼类系统检索（下册）[M]. 北京：科学出版社.

褚新洛，1990. 云南鱼类志（下册）[M]. 北京：科学出版社.

丹斯，2002. 贝壳[M]. 猫头鹰出版社，译. 北京：中国友谊出版公司.

丁瑞华，1994. 四川鱼类志[M]. 成都：四川科学技术出版社.

费梁，1999. 中国两栖动物图鉴[M]. 郑州：河南科学技术出版社.

费梁，2020. 中国两栖动物图鉴（野外版）[M]. 郑州：河南科学技术出版社.

费梁，孟宪林，2005. 常见蛙蛇类识别手册[M]. 北京：中国林业出版社.

费梁，叶昌媛，2001. 四川两栖类原色图鉴[M]. 北京：中国林业出版社.

费梁，叶昌媛，江建平，2012. 中国两栖动物及其分布彩色图鉴[M]. 成都：四川科学技术出版社.

冯吉南，孟帆，黄创良，等，2001. 广东省水生野生动物保护手册[M]. 广州：广东省海洋与渔业局.

广东省林业厅，华南濒危动物研究所，1987. 广东野生动物彩色图谱[M]. 广州：广东科技出版社.

国家水产总局南海水产研究所，中国科学院动物研究所，朱元鼎，等，1979. 南海诸岛海域鱼类志[M]. 北京：科学出版社.

胡自强，2005. 中国淡水双壳类特有种的地理分布[J]. 动物学杂志，40（6）：80-83.

黄晖，杨剑辉，江雷，等，2018. 西沙群岛珊瑚礁生物图册[M]. 北京：科学出版社.

季达明，温世生，2002. 中国爬行动物图鉴[M]. 郑州：河南科技出版社.

季维智，1994. 中国云南野生动物[M]. 北京：中国林业出版社.

江建平，谢锋，李成，等，2020. 中国生物物种名录 第二卷 动物 脊椎动物（Ⅳ）两栖纲[M]. 北京：科学出版社.

江建平，谢锋，李成，等，2021. 中国生物多样性红色名录 脊椎动物（Ⅳ）两栖纲[M]. 北京：科学出版社.

卡沃达，卡姆，1997. 鲸与海豚图鉴[M]. 陈顺发，译. 台北：猫头鹰出版社.

乐佩琦，陈宜瑜，1998. 中国濒危动物红皮书——鱼类[M]. 北京：科学出版社.

李思忠，1981. 中国淡水鱼类地理分布区划[M]. 北京：科学出版社.

李新正，王洪法，2016. 胶州湾大型底栖生物鉴定图谱[M]. 北京：科学出版社.

梁羡园，1984. 中国沿海潮间带肠鳃类的研究[J]. 海洋科学集刊，（22）：127-143.

廖玉麟，1997. 中国动物志棘皮动物门海参纲[M]. 北京：科学出版社.

林柳，孙亮，王伟，等，2018. 海南四眼斑水龟的分类地位与命名[J]. 四川动物，37（4）：435-438.

刘少英，吴毅，2019. 中国兽类图鉴[M]. 福州：海峡书局.

刘月英，吴小平，1991. 龙骨蛏蚌的再描述（真瓣鳃目：蚌科）[J]. 动物分类学报，16（1）：122-123.

刘月英，张文珍，王耀先，1993. 医学贝类学[M]. 北京：海洋出版社.

刘月英，张文珍，王耀先，等，1979. 中国经济动物志[M]. 北京：科学出版社.

牟剑锋，陶翠花，丁晓辉，等，2013. 中国沿岸海域海龟的种类和分布的初步调查[J]. 应用海洋学报，32（2）：238-242.

农牧渔业部水产局，中国科学院水生生物研究所，上海自然博物馆，1993. 中国淡水鱼类原色图集（2）[M]. 上海：上海科学技术出版社.

农业部水产司，中国科学院水生生物研究所，1993. 中国淡水鱼类原色图集（3）[M]. 上海：上海科学技术出版社.

农业部水生野生动植物保护办公室，广东省海洋与渔业局，2004. 水生野生保护动物识别手册[M]. 北京：科学出版社.

潘清华，王应祥，岩崑，2007. 中国哺乳动物彩色图鉴[M]. 北京：中国林业出版社.

齐钟彦，邹仁林，1965. 海南岛的几种多孔螅[J]. 动物学报，17（2）：81-85.

饶定齐，2020. 中国西南野生动物图谱：爬行动物卷[M]. 北京：北京出版社.

沈世杰，1993. 台湾鱼类志[M]. 台北：台湾大学动物学系.

史海涛，2011. 中国贸易龟类检索图鉴（修订版）[M]. 北京：中国大百科全书出版社.

史海涛，赵尔宓，王力军，等，2011. 海南两栖爬行动物志[M]. 北京：科学出版社.

松坂实，2002. 世界两栖爬行动物原色图鉴[M]. 公凯赛，岳春，编译. 北京：中国农业出版社.

唐鑫生，程炳功，欧阳丽雯，2005. 金头闭壳龟的分布及生存现状调查[J]. 动物学杂志，40（6）：99-102.

王丕烈，1996. 中国海兽图鉴[M]. 沈阳：辽宁科学技术出版社.

武云飞，1992. 青藏高原鱼类[M]. 成都：四川科学技术出版社.

向高世，李鹏翔，杨懿如，2009. 台湾两栖爬行类图鉴[M]. 台北：猫头鹰出版社.

小原秀雄，等，2001. 动物世界遗产[M]. 东京：（株）讲谈社.

岩崑，孟宪林，杨奇森，2006. 中国兽类识别手册[M]. 北京：中国林业出版社.

杨泮，唐业忠，王跃招，2011. 中国鳖属的分类历史简述[J]. 四川动物，30（1）：162-165.

张春光，邵广昭，伍汉霖，等，2020. 中国生物物种名录 第二卷 动物 脊椎动物（V）鱼类[M]. 北京：科学出版社.

张春光，杨君兴，赵亚辉，等，2019. 金沙江流域鱼类[M]. 北京：科学出版社.

张春光，赵亚辉，2016. 中国内陆鱼类物种与分布[M]. 北京：科学出版社.

张孟闻，宗愉，马积藩，1998. 中国动物志 爬行纲 第一卷 总论 龟鳖目 鳄形目[M]. 北京：科学出版社.

张世义，2001. 中国动物志 硬骨鱼纲[M]. 北京：科学出版社.

张素萍，2008. 中国海洋贝类图鉴[M]. 北京：海洋出版社.

张玺，顾光中，1935. 胶州湾的两种肠腮类[J]. 国立北平研究院动物研究所汇刊，13：1-12.

张玺，梁羡圆，1965. 中国海肠腮类一新种——多鳃孔舌形虫[J]. 动物分类学报，2（1）：1-10.

张玺，张云美，1963. 中国经济动物志 环节（多毛纲）、棘皮、原索动物[M]. 北京：科学出版社.

赵尔宓，2006. 中国蛇类（上册）[M]. 合肥：安徽科学技术出版社.

赵尔宓，2006. 中国蛇类（下册）[M]. 合肥：安徽科学技术出版社.

赵尔密，黄美华，宗愉，等，1998. 中国动物志 爬行纲（第三卷）[M]. 北京：科学出版社.

郑宝珊，1987. 中国动物图谱——鱼类[M]. 北京：科学出版社.

中国科学院动物研究所，中国科学院海洋研究所，上海水产学院，1962. 南海鱼类志[M]. 北京：科学出版社.

中国科学院水生生物研究所，上海自然博物馆，1982. 中国淡水鱼类原色图集（1）[M]. 上海：上海科学技术出版社.

《中国名贵珍稀水生动物》编写组，1987. 中国名贵珍稀水生动物[M]. 杭州：浙江科学技术出版社.

中华人民共和国濒危物种进出口管理办公室，1996. 中国珍贵濒危动物[M]. 上海：上海科学技术出版社.

中华人民共和国濒危物种进出口管理办公室，2002. 常见龟鳖类识别手册[M]. 北京：中国林业出版社.

中华人民共和国濒危物种进出口管理办公室，中华人民共和国濒危物种科学委员会，2019. 濒危野生动植物种国际贸易公约 附录Ⅰ、附录Ⅱ和附录Ⅲ[R]. 北京：中华人民共和国濒危物种进出口管理办公室，中华人民共和国濒危物种科学委员会.

周开亚，2004. 中国动物志 兽纲 第九卷鲸目 食肉目 海豹总科 海牛目[M]. 北京：科学出版社.

周开亚，解斐生，黎德伟，等，2001. 中国的海兽[M]. 罗马：联合国粮食及农业组织.

邹仁林，甘子钧，陈绍谋，等，1993. 红珊瑚[M]. 北京：科学出版社.

邹仁林，黄宝潮，王祥珍，1990. 中国柳珊瑚的研究——Ⅰ. 竹节柳珊瑚属Isis及其一新种[J]. 海洋学报，12（1）：83-90.

Allemend D，1993. The biology and skeletogenesis of the Mediterranean red coral：A review[J]. Precious Corals and Octocorals Research，2：19-32.

Beletsky L，1999. Tropical Mexico：The Ecotravellers Wildlife Guide[M]. San Diego：Academic Press.

Boschma H，1959. Revision of the Indo-Pacific species of the genus Distichopora[J]. Bijdragen tot de Dierkunde，29（1）：121-171.

Branch B，1998. Field Guide to Snakes and other Reptiles of Southern Africa[M]. Sanibel Island：Ralph Curtis Publishing.

Campbell J A，1998. Amphibians and Reptiles of Northern Guatemala，the Yucatan and Belize[M]. Norman：University of Oklahoma Press.

CITES Organization，2019. Convention on international trade in endangered species of wild fauna and flora：Appendices Ⅰ，Ⅱ and Ⅲ[R]. Geneva：CITES Secretariat.

Cogger H G，1994. Reptiles and Amphibians of Australia[M]. New York：Cornell University Press.

Coltro M，Coltro J，2022. Femorale[DB/OL]. http: //www.femorale.com/.

Cséfalvay R，Janák M，Immerová B，2017. First reliable records of *Hirudo verbana* Carena，1820（Annelida：Hirudinida）from Slovakia and notes on its syntopy with *Hirudo medicinalis* Linnaeus，1758[J]. Folia faunistica Slovaca，22：63-66.

Czech-Damal N U，Liebschner A，Miersch L，et al.，2012. Electroreception in the Guiana dolphin （*Sotalia guianensis*）[J]. Proceedings of the Royal Society B：Biological Sciences，279（1729）：663-668.

De Freitas M，Smith J N，Jensen F H，et al.，2018. Echolocation click source parameters of Australian snubfin dolphins（*Orcaella heinsohni*）. The Journal of the Acoustical Society of America，143（4）：2564-2569.

Emmons L H，1997. Neotropical Rainforest Mammals：A Field Guide[M]. Chicago：University of Chicago Press.

Faulkner D，Chesher R，1979. Living Corals[M]. New York：Clarkson N. Potter，Inc.

Fei L，Ye C Y，2016. Amphibians of China（Volume Ⅰ）[M]. Beijing：Science Press.

Flannery T，1995. Mammals of New Guinea[M]. New York：Comstock/Cornell.

Flacke L G，Decher J，2019. *Choeropsis liberiensis*（Artiodactyla：Hippopotamidae）[J]. Mammalian Species，51（982）：100-118.

Fricke R，Eschmeyer W N，Van der Laan R，2020. Eschmeyer's catalog of fishes：Genera，species，references[DB/OL]. [2020-11-03]. https://researcharchive.calacademy.org/research/ichthyology/catalog/fishcatmain.asp.

Froese R，Pauly D，2020. FishBase[DB/OL]. [2020-11-03]. https://www.fishbase.in/search.php.

Gagiu A，2010. The first recorded occurrence of *Hirudo verbana* Carena，1820 （Hirudinea：Arhynchobdellida：Hirudinidae） in Romania[J]. Travaux du Muséum National d'Histoire Naturelle "Grigore Antipa"，53（1）：7-11.

Global Biodiversity Information Facility，2020. GBIF Species Search[DB/OL]. [2020-10-20]. https://www.gbif.org/species/search.

Graf D，Cummings K，2021. MUSSELp[DB/OL]. [2020-10-20]. http://musselproject.uwsp.edu/index.html.

Grenard S，1991. Handbook of Alligators and Crocodiles[M]. Malabar：Krieger Publishing Co. Ltd.

Heatwole H，Taylor J，1987. Ecology of Reptiles[M]. Chipping Norton：Surrey Beatty and Sons Pty. Ltd.

Hutching G，1998. The Natural World of New Zealand[M]. Auckland：Viking Books.

King J E，1983. Seals of the World[M]. 2nd edition. Oxford：Oxford University Press and British Museum （Natural History）.

Kizilirmak，2020. Search Wikipedia[DB/OL]. [2021-01-28]. https://en.wikipedia.org/wiki/Hirudo_verbana.

Lelo S, KašićLelo M, 2012. *Hirudo verbana* Carena, 1820（Hirudinea: Arhynchobdellida, Hirudinidae）nova vrsta pijavice u Bosni i Hercegovini[J]. Prilozi fauni Bosne i Hercegovine, 8: 1-6.

MacDonald D W, 1984. The Encyclopaedia of Mammals[M]. London: George Allen and Unwin Ltd.

Maher W J, 1961. Record of the California grey whale[J]. Arctic, 13（4）: 257-265.

Masuda H, Amoka K, Araga C, et al., 1984. The Fishes of the Japanese Archipelago[M]. Tokyo: Tokai University Press.

Mills G, Hes L, 1997. The Complete Book of Southern African Mammals[M]. Cape Town: Struik Publishers.

Ng H H, Kottelat M, 2000. Descriptions of three new species of catfishes（Teleostei: Akysidae and Sisoridae）from Laos and Vietnam[J]. Journal of South Asian natural history, 5（1）: 7-15.

Palomares M L D, Pauly D, 2021. SeaLifeBase [DB/OL]. [2020-11-03]. https://www.sealifebase.se/search.php.

Parkinson B, Hemmen J, Groh K, 1987. Tropical Land Shells of the World[M]. Berlin: Verlag Christa Hemmen.

Parra G J, Cagnazzi, 2016. Conservation status of the Australian humpback dolphin (*Sousa sahulensis*) using the IUCN Red List Criteria[J]. Advances in Marine Biology, 73: 157-192.

Plön S, Atkins S, Conry D, et al., 2016. A Conservation Assessment of *Sousa plumbea*[M]// Child M F, Roxburgh L, Do Linh San E, et al. The Red List of Mammals of South Africa, Swaziland and Lesotho. Cape Town: South African National Biodiversity Institute and Endangered Wildlife Trust.

Razak T B, Hoeksema B W, 2003. The hydrocoral genus *Millepora*（Hydrozoa: Capitata: Milleporidae）in Indonesia[J]. Zoologische Verhandelingen, 345（31）: 313-336.

Reynolds J E, Odell D K, 1991. Manatees and Dugongs[M]. New York: Facts on Files.

Rhodin A G J, Iverson J B, Bour R, et al., 2021. Turtles of the World: Annotated Checklist and Atlas of Taxonomy, Synonymy, Distribution, and Conservation Status[M]. 9th edtion. New York: Chelonian Research Foundation and Turtle Conservancy.

Riedman M, 1990. The Pinnipeds: Seals, Sea Lions, and Walruses[M]. Berkerly: University of California Press.

Rossi J, 2000. The Wild Shores of Patagonia[M]. New York: Harry N. Abrams, Inc.

Spinks P Q, Thomson R C, Shaffer H B, 2009. A reassessment of *Cuora cyclornata* Blanck, McCord and Le, 2006（Testudines, Geoemydidae）and a plea for taxonomic stability[J]. Zootaxa, 2018: 58-68.

Stevenson C，2019. Crocodiles of the World[M]. Sydney：Reed New Holland.

Stoops E D，Stone D L，1994. Alligators Crocodiles[M]. New York：Sterling Publishing Co.，Inc.

Swash A，Still R，2000. Birds，Mammals & Reptiles of the Galápagos Islands：An Identification Guide[M]. Old Basing：Wild Guides；Mountfield：Pica Press.

Tu T H，Dai C F，Jeng M S，2016. Taxonomic revision of Coralliidae with descriptions of new species from New Caledonia and the Hawaiian Archipelago[J]. Marine Biology Research，12（10）：1003-1038.

UNEP，2022. Species+[DB/OL]. [2022-05-12]. https://www.speciesplus.net/species.

Utevsky S Y，Trontelj P A，2005. A new species of the medicinal leech （Oligochaeta，Hirudinida，*Hirudo*） from Transcaucasia and an identification key for the genus *Hirudo*[J]. Parasitology Research，98：61-66.

Wada S，Oishi M，Yamada T K，2003. A newly discovered species of living baleen whale[J]. Nature，426（6964）：278-281.

Wang J，Shi H T，Wen C，Han L X, 2013. Habitat selection and conservation suggestions for the Yangtze Giant Softshell Turtle （*Rafetus swinhoei*） in the Upper Red River，China[J]. Chelonian Conservation and Biology，12（1）：177-184.

Wilson D E，Ruff S，1999. The Smithsonian Book of North American Mammals[M]. Washington，D.C.：Smithsonian Institution Press.

Zhang L J，Chen S C，2015. Systematic revision of the freshwater snail *Margarya* Nevill，1877（Mollusca：Viviparidae）endemic to the ancient lakes of Yunnan，China，with description of new taxa[J]. Zoological Journal of the Linnean Society，174（4）：760-800.

Zhao E M，Adler K，1993. Herpetology of China[M]. Oxford：Society for the Study of Amphibians and Reptiles.

Zhou T，Blanck T，McCord W P，et al.，2008. Tracking *Cuora mccordi* Ernst，1988：The first record of its natural habitat；A redescription; With data on captive populations and its vulnerability[J]. Hamadryad，32（1）：57-69.

INDEX OF CHINESE NAMES

中文名索引

D

J

N

O

P

Q

R

S

T

V

W

X

Y

Z

INDEX OF LATIN NAMES

拉丁学名索引

D

E

M

N

O

P

U

V

Y

Z